U0413237

计算机科学与技术专业实践系列教材

教育部“高等学校教学质量与教学改革工程”立项项目

网络工程设计与应用

王相林　编著

清华大学出版社
北京

内容简介

本书以计算机网络设计、网络系统集成、网络配置、网络工程验收为主线，讨论网络工程设计与应用。内容主要包括网络工程基本理论与技术、网络系统集成体系结构、网络设计需求分析、综合布线设计、计算机网络设计、网络安全设计、网络设备配置技术、网络测试与分析工具、网络工程验收与维护。探讨网络设计、网络工程和网络配置深层次的技术和方法，本书内容实用、脉络清晰、易读易懂。

本书可作为网络设计、网络工程、网络配置有关工程技术人员的参考书，还可以作为高等学校计算机类专业、通信和电子等相关专业本科生和研究生的网络工程设计、计算机网络实验课程教材，也适合需要了解网络工程设计的读者阅读。

图书在版编目(CIP)数据

网络工程设计与应用 / 王相林编著. —北京：清华大学出版社，2011.11(2024.7重印)
(计算机科学与技术专业实践系列教材)
ISBN 978-7-302-26755-3

Ⅰ. ①网… Ⅱ. ①王… Ⅲ. ①计算机网络—网络设计—高等学校—教材
Ⅳ. ①TP393.02

中国版本图书馆 CIP 数据核字(2011)第 183936 号

责任编辑：白立军
责任校对：白　蕾
责任印制：沈　露

出版发行：清华大学出版社
　　网　　址：https://www.tup.com.cn, https://www.wqxuetang.com
　　地　　址：北京清华大学学研大厦 A 座　　**邮　　编**：100084
　　社 总 机：010-83470000　　**邮　　购**：010-62786544
　　投稿与读者服务：010-62776969，c-service@tup.tsinghua.edu.cn
　　质 量 反 馈：010-62772015，zhiliang@tup.tsinghua.edu.cn
印 装 者：三河市君旺印务有限公司
经　　销：全国新华书店
开　　本：185mm×260mm　　**印　张**：22　　**字　数**：545 千字
版　　次：2011 年 10 月第 1 版　　**印　次**：2024 年 7 月第11次印刷
定　　价：59.00 元

产品编号：037446-03

普通高等教育“十一五”国家级规划教材
计算机科学与技术专业实践系列教材

编 委 会

前言

计算机网络已经成为信息社会的基础设施。人们急切希望了解和掌握计算机网络设计、工程实施、网络设备配置方面的知识。本书遵循“广度优先、清晰易懂、结合应用”写作理念，写作内容面向网络工程设计、面向网络设备应用，体现网络原理、网络设计、网络工程之间的知识衔接。

网络设计与网络工程是不可分割的，联系网络应用实际进行网络设计，理论与实践相结合，才能够有针对性地了解网络工程设计中的关键技术和方法，较快地掌握网络工程设计的要点和重点，学习到网络设计、网络工程、网络配置的技术和方法。

本书写作时对计算机网络理论和技术的内容进行精选，针对网络工程设计需要，讨论网络体系结构的层次和协议，网络寻址技术、路由技术、网络互联技术、IP 地址规划、VLAN 划分技术。人们在实验室网络、家庭网络、园区网络使用的都是以太网技术，以太网技术已经成为企业网的主流技术，书中着重讨论和分析了千兆、万兆以太网技术。

以网络工程设计为主线，讨论网络系统集成方法、网络拓扑设计、逻辑网络和物理网络设计、网络安全设计。围绕网络工程设计讨论网络需求分析、网络流量分析，主要讨论网络用户需求，以及网络设计对网络技术指标的需求。计算机网络设计采用分层设计思想，主要介绍接入层、汇聚层、核心层构建要点，在设计时需要注意的问题，也介绍了网络冗余设计和网络负载均衡设计。

企业网设计是计算机网络设计最好的例子，企业网是人们身边的网络，企业网的设计要点、层次结构和典型网络应用，与因特网是一致的。结合身边网络理解网络设计，掌握网络工程的基本知识和技术方法，会更有针对性，给掌握知识带来方便。

网络设备的配置技术内容很多，路由器、交换机配置技术内容的介绍以“够用即可”为原则。着重讨论路由器、交换机的配置技术和应用方法，以主流网络设备 Cisco 2811 路由器，Cisco Catalyst 2950、3750 交换机为例，力图讲清楚网络设备配置中的关键技术和方法，给出清晰易懂的描述和命令行配置过程，也介绍了网络设备 IOS 恢复的方法。同时指出网络配置时需要注意的问题。

本书所讲述的配置技术和方法也可以适用其他厂商的网络产品。

企业网设计主要采用交换机设备，三层交换技术发展很快，重点介绍了多层交换的原理，局域网实现三层交换的技术，给出了配置三层交换机的示例。

读者模仿书中讲述的网络配置过程，可以很方便地验证网络配置内容，掌握网络设备的配置技术、网络故障查找基本方法，以及恢复网络设备 IOS 的方法。只有通过熟悉网络设备配置过程，才能真正了解计算机网络技术的实现方法，理清网络设备所依据的理论基础和实现原理。

结合网络工程实施需要，讨论网络工程文档的分类、网络测试的技术和工具、网络验收过程和要求、网络故障定位、网络管理的工具。网络维护是一个长期的过程，维护过程涉及网络故障排除，以及维护文档的创建和管理。结合网络数据安全需要，讨论数据备份和容错技术。

网络安全采用的主要技术是加密和认证。网络安全设计重点讨论了公钥加密机制实现的数字签名技术，以及报文鉴别技术、报文摘要、密钥分发机制。网络安全技术讨论了常用的防火墙、入侵检测、虚拟专用网、物理安全性机制。

通过简单实用的网络测试工具可以查看网络系统的状态，这些网络测试工具也称为网络命令，这些网络命令是大多数操作系统支持的，对网络系统状态和环境的测试很有用，例如，测试网络连通性的 ping，就是人们常用的网络命令。计算机网络协议体系结构是比较抽象的，怎样可以看到从网络中捕获的网络协议包(PDU)，看到各层 PDU 中的字段及字段的值。免费的网络协议分析工具 Ethereal 以图形用户界面，给出各层网络协议数据单元(PDU)清晰直观的描述，用十六进制显示 PDU 字段的值，这对理解和分析网络流量、网络协议，发现网络故障很有帮助。

内容讲述循序渐进，由浅入深，配有实例，网络工程设计基本原理方法与网络工程实践技能协调并重，即兼顾到一般读者，又考虑到 IT 人员阅读的需要。这些内容很多是作者多年研究、教学工作中的经验概括和总结。

全书共 11 章，分为 4 个部分。第一部分为网络工程设计基础知识，包括第 1～3 章。第二部分为网络工程设计，包括第 4～7 章。第三部分为网络设备配置，包括第 8 章和第 9 章。第四部分为网络工程测试与验收，包括第 10 章和第 11 章。全书重点在第二、三部分。各章名称和顺序如下：

第 1 章　网络工程概述

第 2 章　网络工程理论与技术

第 3 章　计算机网络设备

第 4 章　网络设计需求分析

第 5 章　综合布线系统设计

第 6 章　计算机网络设计

第 7 章　网络安全设计

第 8 章　路由器配置

第 9 章　交换机配置

第 10 章　网络测试与分析工具

第 11 章　网络工程验收与维护

网络工程设计涉及的知识面很广，既有理论基础，又有工程技术，也需要实践经验。在网络设计、网络工程和网络应用的研究和教学工作中，经常会遇到各种各样的问题，解决问题的快捷途径就是寻找合适的书籍。怎样从众多的计算机网络、网络工程图书中找到解决问题的方法，是人们常常询问的问题。因工作需要，多年前，作者便开始撰写这部教材，但写作只能利用假期和业余时间，通过不懈的努力，在许多人的帮助和鼓励下，这部书稿才得以完成。

本书以计算机网络设计、网络系统集成、网络配置、网络工程验收为主线，讨论网络工程设计与应用。内容主要包括网络工程基本理论与技术、网络系统集成体系结构、网络设计需求分析、综合布线设计、计算机网络设计、网络安全设计、网络设备配置技术、网络测试与分析工具、网络工程验收与维护。探讨网络设计、网络工程和网络配置深层次的技术和方法，本书内容实用、脉络清晰、易读易懂。

本书可作为网络设计、网络工程、网络配置有关工程技术人员的参考书，还可以作为高等学校计算机类专业、通信和电子等相关专业本科生和研究生的网络工程设计、计算机网络实验课程教材，也适合需要了解网络工程设计的读者阅读。

胡维华、万键、王景丽对作者提供了许多支持和帮助。写作过程中，参考了有关的国、内外文献资料。作者一并向他们表示诚挚的谢意。

王源参加了书稿修改工作，刘立朋、陈国峰、江宜为、王慧娟、卢庆菲、李蓓蕾、洪伟烨、赵颜昌、沈清姿、何晓龙参加了书稿插图和资料整理工作，在此也一并致谢。

由于作者学识水平有限，书中难免存在疏漏或不妥之处，恳求读者批评指正。作者的联系方式：wangedu@163.com。

作　者

2011 年 8 月

目　录

第1章 网络工程概述

1.1 网络工程基本概念

1.1.1 网络工程的定义

网络工程的定义是：根据网络用户的需求和投资规模，进行网络需求分析、网络设计、优化选择各种网络软件和硬件设备、网络组网实施、网络性能测试、网络验收和维护，通过网络系统集成的方法，建设成性价比合理、满足用户需要的计算机网络的过程。简而言之，就是以工程的方式建设一个计算机网络。

采用TCP/IP体系结构的计算机网络已经成为企业、国家乃至全球的信息基础设施。设计、建造和测试基于TCP/IP技术的计算机网络是网络工程的任务。网络工程必须研究与网络设计、实施和维护有关的概念、客观规律，从而能够根据这些概念、规律来设计和建造满足用户需求的计算机网络。

作为信息社会基础设施的计算机网络，与人们的生活、学习和工作息息相关。人们迫切需要掌握网络工程建设的知识。设计和构建稳定可靠、高效经济的计算机网络，涉及网络工程的理论基础知识和技术实现方法。与人们联系最紧密的是局域网(LAN)/企业网(Intranet)。

了解网络工程设计的一般步骤和方法，培养分析和解决网络工程应用问题的能力，掌握设计小、中、大型局域网/企业网的基本技术和方法，积累网络工程建设经验，具有设计和实现局域网/企业网的能力，并具有一定的网络工程质量管理的能力，这些是对网络设计人员、网络工程师的基本要求。

对网络工程知识的学习和掌握，强调的是理论加实践，需要进行设计性实验，以知识验证、知识综合、创新设计为原则。网络工程实施有它自身的特点，根据网络应用需求，关注网络系统的总体功能和特性，选用多种适用的网络设备和部件来构造满足网络应用需求的网络信息系统，仅需要关注各种网络设备或部件的外部特性即接口，可以忽略这些网络设备或部件的内部技术细节。

这里是用系统集成方法对计算机网络工程所涉及的一些基本概念、基本过程进行定义和讨论。网络工程是采用系统集成方法建设计算机网络的一组元素的集合，这些元素涉及网络工程实施的各个步骤，以及采用的网络设备、采用的技术、用到的方法等。

网络工程的设计、实施和测试维护，涉及科学、技术和工程的诸多知识。科学是对各种事实和现象进行观察、分类、归纳、演绎、分析、推理、计算和实验，从而发现规律，并对各种定量规律予以验证和公式化的知识体系。技术是为某一目的共同协作组成的各种工具和规则体系。工程是应用科学知识使自然资源最佳地为人类服务的专门技术。将系统化的、规范的、可度量的方法应用于网络系统的设计、建造和维护的过程，即将工程化应用于网络系统建设过程中。

任何工程方法必须以有组织的质量保证为基础，全面的质量管理和类似的理念刺激了过程的不断改进，正是这种改进导致了更加成熟的网络工程方法的不断出现，网络工程的核心就是对于网络质量的关注。

网络工程分为硬件工程和布线工程。硬件工程是指计算机网络所使用的设备（交换机、路由器、服务器主机等），涉及网络需求分析、网络设备的选择、网络拓扑结构的设计、施工技术要求等。布线工程也称为综合布线，使用传输介质，例如光缆、铜缆将网络设备进行连接。涉及线缆路由的选择、桥架设计、传输介质、连接器、连接插件的选型等。

网络工程设计的目的是为网络用户提供一个适用的网络计算平台，依据网络设计的目标进行需求分析，在需求分析的基础上，进行网络的逻辑设计和物理设计，最后确定组网的网络设备。并对网络工程实施过程准备各种技术文档。网络工程设计是一个迭代和优化的过程，所设计的网络应能适应技术发展和网络应用的变化。

工程是指按计划、按规范进行的工作任务。网络工程的特点包括明确的目标、详细的设计、权威的依据（如标准）、完备的技术文档、完善的实施机构。

网络工程建设时，需要回答和解决的问题有：

(1) 用户对网络系统的需求是什么。

(2) 如何构建一个满足用户需求的网络系统。

(3) 需要的建设投入。

(4) 最适合用户的网络系统结构是什么。

(5) 网络系统可以提供的功能。

(6) 网络系统可以达到的性能。

(7) 网络的安全性支持。

(8) 网络系统的扩充性要求。

(9) 网络设备的选择。

(10) 怎样保障网络安全。

(11) 采用什么管理机制。

(12) 怎样实现最优性价比。

与网络工程设计有关的技术标准组织有ITU-T、IEEE、IETF。ITU-T建议多应用于通信网络，更接近于物理层定义。IEEE 802标准涉及局域网和城域网，关注物理层和数据链路层。IETF确定的RFC文档是因特网的技术标准，注重数据链路层以上的规范。

计算机网络工程就是使用系统集成的方法，依据网络设计原则、根据建设目标，将网络工程涉及的各种技术、实现方法集成在一起，构建基础网络平台、传输平台和网络应用服务。网络工程的基础是计算机网络技术。计算机网络的建设涉及网络需求分析、网络设计、工程施工、测试验收、维护和管理等方面，其中，网络设计是网络建设的关键环节。

1.1.2 网络系统集成

集成是把各个独立部分组合成具有全新功能的、高效和统一的整体的过程。系统集成是指在系统工程学指导下，提出系统的解决方案，将部件或子系统综合集成，形成一个满足设计要求的自治整体的过程。系统集成是一种实现复杂系统的工程方法。通过选购标准的系统组件，以及自主开发部分关键系统组件后进行组合，不同的组件通过开放的标准接口可以实现互连互通，构造和实现复杂系统的全部功能。

系统集成是一种目前常用的实现较复杂工程的方法。集成是一些孤立的元素或事物通过某种方式集中在一起，产生有机的联系，构成一个有机整体的过程和操作方法。集成是一种过程、方法和手段。可见，“系统集成”是目前建设网络信息系统的一种高效、经济、可靠的方法，它既是一种重要的工程建设思想，也是一种解决问题的思想。美国信息技术协会对系统集成的定义是：根据一个复杂的信息系统或子系统的要求，验明多种技术和产品，并建立一个完整的解决方案的过程。

系统集成最好的示例是航天飞机和现代汽车工业。汽车作为一个复杂的系统，在系统集成过程中，采用标准化的生产工艺和产品生产流水线，形成零部件生产的专业化和标准化，并且这些零部件由不同的厂商专业化生产，追求和实现大批量、高质量、低成本、高生产效率的目标。

系统集成的任务包括应用功能的集成、支撑系统的集成、技术集成、产品集成。计算机网络系统集成涉及网络、系统、集成三个术语。这里的网络指的是计算机网络，例如，校园网络、企业网络或是其他计算机网络。系统是指为实现某一目标所用到的一组元素（系统组件）的集合。系统本身又可以作为一个元素，例如，作为一个子系统，参与更大系统的组合，这种组合过程称为系统集成。计算机网络本身含有集成的成分。在计算机网络中，作为系统的元素有各种软、硬件设备，也包括网络服务，这些元素形成一个有机的、协调的集合体。

网络系统集成就是采用系统集成的方法，建设高效、高性价比的计算机网络。计算机网络系统在系统的规模、技术含量、实施难度、用户需求等方面存在差异，由一个厂商完全自主开发一个计算机网络系统，从可用性、技术性、经济性、可靠性、时间性等考虑，是不可行的。建设一个计算机网络必须采用系统集成的工程方法。系统集成具有高效、经济、可靠等特点，是一种重要的工程建设思想，也是解决复杂系统构建的一种有效途径。

可以看出，不同需求的网络系统在技术含量、建设规模、实施难度、系统所实现的功能、系统的复杂程度等方面都存在很大差异，只有采用系统集成方法，借助系统集成商来建设计算机网络。通过网络系统集成，可以充分考虑用户的网络应用需求和投资规模，优化网络系统设计，合理选择网络软、硬件产品，以及网络服务，通过工程实施，构成一个具有优良性价比的有机整体，即计算机网络系统。

网络系统集成的特点体现在：可以获得较高的质量水准；可以选择可靠的系统集成商；采用成熟和稳妥的方案；系统建设速度快；网络设备接口规范、可实现标准化配置；关注系统整体性能，按系统整体性能设计；重视工程规范和质量管理；系统建设周期短；树立用户第一的思想，支持交钥匙解决方案；可建立良好的用户关系。

系统集成是多种技术和产品的集成，选择最适合用户需求的产品和技术。系统集成的组成包括硬件系统、软件系统、网络系统。硬件设备需要考虑产品的接口兼容性，软件产品涉及不同软件之间数据格式的转换，网络系统需要解决系统之间路由和信号交换。

系统集成技术和产品涉及不同的标准和行业规则。系统集成的复杂性体现在四个方面：技术、成员、环境和约束。技术方面的复杂性涉及网络技术、硬件技术、软件技术和施工技术。成员方面的复杂性涉及系统用户、系统集成商、第三方人员和社会评价人员，需要照顾到各方的意见和利益。环境方面的复杂性涉及应用环境的不确定性，环境条件的改变，场地改变，系统升级需求，网络面临的攻击和危险。约束方面的复杂性涉及投资额度、施工时间、政策和管理。

系统集成商组织结构可分为项目管理部、系统集成部、应用软件开发部、网络施工工程部、采购与外联部、综合管理和财务部。各部门发挥不同的功用，相互合作实现系统集成最大化和最优化。

1.2 网络系统集成体系结构

1.2.1 网络系统集成的体系框架

随着网络技术的发展、网络应用需求的增多，作为一个复杂的网络系统建设，在网络规模性方面有更多的扩展性需求，在系统可以支持的网络应用方面有了更多的集成内容。也对网络线路的布线质量、通信线路承载的数据传输率有更高的要求，对网络系统的安全性和可管理性提出更多的要求。网络系统集成已经成为一门综合学科，涉及系统论、控制论、计算机、通信、管理学等学科的知识。

网络系统集成的体系框架用层次结构描述了网络系统集成涉及的内容，目的是给出清晰的系统功能界面，反映复杂网络系统中各组成部分的联系。网络系统集成的体系框架如图 1-1 所示。

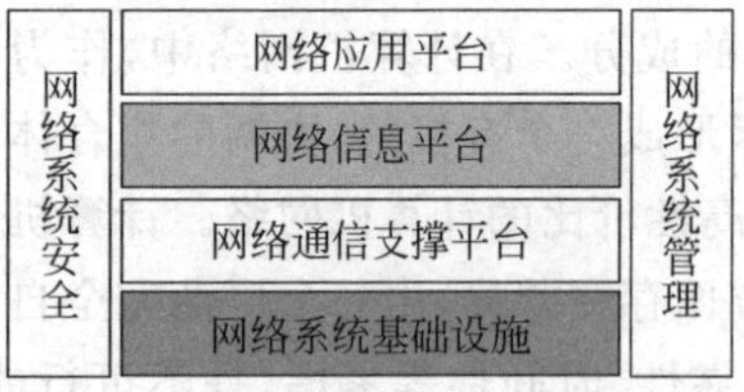

网络系统安全
网络应用平台
网络信息平台
网络通信支撑平台
网络系统基础设施
网络系统管理

图 1-1 网络系统集成的体系框架

网络系统集成体系框架采用层次结构，是大量网络信息系统工程建设经验的凝练，较全面地覆盖了完成设计和管理实施网络信息系统的全过程，底层是基础、为上层提供服务，体系框架与网络系统集成主要工作过程保持一致，采用分层可以实现复杂系统的简化处理，便于划分子系统和确定接口参数，便于管理和控制网络信息系统的质量，使网络信息系统成为有机的整体，更有效地实现网络信息系统的应用目标，对网络工程建设具有积极的指导作用。

网络系统基础设施，考虑计算机网络的结构化布线系统和机房、电源等环境问题。基础设施涉及结构化布线系统、网络机房系统、供电系统设计。为网络系统的运行提供环境方面的支撑。

网络通信支撑平台提供开放的网络通信协议 TCP/IP，提供网络互联规则和机制。选择成熟的网络软、硬件产品，进行网络设备的布局和配置，提供通信数据的交换和路由功能。

网络信息平台为标准的因特网应用服务，提供支撑网络应用的数据库技术、群件技术、网管技术和分布式中间件等。为设计、实现和配置各种网络应用提供支持。

网络应用平台容纳各种网络应用，直接面向网络用户。这些网络应用满足网络需求分析提出的目标，也体现了网络系统存在的价值。可以选用成熟的网络应用软件，也需要研制适用的应用软件，例如用于学校的教学管理系统。

网络系统安全是指保证信息产生、处理、传输、存储过程中的机密性、鉴别、完整性和可用性的软、硬件措施，安全措施可以贯穿、服务于每一个层次。

网络系统管理是指网络系统采用的网络管理措施，涉及网络管理工作站、网管代理、网络管理协议、管理信息库，以及有关的技术实现。网管措施可以贯穿、服务于每一个层次。

1.2.2 网络系统集成模型

网络工程系统集成模型，用来指出设计和实现网络系统的阶段划分和各阶段之间的联系，体现了系统化的工程方法。系统集成模型的组成包括网络需求分析；逻辑网络设计；物理网络设计；网络安装与调试（组网实施）；测试、验收和维护等几个部分，图 1-2 中用箭头标识出各部分之间的反馈和联系。网络工程的系统集成模型如图 1-2 所示。

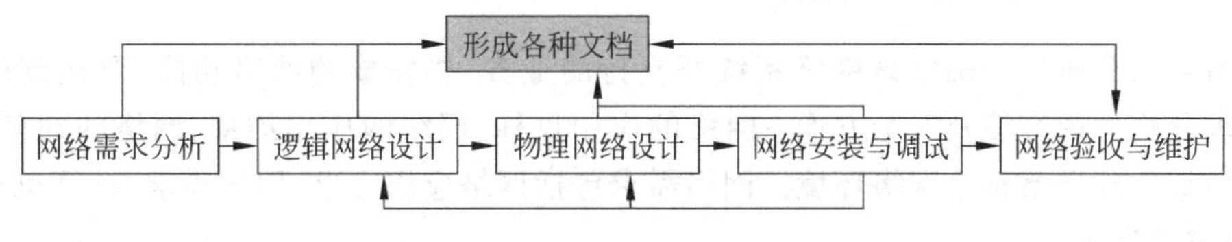

图 1-2 网络工程的系统集成模型

网络工程系统集成模型描述了网络建设的过程，网络系统集成过程是：网络系统的需求分析；选择系统集成商或网络设备制造商；逻辑网络设计；物理网络设计；网络安全设计；系统安装和调试；系统测试和验收；用户培训和系统维护。集成过程涉及技术、管理和用户关系这三个关键因素。

网络系统集成模型的特点是循环、线性化，从图 1-2 中可以看到各部分的有机联系，该模型支持带有反馈的循环，但将该模型视为严格线性关系可能更易于处理，强调的是通过反馈及时修改和调整网络工程的实施内容，采用该模型实施的网络系统具有许多优点。

在设计网络系统集成模型时，需要注意的原则有：实用性是网络工程建设的首要原则，是对用户最基本的承诺；先进性包括设计思想、网络结构、软硬件设备以及使用的开发工具的先进性；开放性是指所设计的网络系统应该遵循国际社会认同的标准；安全性是要确保网络系统内部的数据和数据访问，以及数据传输的安全，避免非法用户的访问和攻击；可靠性是指要保证网络系统能不间断地为用户提供服务，即使发生某些部分的损坏和失效，也要保证网络系统数据的完整、可用、可恢复。

1.2.3 网络系统集成模型的特点

网络工程系统集成的主要部分按流水线布局，形成流畅的阶段关系，方便了设计和施工，同时强调了技术文档的作用，各部分的反馈联系给出了工程实施的灵活性和适用性。

为获得较高的网络系统质量提供保障，通过网络需求分析和逻辑网络设计，力求选择一流网络设备厂商的设备，选择具有高资质的系统集成商，确保工程的质量。

可以加快网络系统建设速度，采用工程化思想组织项目实施，由从事系统集成工作的专家和配套的项目组进行网络系统集成，具有畅通的国内、外厂商设备的进货渠道，具有与用户联系的丰富经验。

分工明确，职责清晰，提供交钥匙解决方案。系统集成商全权负责处理所有的工程事宜，采用成熟和稳妥的系统集成方案。网络用户结合网络设计目标和网络应用需求，把注意力集中在系统的性能以及各阶段的检验上。

实现标准化配置，所选取的设备，以及建设方法具有开放性。使得网络系统具有较好的可扩展性、可用性和设备兼容性，系统维护容易且成本较低。

在网络工程项目的具体实施过程中，首先对系统的功能进行分析，通过分析获得系统集成的总体指标，进一步把总体指标分解成各个子系统的指标，选择符合开放要求的网络厂商所生产的设备和部件，组织网络设备安装和调试，最后进行计算机网络的验收和测试、用户培训。

1.2.4 网络需求分析的重要性

网络需求分析用来确定该网络系统要支持的业务、要完成的网络功能、要达到的性能等。需求分析的内容涉及三个方面：网络的应用目标、网络的应用约束、网络的通信特征。需要全面细致地勘察整个网络环境。网络需求包括网络应用需求、用户需求、计算机环境需求、网络技术需求。

做好需求分析对网络设计至关重要，需求分析有助于在设计网络时更好地理解网络应具有的功能和性能。网络设计者要明了网络用户的真实需要，与不同的网络用户进行交流，网络用户不仅包括使用网络的用户，还包括网络管理员、网络的经营者。

对通过交流获得的用户需求信息进行归纳、去伪存真，写出用户需求分析文档。再征求用户对需要分析文档的意见，尽可能协调各类用户的不同需求，明确需求变化的范围，为网络工程设计的扩充性留有余地。

若涉及对现有的网络系统进行升级或改造，需要对现有的网络系统进行分析，充分考虑到对已有网络资源进行利用，在淘汰旧设备、购置新设备时，注意保护已有的网络投资。对现有的网络系统进行分析的工作内容包括现有网络的拓扑结构、现有网络的容量、现有网络的统计数据、网络接口和所提供的服务、存在的限制性因素。

1.2.5 逻辑网络设计

什么是逻辑设计？可以用生活中做一双布鞋为例，给出类似的比喻。你的母亲要给你做一双布鞋，先照你的脚画了个“鞋样”，这就是逻辑设计。逻辑设计主要有四个步骤：确定逻辑设计目标、网络服务评价、技术选项评价、进行技术决策。给出合适的网络模型或画出网络设计图并不是简单的事情，这一阶段可以称为“创作”，是体现网络规划设计师价值的关键步骤，决定着网络性能，与网络施工质量息息相关。

逻辑网络设计的重点放在网络系统部署和网络拓扑等细节设计方面，逻辑网络设计需要确定的内容有：网络拓扑结构是采用平面结构还是采用三层结构，如何规划 IP 地址，采用何种路由协议，采用何种网络管理方案，以及在网络安全方面的考虑。

逻辑网络设计应确定和给出的技术文档内容包括网络拓扑结构逻辑设计图；IP 地址分配建议方案；网络管理和安全方案；需要的网络设备和网络连接设备，以及网络环境用到的软、硬件；网络可以提供的基本服务；网络建设费用的基本估计。

1.2.6 物理网络设计

物理网络设计用生活中例子比喻就是根据“鞋样”去做鞋子，选择鞋底、鞋面材料、按工序制作鞋子。物理网络设计涉及网络环境的设计；结构化布线系统设计；网络机房系统设计；供电系统的设计；具体采用哪种网络技术，网络设备的选型，选用哪个厂商生产的哪个型号设备。

物理网络设计应确定和给出的技术文档内容包括物理网络结构图和布线方案；网络设备和部件的清单；所需软、硬件清单；网络实施、安装、调试所需的费用；网络工程实施进程表。

物理网络设计应考虑到网络安全，网络安全已经成为网络系统集成中必须要面对的重要问题。首先要鉴别网络上具有的各种信息资源，对它们进行风险评估，从而设计相应的安全性策略，采用相应的安全产品，如防火墙系统、入侵检测系统、漏洞扫描系统、防病毒系统、数据备份系统和监测系统。

1.2.7 网络安装与调试

网络施工安装、调试及维护时，依据逻辑设计、物理设计和所规划的网络环境，按照设备连接图和施工阶段图组网。在组网施工过程中进行阶段测试。整理各种技术文档资料，在施工安装、调试及维护阶段做好记录，尤其要记录下每次出现和发现的问题是什么，问题的原因是什么，问题涉及哪些方面，解决问题所采用的措施和方法，以后如何避免类似的问题发生，为以后建设计算机网络积累经验。

1.2.8 网络验收与维护

网络设备安装测试与验收的主要工作内容是：给网络端节点设备加电，并通过网络连接到服务器，运行网络应用程序，对网络是否满足需求进行测试和检查。

当网络系统构建好后，需要进行系统测试，系统测试的目的主要是检查网络系统是否达到了预定的设计目标，能否满足网络应用的性能需求，使用的技术和设备的选型是否合适。网络测试通常包括网络协议测试、布线系统测试、网络设备测试、网络系统测试、网络应用测试和网络安全测试等多个方面。

网络系统验收是用户方正式认可系统集成商完成的网络工程的手续，用户方要确认工程项目是否达到了设计要求，验收分为现场验收和文档验收。

系统成功地安装后，集成商必须为用户提供必要的培训，培训的对象可分为网管人员、一般用户等。用户培训是系统进入日常运行的第一步，必须制订培训计划，可采用现场培训、指定地点培训等方式。

网络维护一直伴随着网络运行，在运行和维护阶段做好运行和维护记录，尤其要记录下每次更新和维护的情况，经常搜集网络用户反馈的意见，及时发现和解决网络运行中存在的问题，使网络性能保持良好的状态。

1.3 系统集成原则和生命周期

1.3.1 网络系统集成遵循的原则

网络系统集成应依据建设目标，按整体到局部，自下而上进行规划和设计。本着“实用、够用、好用”的指导思想，容易实现对网络系统的所有资源进行统一的管理和调配，快速响应网络用户的应用需求。

网络系统集成遵循的规则主要有：

(1) 开放性和标准化。所采用的技术、设计标准、系统组件、用户接口等应规范，可以互连互通，实现完全开放。

(2) 实用性和先进性。网络系统的设计目标应实用有效，网络结构设计、网络设备选型应保证先进性、实用性，尤其是网络设备的可用性，由于计算机网络硬件设备技术更新较快，应考虑网络投资在一定时间阶段的价值体现，要保护已有的投资。

(3) 可靠性和安全性。网络系统应能够有序、可靠、安全地运行，对重要部位采用容错设计，支持故障诊断测试和恢复，各项主要技术指标应满足平均无故障时间的要求，安全措施有效可信。

(4) 灵活性和可扩展性。网络设计和设备选型应支持在规模和性能两个方面的扩展，充分考虑今后一段时间技术发展和用户需求的变化，系统设计注重层次化、模块化，使得系统集成或网络设备配置灵活方便，提供有备用的、各有侧重点的、可选的系统集成方案。

网络工程设计不像建筑工程、机械工程和电子工程那样，有成熟的设计理论和完善的设计规范。目前，网络工程设计遵循的原则均来自成功或失败的经验，或借鉴其他工程设计的做法，并逐步形成网络工程设计的特征。网络设计目前没有一套完整的设计规范。大部分设计原则来源于所积累的网络设计经验。

网络工程设计遵循的原则主要有：

(1) 需求决定方案，应由需求推动网络工程设计，不应由技术推动网络工程设计，也不应由经验推动网络工程设计。

(2) 基本结构不变，基本的网络设计方案不能随意改变，可以随着网络工程的实施进行一些局部的改进。另一方面，不应完全按企业组织结构去设计网络。

(3) 简单实用，不应把简单的事情复杂化，复杂的网络结构不仅会增加成本，也给使用、维护，以及将来网络的扩展带来不便。

1.3.2 网络系统集成的生命周期

网络系统的生命周期是指一个网络系统从构思、需求分析开始，到分析和设计，运行和维护，直到最后停止使用这一过程的持续时间。网络系统的生命周期过程与软件工程的生命周期很类似，是一个循环迭代的过程，每次循环过程都存在需求分析、规划设计、调试、运行和维护各个阶段。一般来说，网络规模越大、投资越多，所要经历的循环周期也就越多。

简单地说，一个网络从构思设计到最后被淘汰的过程就叫网络的生命周期。这里还有一个以网络应用驱动理论和成本评价机制为核心的名词叫做迭代周期，它实际上就是更新改造周期。但并不是每个网络都有机会进入迭代周期。每个迭代周期就是一个网络重构的过程，在实际应用当中，就是建设或改建一个新的网络。

目前采用的网络系统生命周期构成方式有 4 阶段、5 阶段、6 阶段。较常用的生命期构成方式为 6 阶段。在实际的网络规划设计方案中，并不是一定要比照这些构成方式来进行的。

4 阶段构成方式的阶段划分为构思与规划阶段、分析与设计阶段、实施与构建阶段、运行与维护阶段。特点是能够较快适应网络新需求；容易实现网络建设中的宏观管理；各阶段之间有一些用于阶段之间交接的重叠；成本低；具有较好的灵活性；适应规模较小、结构简单的网络。

5阶段构成方式的阶段划分为网络需求规范、通信规范设计、逻辑网络设计、物理网络设计、实施与运行。特点是每一阶段均是在上一阶段完成之后才能开始的，存在灵活性差问题，适应网络规模较大、需求明确且变更小的网络。

6阶段构成方式的阶段划分为网络需求分析、逻辑网络设计、物理网络设计、设计优化、实施及测试、监测及优化。特点是侧重于网络工程的测试和优化，注重网络用户需求分析，有严格的网络逻辑设计和物理设计要求，适应大型网络建设。

1.4 网络工程设计中的基本问题

1.4.1 网络工程的主要阶段

计算机网络设计中解决问题的方法一般是：采用把大的复杂的问题分解为小的简单的问题，把网络工程分解为多个容易理解、处理的子部分，进而把子部分归纳为一个阶段，阶段之间的工作是互为联系和依赖的，相邻阶段之间可能会有重叠，各阶段之间通常是依次、按流水线方式工作的。

网络系统集成的内容包括需求分析、技术方案设计、产品选型、网络工程经费预算、网络系统调试和测试、网络系统集成验收、网络技术后期维护服务、培训服务。

网络系统集成的步骤包括网络系统规划、网络系统设计、网络系统实施、网络系统验收。

(1) 系统规划工作中，需要组织对网络系统的可行性进行论证，是否具备网络建设的客观条件，通过用户需求分析，了解用户网络应用的需求、网络投资预算和规模，若已建有网络，应了解现有网络状况，若是新建网络，应考虑类似网络的优缺点。形成"可行性论证报告"。

(2) 系统设计是在用户需求分析的基础上，明确网络工程建设范围、建设目标、准备采用的技术路线，进行网络系统设计确定出可行的网络系统设计方案，设计过程是网络工程师运用计算机网络的原理和技术知识解决实际网络工程问题的过程。

网络系统设计过程是针对用户需要的网络，在网络设计、设备选型等方面做哪些取舍；系统方案设计，依据用户需求，结合现场勘察，分析网络的物理布局，以"切实可行、简单实用"为指导思想，设计网络方案；根据网络设计方案，给出所选网络设备、部件材料清单及报价单；请专家评审、论证网络设计方案，根据评审意见修改网络设计方案；签订网络系统集成合同，形成网络系统总体设计方案，给出"网络工程设计说明书"。

(3) 系统实施必须按照实施计划进行，施工计划进度表应明确工程的时间安排、分期达到的目标、施工方式、资金管理、阶段验收等内容。网络设备选型，应选用标准开放的网络设备和部件，以及对网络实施综合布线施工等。细化可行的实施方案，组织项目人员设计各个环节的详细施工方案，例如，综合布线、网络IP地址和VLAN规划、网络设备安装与调试计划等。网络系统集成的施工分工，给相关的技术人员和施工人员下达任务，安排各类人员到工作岗位，根据任务进度表进行施工。形成"各施工阶段的验收检测报告"。

(4) 系统验收在系统试运行后进行，依据网络设计、施工文档，对网络系统集成的各个阶段进行测试和验收，并及时指出存在的问题，给出改进问题的建议。依据网络工程测试结果进行验收,并进行网络工程技术文档整理工作,验收的重点内容包括网络设备质量、网络性能、网络各项技术指标、网络性能质量是否符合要求,网络工程文档的完整性,网络功能是否满足网络应用需求,用户培训安排和资料准备等。形成"网络工程验收报告"。

网络测试包括网络设备测试、网络系统性能测试、网络应用测试。网络设备测试包括功能测试、可靠性测试和稳定性测试、一致性测试、互操作性测试和性能测试。网络系统性能测试的两个基本手段是模拟和仿真。网络应用测试主要体现在测试网络对应用的支持水平,如网络应用的性能和服务质量的测试等。

网络维护伴随网络运行的整个过程,随时发现网络运行中出现的问题,及时排除网络故障。网络维护还与网络管理和网络监控相联系,需要监控和分析网络的性能,及时调整网络运行参数。网络维护过程中采用的技术方法、发现的问题、处理事件的过程等,都应形成相应的网络维护文档,并保存下来,这也是一个积累网络建设和运行经验的过程。

1.4.2 网络工程设计中需要注意的问题

网络设计的目标就是用技术手段和管理手段,使工程具有良好的性能价格比。网络工程设计涉及三个关键因素:网络用户、采用的技术、工程管理。网络工程必须应对一些挑战、矛盾,解决好网络设计、工程实施和系统维护过程中面临的一系列技术问题,抓主要矛盾、做到合理取舍,这样才能更好、更快地建设一个计算机网络。

网络工程设计需要注意的3个方面如下:

(1) 网络建设应有非常明确的目标,目标在工程开始之前就确定,在工程进行中不能轻易更改。因为一旦在工程中间改变网络建设的目标,那以前做的一切配套的工作都将重新开始,造成人力、物力的浪费,也浪费了时间。

(2) 网络工程应有详细的规划,规划一般分为不同的层次,有的比较概括(如总体规划),有的非常具体(如实施方案)。这样才能一步一步按部就班地实施不同时期的任务,而不会在中途产生过多的分歧,工程的进度也好把握。

(3) 网络工程设计和施工都要实现开放性,遵循和依据有关的技术标准和施工规范,例如,可以是国际标准、国家标准、行业标准或是地方标准。

在网络工程设计中可能存在的问题有:网络用户对网络系统的建设的指导思想不明确或不正确,对目前采用的网络技术缺乏了解;用户所提供的需求不完整,或不符合网络技术的要求;提供商和集成商出于利益考虑,会对网络用户进行有意或无意的引导;网络系统的性能只可能在最后测试阶段才能真正实现;经常会出现预料不到的问题,延误和影响网络系统集成预定的开发周期。

在网络工程的设计、实施和应用过程中,不可避免地会出现:人的既得利益与整体目标的矛盾;人与网络设备的矛盾;主流技术与新技术的矛盾;安全性与易用性的矛盾;可靠性与经济性的矛盾。这些矛盾需要通过网络用户、网络设计者、系统集成商和工程项目负责人的智慧和协调来解决。

网络建设者需要明了,建设计算机网络的目的是为用户提供可用性好的网络基础设施和网络应用环境。应注意避免:为树立企业形象而建造网络、盲目追求网络设备的超前性、盲目追求网路系统的规模、盲目追求网络高带宽和高服务质量等级、盲目追求网络系统的多功能。也应避免对网络安全问题视而不见或盲目夸大网络安全性威胁。防止出现"一把手工程”，重视网络用户和网管人员的需求，选用先进的网络技术，选用可靠、适用、性价比高的网络设备。

网络建设需要考虑网络系统的兼容性，以及今后网络设备的平稳升级，并注意保护对已有设备投资。简单的做法是，所选用的网络设备型号和网络技术水准，达到“二年先进、五年不落后”即可。

网络建设中应遵从的理念是“简单者生存”，也称为“网络达尔文定律”，提倡在多种可用的技术中采用最为简单的技术，这种技术将是能够生存下来的技术。即采用满足网络性能要求、工作机理较简单、具有较好可扩充性、易于维护的网络技术和网络设备，努力达到性能价格比更优。

1.4.3 网络设计的约束因素

网络设计者和用户一起，制定网络工程系统集成项目的主要工作步骤，分析每个主要步骤所需的时间和资源，以及面临的各种约束。

网络设计的约束因素主要来自预算、时间和应用目标，有时也需要考虑政策约束。

政策约束主要包括法律法规、行业标准、技术规范等。

预算约束往往是网络设计的关键因素，预算一般分为一次性投资预算和周期性投资预算，一次性投资预算主要用于网络的初期建设，周期性投资预算主要用于网络建成后的运行和维护。在进行网络设计时，一方面要满足网络应用的需求，另一方面需要依据可以支付的经费，量力而行地组建网络。

时间约束涉及网络建设的进度安排要求，网络工程实施进度表限定了网络建设的各个重要阶段和最后完成期限。网络设计者应对网络工程进度表和实施计划随时进行分析和检查，依据网络工程实施进度和遇到的问题，及时调整并与用户进行沟通。

应用目标约束，在网络工程实施的各个阶段都需要核对和检查与用户应用目标的吻合情况。

1.4.4 网络系统选用的网络操作系统

网络操作系统的基本功能是管理网络中计算机之间的通信和资源共享，网络操作系统提供单机操作系统所支持的所有功能，例如，进程管理、处理机管理、存储管理、设备管理、文件管理等。

网络操作系统(NOS)具有单机操作系统的特征：并发性、资源共享、虚拟化、异步性，在此之上，需要支持网络通信协议，支撑网络运行环境，并具有 NOS 自己的特征：开放性、一致性、透明性。

开放性是指不同系统的计算机在网络操作系统的管理下可以方便互连，实现网络应用的可移植性和互操作性。

一致性是指网络向用户、低层向高层提供一致性的服务接口，并不涉及服务接口的具体实现，接口的内容尽量简单，用服务原语描述层次之间的交互。网络服务通过网络协议实现。

透明性是指某一网络实体是存在的，而对网络用户来讲该实体好像并不存在。例如，网络协议数据单元 PDU 的边界字段所采用的 0 比特插入删除技术，对网络用户来讲是不可见的。在计算机网络中,几乎所有的网络服务都具有透明性,用户只需要知道他想要得到什么样的网络服务,而无须了解这些服务所实现的细节,以及所需要的资源。一个网络用户访问千里之外的网络节点的资源就像访问本地节点的资源一样。还有网络体系结构中各层次的协议数据单元的封装和拆封过程对网络用户也是透明的。

网络操作系统的安全性主要体现在用户账号安全性、时间限制、站点限制、存储空间使用限制、传输介质安全性、加密、审计。

Windows 的主要特点是可靠性、高效性、实用性、经济性。Windows 2003 增加的新功能是配置流程向导、远程桌面连接 TS、IIS 6.0、简单邮件服务器 POP3、流式媒体服务器 WMS。

Linux 的最主要特征是 Linux 属于 GNU;基于 GNU 公共版权许可证(General Public License,GPL);遵循 POSIX 标准;源代码开放。Linux 操作系统软件包括文本编辑器、高级语言编译器,带有多个窗口管理器的图形用户界面。

其他操作系统,例如,UNIX、Slorias 均支持 TCP/IP 协议,满足网络运行环境的需要。

1.4.5 计算机网络中的用户

网络用户包括本地用户、域用户、用户组、远程用户。

(1) 网络用户是对网络中共享资源,以及网络配置进行设置的用户。对用户进行分类,各种用户对网络资源的访问权限是不同的,需要有一定的网络用户划分策略。网络用户又分为系统用户和普通用户,分别享有对网络系统资源访问的不同权限。

(2) 本地用户是建立在本地安全数据库中的用户,本地用户登录计算机时依据安全数据库进行用户身份的验证,本地用户可以访问该计算机上的资源,但不能访问网络上其他计算机的资源。

(3) 域用户是指建立在域控制器活动目录数据库中的用户,域用户登录时,由域控制器执行用户的身份验证,域用户可以访问域中所有可以访问的共享资源。在 Windows 2003 中可以安装活动目录,创建的用户均为域用户,并且系统会自动禁用本地用户。

系统会自动创建内置域账号,例如系统管理员账号 Administrator 和来访者账号 guest。Administrator 可以对域中所有资源进行管理和访问,例如,用户管理;目录与文件管理;服务器管理等。Guest 是系统为偶尔访问网络资源的用户设置的。

(4) 用户组用于简化网络管理和用户管理,把具有相同网络访问需求的用户归为一个用户组,对用户组可以采用整体或批方式来分配和控制访问许可权,例如,有几个用户需要对某一个文件的读写权限,可以把这几个用户添加到一个用户组中,只需为这个用户组分配一次读写权限就可以了。

例如,Windows 的用户组又分为:本地域用户组,所访问的资源仅限于该本地域用户组所在域的资源;通用组,可以访问任何一个域内的资源;全局用户组,用于管理域内的用户。

(5) 远程用户是用户在远地通过网络的连接访问企业网的用户,例如,可以通过 VPN 技术,使得远程用户通过因特网访问企业的网络。有些时候,对于 C/S 应用,通过客户机访问服务器主机的用户也称为远程用户,用户使用的客户机可以离服务器主机很近,例如,可以同在一个房间内,也可以相距很远,例如,可以相距几千千米。

1.5 网络工程的招投标

1.5.1 网络工程的招投标概述

网络工程通常涉及大量资金，而根据我国有关政策规定，用户方寻找集成商要通过招标方式，而集成商寻找用户方要通过投标方式。

选择满足用户需求的系统集成商和设备供应商是网络建设中很重要是一个环节，用户方有可能以招标的方式选择系统集成商或设备供应商，用户方对网络系统的意愿应体现在发布的招标文件中。网络系统集成商则以投标的方式来响应用户方招标。

对于大型网络系统，招投标过程可为两步：第一步为用户方招总包单位，第二步总包单位单独或与用户方联合招分包单位。总包单位代表用户方对本网络系统全面负责。

系统集成商在投标之前，应与用户进行充分的交流，并进行现场勘察，认证分析和研究用户需求分析，提出初步的技术方案。一旦中标，则需要与用户方签订合同。合同是网络系统集成商与用户方之间的一种商务活动契约，受法律保护。

系统集成商确定投标网络工程建设时，初期的主要工作内容包括投标书的准备、与用户方交流、需求分析、初步的技术方案设计、撰写投标书。

投标书的内容主要有工程概况、投标方概况、网络系统技术方案、应用系统设计方案、项目实施进度计划、培训维修维护计划、设备清单及报价。

进入述标与答疑阶段时，招标方都会组织投标的系统集成商进行述标，并回答专家组提出的问题。网络集成商一旦中标，就进入商务洽谈与签订合同阶段，集成商开始与用户方进行商务洽谈。主要是围绕价格、培训、服务、维护期以及付款方式等进行洽谈，最终达成一致后签订合同。

招投标的过程表面上看是一个商务过程，其实是一个工程技术实施的全方位选择过程，涉及对计算机网络建设的技术要求、网络系统的功能要求，投入的资金总额和预算情况，以及提供商和集成商的实力和信誉，系统集成方案的选取依据、可以提供的维护服务等深层次的内容。

标书是招投标工作的纲领性文档，标书的内容和格式应遵循有关标准和网络设计规范。用户应认真审阅标书的主要内容，组织专家组评价标书，对标书中的网络工程概况、投标方概况、网络系统设计方案、应用系统设计方案、项目组成员概况、项目实施进度计划、网络系统售后维护计划、用户培训计划、设备清单和报价等内容进行审核和分析，提出在述标与答疑阶段应着重询问和弄清楚的问题及建议。通常标书会作为网络工程项目合同的一部分进行存档。

1.5.2 网络工程招投标步骤

对于网络工程使用的网络设备，以及网络设备提供商和网络系统集成商，需要通过招投标来确定。采用工程招投标的方法，主要目的是合理使用计算机网络建设的资金，在满足网络用户需求的前提下，尽可能选取性价比高的网络设备，为网络系统性能提高，以及网络系统的可靠性、可扩展性、可维护性提供保障。

一般说来，网络工程招投标步骤如下：

(1) 网络用户提出招标方案，内容为网络提供的服务和功能，选取的设备提供商，工程周期要求等。

(2) 由用户部门组织进行对招标方案的论证,就招标方案可行性、经济性、资金使用、先进性进行评价。

(3) 用户公布招标公告,征询设备提供商和系统集成商。

(4) 网络设备提供商和网络系统集成商给出投标书,召开投标评审会议,投标方进行述标和答疑,确定采用的提供商和集成商。

(5) 用户与中标的系统集成商进行商务洽谈,讨论有关计算机网络建设中的细节事项,签订计算机网络建设项目合同,把投标书作为合同的附件。

投标书封面格式范本如表 1-1 所示。

表 1-1 投标书封面格式范本

投 标 书

项目名称:
投标单位:
投标单位全权代表

投标单位: (公章)
年 月 日

投标书的格式范本如表 1-2 所示。

表 1-2 投标书的格式范本

投 标 书

×××项目评标委员会:

根据×××项目(招标编号)投标邀请,签字代表×××(全名、职务)经正式授权代表投标人×××(投标方名称)提交下述文件正本一份和副本一式×××份。

1. 开标一览表。
2. 投标价格表。
3. 按投标须知要求提供的全部技术文件。
4. 资格证明文件。
5. 投标保证金,金额为人民币________元。

据此函,签字代表宣布同意如下:

1. 所有投标报价表中规定的投标总价为人民币________元。
2. 投标人将按招标文件的规定履行合同责任和义务。
3. 投标人同意提供与其投标有关的一切数据和资料。
4. 如果投标人在投标有效期内撤回投标,且投标保证金将被贵方没收。
5. 与本投标有关的一切正式往来信函请寄:

邮编:________ 地址:________
电话:________ 传真:________

投标负责人:________
投标人名称(公章):________
全权代表签字:________

年 月 日

1.5.3 用户对投标书的审定内容

用户对投标书的审定包括几个方面：

(1) 投标方的基本情况，包括资质信誉、技术实力、业绩、已有工程项目实施情况的了解。

(2) 投标方案内容是否符合用户招标要求，给出的工程概况对网络工程的环境、信息点分布、网络提供的性能，投标方对用户需求是否理解，所提供方案是否可以满足用户对网络服务功能的要求。

(3) 标书的内容和格式是否符合国家或行业的标准和规范要求，以及技术指标的量化要求。

(4) 网络系统技术方案，包括逻辑网络设计、物理网络设计、网络设备选型、网络安全管理设计、网络应用软件等的合理性、实用性和先进性。

(5) 应用系统设计方案，在网络系统上可以支持的应用系统，可以由系统集成商开发，也可以由第三方开发。

(6) 项目实施进度计划，项目实施人员的情况，项目建设的时间安排，包括供货周期、施工周期，以及阶段测试时间、验收时间、用户培训时间。

(7) 培训、维护内容。对用户的培训内容、培训对象、培训计划、培训地点。免费技术支持和维护内容、时间。收费技术支持和维护的内容。售后服务的响应时间。网络设备的备品数量和存放地点等。

(8) 设备清单和报价是否满足网络系统的所需的数量、质量和性能要求。报价应包括设备价格，施工材料费用；设计、施工、安装、调试、测试、人员培训、售后服务等费用。所用设备应标明设备名称、型号、厂商、产地、数量、单价和总价，以及网络系统集成总价及付款方式。

1.6 网络工程文档及管理

1.6.1 技术文档概述

没有技术文档的设计只能成为一种设想，技术文档指某种数据管理概要和其中所记录的数据，技术文档是网络工程建设的纲领性文件。文档属于网络系统的一部分，文档的编制在网络工程工作中占有突出的地位和一定的工作量。文档编制可以采用自然语言、(半)形式化语言、各类图形和表格。文档由人或计算机书写(生成)或阅读(识别)。高质量、高效率地开发、分发、管理和维护文档对于提高网络系统建设和应用效率有着重要的作用。

网络工程文档的阅读对象是网络用户、网络设计者、系统集成商、施工人员、验收测试人员、第三方人员。网络工程文档提供了网络工程设计、施工和验收的依据，对提高系统设计过程中的可见度、提高工作效率提供帮助，是工程阶段的工作成果或结束标志。技术文档记录工程实施过程中事件、有关测试、验收的信息，使得用户容易了解网络工程设计、施工方案和实施进度。例如，在网络设计阶段可能形成的技术文档有可行性研究报告、项目招标说明书、用户需求说明书、项目总体设计说明书、项目子系统设计说明书等。

通过阅读技术文档，提高系统设计过程中的能见度。把设计过程中发生的事件以某种可阅读的形式记录在文档中。文档记录设计过程中的有关信息，提供对系统的运行、维护和培训的有关信息。便于协调以后的系统设计、使用和维护，管理人员可将有关记载作为检查系统设计进度和设计质量的依据。便于潜在用户了解系统的性能等各项指标。

技术文档是网络工程的航标，可以提高网络设计和施工效率。开发人员基于文档，能对各阶段工作进行周密思考、全盘权衡，从而减少返工。可在开发早期发现错误和不一致，便于加工纠正。技术文档又可以作为设计人员在一定阶段的工作成果和结束标志。

1.6.2 网络工程文档的作用

文档具有永久性、可保存、历史性、可调阅等特征。在网络工程中，文档是用来对活动、需求、过程或结果进行描述、定义、说明、报告的书面或图表信息。网络工程文档给出网络系统设计和实现的细节，构成网络系统的一部分，文档的编制工作量大、地位重要，因为文档是网络工程设计、施工、规范体现、验收和维护的依据和指南。文档本身也需要管理、维护、修改和补充。按规范要求生成一整套文档的过程，是与网络工程的系统开发过程紧密联系和同步进行的。

网络系统通常具有结构复杂、设备种类繁多、技术多样、建设周期长和需要进行软件应用程序开发等特点。因此需要将过程控制贯穿到系统集成工程的各个环节中去，而对过程进行控制的最好方法是将其标准化。这种标准化的主要表现形式是用标准的文档方式制定出任务的执行步骤，以及任务的各个阶段必须出具的文档及其格式标准。

文档的描述可以采用自然语言、形式语言、算法语言、图形和表格。文档的生产可以通过书写，也可以通过计算机软件编写。文档必须是可以阅读的。网络工程中文档一般用自然语言和图形表格描述。

系统文档在系统设计过程中起着重要的作用如下：

(1) 给出网络工程实施过程指导、纲领和依据。把网络工程设计过程中需要遵循的规范、实施的工作内容以某种可阅读的形式记录在文档中。记录网络工程建设过程中的有关数据和事件信息，便于协调施工内容，并为以后的网络系统设计、使用和维护提供参考。

(2) 管理人员可把这些技术文档作为检查网络系统开发进度和开发质量的依据，实现对网络工程系统建设过程的管理。

(3) 提高网络工程设计和工作效率，提高能见度，容易发现实施中存在的不一致性，可以在早期发现错误，及时纠正问题，减少返工。

(4) 作为网络工程实施的某一阶段的工作成果或结束标志，用于检验各实施阶段任务是否完成，实施质量、实施进度是否符合要求，为一致性检查、后期工作开展考虑提供依据。

(5) 提供网络系统运行、维护和培训的有关信息，便于管理人员、设计人员、操作人员、用户之间的协作、交流和了解。

(6) 便于网络用户理解网络系统的功能、性能等各项技术指标，便于用户了解网络系统的工作原理，为网络用户使用网络可以提供的应用，以及选购或定制符合自己需要的网络系统提供依据。

(7) 为网络工程验收提供依据，通过检查各种文档的数据，可以判断网络工程建设的目标、技术指标、应用需求是否实现，尤其为是否实现了“简单可用、高性能价格比”提供参考资料。

1.6.3 网络工程文档的分类

按照文档产生和使用的范围，系统文档大致可分为以下3类：

(1) 开发文档。包括需求说明书、数据要求说明书、概要设计书、详细设计说明书、可行性研究说明书和项目开发计划书。

(2) 管理文档。包括网络设计计划、测试计划、网络设计进度月报及项目总结。

(3) 用户文档。包括用户手册、操作文档、维护修改手册和需求说明书。

总的来说，文档就是在工程前记录工程是要怎么做的，在工程中记录工程实际是怎么做的，在工程后记录的是做出来的这个东西是怎么用，怎么维护修改的。

有了文档，工程师才能在项目开发上很好地把握项目的质量和完成时间，这样才能更好、更快地完成项目，交给用户一个满意的网络系统。正因为文档如此重要，所以对文档也有诸多要求：

(1) 文档的文字必须十分确切，不能存在一词多义性。

(2) 文档必须分清读者对象，对不同的读者写不同的文档。

(3) 文档必须十分清晰，力求简明易懂。

(4) 任何一个文档必须是完整的、独立的。

在系统的运行期间，还需要对各种文档进行维护补充和修改，为今后系统的运行提供新的技术文档，从而保证网络系统的正常运行。

网络工程文档的编写应遵循中国国家质量技术监督局1988年1月颁布的“计算机软件开发规范”和“软件产品开发文件编制指南”。国家标准涉及的技术文档有13种类型：

(1) 网络工程建设可行性研究报告。

(2) 网络工程项目开发计划。

(3) 网络系统建设需求说明书。

(4) 数据要求、技术指标说明书。

(5) 概要设计说明书。

(6) 详细设计说明书。

(7) 用户手册。

(8) 操作手册。

(9) 测试计划。

(10) 测试分析报告。

(11) 项目开发进度阶段报告。

(12) 项目开发总结、验收报告。

(13) 维护与修改建议。

这些文档的内容包括网络系统建设理念、网络系统设计、开发实施、技术要求、维护和验收、用户培训手册等。有些文档描述一个阶段的工作，有些文档会跨越多个阶段。网络工程建设各阶段与技术文档的联系如表1-3所示。

表 1-3 网络工程建设各阶段与技术文档的联系

	可行研究	需求分析	系统设计	系统开发	设备安装	系统测试	运行维护
可行性研究报告	√						
项目开发计划	√	√					
需求说明书		√					
技术指标说明书		√	√	√		√	
概要设计说明书			√	√			
详细设计说明书			√				
用户手册		√		√	√		√
操作手册			√	√	√		
进度阶段报告	√	√	√	√	√	√	
测试计划		√	√	√			
测试分析报告						√	
项目开发总结							
维护与修改建议手册							√
⋮							

网络工程技术文档的用途是要向系统设计开发人员、系统施工人员、系统管理部门和网络用户告知一些问题：

(1) 要满足那些需求，即回答“做什么”(What)。

(2) 所开发的系统在什么环境下实现，所需信息从哪里来，即回答“从何处”(Where)。

(3) 开发工作时间如何安排，即回答“何时做”(When)。

(4) 开发或维护工作打算“由谁做”(Who)。

(5) 需求应如何实现，即回答“怎么做”(How)。

(6) 为什么要进行这些系统开发或维护修改工作，即回答“为何做”(Why)。

网络工程技术文档与告知问题之间的关系如表 1-4 所示。

表 1-4 网络工程技术文档与告知问题之间的关系

	做什么	从何处	何时做	由谁做	怎样做	为何做
可行性研究报告	√					√
项目开发计划	√		√	√		
需求说明书	√	√				
技术指标说明书	√	√				
概要设计说明书					√	
详细设计说明书					√	
用户手册					√	

续表

	做什么	从何处	何时做	由谁做	怎样做	为何做
操作手册					√	
进度阶段报告	√		√			
测试计划			√	√	√	
测试分析报告	√					
项目开发总结	√					
维护与修改建议手册	√			√		√
⋮						

1.6.4 网络工程文档的主要内容

网络工程文档可以分为用户文档、设计文档、管理文档。

1. 用户文档

(1) 网络硬件配置说明书。用于描述设备、部件、材料的技术参数、接口规格、连接方法、设备之间的兼容性等。硬件设备文档主要有设备厂商提供。

(2) 网络软件配置说明书。用于描述网络操作系统安配方法、网络服务器软件安配方法、数据库软件安配方法、用户定制软件安配方法、网络管理软件安配方法等。使用户了解怎样使用和维护网络软件。

(3) 网络系统配置说明书。说明交换机、路由器、防火墙等网络设备的配置方法，以及IP 地址规划方法，给出各种测试用例。

(4) 网络运行维护建议。对运行环境提出建议，例如，对温度、湿度的要求。对网络系统的日常维护内容给出建议，用户操作时带电插拔的要求，防静电的措施等，并对故障责任界定给出规定和说明。

2. 设计文档

(1) 用户需求分析说明书。内容包括用户业务需求、网络性能、约束条件。说明网络需要提供的功能，需要实现的网络服务有哪些，用户需求分析结果是网络设计的主要依据。

(2) 网络结构设计说明书。说明系统总体设计、子系统设计、地址规划、性能设计、安全设计、网络管理设计等。提供网络扩展性、可靠性的设计方法是什么。网络结构设计是网络施工的基础。

(3) 综合布线设计说明书。说明主干链路设计、传输介质选择、垂直布线设计、水平布线设计、工作区布线设计、中心机房设计、接地要求、布线设备和材料等。

3. 管理文档

网络工程项目实施规划，用户和集成商的负责人员、建设进度、项目经费预算等。给出网络工程项目实施进度表，把任务分工到部门和个人，并给出阶段完成时间要求，阶段测试内容、验收标准。

网络系统测试分析报告，包括的主要内容有测试目的、依据的技术或行业标准、技术指标要求、测试采用方法、测试设备、环境条件、测试用例、测试结果允许的偏差等。

网络系统变更说明，用于给出变更的内容，变更的原因，如何变更，替代的方案是什么，变更可能会带来的影响，涉及哪些因素，这些因素可能是时间、成本、质量、性能。

网络工程建设进度阶段报告，在项目实施阶段给出进展情况分析，与预期的比较，遇到的问题是什么，怎样解决的，以及阶段取得的成果，存在的问题，对后期阶段的影响，对下面工作的建议等。

网络工程项目总结报告，应在工程试运行之后，通过测试、验收之后，撰写出总结报告，对网络工程项目建设总体情况给出分析，说明是否达到了预期设计目标，提供的网络服务是否可以满足用户需求，存在的问题，以及对今后网络运行维护的建议等。

1.6.5 网络工程文档的管理与维护

网络工程技术文档是网络建设的纲领性文件，网络技术文档也在网络设计人员、系统集成商、网络用户之间起着联系沟通的桥梁作用，给网络建设中的各类人员的工作实施提供指导和帮助。好的网络工程技术文档对提高质量、减少返工、减低成本起到作用。对网络工程技术文档的质量应有较高的要求，好的技术文档应有以下特征：

(1) 针对性。分清阅读文档的对象，明确他们的需求。

(2) 准确性。文档内容的行文应当确切，避免多义性表述，有关的多个文档的内容表述应一致，避免术语不统一。

(3) 清晰性。文档表述应有条理、简明扼要、容易理解，尽可能多用图和表，增加可读性和直观性。

(4) 完整性。每一个文档应是独立的、完整的文本，文档内容应确保可用，文档格式符合要求。

此外还应考虑网络技术文档的灵活性，提出建议如下：根据不同的网络系统需求、规模、投资资金，确定需要编制的文档种类；根据文档阅读者对网络工程系统建设的熟悉情况，确定所编写文档的详细程度；若某一文档内容过多，可以编写成多个分册；若通用的文档类型或格式不能满足要求，可以编写专用的文档；文档的描述方法可以采用多种描述方式，例如，自然语言、形式化语言、图表、有限状态机等。

在网络工程建设过程中，各种技术文档作为半成品或成品，伴随着网络建设实施不断地对技术文档进行修改、补充和完善，最终形成各种技术文档，需要注重对技术文档的管理和维护。

各系统开发小组应设一位文档管理员，开发小组成员可以保存个人技术文档。应重视技术文档新旧版本管理和控制。项目组应有专人管理文档，每种文档至少应有两套主文本，且内容完全一致，仅允许其中的一套可供借阅。

设计、开发、施工、验收人员只保管与他的工作有关的部分技术文档，当阶段实施完成后，应及时上交各自所保管的技术文档，以便对技术文档进行一致性检查和归档。

技术文档内容有变化时，应及时更新。在对旧文档进行修改形成了新的文档以后，应及时撤销旧文档。注意发现技术文档中不一致性问题并及时验证和解决。在对主文本进行修改时，应估计修改会带来的影响，建议按照提议、评议、审核、批准、实施的程序，产生新的技术文档的主文本。

网络工程建设项目结束后，应及时收回有关人员手中的技术文档，形成网络工程建设的总技术文档，装订成册，并制作副本，供平时阅读。

1.7　网络施工的质量控制与监理

1.7.1　网络工程的质量控制

网络工程建设包含多个环节，涉及许多人员。如何组织项目团队成为项目管理的重要问题。项目实施过程中所需人员及组成有：

(1) 决策人员。由项目的参与方共同组成。

(2) 分析设计人员。主要由网络系统设计师、网络设计工程师和用户组成。

(3) 项目实施人员。由网络工程师、布线工程师和程序员等技术人员组成。

(4) 质量监督人员。由用户、项目监理单位、工程实施方组成。

(5)工程管理辅助人员。由验收人员、文档管理人员、第三方测试人员组成。

网络工程项目的实施过程，有必要制定一个网络用户认可的工程质量标准。网络工程质量标准是在多方面综合协调的基础上制定的，涉及网络工程的投资规模、网络系统目标、采用的技术和方法、网络系统实现的功能等。

制定了网络工程质量标准后，还需要建立一套能够达到这一标准的质量保证机制，方便进行质量控制。网络工程项目的质量控制按其控制主体可分为：

(1) 建设单位的质量控制，可以通过合同委托工程监理单位实施质量目标管理，对网络工程项目进行质量监理。

(2) 承包单位的质量控制，依靠承建单位的质量自检体系来实现。

网络工程项目建设的过程是其质量形成的过程，过程中的每一阶段、每一环节都会对网络工程的整体质量带来影响。网络工程的质量应能够体现出对用户需求的满足程度，以及对用户需求变化的满足程度。网络工程质量所呈现的网络系统的质量表现内容，是由其内在质量特征决定的。

2007年，中国国家标准化管理委员会制定颁布国家标准GB/T 19668“信息化工程监理规范”，其中，第4部分为“计算机网络系统工程监理规范”。在网络工程建设过程中，由于工程建设单位自身力量有限，通常借助第三方监理进行网络工程质量管理。

网络工程监理人员在网络工程建设过程中，需要对承建方的开发设计和施工人员提出各阶段、各个环节应达到的保证一定质量水平的质量要求。根据网络工程的施工计划和进展情况，同网络工程实施人员一起建立起一套机制，即技术方法、衡量标准和测试方法。通过工程各阶段质量控制，努力达到保证网络工程系统整体质量标准的目标，为网络工程建设按期保质进行保驾护航。

网络工程监理的主要工作包括：给用户提供网络设计和施工咨询；参与讨论制定网络工程施工方案；参与制定网络工程质量标准，建立质量保证机制；评审网络工程设计方案；参与确定网络工程施工单位；检查网络工程开发人员是否按照规定的涉及目标、规范、标准进行系统的建设；掌握和检查工程施工进度；按期分段对网络工程进行测试和检验；通过监理保证网络工程按期、高质量地完成；对网络工程投资进行监理；对网络工程采购设备进行监理；定期撰写监理工作报告；组织网络工程验收工作。

1.7.2 网络工程的监理

对网络建设方案进行评审是保证网络工程质量的重要一环。评审的目的是确定网络用户的需求是否得到了充分满足，网络工程建设单位总体目标的可行性。评审的主要内容包括：

(1) 网络工程建设方案能否满足网络用户及建设单位决策者的需求，应遵循首先考虑决策层的目标需求，同时兼顾网络管理人员的需求。

(2) 网络设计、网络施工技术的开放性，是否采用标准化的技术、方法、产品。

(3) 确定网络工程建设方案的经济性，投资规模，性价比，拟采购网络设备性能，预期的收益。

选择网络施工单位可以采用招投标方法，也可以根据网络用户和监理的经验直接遴选或协商。在招投标过程中，工程监理应该参与的主要工作包括：

(1) 与网络用户共同编制网络工程标底。

(2) 协助网络用户做好招标前期准备，编制招标文件。

(3) 发布招标通告或邀请函，回答网络工程设计和建设的有关问题。

(4) 接受投标单位的标书。

(5) 审查投标单位的资格和企业资质。

(6) 组织评标委员会，邀请相关的专家参加评标。

(7) 开标、评标和决标，确定网络工程施工单位。

(8) 与施工单位签订与网络工程建设有关的合同和协议。

在网络工程施工周期的每一个阶段，监理都需要与项目开发人员进行交流，进行施工过程监理，根据质量标准检验和审核阶段性结果和最终结果。同时，监理也有责任协调用户和施工单位的关系，明确职责界面。网络工程监理主要的工程检验和审核工作有：

(1) 对网络设备及部件进行到货检查和验收。

(2) 监控网络设备安装工艺、网络施工进度。

(3) 协助网络施工单位解决可能出现的问题，确保工程按施工计划进行。

(4) 组织对网络设备性能测试、网络应用测试、网络软件测试。

(5) 检查网络设备配置的合理性、各种网络服务是否实现、网络安全性及可靠性是否符合要求。

(6) 测试网络性能，撰写网络性能测试报告。

(7) 对下一阶段工作给出指导性建议。

网络工程竣工后，监理要配合施工单位组织实施网络系统试运行，包括创建试运行环境，模拟各种运行条件和现象，审核与确认试运行记录，签署认可测试报告，组织网络工程验收。

监理组织网络工程验收工作的主要内容有：

(1) 编制验收大纲、规程。

(2) 审核网络工程竣工资料的准确性、一致性、完整性。

(3) 对网络系统的性能、测试和试运行情况进行检查。

(4) 协助网络用户组织第三方测试或行业主管部门验收。

(5) 审核网络工程投资经费使用情况，审核网络工程造价决算。

(6) 督促网络工程设计和施工单位为用户建立详细的网络工程技术档案。

(7) 审核网络系统培训技术资料、人员培训计划。

(8) 审核网络系统操作规程、网络设备管理方案、网络维护方案。

习题

1. 写出网络工程的定义。
2. 网络工程本身具有什么特点？
3. 网络工程设计的目的是什么？
4. 网络工程建设时，需要回答和解决的问题有哪些？
5. 什么是集成、系统集成、网络系统集成？
6. 系统集成的任务有哪些？
7. 网络系统集成的特点体现在哪里？
8. 网络系统集成的体系框架包括哪些内容？各部分之间怎样联系？
9. 给出网络工程系统集成模型，说明其特点。
10. 设计网络系统集成模型时，需要注意的原则有哪些？
11. 写出网络系统集成模型的特点。
12. 需求分析的内容涉及哪些方面？
13. 什么是逻辑设计？什么是逻辑网络设计？
14. 逻辑网络设计的重点应放在哪里？
15. 逻辑网络设计应确定和给出的技术文档有哪些？
16. 什么是物理网络设计？
17. 物理网络设计应确定和给出的技术文档有哪些？
18. 网络设备安装测试与验收的主要工作内容是什么？
19. 网络系统集成遵循的规则主要有哪些？
20. 网络工程设计遵循的原则主要有哪些？
21. 什么是网络系统的生命周期？
22. 网络系统集成的步骤包括哪些？
23. 网络测试包括哪些内容？
24. 为什么说网络维护伴随网络运行的整个过程？
25. 网络工程设计需要注意的 3 个方面是什么？
26. 网络工程设计中可能存在的问题有哪些？
27. 网络建设中应遵从的理念是什么？
28. 网络设计的约束因素主要来自哪里？
29. 网络操作系统(NOS)应具有哪些特征？
30. 举例说明网络工程中的透明性。
31. 计算机网络中的用户有哪些？
32. 网络工程招投标过程的实质是什么？

33. 写出网络工程招投标步骤。
34. 用户对投标书的审定包括哪些内容？
35. 网络工程文档的阅读对象有哪些？
36. 技术文档编制可以采用哪些方法？
37. 写出网络工程文档的作用。
38. 系统文档在系统设计过程中的作用有哪些？
39. 系统文档大致可分为几类？
40. 对技术文档的要求有哪些？
41. 国家标准涉及的技术文档有哪些？
42. 技术文档要告诉人们哪些问题？
43. 网络工程文档的主要内容有哪些？
44. 合格的技术文档具有哪些特征？
45. 怎样对技术文档进行维护和管理？
46. 网络工程项目实施过程中涉及哪些人员？
47. 网络工程项目的质量控制按其控制主体可分为哪些内容？
48. 网络工程监理的主要工作包括哪些内容？
49. 对网络工程评审的主要内容包括哪些？
50. 工程监理应该参与的主要工作有哪些？
51. 工程监理主要的工程检验和审核工作有哪些？
52. 监理组织网络工程验收工作的主要内容有哪些？

第2章　网络工程理论与技术

2.1　计算机网络协议层次和位置

2.1.1　理论技术基础在网络设计中的作用

网络工程设计和实践是离不开理论指导的，在进行网络设计、网络配置、网络施工、网络验收和维护，以及网络故障排除时，要做到知其然，更知其所以然。

通过学习计算机网络理论和技术基础知识，结合身边的网络应用，来感受网络设计的基本特点。

从逻辑上讲，构成计算机网络的所有网络实体均可以被抽象为两种基本构件：称为链路的物理介质和称为节点的计算机设备。

链路可以分为：点对点链路，一条物理链路有时仅与一对节点相连；多点接入链路，多于两个节点共享同一条链路。用“网络云”来表示任意类型的网络，可以递归地通过互连“网络云”形成更大的“网络云”来构建任意大的网络，网络能通过网络的递归来构建。需要深刻理解链路和节点的概念，理解当代5层计算机网络体系结构的层次和协议。

设计计算机网络时，交换机和路由器是最为关键的网络设备。局域网可通过接入网和广域网形成更大规模的企业网。企业网是一个广义的概念，它通常可与校园网和园区网等名词互换使用。将因特网的标准和技术应用于企业网，就形成了用于企业内部的专用网络内联网(Intranet)。与内联网相对应的是外联网(Extranet)，它是对内联网的扩展和外延。

接入网是指在业务节点接口(SNI)和与其关联的每一个用户网络接口(UNI)之间，由提供网络业务的传送实体组成的系统。发展接入网技术包括两条技术途径：通过对现有网络技术(如电话网、有线电视网、以太网、光纤网)进行改造；研制新的接入技术。目前因特网的主要接入方式有xDSL、无线接入、拨号接入、光纤同轴混合网接入、光纤接入。

网络分类的依据及网络名称如表2-1所示。

表2-1　网络分类的依据及网络名称

分类依据	网　络　名　称
地理范围	局域网、城域网、广域网、家庭网、个人网
拓扑结构	点对点型、总线型、星型、树型、环型、网状型、蜂窝型、混合型网络
传输介质	有线传输介质主要有：双绞线、同轴电缆、光缆网络。无线传输介质主要有：无线电、微波、红外线、激光网络
业务类型	计算机网、电信网、电视网、电力网、移动网
传输方式	广播网络、点对点网络
网络协议	以太网、令牌环、AppleTalk、Novell、FDDI、IPX、IP、ATM网络
交换技术	电路交换、分组交换、报文交换、信元交换网络

续表

分类依据	网络名称
信道复用	空分复用、频分复用、时分复用、统计时分复用、波分复用、码分复用
接入技术	有线：PSTN、ISDN、X.25、FR、DDN、ADSL、HFC、Ethernet。无线：LMDS、MMDS、WLAN、GPRS、VSAT、DBS
通信技术	用户驻地网(CPN)、接入网(AN)、交换网(IP、ATM)、传输网(PDH、SDH、DWDM)
网络性质	业务网(电话网、数据网、电报网、传真网、多媒体网、综合业务网、智能网等)；支撑网(信令网、同步网、管理网)

2.1.2 计算机网络体系结构与协议层次

计算机网络体系结构有哪些层次、每层完成什么样的功能、支持和用到哪些网络协议、适应于哪些应用？这些是了解计算机网络理论和技术的首先应弄清楚的问题。当代计算机网络体系结构按5个层次组织和描述。

计算机网络体系结构的5个层次，自顶向下依次为应用层、运输层、网络层、数据链路层和物理层。对应每层的网络协议数据单元(PDU)依次为报文、报文段、分组、帧和位流。对应各个层次的计算机网络协议称为协议数据单元PDU，例如，IP分组就是网络层的协议数据单元。

局域网的体系结构仅涉及数据链路层和物理层，这是因为局域网是一个通信网，考虑到局域网可以采用不同的拓扑结构、不同的传输介质、不同的信道访问协议，又把数据链路层划分为逻辑链路子层LLC和介质访问控制子层MAC。LLC对所有的局域网是基本相同的，只是到了MAC之后，才可以区分出局域网所采用的技术。在进行网络工程实践时主要是在企业网(Intranet)环境中进行的。

计算机网络是一个复杂的系统，在研究、设计和实现时，采用层次结构，按照人们解决复杂问题的方法，把复杂系统所要实现的功能划分到各个层次上，网络中的每一个层次实现特定的功能，各个层次互相独立，层与层之间通过接口联系，下层为上层服务，从而简化了系统的设计。各层实现的功能是由各层对应的网络协议实现的。通信的双方具有相同的层次，同一层次实现的功能由协议数据单元(PDU)来描述。不同系统中的同一层构成对等层，对等层之间通过对等层协议进行通信，理解彼此定义好的规则和约定。计算机网络中同一层次上实现的协议也称为对等层协议。

计算机网络体系结构是计算机网络层次和协议的集合。网络体系结构对计算机网络实现的功能，以及网络协议、层次、接口和服务进行了描述，但并不涉及具体的实现，实现各层的功能各需要什么硬件或软件，可以由网络设计者确定，前提是要确保网络层与层之间的接口不要变化，这从另一方面体现了计算机网络的开放性、可扩充性、独立性、灵活性和易维护性。计算机网络体系结构采用分层方法有利于促进标准化、易于实现和维护，各层实现技术的改变不会影响其他层次。

接口是同一节点内相邻层之间交换信息的连接处，或称为连接位置，也叫服务访问点(SAP)。低层通过接口向高层提供服务。某一层的相邻层包括该层的上一层和下一层。下层为上层提供服务。在讨论中约定(n)表示第n层，$(n+1)$表示第$n+1$层，$(n-1)$表示第$n-1$层。高层使用低层提供的服务时，不需要知道低层服务的实现方法。计算机网络中的层次概念体现了对复杂系统采用“分而治之”，简化处理难度的策略。

2.1.3 计算机网络协议(PDU)的格式

在计算机网络中，用协议数据单元(Protocol Data Unit，PDU)描述网络协议。在计算机网络中，计算机设备之间的通信类似于人们之间的通信，采用的是书面语言。PDU 是用二进制语言表示，可以被通信双方彼此理解、有结构的、由二进制数据 0 或 1 组成的数据块。网络体系结构中的每一层次都有该层对应的 PDU。PDU 由控制部分和数据部分组成，控制部分由若干字段组成，表示通信中用到的双方可以理解和遵循的协议，数据部分为该层需要传输的信息内容。

PDU 控制部分就是通信双方遵循的规则和约定，控制部分即是该层的协议，由若干个字段组成。PDU 数据部分一般为上一层次的协议数据单元。协议数据单元(PDU)的格式如图 2-1 所示。人们经常说的协议封装(打包)，讲的是在发送方从高层到低层，高层的协议数据单元到低一层时，成为该层协议数据单元的数据字段的内容。在接收方从低层向高层逐层剥离出数据字段的内容，也称为拆封(拆包)。在拆封的过程中，通信双方对等层之间次彼此理解协议，实现了对等层次之间的通信。

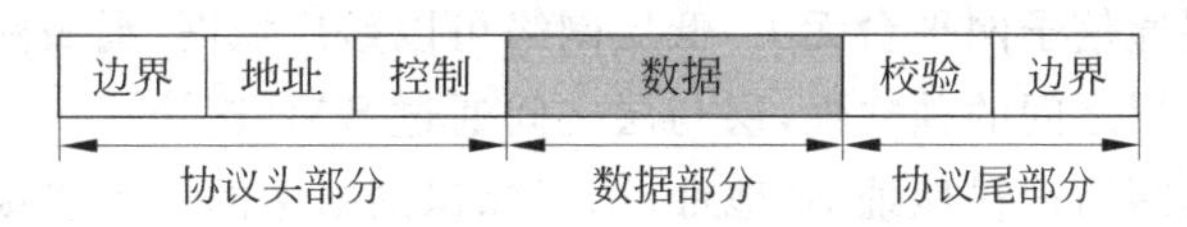

图 2-1　协议数据单元(PDU)的格式

2.1.4 计算机网络协议及协议要素

计算机网络协议是计算机网络中的计算机设备之间在相互通信时遵循的规则、标准和约定。一种网络协议是一组控制数据通信的规则。

计算机网络协议有三个要素：

(1) 语法，即信息格式，协议数据单元(PDU)的结构或格式，包括哪些字段，字段的作用。

(2) 语义，某些信息位组合的含义，标识通信双方可以理解的含义，例如，是何种控制信息、完成何种操作、作出何种响应。具体地讲，就是协议数据单元(PDU)中某一字段若干二进制位 0 或 1 组合的含义。

(3) 同步，也称为时序，为完成一次通信所需要的不同 PDU 之间有操作顺序规程。即收、发双方要能分辨出通信的开始和结束，知道哪些动作先执行，哪些动作后执行。有时同步也称为规程。

可以看出，语法定义了怎么做，语义定义了做什么，同步时序关系定义了什么时候做。

2.2 TCP/IP 协议参考模型

2.2.1 TCP/IP 协议的两个要点

1972 年美国加州大学洛杉矶分校的 Vinton G. Cerf(温特 · 瑟夫)和 Bobert E. Kahn

(鲍伯·卡恩)进行了“网络互联项目”研究。研究目标是实现不同网络上的主机之间的通信,研究过程中两人发明了称为“网关”的设备,通过“网关”实现了不同网络主机之间通信。这个“网关”类似于今天使用的路由器。

TCP/IP 协议有两个基本要点:

(1) 网络的通信要分层次,每个层次只实现一种特定的功能。例如,IP 层的功能是实现协议包从源节点到目的节点的网络传输,提供尽力交付的服务,并不关心和处理协议包的丢失,协议包的丢失问题交给 TCP 层处理。

(2) 每层之间用“信封”方式把上一层的内容封起来,再加上一些本层的信息,叫做协议包头,也称为协议首部,用来告诉网络和目的地的计算机如何处理这个协议包。网络中协议包的传输过程类似日常生活中邮局传递信件的过程,每封信件就是一个包,信所包含的信息本身是传输的内容,信封上的信息,例如,邮政编码、是否快递、航空、挂号等,类似 TCP/IP 的协议包头的内容。

TCP/IP 协议具有以下特点:

(1) 是一个开放的网络协议簇,免费使用,给出网络结构层次和对等层网络协议描述。

(2) 做到与计算机硬件和操作系统无关,与特定的网络硬件无关。

(3) 做到与低层通信子网平台无关,低层网络可以是广域网、局域网、无线网等。

(4) 实现了层与层之间的独立性,层与层之间通过 SAP 连接。

(5) 提供统一的网络逻辑地址 IP 地址,用于标识网络中的一个连接。IP 地址使得异种计算机、异种计算网络互联成为可能。

(6) 运输层协议 TCP 可以屏蔽通信子网的差异,提供可靠的端到端的数据传输。

(7) 应用层协议内容丰富,提供了较好的可扩充性。

TCP/IP 协议是因特网采用的网络协议,也称为因特网的语言。目前多数操作系统均支持 TCP/IP 协议。TCP/IP 协议是事实上的计算机网络标准,是在设计和组建计算机网络时采用最多的计算机网络协议。

2.2.2 TCP/IP 协议结构

TCP/IP 协议结构包含 4 个层次,自顶向下依次为应用层(Application Layer);TCP 层(Transport Layer),也称为运输层;IP 层(Internet Layer),也称为互联网层;网络接口层(Network Interface Layer,NIL)。TCP/IP 协议的层次结构如图 2-2 所示。

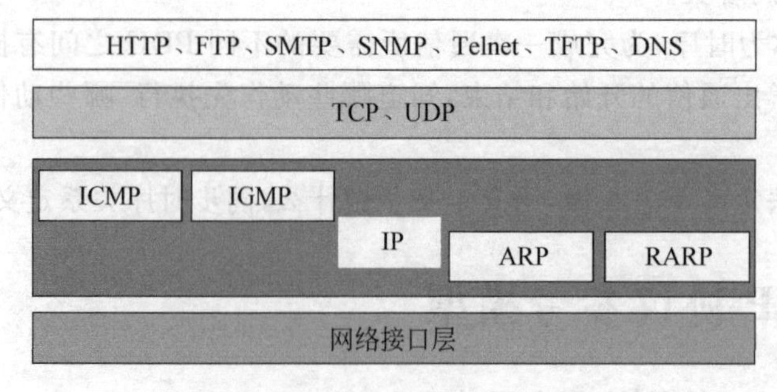

图 2-2 TCP/IP 协议的层次结构

按5层计算机网络体系结构对应考虑,应用层对应5层网络体系结构中的应用层,TCP层对应着运输层,IP层对应网络层,网络接口层对应着数据链路层和物理层。

TCP/IP层次协议对网络接口层没有给出具体的协议描述,问题是为什么没有定义低两层(物理层、数据链路层),答案是,TCP/IP协议可以支持所有的底层网络结构,这些底层网络实现通信子网的数据传输和数据交换功能,例如,可以是各种各样的局域网(LAN),各种各样的广域网(WAN)、无线网络、卫星网络等,IP分组都可以封装在这些不同底层网络的帧(PDU)中传输。

网络接口层用于控制对本地局域网或广域网的访问,由于TCP/IP协议在设计时考虑要与具体的物理传输介质无关,TCP/IP协议层次中没有数据链路层和物理层,但给出最低层的网络接口层,只是指出主机必须使用某种低层协议与通信网络连接,目的是可以支持任何类型的通信子网,以便能在这些通信子网上传递IP分组。

2.2.3 网络协议的捆绑

人们可能会问:在具体配置计算机网络时TCP/IP协议的层次在哪里;怎样可以看到网络协议层次的位置;TCP/IP协议与底层网络协议之间是怎样联系的。回答这些问题首先需要确定所采用的通信子网,这里以底层网络采用以太网为例进行讨论。

一般来讲,底层网络涉及网络体系结构的低两层,即物理层与数据链路层,进行网络配置时由网络适配器(网卡)描述。通过网络适配器支持低两层的功能。对于一个给定的通信链路,数据链路层协议的主要部分在网络适配器中实现。网络适配器也称为网络接口卡(网卡)或NIC,网络适配器通常包括RAM、DSP芯片、总线接口和链路接口。适配器的主要部分是总线接口和链路接口,总线接口在适配器和节点之间传输数据和控制信息,链路接口实现数据链路层协议,负责形成帧,提供差错控制、信道访问控制等数据链路层功能。链路接口也包括收、发器电路。

网络协议层次中的应用层、TCP层、IP层协议包含在操作系统中,目前主流的操作系统,例如,Windows、UNIX、Linux等,均支持TCP/IP协议。

配置计算机网络协议层次的顺序是先配置底层网络协议。在计算机主板的扩展槽上插入网络适配器(网卡),网卡可以实现物理层和数据链路层的功能,接着安装网卡驱动程序,即安装了低两层的网络协议。之后,选择计算机中使用的网络体系结构和协议,若与Internet连接,需要选择TCP/IP协议,在底层网络协议上绑定IP层协议、TCP层协议和应用层协议,分别对应着网络体系结构中的网络层、运输层和应用层。可以在相应的操作系统中,指定所采用的网络协议为TCP/IP协议,然后在TCP/IP协议"属性"对话框中设置IP地址、子网掩码、网关地址、DNS服务器地址等,从而完成整个TCP/IP协议层次的配置。要清楚网络协议层次绑定的概念,绑定是按自底向上的顺序进行的。

以网络终端节点的网络协议层次配置为例,网络协议的安装、设置步骤如下:

(1) 在主机扩展槽中安装网卡。

(2) 安装网卡驱动程序。

(3) 指定(安装)TCP/IP协议。

(4) 绑定网络协议(第一层到第五层)。

(5) 用网络命令ping测试协议安装和配置是否成功。

例如,通过 ping 127.0.0.1,可以测试本网络节点网络协议栈安装是否正确。

2.3 计算机网络中的地址

2.3.1 网络地址概述

类似人类社会中的通信,需要知道通信双方的位置和地址,计算机网络中两台计算机之间的通信,也需要进行寻址。计算机网络中的地址与网络协议层次对应,在具体应用时,这些网络地址分别包含在对应层次的计算机网络协议中,是网络协议数据单元(PDU)中地址字段的内容。

计算机网络中有 4 种地址,这些地址用于网络中计算机设备、网络应用进程的寻址。计算机网络中的地址包括域名地址、端口地址、IP 地址、MAC 地址,分别对应着网络协议层次的应用层、运输层、网络层和数据链路层。在网络体系结构中的第二层及以下层对应的地址为物理地址,第三层及以上层对应的地址为逻辑地址。逻辑地址是为了在网络中寻址和互连更方便,逻辑地址最终要转换为物理地址,通过物理地址才能找到网络中的目的计算机设备。网络中的地址及层次对应如图 2-3 所示。

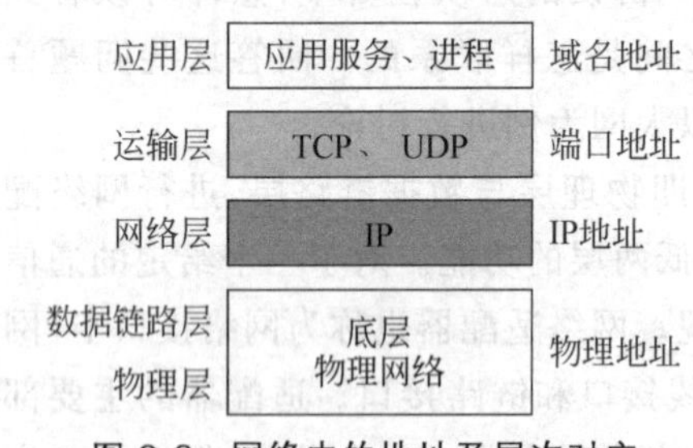

图 2-3 网络中的地址及层次对应

IP 地址对应计算机网络中网络节点的网络接口,用来唯一标识一个网络中的连接,通过 IP 地址可以寻址到网络中的一个网络节点(计算机网络设备)。

IP 地址一般由网络标识和主机标识组成,网络标识用来标识一个计算机设备属于哪一个网络,主机标识用来标识一个网络中的哪一个计算机设备。IP 地址用 32 位二进制位标识,为辨识和使用方便,在应用时 IP 地址用 4 个点分十进制数标识,每 8 位二进制数用一个十进制数表示。

IP 地址需要与子网掩码配合使用,用于标识出网络号和主机号,子网掩码也是 32 位,用自高位开始的连续若干位 1 和后面的 0 组成,IP 地址与子网掩码进行“与”操作,可以析出网络标识和主机标识。在网络工程设计和网络配置中,主要对 IP 地址进行划分和设计。IP 地址分为有类地址和无分类地址,目前主要采用无分类地址。在无分类的 IP 地址中,子网掩码用网络前缀表示,网络前缀用十进制数标识,标识 IP 地址中网络标识部分的位数。

为什么在计算机网络中采用逻辑地址?这主要是为了便于标识网络连接和网络寻址,因为互连的计算机设备以及网络是各种各样的,可以采用不同的物理地址格式,直接用物理地址标识实现互连是很困难的,只有采用逻辑地址才能实现网络中计算机设备的寻址,最终需要把逻辑地址映射为物理地址,才能找到网络中的计算机设备。

2.3.2 网络地址的使用

访问网络中的节点(计算机网络设备)时,网络寻址最终要通过执行物理地址,才能找到网络中一个节点的物理位置。物理地址(网卡地址)通常固化在网卡的芯片上,用来唯一标识一个网络物理接口的连接。网络寻址时需要进行逻辑地址到物理地址的转换。物理地址在应用时对应数据链路层的 PDU(帧)中的 MAC 地址。

IP 地址用来实现不同计算机设备和网络的互联,IP 地址其实是一个网络物理接口的逻辑连接标识,通常人们常说 IP 地址唯一标识网络中的一个主机的地址,之所以称为地址,是习惯的叫法,实际上 IP 地址标识的是一个网络连接。例如,网络中的路由器也是一台计算机设备,即也是一台主机,是网络中的一个节点,路由器往往有 2 个以上网络接口,需要多个 IP 地址,分别用来标识网络接口的连接。IP 地址包含在 IP 分组(网络层的协议数据单元)中,IP 地址放置在 IP 协议数据单元的字段中,有源 IP 地址字段和目的 IP 地址字段,分别标识通信的发送方和接收方。

端口地址(端口号)用来标识不同的应用进程,实现网络应用的复用和分解。端口地址分为三类。第一类为熟知的端口地址,端口地址范围为 0～1023;第二类为指定的端口地址,端口地址范围为 1024～49 151;第三类为用户定义的端口地址,范围为 49 152～65 535。其中,熟知的端口地址和指定的端口地址是不允许用户在网络编程时随便占用的,是因特网规定分配的,用户编程中定义的端口地址只能使用第三类。端口地址的长度为 16 位二进制位,在应用时采用十进制数来表示。例如,端口地址 80 为熟知的端口地址,用于标识网络应用协议 HTTP,即 WWW 服务。端口地址 25 也是熟知的端口地址,用于标识电子邮件应用协议 SMTP。

域名地址与 IP 地址相联系,用来标识网络中的一个计算机设备和网络资源的连接位置。通过域名解析服务找到域名地址对应的 IP 地址。之所以采用域名地址,是为了做到望文生义,IP 地址使用 32 位二进制表示,虽然为了方便使用,IP 地址采用点十进制记法标识,但从 4 个用点间隔的十进制数上很难看出所标识连接的含义。域名地址使用类自然语言的字符串,便于人们识别和记忆,实现望文生义,便于人们用来寻找和使用网络中的资源。域名地址为层次结构,各个分量之间由点间隔,从右向左,层次级别依次递减。例如,中央电视台 WWW 主机的域名地址为 www.cctv.com.cn,通过 ping www.cctv.com.cn 命令,可以获得中央电视台 WWW 主机对应的 IP 地址为 202.108.8.82。域名地址由 ICANN 管理。

2.3.3 网络地址之间的转换

网络中寻址时需进行地址转换(映射),需要用到地址转换协议,地址转换协议也称为地址解析协议。

域名地址通过域名服务器(DNS)和域名解析协议找到对应的 IP 地址。

IP 地址通过地址解析协议(ARP)找到对应的物理地址。反之,物理地址可以通过反向地址解析协议(RARP)转换为对应的 IP 地址。

IP 地址与端口地址构成套接字(Socket),用于标识不同的应用服务进程,套接字也称为应用进程的门户或插口,在具体应用时套接字呈现的是一个数字。

在网络应用编程时使用到套接字,网络编程也称为套接字编程。IP 地址与端口地址分别对应着网络层和运输层。因为要标识通信双方之间的连接,IP 地址与端口地址均有源地址和目的地址。IP 地址与端口地址均是对应网络层次协议数据单元(网络协议包、PDU)中的重要字段,在应用时由对等层网络协议软件解析和识别。

2.4 IP 地址划分技术

2.4.1 IP 地址概述

在 TCP/IP 协议簇中,IP 层的 IP 协议主要用于实现异种计算机和计算机网络的互联,IP 协议数据单元(PDU)称为 IP 分组,IP 分组包括 12 个字段,其中,源 IP 地址字段和目的 IP 地址字段各占 32 位,分别表示源节点、目的节点地址。IP 地址是一个逻辑地址,也称为协议地址,IP 地址标识的是网络中的一个网络连接,之所以称为 IP 地址,是沿用习惯的叫法。

IP 地址的标识采用层次结构。一般情况下,一个 IP 地址包括网络标识(网络号)和主机标识(主机号)两部分,网络号也称为网络地址或网络 ID,主机号也称为主机地址或主机 ID。网络号标识该连接是属于哪个网络,主机号标识该连接是属于网络中哪个节点(主机),IP 地址中网络标识和主机标识的作用如图 2-4 所示。

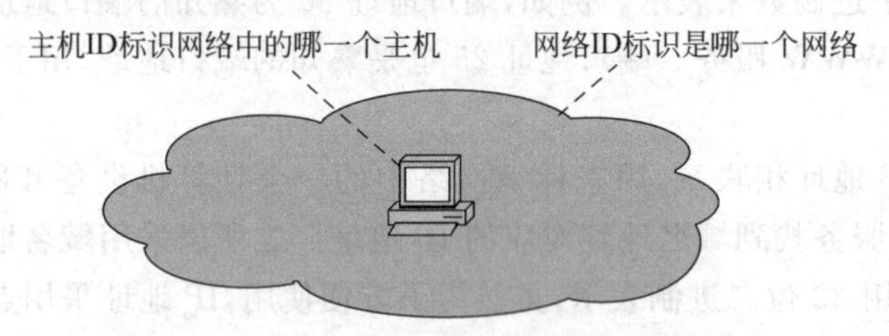

图 2-4 IP 地址中网络标识和主机标识的作用

最初 IP 地址的分配由 Internet 号码分配局(Internet Assigned Number Authority, IANA)管理,现在,ICANN 行使 IANA 的职能,按世界地域划分区域,由 ICANN 将 IP 地址分配给各个区域 Internet 注册处(Regional Internet Registry, RIR),再由 RIR 分配给所辖区域的国家或申请者。

注册机构实施层次化的地址分配方法,RIR 将从 ICANN 获得的前缀的地址块分配给国家 Internet 注册机构 NIR,以此类推,依次分配给本地 Internet 注册机构 LIR 或 ISP,ISP 再将前缀分配给它们的客户(企业或住家用户),企业再将前缀分配给企业内部的部门。每个组织由其上一级分配一个前缀,依次将前缀分配各其下一级,在这一过程中前缀的位数越来越大,可以看出,通过前缀的划分,每个组织代表了一个汇聚边界。

分配 IP 地址的机构负责分配网络标识,主机标识由计算机网络内部管理人员负责分配。

IP 地址的编址技术的发展经历了 3 个阶段:

(1) 分类的 IP 地址,1981 年制定的基本编址协议标准。

(2) 子网的划分,是对基本编址协议的改进,使 IP 地址层次结构增加了子网标识,对应的技术文档是 1985 年给出的 RFC 950。为提高 IP 地址资源的利用,在 1987 年提出了 VLSM,技术文档是 RFC 1009。

(3) 无分类编址方法,1993 年提出 CIDR,用于解决 IP 地址紧缺,以及汇聚路由实现问题,可以进行超网设计。

2.4.2 有类 IP 地址

有类 IP 地址是将 IP 地址划分为若干个固定类。IP 地址分为 A、B、C、D、E 共五类，最常用的是 A、B、C 三类。IP 地址由网络标识字段(net-id)和主机标识字段(host-id)组成，IP 地址可以标识为

IP 地址::={< 网络标识 >,< 主机标识 >}

有类 IP 地址的格式如图 2-5 所示。其中 A、B、C 类地址是单播地址，是一对一的通信，A、B、C 类地址的网络标识字段最前面有 1～3 位的类别位，其值分别是 0、10、110，主机字段的长度分别为 3 个、2 个、1 个字节。D 类地址为多播地址，E 类地址保留为今后使用。

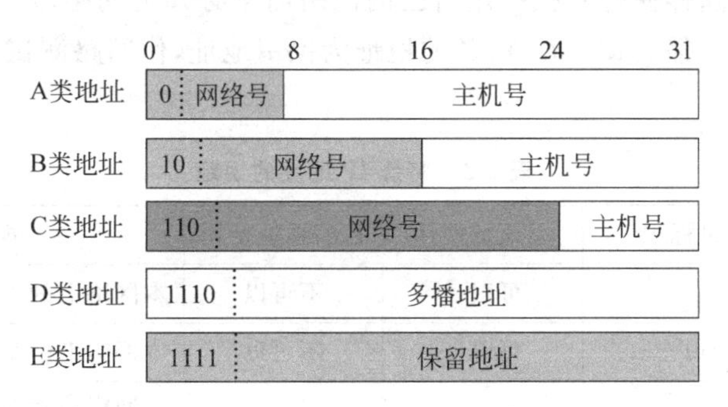

图 2-5 有类 IP 地址格式

把 IP 地址与默认子网掩码进行“与”运算可以得出网络 ID，把默认子网掩码的反码与 IP 地址进行“与”运算可以得出主机 ID。对应 A、B、C 三类 IP 地址，有类 IP 地址的默认子网掩码如图 2-6 所示。

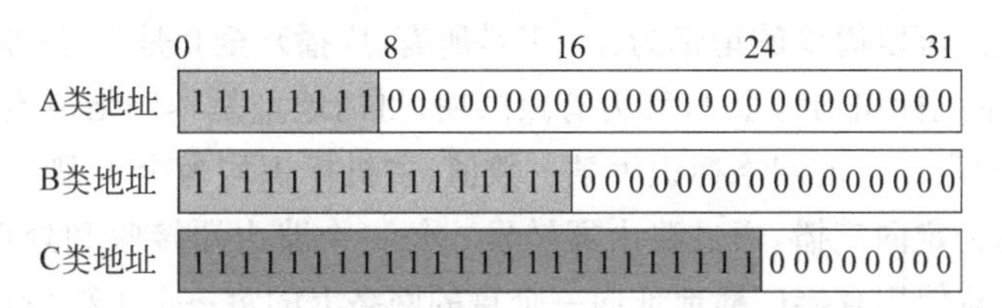

图 2-6 有类 IP 地址的默认子网掩码

IP 地址的书写采用点分十进制数表示，每个字节(8 位二进制位)用一个十进制数表示，字节之间用句点分隔，例如，01111110.00000000.00000001.00000001 可以书写成 126.0.1.1。也可用十六进制表示，当用十六进制表示时，用前缀 0x 加以区别。

A 类地址用 8 位表示网络，24 位表示主机，可表示的网络地址范围为 1.0.0.0～127.255.255.255。B 类地址用 16 位表示网络，16 位表示主机，可表示的网络地址范围为 128.0.0.0～191.255.255.255。C 类地址用 24 位表示网络，8 位表示主机，可表示的网络地址范围为 192.0.0.0～223.255.255.255。D 类地址用于多播，可表示的网络地址范围为 224.0.0.0～225.255.255.255。E 类地址为保留地址，网络地址范围为 240.0.0.0～255.255.255.255。IP 地址的使用范围如表 2-2 所示。

表 2-2 IP 地址的使用范围

网络类别	最大网络数	第一个网络号	最后一个网络号	网络中最大主机数
A	126(2^7-2)	1	126	16 777 214
B	16 384(2^{14})	128.0	191.255	65 534
C	2 097 152(2^{21})	192.0.0	223.255.255	254

2.4.3 特殊 IP 地址

IP 协议规定全 0 和全 1 的值不能用作普通的网络地址或主机地址。网络地址为 0 的地址表示当前网络,这样使得主机引用自己的网络而不必知道网络号。全部为 1 的地址为广播地址,用于网内广播。127.*X*.*Y*.*Z* 的地址为保留地址,作回路测试用。特殊 IP 地址的规定如表 2-3 所示。

表 2-3 特殊 IP 地址的规定

网络标识	主机标识	源地址使用	目的地址使用	规定含义
0	0	可以	不可以	本网络上的本主机
0	主机标识	可以	不可以	本网络上的某个主机
全 1	全 1	不可以	可以	本网络所有主机,路由器均不转发(有限广播)
网络标识	全 1	不可以	可以	网络标识给出网络中的所有主机(直接广播)
127	255 内的任何数	可以	可以	用作本地网络协议栈的环路测试

对特殊 IP 地址,可以简单的记忆为:全 1 是所有(广播),全 0 是自己(本网络本主机)。例如,若网络标识和主机标识均为全 1,称为有限广播,目的地址是本网络所有主机,路由器均不转发,广播范围受到限制。若网络标识为某一数值、主机标识均为全 1,则称为直接(对所标识的网络)广播,也称为定向广播,通过路由器转发。每一个路由器接收和处理具有直接广播地址的 IP 分组,路由器使用直接广播地址向一个目的网络上的每一个主机发送 IP 分组。

2.4.4 专用 IP 地址及用途

为了组建 Intranet(也称为内联网、企业网)的方便,因特网名字与号码指派公司(ICANN)规定了在 Intranet 内可以使用的 IP 地址的三个地址范围,称为专用 IP 地址,有时也称为私有 IP 地址,用于组建 Intranet 网络时,在内网对 IP 地址分配和使用。专用 IP 地址仅可以在内部网络中使用,若要访问外网,需要通过网络地址转换(NAT)。Intranet 专用 IP 地址的三个地址范围是:

A 类地址范围 10.0.0.0~10.255.255.255,一个 A 类地址 10。

B 类地址范围 172.16.0.0~172.31.255.255 ,16 个 B 类地址 172.16~172.31。

C 类地址范围 192.168.0.0~192.168.255.255,256 个 C 类地址 192.168.0~192.168.255。

这些专用 IP 地址不是可以在因特网上使用的 IP 地址，即分配有这些 IP 地址的主机不能在因特网(外网)上进行信息传输，解决这一问题的技术方法是通过 NAT。相对于专用网络地址，可以在因特网中使用的 IP 地址也称为公用 IP 地址。在 Intranet(内网)中至少有一台主机具有可以在因特网中使用的公用 IP 地址，将 Intranet 专用地址通过一个可以实现网络地址转换(NAT)的设备或软件转换为公用的 IP 地址，用这个公用的 IP 地址代理所有内网的专用 IP 地址。

2.4.5 IP 层转发分组的过程

因特网中所有分组的转发都是基于目的主机所在的网络，路由器依据路由表中表项的内容确定 IP 分组的转发路径，表项的内容主要有两项：目的网络地址和下一跳地址。若目的主机与源端主机不在同一个网络，IP 分组先设法通过间接交付找到目的主机所在网络上的路由器，这个阶段要经过一个或多个路由器。到达与目的主机直接连接的最后一个路由器时，通过直接交付将 IP 分组交给目的主机。

路由器转发 IP 分组的过程如图 2-7 所示，4 个网络通过 3 个路由器互联在一起。以 R2 路由器为例，每个路由器的路由表包含 4 个表项，为说明问题起见，路由表项中仅给出目的网络和下一跳地址，可以通过 R2 接口 0 或 1 直接交付目的网络为网 2 或网 3 的 IP 分组，若目的网络 IP 地址的网络标识为网 1 或网 4，则下一跳路由器应分别为 R1 或 R3。为了讨论问题方便，可以把网络简化为一条链路，不用关心网络的具体构成，可以看出在互联网上转发 IP 分组，就是从一个路由器转发到下一个路由器，类似于日常的 4×100m 接力赛跑。

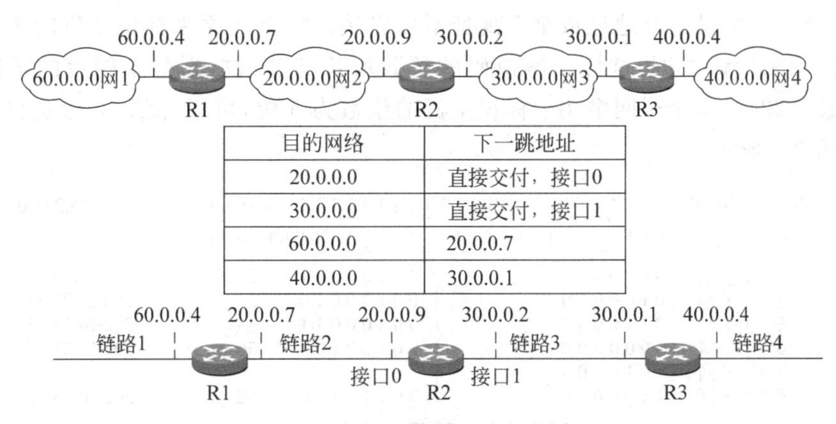

目的网络	下一跳地址
20.0.0.0	直接交付，接口0
30.0.0.0	直接交付，接口1
60.0.0.0	20.0.0.7
40.0.0.0	30.0.0.1

图 2-7 路由器转发 IP 分组的过程

需要注意的是，在 IP 分组的首部中没有位置可以指明下一跳路由器的 IP 地址，所转发的分组找到下一跳路由的方法是什么呢？当从路由表找到下一跳路由器的 IP 地址后，路由器将下一跳路由器的 IP 地址送交下层的网络接口软件。由网络接口软件利用 ARP 协议将下一跳路由器的 IP 地址转换为对应的硬件地址(MAC 地址)，把此硬件地址放入数据链路层的 MAC 帧的首部字段中，最后依据硬件地址找到下一跳路由器。

2.4.6 子网划分技术

子网划分是将一个网络分成多个部分，每部分称为一个子网。子网划分也称为子网寻址或子网路由选择。1985 年 IETF 在 IP 地址中增加了一个“子网号字段”，将两级 IP 地址扩展成三级 IP 地址。

需要注意的是，这里所说的子网与通信子网中的子网是两个完全不同的概念。划分子网纯属一个单位内部的事情，单位以外的网络看不见这个网络是由多少个子网组成，对外呈现的还是一个没有划分子网的网络。

子网的划分方法是，将原网络地址的主机地址分成两部分，一部分称为子网地址，也称为子网号，另一部分称为主机地址。这样两级的 IP 地址在本单位内部就变为三级的 IP 地址：网络号＋子网号＋主机号。或者表示为

IP 地址：：＝{< 网络标识 >，< 子网标识 >，< 主机标识 >}

从其他外部网络发送给本单位某个主机的 IP 分组，还是依据目的 IP 地址的网络号先找到连接在本单位网络上的路由器，此路由器再依据网络号、子网号找到目的子网，最终将分组交付给目的主机。也就是说，只有在一个网络内部传输 IP 分组时才考虑子网地址。

因特网标准规定，所有的网络必须有一个子网掩码，在路由器的路由表的表项中必须有子网掩码一栏。路由器在与相邻路由器交换路由信息时，需要将自己所在的网络或子网的子网掩码通告相邻路由器。在有类 IP 地址应用中，也需要子网掩码，如果一个网络不划分子网，就使用默认子网掩码。

2.4.7 划分子网的例子

下面讨论一个划分子网的例子，有一个单位分配一个 C 类 IP 地址 202.10.23.0，需要为该单位的 6 个部门划分子网，每个部门的主机数为 30 台。C 类地址的默认子网掩码是 255.255.255.0。假设全 0 地址或全 1 地址不可以用。需要从原来标识主机的 8 位二进制位取出 3 位用来标识子网，这样子网掩码的位数增长到 27 位，划分子网后的子网掩码是 255.255.255.224。每个子网中用于标识主机的位数为 5 位，可以标识 30 台主机。子网划分过程如图 2-8 所示。

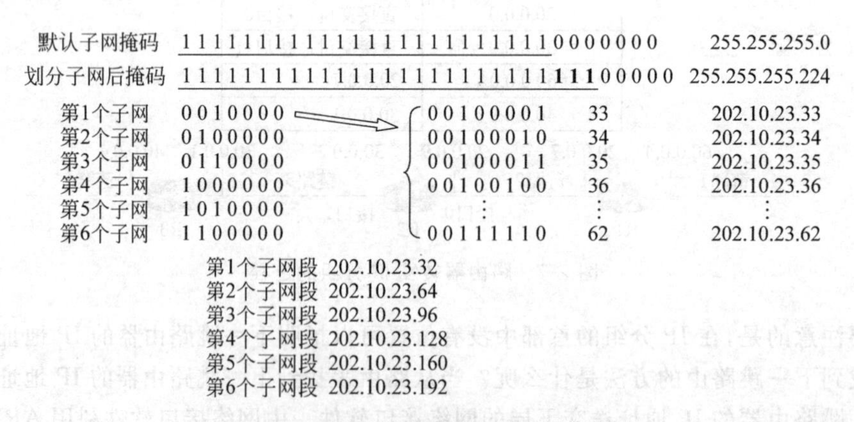

图 2-8 C 类 IP 地址划分 6 个子网的例子

可以看出，划分后的 6 个子网的 IP 地址分别是 202.10.23.32、202.10.23.64、202.10.23.96、202.10.23.128、202.10.23.160、202.10.23.192。每个子网可以包含 30 台主机的 IP 地址，以第 1 个子网为例，可以使用的 IP 地址范围是从 202.10.23.33 至 202.10.23.62。其他子网的内可以使用的主机 IP 地址，可以以此类推。

2.4.8 无分类编址(CIDR)和变长子网掩码(VLSM)

IETF 在 1993 年给出无分类域间路由选择(Classless Inter-Domain Routing,CIDR),CIDR 是在变长子网掩码(Variable Length Subnet Mask,VLSM)的基础上发展起来的,早在 1987 年,为了提高 IP 地址资源的利用给出了 VLSM。采用 CIDR 的好处是可以更加有效地分配 IP 地址空间,目前,因特网服务提供商(ISP)均是采用 CIDR 来划分和分配 IP 地址。

为什么需要采用变长子网掩码(VLSM)呢?若多个子网的子网掩码长度是相同的,即子网掩码中连续 1 的个数都一样,则每个子网的规模是一样的,每个子网容纳的主机数目是一样的,这种划分子网的方式称为定长子网掩码。在实际应用中,定长子网掩码并不能满足应用的需要。一般情况,子网数目要求不同,子网中的主机数目要求也不一样,需要使用变长子网掩码技术。

例如,某单位有 5 个物理网络,5 个物理网络连接的主机数分别是 60、60、60、30、30,但该单位只申请到一个 C 类 IP 地址。若使用 2 位做子网号标识,每个子网可以有 64 台主机,但只能有 4 个子网(假设全 1 和全 0 可以用),显然不能满足要求。若使用 3 位做子网号标识,可以划分 8 个子网,但每个子网仅有 30 台主机,也不能满足要求。类似的网络划分只能采用 VLSM,不同需求的子网使用的子网掩码长度是不同的。

对上述子网划分需求,可以先使用具有 26 个连续 1 的子网掩码 255.255.255.192 把网络划分为 4 个子网,每个子网的主机数不超过 62。再使用具有 27 个连续 1 的子网掩码 255.255.255.224 把网络划分为 2 个规模较小的子网,每个子网的主机数不超过 30。变长子网掩码的例子如图 2-9 所示。

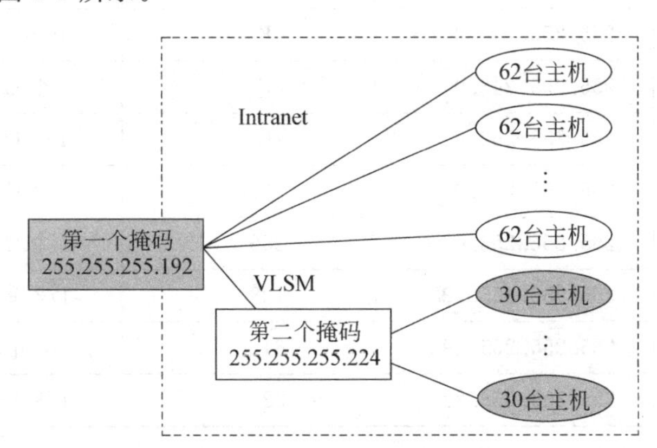

图 2-9 变长子网掩码的例子

CIDR 取消了传统的 A、B、C 类地址以及子网划分的概念,使用各种长度的网络前缀(Network-Prefix)代替分类地址中的网络号和子网号。CIDR 不再使用子网的概念,使 IP 地址又回到了两级编址,是无分类的两级编址,CIDR 的表示方法是:

IP 地址::={<网络前缀>,<主机标识>}

在应用中 CIDR 使用斜线记法(Slash Notation),也称为 CIDR 记法,方法是在 IP 地址后面加一斜线"/",然后写上网络前缀所占的比特数,前缀用一个十进制数标识。例如,128.30.36.12/24,表示在 32 比特的 IP 地址中,前 24 位表示网络前缀,后面的 12 位表示主机标识,也称为后缀,后缀=32−前缀。

网络前缀都相同的连续的 IP 地址组成 CIDR 地址块,一个 CIDR 地址块由起始地址和地址块中的地址数来定义,起始地址是地址块中地址数值最小的一个。CIDR 地址块也可以用斜线记法表示,例如,128.14.32.0/20,该地址块的起始地址为 128.14.32.0,地址数为 212。也可以将该地址块简称为"/20 地址块"。该地址块的最小地址和最大地址可以用 32 位二进制数表示为

最小地址　128.14.32.0　　10000000 00001110 00100000 00000000

最大地址　128.14.47.255　10000000 00001110 00101111 11111111

常用的 CIDR 地址块如表 2-4 所示,网络前缀小于 13 或大于 27 的情况很少出现,包含的地址数中包括全 0 和全 1 的主机标识。K 表示 1024,即 2^{10}。

表 2-4　常用的 CIDR 地址块

CIDR 前缀长度	点分十进制	包含的地址数	包含的分类的网络数
/13	255.248.0.0	512K	8 个 B 类或 2048 个 C 类
/14	255.252.0.0	256K	4 个 B 类或 1024 个 C 类
/15	255.254.0.0	128K	2 个 B 类或 512 个 C 类
/16	255.255.0.0	64K	1 个 B 类或 256 个 C 类
/17	255.255.128.0	32K	128 个 C 类
/18	255.255.192.0	16K	64 个 C 类
/19	255.255.224.0	8K	32 个 C 类
/20	255.255.240.0	4K	16 个 C 类
/21	255.255.248.0	2K	8 个 C 类
/22	255.255.252.0	1K	4 个 C 类
/23	255.255.254.0	512	2 个 C 类
/24	255.255.255.0	256	1 个 C 类
/25	255.255.255.128	128	1/2 个 C 类
/26	255.255.255.192	64	1/4 个 C 类
/27	255.255.255.224	32	1/8 个 C 类

CIDR 地址块中都包含了多个 C 类地址,多个连续的 C 类地址可以"构成超网"。构成超网是将网络前缀缩短,网络前缀越短,该地址块所包含的地址数越多。

2.4.9　路由汇聚技术

使用 CIDR 地址块的好处是在路由表中可以利用 CIDR 地址块查找目的网络,使得路由表中的一个表项可以表示很多个分类 IP 地址的路由,这种地址的聚合称为路由汇聚(Route Aggregation),路由汇聚也称为构成超网(Supernet),构成超网时子网掩码的位数在减少,而在创建子网时,子网掩码的位数在增加。

可以通过使用CIDR的例子来讨论路由汇聚技术。使用CIDR的例子如图2-10所示，某个ISP拥有地址块202.0.64.0/18，相当于有64个C类网络，某学校需要800个IP地址。采用分类IP地址时，需要给该学校分配一个B类地址，但会浪费64 734个地址，或分配4个C类地址，但会在路由表中出现对应4个表项。若用CIDR方法ISP可以给该学校分配一个地址块202.0.68.0/22，该地址块包括1024个IP地址，相当于4个连续的C类/24地址块，占该ISP拥有的地址空间的1/16。学校可以再对各院系分配地址块，院系可以继续对各教研室划分地址块，依次类推。

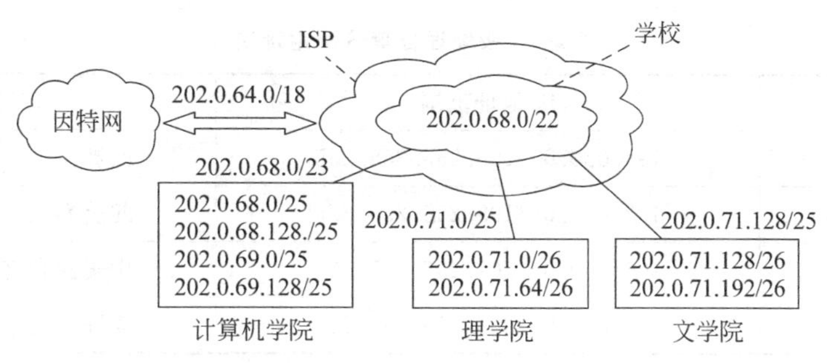

图 2-10　使用CIDR的例子

上述例子中的地址块分配如表2-5所示。

表 2-5　使用CIDR的例子图中的地址块分配

单位	地址块	二进制表示	地址数
ISP	202.0.64.0/18	11001010 00000000 01 *	16 384
学校	202.0.68.0/22	11001010 00000000 010001 *	1 024
计算机学院	202.0.68.0/23	11001010 00000000 0100010 *	512
理学院	202.0.71.0/25	11001010 00000000 01000111 0 *	128
文学院	202.0.71.128/25	11001010 00000000 01000111 1 *	128

采用地址汇聚后，在因特网路由器的路由表中只需用路由汇聚后的一个表项202.0.64.0/18就可以找到该ISP，在ISP路由器的路由表中只需用路由汇聚后的一个表项202.0.68.0/22就可以找到该学校。到学校后再通过学校网络路由器中的表项设置，找到每个学院网络。同样，若下面还有前缀划分，可以继续寻址和查找更大前缀值的网络。

2.4.10　最长前缀匹配

使用CIDR时，路由器中路由表的表项需要有网络前缀和下一跳地址，在查找路由表时可以得到多个符合的匹配结果，应当从多个匹配结果中选择具有最长网络前缀的路由，这称为最长前缀匹配(Longest Prefix Matching，LPM)，这是因为网络前缀越长，其地址块就越小，路由的目的地就越接近。

例如，在上述例子中，若学校文学院希望ISP转发给文学院的分组直接发到文学院，而不要经过学校的路由器，可以在ISP路由器的路由表中包含两个表项：202.0.68.0/22和202.0.71.128/25。假设ISP收到目的IP地址D为202.0.71.130的分组，把D与路由表中的这两个表项的前缀标识的掩码进行“与”运算，得到两个相匹配的结果：

D 和 11111111 11111111 11111100 00000000“与”运算，结果为 202.0.68.0/22。

D 和 11111111 11111111 11111111 10000000“与”运算，结果为 202.0.71.128/25。

根据最长前缀匹配规则，应选择的表项是 202.0.71.128/25。

依据 CIDR 可以按网络的所在地理位置分配地址块，这样做可以减少路由表中的路由项目，提高了路由效率，也实现了按地理位置转发路由。可以把世界划分为四大地区，每个地区分配一个地址块，按地理位置分配地址块如表 2-6 所示。

表 2-6　按地理位置分配地址块

地址块	IP 地址范围	地理位置
194/7	194.0.0.0～195.255.255.255	欧洲
198/7	198.0.0.0～199.255.255.255	北美洲
200/7	200.0.0.0～201.255.255.255	中美洲和南美洲
202/7	202.0.0.0～203.255.255.255	亚洲和太平洋地区

最长前缀匹配会使路由表的查找过程变得复杂，需要在路由表中设计很好的数据结构，采用快速查找算法。

2.5　网络互联技术

2.5.1　网络互联概述

网络互联是通过采用互连协议和互连设备，把不同网络连接起来，使得不同网络中的网络节点之间可以互相通信。各种不同的网络在提供的服务、协议、寻址方式、包的大小、服务质量、差错处理方式、流量控制方式、拥塞控制方法、安全性、计费方式等诸多方面存在较大的差异。网络互连需要面对这些差异，在不同的互连层次上实现计算机网络之间的互连。

网络互联的类型有 LAN-LAN(同种与异种)、LAN-WAN、WAN-WAN(同种与异种)、LAN-WAN-LAN、LAN-大型计算机。

不同的互连类型需要用到不同的互连设备，不同是互连设备与不同的网络协议层次对应。这里需要考虑网络互联是在哪个网络协议层次上互连。网络互联的类型如图 2-11 所示。

网络互联层次模型如图 2-12 所示。网络 1 和网络 2 通过互连设备连接起来，主机 A 和主机 B 分别是网络 1 和网络 2 上的网络节点，不同网络上的主机 A 与主机 B 之间进行通信，必须通过互连设备。为讨论问题方便，模型中仅考虑与互连层次 N 的层次接口有联系的 $N+1$ 层和 $N-1$ 层。同一层次上的 N 与 N' 是不同的，N 与 N' 表示采用不同的网络协议。网络 1 和网络 2 可以是任意类型的网络，例如，可以是不同的局域网或广域网，或是其他网络。

网络互联时需要遵循的规则如下：

(1) 网络在第 N 层上实现互联，第 N 层可以对应网络体系结构的任何一个层次。

(2) 要求进行互联的两个网络的第 $N+1$ 层及以上层的网络协议必须相同，N 层及以

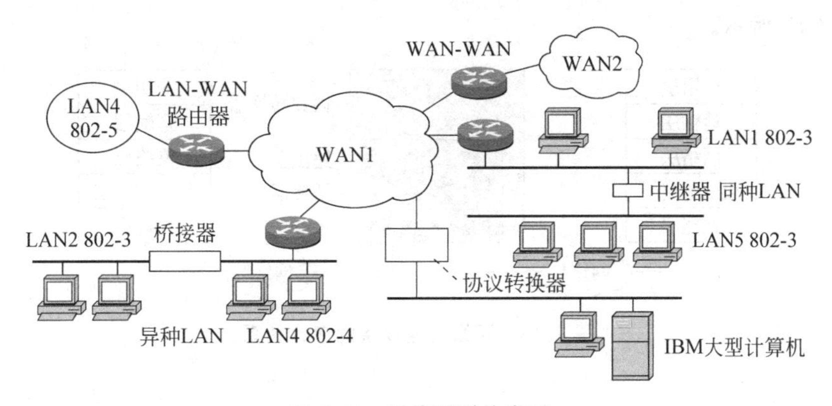

图 2-11　网络互联的类型

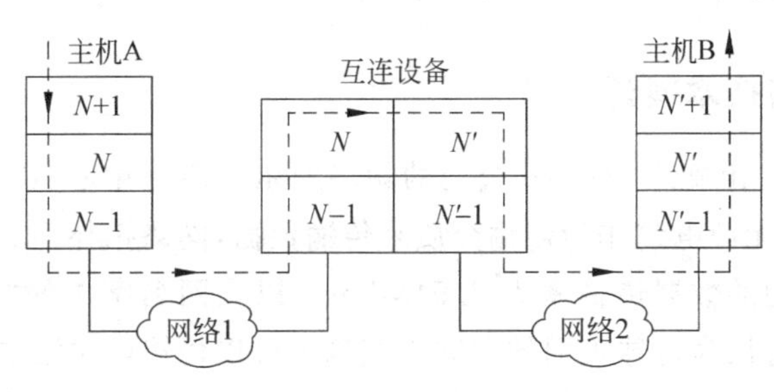

图 2-12　网络互联模型

下层两个网络的网络协议可以不同。

(3) 互连后的信息流在第 N 层上跨越至对方，跨越时，若两个网络的网络协议相同，则直接转发；若两个网络的网络协议不同，则在这个层次上进行网络协议转换，这是最一般的情况。

(4) 互连设备应能够提供连接两个不同网络的接口（硬件接口或物理接口），例如，连接器插头、座。能够支持在第 N 层上互连（软件接口）。互连设备要具有与所互联网络相同的硬件接口，互连设备的硬件接口一般为两个以上。

2.5.2　网络互连设备

网络互连设备分别对应计算机网络体系结构中的 5 个层次，可以支持不同的网络互联类型。有 4 种互连设备，分别对应不同的网络协议层次，自顶向下依次为协议转换器(Gateway)、路由器(Router)、桥接器(Bridge)、中继器(Repeater)。依次对应的网络层次为运输层及以上层次、网络层、数据链路层、物理层。也就是说，网络互联是在不同的网络协议层次上进行，越在高层次上实现网络互联，互连设备需要处理的内容就越多，因为在互连设备中有一个网络协议包的拆封和封装过程，用来把一个网络的协议转换为另一个网络的协议。

类似人们日常生活中的通信，两个分别讲不同语言的人之间通信，需要通过一个翻译，把一种语言转换为另一种语言，这个翻译所起的作用可以类比计算机网络中的互连设备。

网络互连设备之间的关系为包含关系，即对应高一层次上的互连设备，可以完成较低对应层次互连设备完成的功能。4 种互连设备和所对应的网络层次以及互连设备之间的包含关系如图 2-13 所示。

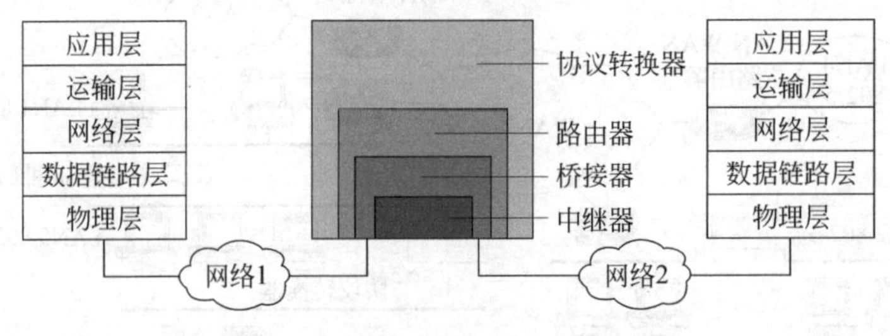

图 2-13 网络互连设备的包含关系

2.6 以太网技术

2.6.1 以太网技术概述

以太网(Ethernet)由施乐(Xerox)公司的帕洛阿尔托研究中心(PARC)于 1975 年研制成功。最初以太网用无源电缆作为传输介质来传输数据,网络拓扑为总线型结构,是一种基带总线型局域网,最初的数据传输率为 2.94Mbps。以太网名字中的“以太”二字是源自历史上的宗教术语,当时认为地球表面的空间中充满了可以传播电磁波的“以太”物资,而后的研究表明,在大气和真空中是可以传播电磁波的。可见“以太”具有技术发展纪念意义,以太网的名字就一直沿用下来。

1976 年 7 月施乐公司的 Metcalf 和 Boggs 发表了里程碑式的以太网论文。1980 年 9 月,由 DEC、Intel 和 Xerox 三家公司成立以太网联盟,制定出以太网规范 DIX 版本 1。DIX 规范定义的以太网采用总线型拓扑,信道访问协议为 CSMA/CD,传输介质为阻抗 50 欧姆的粗同轴电缆,数据传输率为 10Mbps。之后在 1982 年给出以太网规范 DIX 版本 2,成为世界上第一个 LAN 技术产品规范。

在以太网协议基础上,IEEE 802 委员会于 1983 年制定出 IEEE 802.3 LAN 标准,IEEE 802.3 仅对以太网标准的帧(MAC 帧)格式做了很小的改动,也就是说两者的差别很小,目前常常把 IEEE 802.3 LAN 也称为以太网。

以太网(Ethernet) 的信道访问协议是 CSMA/CD。CSMA/CD 的要点是:发前先听,监听到信道空闲就发送数据帧;边发边听,发送数据帧后继续监听下去;发现冲突立即停发,如监听到发生了冲突,则立即放弃此数据帧的发送;强化冲突,同时发送强化冲突信号,告诉网络中的所有节点。

依据局域网的三个要素分析,可以看出 10Mbps 以太网的拓扑结构为总线型或星总线型,传输介质可以采用同轴电缆、双绞线、光纤,信道访问协议采用 1-坚持的 CSMA/CD,数字信号编码是采用曼彻斯特编码。

以太网技术一直随着计算机网络技术在发展,对于使用的传输介质,从最初粗同轴电缆、细同轴电缆,到双绞线、光缆,信道访问协议从最初的 CSMA/CD,到适用千兆、万兆以太网的信道访问协议机制。数据传输率从 1Mbps 到 10Mbps、100Mbps、1000Mbps、10 000Mbps。以太网技术的主要特征如表 2-7 所示。

表 2-7　以太网技术的主要特征

名称	技术标准	拓扑结构	传输介质	数据传输率(Mbps)	时间(年)
标准以太网	IEEE 802.3	总线型、星型	同轴电缆、双绞线、光缆	10	1975
快速以太网	IEEE 802.3u	星型、扩展星型	双绞线、光缆	100	1995
千兆以太网	IEEE 802.3ab IEEE 802.3z	星型、扩展星型	双绞线、光缆	1000	1998
万兆以太网	IEEE 802.3ae	星型、扩展星型	光缆	10 000	2002

IEEE 802.3 系列组网技术标准如表 2-8 所示。

表 2-8　IEEE 802.3 系列组网技术标准

技术标准	以太网类型	传输速率(Mbps)	拓扑结构	最大网段长度(m)	传输介质
IEEE 802.3	10Base-5	10	总线	500	50Ω 粗同轴电缆
IEEE 802.3a	10Base-2	10	总线	185	50Ω 细同轴电缆
IEEE 802.3b	10Broad-36	10	总线	1800	75Ω 同轴电缆
IEEE 802.3c	1Base-5	1	星型	250	2 对 3 类 UTP
IEEE 802.3I	10Base-T	10	星型	100	2 对 3 类 UTP
IEEE 802.3i	10Base-F	10	星型	2000	多模或单模光纤
IEEE 802.3u	100Base-TX	100	星型	100	2 对 5 类 UTP
	100Base-T4			100	4 对 3 类 UTP
	100Base-FX			2000	多模或单模光纤
IEEE 802.3z	1000Base-CX	1000	星型	25	STP(屏蔽双绞线)
	1000Base-SX	1000	星型	500	多模光纤
	1000Base-LX	1000	星型	550 3000	多模光纤 单模光纤
IEEE 802.3ab	1000Base-T	1000	星型	100	4 对超 5 类 UTP

2.6.2　以太网的帧格式

以太网最初属于局域网，以太网的 MAC 帧格式有两个技术标准，两种标准分别为 DIX Ethernet V2 和 IEEE 802.3，两者之间的差别仅在第 3 个字段上。

目前使用较多的是 DIX Ethernet V2 标准，简称以太网 V2。以太网 V2 的 MAC 帧格式如图 2-14 所示，以太网 MAC 帧由 5 个字段组成。第 1、2 字段分别为目的 MAC 地址和源 MAC 地址，各占用 6 个字节。第 3 个字段是类型字段，占用 2 个字节，用来标识上一层采用的协议，也即帧中数据字段的内容，由施乐公司管理该字段的代码标识，例如，类型字段的值为 0x0800 时，标识上层为 IP 分组，若为 0x8137 时，标识上层为 IPX。第 4 个字段为数据字段，数据长度可以在 46～1500 字节之间。第 5 个字段是帧校验序列 FCS，占用 4 个字节，用于差错控制，采用的是 CRC 校验，帧校验范围包括前四个字段。

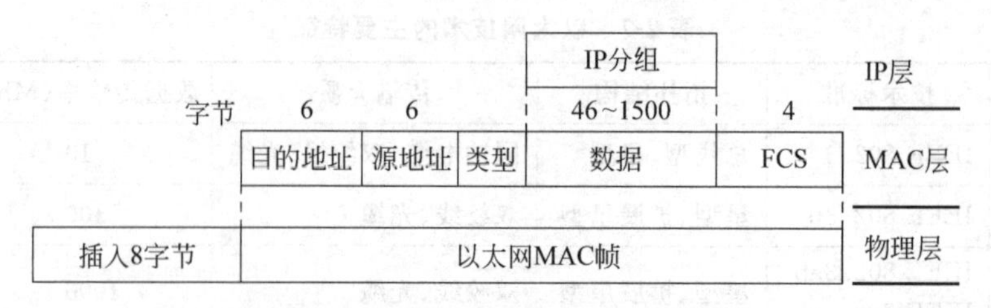

图 2-14 以太网 V2 的 MAC 帧格式

以太网帧中的目的地址分为单播地址、多播地址和广播地址。单播地址是指向某个网络适配器的地址，在以太网帧中源地址必须为单播地址。在以太网地址格式中，第 40 位（第一个字节的最低位）是多播地址标志位，以太网帧在发送时是按照一个字节的最低位先发送的。广播地址为全"1"地址，目的节点是局域网内的所有节点，广播地址只能用作目的地址。在以太网地址格式中，第 41 位是本地管理地址标志位，该位值为 1，表示是本地组织自行分配的地址。

以太网帧的首部与尾部长度之和（所有控制协议字段的长度之和）为 18 字节。为满足 CSMA/CD 的需求，以太网帧对数据字段的长度有限制，要求数据字段的最短长度为 46 字节，可以得出最短以太网帧长应为 64 字节。当数据字段长度小于 46 字节时，MAC 子层会在数据字段后面加入若干个整数字节的填充字段。

IEEE 802.3 标准判定无效以太网 MAC 帧的依据如下：

(1) 帧的长度不是整数个字节。

(2) FCS 检测出帧有错。

(3) 帧的数据字段长度不在 46～1500 字节范围。

(4) 帧的数据字段长度与 IP 分组中长度字段值不一致。

对于检测到的无效以太网 MAC 帧，采用的处理方法很简单：一律丢弃，以太网不负责重传丢弃的帧，重传由高层网络协议处理。

2.6.3 快速、千兆和万兆以太网技术

1. 快速以太网

一般把数据传输速率达到或超过 100Mbps 的以太网称为快速以太网（Fast Ethernet）。在千兆以太网之前采用的信道访问协议是 CSMA/CD，之后由于数据传输率的大幅度提高，物理信号的编码方式和信道访问协议已经进行了很多改进。同时千兆与万兆位以太网技术已经突破局域网的地域范围限制，开始进入城域网和广域网应用领域，千兆与万兆位以太网所支持的传输介质为光纤和双绞线。传统以太网所采用的传输介质同轴电缆已经不再使用，因为同轴电缆的数据传输率仅为 10Mbps，并且由于同轴电缆传输介质采用紧固插接，容易造成接触不良故障，网络可靠性比较低。

1995 年给出两种不兼容的快速以太网技术标准：100Base-T 的 802.3u 标准；100VG-AnyLAN 的 802.12 标准，该技术应用较少。IEEE 802.3u 标准包括 100Base-T4、100Base-TX、100Base-FX。采用自动协商协议，该协议适用于 10/100Mbps 双速以太网卡，速率升级无须人工干预，自动检测，自行完成速率配置。100Base-TX 和 100Base-FX 也称为 100Base-X。

100Base-T 采用星总线拓扑结构，信道访问协议是 CSMA/CD，MAC 帧格式仍然是

IEEE 802.3 规定的帧格式，可以与 10Base-T 兼容，从 10Base-T 升级到 100Base-T 很方便，需要更新的仅是添加支持 100Mbps 的网卡和支持 100Mbps 的集线器或交换机，原来的网络软件和应用软件均不用改变。

演变到快速以太网之后，需要对原有 10Mbps 以太网的技术参数做改进，依据是在数据传输率提高后要保证参数 α 不变，或保持为较小的数值，公式为：

$$\alpha = \tau/T = \tau/(L/C) = (\tau C)/L。$$

其中，τ 与电缆长度有关，为两站点之间的传播时延；T 为传输时延；C 表示数据传输率；L 表示帧长。从式中可以看出，当数据传输率 C 提高 10 倍以后，为保持参数 α 不变，可以把帧的长度 L 增长到 10 倍，或是把与网络电缆长度有关的 τ 减少到原来数值的十分之一。

在 100Base-T 中采用的方法是保持最短帧长不变，把网段的最大长度减小到 10m，帧间的时间间隔也从原来的 9.6μs 减小为 0.96μs。100Base-T 定义了三种不同的物理层标准，差别主要在物理层描述，形成不同快速以太网产品。

快速以太网的运行参数和默认值除了帧间间隔改变为 0.96μs 以外，其他同 10Base-T 以太网。快速以太网的物理标准如表 2-9 所示。

表 2-9　快速以太网的物理标准

名称	线缆	信号编码	最大网段长度(m)	特　点
100Base-TX	2 对 5 类 UTP	4B/5B, MLT-3	100	100Mbps，双向同时
100Base-T4	4 对 3、4、5 类 UTP	8B/6T, NRZ	100	不对称
100Base-FX	单模或多模光纤	4B/5B, NRZ1	2000 或 412	100Mbps，双向同时

2. 千兆位以太网

千兆位以太网的技术标准由 IEEE 802.3 和 IEEE 802.3ab 工作组制定，采用载波延伸机制，为能检测冲突，需将最大电缆长度减到 10m，这就无实际用处了。解决办法是把竞争期变为 512B，采用突发模式传输数据，突发模式的要点是：站点获得使用网络信道(传输介质)之后，突发模式允许连续发送多个帧，直到达到 1500B 为止。1998 年 6 月给出 IEEE 802.3z 标准，包括 1000Base-SX、1000Base-LX、1000Base-CX。1999 年 6 月，1000Base-T 标准 IEEE 802.3ab 获得批准。

1000Base-T 采用脉冲幅度调制 5(PAM-5)，使用 5 类 UTP 的 4 对双绞线，编码 8 位数据需要 28 种码字，采用五电平信号，可以在 4 对传输线上实现 54 种编码。1000Base-T 中采用的是卷积编码(Trellis 编码)技术，接收器可以进行错误检测和纠正，可以补偿损失的抗噪声冗余，有更好的抗干扰能力。最短帧长度保持 64B 不变。

千兆位以太网采用帧扩展技术和帧突发技术。帧扩展技术是指当发送的帧的长度小于 512B 时，发送站在发送完帧后再继续发送载波扩充位，直到总长度达到 512B，载波扩充位由一些非“0”非“1”的特殊符号组成。帧扩展技术解决了网络跨距问题，但有可能影响短帧的传输性能，因为载波扩充位实际占用了网络的带宽。帧突发技术是指发送方在成功发送一帧后，可以直接发送后续帧，只需要在帧之间加上帧间隙，而且后续帧不需要添加载波扩充位，发送方在达到帧突发时间后，就要让出传输信道。

可以说千兆位以太网的出现开创了局域网技术发展的里程碑，并使以太网技术迅速成为局域网的主流技术。千兆位以太网的物理层标准如表 2-10 所示。

表 2-10 千兆位以太网的物理层标准

产品名称	传输介质	最大网段长度	备　注
1000Base-SX	多模光纤(50μm, 62.5μm)	275～550m	光源为短波激光
1000Base-LX	单模光纤(10μm) 多模光纤(50μm, 62.5μm)	5km 550m	光源为长波激光
1000Base-CX	同轴电缆	75m	用于机房、设备间的高速连接
1000Base-T	4 对 5 类 UTP	100m	每对双绞线 250Mbps

3. 万兆位以太网

1999 年 3 月，IEEE 成立高速研究组(High Speed Study Group，HSSG)，制定 10GE(万兆位以太网)的技术标准，2002 年 6 月给出万兆位以太网标准 IEEE 802.3 ae，仅支持双向同时传输方式，采用光纤作为物理传输媒体。万兆位以太网采用了许多新的技术，万兆位以太网的出现使以太网的工作范围扩展到了城域网，甚至到了广域网，可以在以太网支持下，实现端到端的传输，具有很好的应用发展前景。

2004 年 2 月通过 IEEE 802.3ak，给出技术标准 10GBase-CX4，采用 4 对双轴铜缆，传输距离不超过 15m。

2006 年 6 月通过 IEEE 802.3an，给出技术标准 10GBase-T，目标是：可以在 4 对 6 类 UTP 上实现，传输距离为 100m；在 4 对 5 类 UTP 上实现，传输距离为 55～100m。

2007 年 12 月，HSSG 的工作重点转向 IEEE 802.3ba，目标是研究制定在光纤和铜缆上实现 100Gbps 和 40Gbps 数据速率的标准，支持光传输网络。IEEE 802.3ba 仅支持双向同时传输方式，仍维持 IEEE 802.3 /以太网 MAC 层帧格式，保持目前 IEEE 802.3 标准中对最短和最长帧长的要求。

万兆以太网并非是简单将以太网的速率提高到每秒万兆比特，有许多技术问题需要解决。万兆以太网采用向后兼容性，工作在双向同时传输方式下，传输介质采用光纤。万兆位以太网定义了两种不同的物理层：局域网物理层 LAN PHY、WAN 物理层 WAN PHY。万兆以太网的光收发信机的技术参数如表 2-11 所示。

表 2-11 万兆以太网的光收发信机的技术参数

光收发信机(PMD)	光纤类型	直径(μm)	带宽(MHz)	最小传输距离
850nm 串行	多模	50.0	400	65m
1310nm DWDM	多模	62.5	160	300m
1310nm DWDM	单模	9.0		10km
1310nm 串行	单模	9.0		10km
1550nm 串行	单模	9.0		40km

以太技术已成功地应用于城域网的设计实现中。电信以太网技术的研究与应用也在紧锣密鼓地进行，一些实用的技术产品已经开始投入运行。以太城域网具有的成本低廉、带宽

分配灵活、应用广泛等优势越来越受到业界的重视。当前主要工作是开发先进的城域网技术传送新业务和传统业务,并对它们进行计费、管理,进而进行标准化工作。国际上从事城域以太网标准研究的组织主要有 ITU-T、IEEE、IETF 和 MEF(城域以太网论坛)。

2.7 虚拟局域网(VLAN)技术

2.7.1 VLAN 概述

虚拟局域网(Virtual Local Area Network,VLAN)允许一组不同物理位置的网络用户(网络节点)共享一个独立的广播域。可以在一个物理网络中划分多个 VLAN,使得不同用户群属于不同的广播域。这样的逻辑划分与网络节点的物理位置无关。VLAN 是通过交换和路由设备,以及支持虚拟局域网的协议,在网络的物理拓扑基础上建立起来的一个逻辑网络。

在 LAN 交换机基础上通过网络管理软件,可以构建的可以跨越不同网段、不同网络技术的端到端逻辑网络(VLAN)。同一 VLAN 的站点(节点)直接与支持 VLAN 的 LAN 交换机端口相连,通过 VLAN 协议,实现 VLAN 中不同节点之间的通信。不同 VLAN 的站点(节点)之间的通信,则需要经过路由器或第 3 层交换机。VLAN 的特征包括限制广播,提高交换机性能;简化网络管理;简化网络结构,保护网络投资;提高网络的数据安全性。

VLAN 的优点主要包括:

(1) 隔离网络广播风暴。

(2) 增强了网络安全性。

(3) 简化网络管理和维护。

(4) 提高网络性能。

VLAN 对广播域的划分是通过交换机软件来完成的。划分 VLAN 时能够超越地域范围的限制,做到真正意义上的逻辑分组。具有相同 VLAN 号的用户属于同一个独立的广播域,广播被限制在各自的 VLAN 之内。VLAN 的划分如图 2-15 所示。

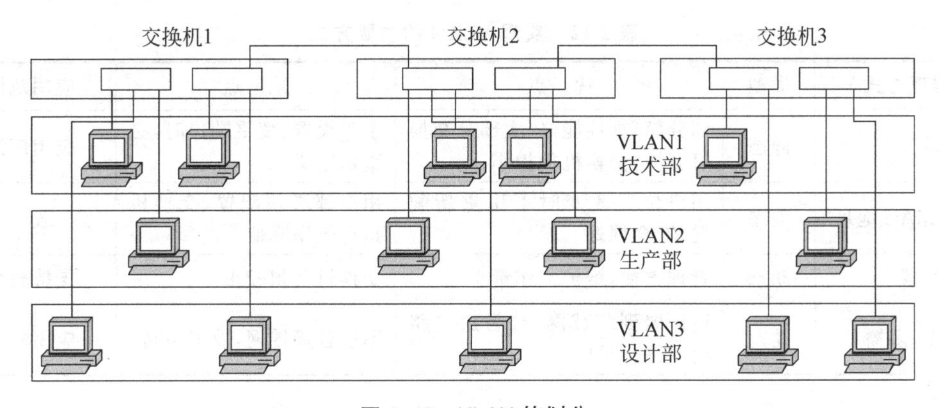

图 2-15 VLAN 的划分

图 2-15 中给出在 3 台交换机上划分 3 个 VLAN 的例子,各交换机之间的连接需要设置 Trunk 端口,通过交叉线连接,构成交换机之间的主干(Trunk)链路,并且在 Trunk 端口

封装 VLAN 协议,一般封装的是 IEEE 802.1q 协议。不同交换机端口上属于同一 VLAN 的网络站点通过交换机的 Trunk 端口进行通信。

VLAN 技术特点主要体现在广播控制、灵活性和安全性。

(1) 广播控制(Broadcast Control)。把网络按需要划分为几个独立的广播域 VLAN,广播域范围的缩小使得网络中因广播消耗带宽所占的比例大大降低,网络性能得到显著改善,有效地减少了广播风暴的发生。

(2) 灵活性(Flexibility)。传统网络技术中,网络内一台主机的移动、删除、增加,都需要在物理位置上对网络设备重新设置。引入 VLAN 技术后,一台主机的变更不需要对网络设备重新进行设置,不受主机物理位置的限制,这给网络管理带来了极大方便。

(3) 安全性(Security)。传统网络中,同一子网的用户在网络层很难实施安全措施。引入 VLAN 技术后,可以通过划分不同的 VLAN 来控制处于同一子网中的用户之间的通信。不同 VLAN 之间的用户不能直接访问,即使是处于同一个交换机的相邻端口。所以按职责权限把用户划分在不同的 VLAN 中,就可使得各自的内部信息得到保护,从而增强了安全性。

VLAN 设计的原则主要包括:

(1) VLAN 的划分和设计主要以计算机所在的部门或计算机所承担的功能为依据。

(2) VLAN 设计应与 IP 地址的规划相结合。

(3) 一个 VLAN 内的主机数量不宜过多。

(4) VLAN 的划分不宜太细。

2.7.2 实现 VLAN 的方式

实现 VLAN 的方式有基于端口的 VLAN、基于 MAC 地址的 VLAN、基于协议的 VLAN、基于 IP 多播的 VLAN。

最常用的是基于端口的 VLAN,它是将交换机的端口强制性地分配给不同的 VLAN,特点是易于建立和监控。实现 VLAN 的主要方式如表 2-12 所示。

表 2-12 实现 VLAN 的主要方式

实现方式	类型	优 点	缺 点	应用范围
基于端口	静态	划分简单,性能好,大部分交换机支持,交换机负担小	手工设置;变更端口时,必重新定义	应用广泛
基于 MAC 地址	动态	用户位置改变时不用重新配置,安全性好	用户都必须配置,交换机执行效率降低	一般
基于协议	动态	管理方便,维护工作量小	交换机负担较重	支持较少
基于 IP 多播	动态	可扩展到广域网,容易通过路由器进行扩展	不适合局域网,效率不高	应用较少

VLAN 的管理分为集中式管理和非集中式管理。集中式管理的例子是 Cisco 交换机中的 VTP 协议(VLAN 主干协议)。非集中式管理的例子是 VLAN 端口成员的管理。多播 VLAN 配置是指一个交换机端口同时成为多个 VLAN 的成员。在具体配置时,需要注意 VLAN ID 与 VLAN Name 的区别。

2.7.3 VLAN 使用的帧格式

为支持虚拟局域网应用，1988 年 IETF 给出支持 VLAN 的以太网帧格式扩展，称为 IEEE 802.3ac 协议，该协议允许在以太网帧格式中插入一个 4 字节的 VLAN 标识字段，标识字段用来指明发送以太网帧的站点属于哪一个虚拟局域网。具有 VLAN 标识字段的以太网扩展帧格式如图 2-16 所示。

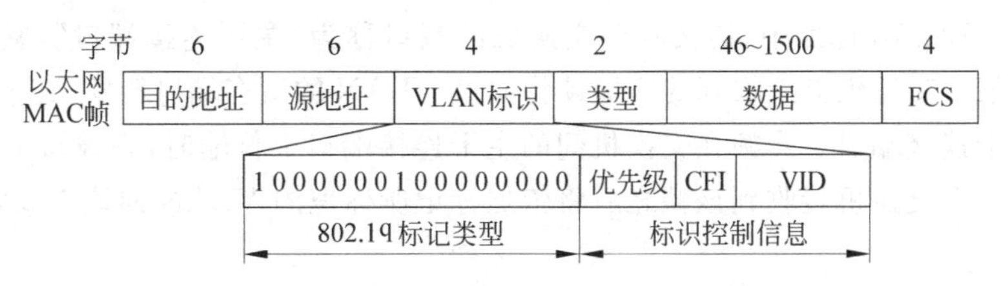

图 2-16 具有 VLAN 标识字段的以太网扩展帧格式

VLAN 标识字段的前两个字节和原来的长度类型字段的作用相同，称为 802.1q 标记类型，这两个字节的值为 0x8100，该数值大于 0x0600 即表示不是用作长度标识。数据链路层检测到源 MAC 地址字段后面的长度/类型字段的值是 0x8100 时，即知道后面插入了 4 个字节的 VLAN 标识，接着检测后面的两个字节的内容。最后两个字节属于标识控制信息，前 3 位标识优先级，第 4 位是规范格式指示符(Canonical Format Indicator，CFI)，紧接其后的 12 位是该虚拟局域网的标识符(VID)，VID 唯一地标识该以太网帧属于哪一个 VLAN。

可以看出具有 VLAN 标识字段的以太网扩展帧格式的首部增加了 4 个字节，以太网帧的最大长度也从 1518 字节扩展到 1522 字节。交换机端口的默认 VLAN 称为 PVID(Port VLAN ID)，一个帧进入该端口后，该帧头部中的 VID 被赋值为 PVID。

VLAN 成员之间的寻址，不再根据 MAC 地址或 IP 地址，而是根据 VALN ID。交换机根据 VLAN 标识区别不同 VLAN 的流量。VLAN 标识由交换机添加，对用户端透明。只有定义为交换机之间的主干(Trunk)链路，才能携带和传输多个 VLAN 的数据帧。主干链路不属于任何 VLAN。

2.7.4 VLAN 协议与主干连接标准

VLAN 协议的基本思想是：让不同的 VLAN 的数据帧都共享同一条连接进行传输，采用一定的技术对这些帧进行区分和标识。这个共享的连接称为主干连接。通过一个主干连接传送多个 VLAN 通信量。

跨越交换机的同一 VLAN 的成员之间通信的技术之一是采用主干连接(Trunk Link)技术。主干连接是在不同交换机之间的一条链路，也称为主干链路，用来同时承载多个 VLAN 的信息。跨越交换机创建 VLAN 环境如图 2-17 所示。

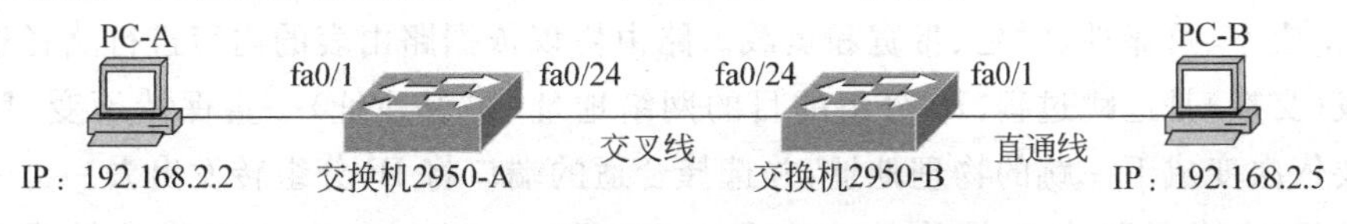

图 2-17 跨越交换机创建 VLAN 环境

VLAN 主干(Trunk)连接主要采用两种标准。

1. IEEE 802.1q 标准

由 IEEE 建立的通用主干连接标准,在每个数据帧中的特定字段中建立一个标识,进行 VLAN 的识别。IEEE 802.1q 属于通用型标准,被许多厂商广泛采纳,国产交换机多采用此标准。Cisco 交换机也支持该标准,对应的协议是 dot1q。Cisco 交换机与其他厂商的交换机相连时,不能采用 Cisco 的 ISL 标准,而只能采用 802.1q 标准。

在 IEEE 802.1q 标准中,连接两个交换机的端口称为“主干连接端口”,它属于所有的 VLAN。在某一交换机上接收到的广播帧将向该 VLAN 的所有端口转发,其中也包括交换机之间的主干连接端口。当帧在交换机间的主干连接端口上传输时,它被写上标明 VLAN 的标记。另一个交换机接收到该帧之后将依据标记所标识的 VLAN 向该 VLAN 所连接的端口转发。

2. 内部交换链路 ISL 标准

ISL(Inter Switch Link)是 Cisco 为自己的交换机建立的一种专用标准。它主要适用于快速以太网和千兆位以太网的连接,应用于交换机端口、路由器端口以及服务器端口的 VLAN 配置中。ISL 主要用于跨越多个 Cisco 交换机 VLAN 划分。VLAN 控制的实现是靠帧标记(Frame Tagging)进行的。

ISL 的帧标记封装过程实际属于一个外部的标识进程,即它要将每一个发出的以太网数据帧加入 VLAN 识别号,之后再送到网络上传输。ISL 协议作用在第二层,即数据链路层,这不会改变数据的帧内容,而是在原始数据的基础上添加一个新的 ISL 帧首部(头)与 CRC 冗余校验码。

在多 VLAN 端口的交换网络中,使用 ISL 封装的交换机的网络接口,即主干连接端口,允许数据帧带有多个 VLAN 的标识,这样,数据帧便可以在多个 VLAN 间进行高速交换了。多 VLAN 端口指的是一个端口同时配置在多个 VLAN 中,例如,多个 VLAN 共享的网络打印机、服务器等,它们所连接的交换机端口就是多 VLAN 端口。

2.8 路由寻址技术

2.8.1 路由技术概述

路由发生在网络层,是把网络协议包从源穿过网络传递到目的地行为,在整个传输路径上至少存在一个中间节点,这个中间节点一般是路由器。中间节点先接收网络协议包,然后依据网络协议包的目的地址,查找路由表,选择合适的路由转发网络协议包。在因特网中,对应网络层的网络协议协议包也称为 IP 分组。

路由包含两个基本动作:路径选择;转发(交换)。路径选择是通过路由选择算法确定最佳的传输路径,路由算法中需要度量(metric),metric 也称为计量标准,常用的 metric 有跳数、路由成本、可靠性、时延、带宽和负载。路由协议依据路由表的内容进行路径选择。

转发(交换)是逐跳过程,IP 分组的目的网络地址(协议地址)一直保持不变,目的物理地址需要依次变成下一跳的物理地址,并选择合适的端口将 IP 分组转发出去。

路径选择使用路由选择协议 RP(Routing Protocol),交换使用路由转发协议 RP

(Routed Protocol)，两者是互相配合又相互独立的概念，前者使用后者维护的路由表，后者要使用前者提供的功能来发布路由协议分组，通告网络中的路由信息。

2.8.2 路由和路由表

计算机网络中的路由选择类似于人类社会中的 400m 接力赛跑，接力棒从一个位置传递到另一个位置，在传递接力棒时仅考虑前往目的地时需要到达的下一个位置，不必考虑更后面的位置。网络中 IP 分组传输过程中路由选择，也是节点根据 IP 分组携带的目的地址，仅考虑把该 IP 分组转发到前往目的节点的下一个节点位置。为了简化和便于说明问题，用广域网中的路由选择作为例子，一个广域网的描述如图 2-18 所示。

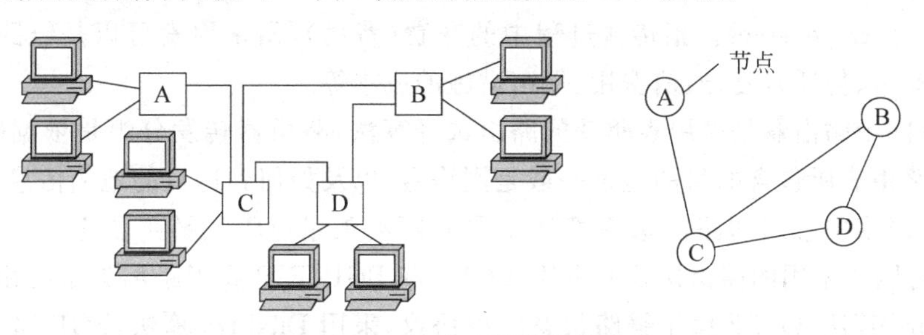

图 2-18　一个广域网的描述

在因特网实际应用中，路由表的表项内容主要为三项：目的 IP 地址、子网掩码、下一跳地址。若主机 H1 经源节点 A 向目的节点 F 所连接的主机 H6 传输数据，A 节点的路由表给出到目的节点 F 的后继节点为 B，网络协议将网络层 PDU(IP 分组)发送给 B 节点，B 节点的路由表给出到目的节点 F 的后继节点为 E，E 节点的路由表指出前往目的地的路径中，节点 F 是路由的下一节点。节点路由表的内容和作用如图 2-19 所示。

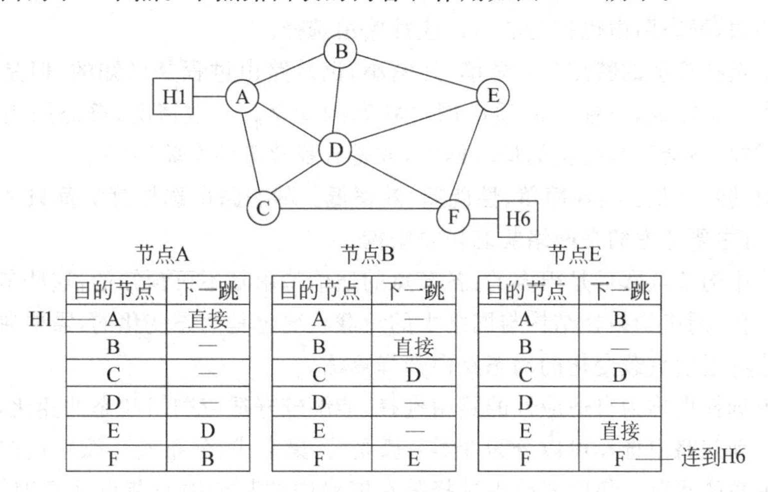

节点A

目的节点	下一跳
A	直接
B	—
C	—
D	—
E	D
F	B

节点B

日的节点	下一跳
A	—
B	直接
C	D
D	—
E	—
F	E

节点E

目的节点	下一跳
A	B
B	—
C	D
D	—
E	直接
F	F

图 2-19　节点路由表的内容和作用

2.8.3 路由选择算法

路由选择是个很复杂的问题，涉及网络中所有的主机、路由器、通信链路、网络拓扑和网络中的通信量等因素，并且上述因素都是动态变化的，这些变化事先又无法知道。另一方面，路由选择算法与网络中的拥塞控制算法又是互为联系、互相影响的，动态路由协议需要彼此相邻的路由器之间交换网络中的路由信息，在一个正在发生拥塞的网络中，路由信息的传送肯定会受到影响。

路由选择算法涉及的参数有：

(1) 跳步数(Hop Count)。分组在传输路径上经过的路由器数目。

(2) 带宽(Bandwidth)。指链路的传输速率。

(3) 延时(Delay)。分组从源节点到目的节点所经过的时间。

(4) 负载(Load)。指通过路由器或线路的单位时间通信量或吞吐量。

(5) 可靠性(Reliability)。与传输过程中的误码率有关。

(6) 开销(Expensive)。指传输过程中的花费(费用)，衡量因素可以是链路容量、链路长度、数据速率、传播时延、通信费用、保密措施的成本等。

在因特网中路由器是采用表驱动的路由选择算法，路由器转发分组是依据路由表中的表项数据，路由表所包含的目的地址一般是网络号，以及如何到达目的地的信息。

计算机网络中常用的路由选择算法主要有距离矢量(DV)、链路状态(LS)、路径矢量(PV)。因特网中采用的路由协议有 RIP、OSPF 和 BGP，RIP 属于距离矢量路由协议，采用 Bellman-Ford 算法，OSPF 属于链路状态路由协议，采用 Dijsktra 算法，BGP 属于路径矢量路由协议，采用路径属性(可达性)算法。

2.8.4 路由协议

从对网络拓扑和通信量变化的自适应能力划分，路由选择算法分为静态路由选择和动态路由选择。

静态路由的改变和设置是由人工完成的，一旦确定了分组路由，在一段时间内一般不会再重新设置路由，静态路由也称为非自适应性路由选择。

静态路由选择算法的特点是：简单、开销小，以及路由过程是已知的，但是静态路由表的更新必须由人工完成，不能及时适应网络状态的变化。一般情况，静态路由只用在小型的、网络拓扑结构不会经常变化的局域网中，或是查找故障的实验网络中。

静态路由的特点是：实现简单、性能差、效率低。静态路由选择算法都只考虑了网络的静态状况，并且主要考虑的是网络静态拓扑结构。

实际网络中的节点数目是很多的，各节点的通信请求是不可预知的，这些节点可以随时开始或停止工作，网络的拓扑结构与网络上的负载状况也是动态变化的，需要研究适应网络拓扑结构变化和通信负载变化的动态路由选择算法。

动态路由选择也称为自适应性的路由选择，能够较好适应网络状态的变化，动态地改变和设置路由。动态路由选择可以分为 3 类：孤立式、集中式、分布式。孤立式在路由选择时只考虑节点本身的状况。集中式路由选择是在网络中的某个中心节点计算网络中的路由，然后把路由再传递到网络中的各个节点。分布式路由选择是把路由选择分散到网络中的每个节点，由每个节点通过与相邻节点周期性的交换网络中的路由信息，对路由表中路由信息进行更新。

大型互联网络以及因特网中采用的是分布式动态路由选择策略，系统自动运行动态路由协议，建立和更新路由表。动态路由选择算法的工作过程如下：

(1) 测量并感知网络状态,主要包括拓扑结构、流量及通信时延。

(2) 与相邻节点交换路由信息,或向有关进程或节点报告新的路由信息。

(3) 依据新的路由信息更新路由表。

(4) 依据新路由表中更新过的路由信息,选择合适路径转发分组。

2.8.5 默认路由

计算机网络中的每一个计算机设备都分配有 IP 地址,IPv4 网络中的 IP 地址需要手工配置,而在 IPv6 网络中可以实现自动配置 IP 地址。路由器是一个互连设备,实现在网络层层次上的互连,路由器一般有多个网络接口,每一个网络接口与一个网络连接,每一个网络接口都要分配一个唯一的 IP 地址。例如,路由器有 2 个广域网接口,2 个局域网接口。路由器的局域网接口连接到局域网,路由器局域网接口的 IP 地址往往设置为局域网中端节点的默认路由(下一跳位置),局域网内的网络节点(计算机)通过默认路由,连接到路由器,通过路由器连接到外部网络。

在配置路由器的路由表的路由表项时,一般都会配置默认路由,在所有路由表项都不能适配时,就会按默认路由转发 IP 分组。

在对网络中的一个端节点配置 IP 地址时,需要设置默认网关地址,这个默认网关地址一般为本地网络(局域网)路由器的局域网接口的 IP 地址,用于连接本地网络。一般情况,默认网关地址在路由表中被配置为默认路由,本地网络中的网络节点通过默认网关地址连接外部网络。

2.8.6 层次路由

由于计算机网络规模的扩大,网络中的一个节点(路由器)中路由表占用的内存越来越大,路由表的表项不仅占用大量存储器空间,并且测量、计算、交换网络路由状态及路径信息会占用大量 CPU 时间。而无限制地扩大路由器的内存显然是不可能的,而且大的路由表处理起来很费时间。

另一个问题是由部门或单位建立的网络的所有权归属问题,这些网络可以独自设置路由器和进行路由选择配置,不愿意外界知道所属网络的布局细节和采用的是何种路由策略。

当网络节点数达到一定规模后,再以节点为单位进行路径选择已变得不可能,层次路由选择算法就是针对这一情况而采取的解决方法。类似分层路由选择的例子是在电话网络中,电话网络也是采用层次选路,例如电话号码:0086-0571-8691-2968,依次标识国家、城市、电话分局、电话机插口编码。

层次路由选择算法涉及路由层次划分,层次数目的多少,对路径选择的效率、性能会有不同的影响。在每一层次上的路由选择算法可采用前面已经介绍的距离矢量(DV)、链路状态(LS)。

因特网采用分层次的路由选择,因特网划分为多个自治系统(Autonomous System, AS),一个自治系统是具有一个单一的和明确定义的路由选择策略,由一组互连起来的具有相似 IP 前缀(一个或多个前缀)的路由器(节点)组成,由一个或多个网络管理员负责运行管理的系统。一个自治系统内的所有网络都属于一个行政单位。同一个 AS 内的路由器(节点)可以都运行同样的路由选择算法,例如 LS 或 DV 算法。每个自治系统都有一个唯一的编号，称为 AS 号，因特网号码分配机构(ICANN)负责 AS 号的分配和管理。

2.8.7 因特网中的路由层次

对于比较大的自治系统，还可以把 AS 进一步划分成区域(Zone)，形成主干区域和一般区域，一般区域通过路由器连接到主干区域。一个自治系统仅有一个主干区域，主干区域一般标识为区域 0。一般区域可以有多个。一个区域内可以包括多个网络，也称为链路或网段。在自治系统内部运行的路由协议称为内部路由协议，在自治系统之间运行的路由协议称为外部路由协议。

一般区域为自治系统的内部网络，自治系统内部的路由器完成一般区域主机之间的路由交换。连接自治系统的主干路由器构成主干区域，一般区域之间的 IP 分组交换通过主干区域的主干路由器实现。

采用层次路由选择时，按节点所处的位置划分区域。每个网络节点知道在自己所处的区域内怎样选择路由、怎样把分组送到处于区域内的目的节点的全部细节。节点并不知道、也不关心其他区域的内部结构。若要访问其他区域中节点，需要通过区域边界路由器连接到主干区域，再通过主干区域连接到其他区域。网络中的路由器分为区域内部路由器、区域边界路由器、AS 边界路由器。

引入自治系统的目的是使网络互联更加容易，核心是路由寻址的自治，自治系统内部的路由器了解内部全部网络的路由信息，并能够通过一条路径把发送到其他自治系统的分组传送到连接自治系统的主干路由器。可以看出网络互联的层次划分依次为互联网、自治系统、区域、网段(链路)。读者可以试着画出和分析层次路由层次划分的图示。因特网中的路由层次如图 2-20 所示。

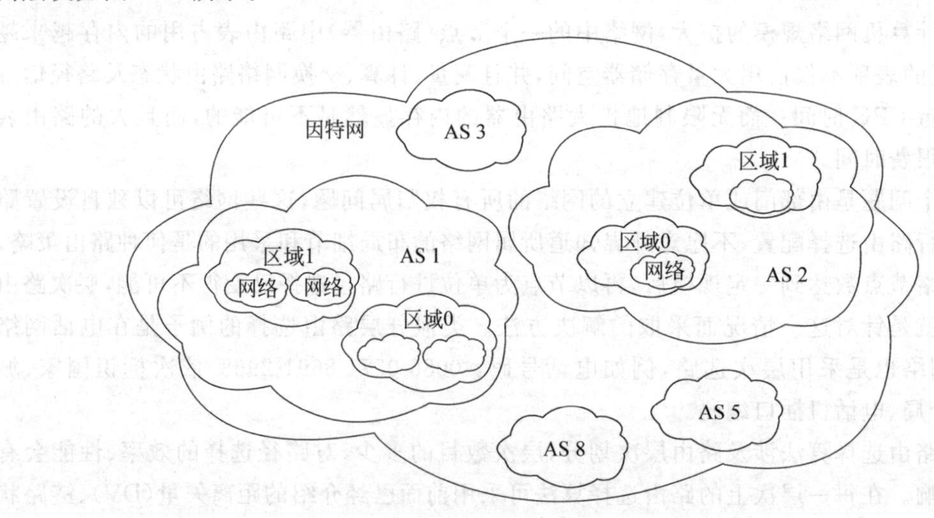

图 2-20 因特网中的路由层次

2.8.8 因特网中的路由协议

因特网中采用的内部路由协议为 RIP、OSPF，外部路由协议是 BGP。

RIP 是基于 Bellman-Foed 算法的距离向量路由协议，最初是在伯克利 UNIX 系统中开发的。RIP 对距离的定义是所经过路由器的跳数,从一个路由器到达下一个路由器的距离为 1,主机直接连接到路由器,距离为 0。例如,主机 A 到主机 B 的分组传输路径上经过 5 个路由器,则跳数为 5。RIP 支持的最大跳数为 15,适用相对较小的网络自治系统。需要注意的是,到直接连接的网络的距离也可以为 0,例如,路由器在和直接连接在同一个网络上的主机节点通信时不需要经过其他路由器。

开放最短路径优先(Open Shortest Path First,OSPF)协议是内部路由协议,OSPF 采用链路状态路由选择算法。AS 的内部路由协议早期采用的是距离矢量算法,后被链路状态算法所取代。1989 年 IETF 给出 OSPF 的第二个版本 OSPFv2,对应的技术文档是 RFC 2328,已经成为因特网的标准协议。OSPF 的原理很简单,但实现起来比较复杂。OSPF 的"开放"是指 OSPF 协议的公开发表的,任何厂商均可以使用。"最短路径优先"是指协议采用了 Dijkstra 最短路径算法。

在 AS 之间使用的是外部路由协议,因特网中具体应用的外部路由协议是 1989 年公布的边界网关协议(Border Gateway Protocol,BGP)。1995 年给出 BGP-4。外部路由协议的主要功能是在 AS 之间交换有关网络可达性的路由信息。BGP-4 采用路径向量(Path Vector,PV)路由选择协议,与距离矢量协议和链路状态协议有很大的区别。

BGP-4 协议支持 CIDR,BGP-4 的路由表的表项内容包括目的网络前缀、下一跳路由器,以及到达目的网络所要经过的各个自治系统序列(AS_1,AS_2,AS_3,…,AS_i,…,AS_n),这个序列是路径顺序经过的自治系统编号排列。在 BGP-4 开始运行时,BGP-4 的邻站相互之间交换整个 BGP-4 路径表,之后仅需要在发生路径变化时更新有变化的内容,这样设计可以减少路由器的开销和节省网络带宽。

2.8.9 NAT 技术

随着接入 Internet 的计算机数量的持续增加,IP 地址资源也就愈加显得捉襟见肘。事实上,除了中国教育和科研计算机网(CERNET)外,一般用户几乎申请不到整段的 C 类 IP 地址。在其他 ISP 那里,即使是拥有几百台计算机的大型局域网用户,当他们申请 IP 地址时,所分配的地址也不过只有几个或十几个 IP 地址。显然,这样少的 IP 地址根本无法满足网络用户的需求。

IETF 从 IP 地址空间中划分出 3 个地址范围,用于内部网络的专用 IP 地址,这些专用 IP 地址仅能够在内部网络使用,若想访问外部网络,例如,因特网,就需要通过一种网络地址转换技术,把专用 IP 地址映射为可以在因特网中使用的公用(合法)IP 地址,这种网络地址转换技术就是 NAT。

借助于 NAT,专用 IP 地址的"内部"网络通过路由器发送 IP 分组时,专用 IP 地址被转换成公用的 IP 地址,一个局域网只需使用少量公用 IP 地址(至少有 1 个)即可实现专用 IP 地址网络内所有计算机与 Internet 的通信需求。

NAT 将自动修改在内部网络传输的 IP 分组的源专用 IP 地址和目的专用 IP 地址,IP 地址的映射和校验则在 NAT 处理过程中自动完成。有些应用程序将源 IP 地址嵌入到 IP 分组的数据部分中,所以还需要同时对分组进行修改,以匹配 IP 首部中已经修改过的源 IP 地址。否则,在分组数据部分嵌入源 IP 地址的应用程序就不能正常工作。

NAT 的实现方式有三种,即静态转换、动态转换和端口多路复用。

（1）静态转换是指将内部网络的专用 IP 地址转换为公用 IP 地址，IP 地址对是一对一的，是一成不变的，某个专用 IP 地址只转换为某个公用 IP 地址。借助于静态转换，可以实现外部网络对内部网络中某些特定计算机网络设备的访问。

（2）动态转换是指将内部网络的专用 IP 地址转换为公用 IP 地址时，IP 地址是不确定的，是随机的，所有被授权访问 Internet 的专用 IP 地址可随机转换为指定的公用 IP 地址。也就是说，只要指定哪些内部地址可以进行转换，以及用哪些合法（公用）地址作为外部地址时，就可以进行动态转换。动态转换可以使用多个合法外部地址集。当 ISP 提供的合法 IP 地址略少于网络内部的计算机数量时。可以采用动态转换的方式。

（3）在上述两种 NAT 实现方式中，内部网络中同时与公用网络通信的主机数量，会受到 NAT 的可用公用 IP 地址数量的限制，克服这种限制的方法是：NAT 在进行 IP 地址转换的同时也进行端口地址（Port）的转换，也称为网络地址端口转换（Network Address Port Translation，NAPT）和端口多路复用。NAPT 与 NAT 的区别是：不仅转换 IP 分组的 IP 地址，也对 IP 分组中 TCP、UDP 的端口地址进行转换。NAPT 使得多个内部网络主机可以通过一个 NAT 公用 IP 地址，实现同时与公用网络进行通信。

端口多路复用是指改变外出 IP 分组的源端口并进行端口转换，即端口地址转换。采用端口多路复用方式，内部网络的所有主机均可共享一个合法外部 IP 地址实现对 Internet 的访问，从而可以最大限度地节约 IP 地址资源。同时，又可隐藏网络内部的所有主机，有效避免来自 Internet 的攻击。因此，目前网络中应用最多的就是端口多路复用方式。

NAT 位于内部网络与外部网络之间，NAT 功能可以被部署在路由器、防火墙，以及单独的 NAT 设备中，例如，一个用作 NAT 的主机。Cisco 路由器的 IOS 支持 NAT 配置，Windows 也提供 NAT 配置功能。在配置网络地址转换的过程之前，首先必须搞清楚内部接口和外部接口，以及在哪个外部接口上启用 NAT。通常情况下，连接到用户内部网络的接口是 NAT 内部接口，而连接到外部网络（如 Internet）的接口是 NAT 外部接口。

端口多路复用（NAPT）如图 2-21 所示。端口多路复用（NAPT）中专用 IP 地址与公用 IP 地址的映射如表 2-13 所示。

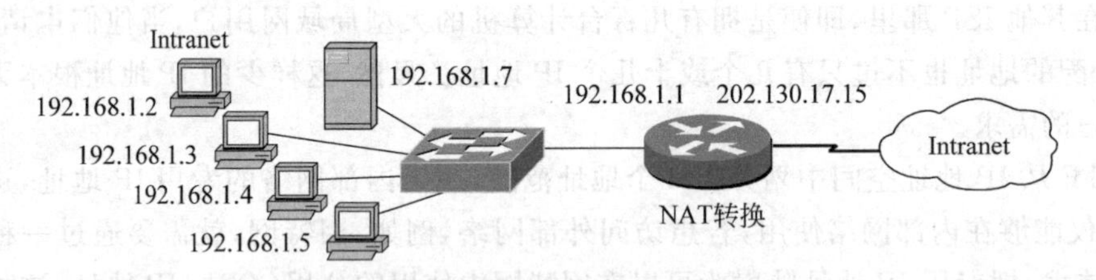

图 2-21　端口多路复用 NAPT

表 2-13　端口多路复用（NAPT）中专用 IP 地址与公用 IP 地址的映射

专用 IP 地址和端口	转换的 IP 地址和端口	目的 IP 地址和端口
192.168.1.2：2021	202.130.17.15：2015	215.121.26.89:80
192.168.1.5:3635	202.130.17.15:2016	71.45.138.76:80
192.168.1.2:2295	202.130.17.15:2017	71.45.138.76:80
192.168.1.7:2295	202.130.17.15:2018	207.146.121.33:80
…	…	…

2.9 网络接入技术

2.9.1 广域网接入技术

广域网是地理覆盖范围广阔的通信网络,目的是实现广阔范围内的远距离数据通信。局域网技术是在有限的地域范围内,主要目的是实现资源共享。广域网在网络特性和技术实现上与局域网存在明显的差异。相隔远距离的局域网之间的通信需要通过接入广域网才能实现。广域网接入的主要特性是:使用多种串行连接方式接入广域网,使用电信运营商提供的服务,连接分布在广域范围内的网络设备。

数字数据网络(Digital Data Network,DDN)是利用数字信道传输数据的一种数据接入业务网络。DDN 集合数字通信、数据通信、光纤通信等技术,以数字交换、数字连接为核心技术,得到广泛应用。DDN 是一个通信网络,涉及网络体系结构的物理层和数据链路层。

网络用户端设备(路由器)通过数据业务单元(DSU)或基带 Modem,利用电信专线(例如,可以是市话双绞线)接入 DDN。DDN 网络拓扑结构如图 2-22 所示。

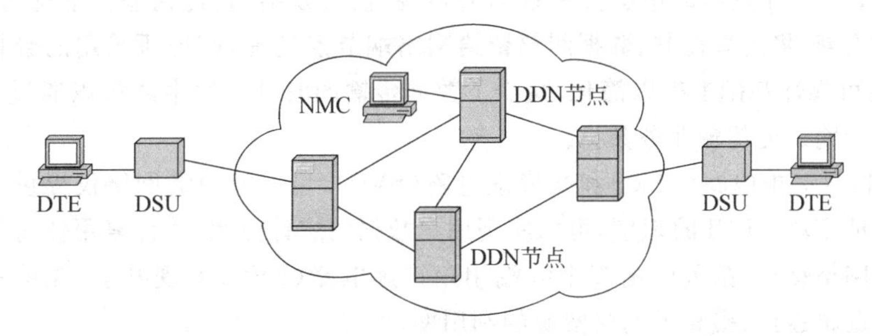

图 2-22 DDN 网络拓扑结构

从网络实现的基本功能考虑,DDN 可以分为核心层、接入层和用户接口层。

(1) 核心层以 2Mbps 链路连接主干节点构成,提供网络业务的转接。

(2) 接入层为各类业务提供交叉连接和子速率复用。

(3) 用户接口层为网络用户提供适配和转接。

DDN 具有的主要特点包括:

(1) 时延低、速率高、传输质量好。由于 DDN 不用对所传输的数据进行协议封装,也不用进行类似分组交换的存储转发,使得传输时延很低,一般情况,端到端的数据传输时延低于 40ms。提供的接入速率可以达到 2.048Mbps。可以提供误码率低于 10^{-6} 的数字信道。

(2) 网络传输具有透明性。DDN 利用数字信道提供永久或半永久型电路连接,DDN 支持通信两端节点认可的多种通信协议和多种通信业务。

(3) 提供很好的安全性。DDN 主干采用光纤传输,采用点对点的传输信道,网络中的节点之间一般都存在多条点到点通信链路,若一条路由出现故障,网络节点会选择新的可用路由,网络的健壮性好。

(4) 支持 VPN,可以为网络用户在本地和异地之间组建"专网",实现基于 DDN 的 VPN,以较少的投资,获得类似专网的所有业务功能。DDN 覆盖范围大。

DDN 已经用作其他电信业务网,例如,163 网、169 网、帧中继、用户专用网络的传输中继和接入链路。

DDN的不足之处在于：相对于通信时间较短的用户来讲，费用比较高；灵活性不够好，DDN以数字交叉方式提供半永久性连接链路，不提供交换功能，仅适合为网络用户建立点对点、点对多点的连接。

帧中继(Frame Relay,FR)是在分组交换网的基础上，结合数字专线技术构成的数据业务网络。FR是由x.25分组交换技术发展起来的，用数字光纤传输线路逐步替代原有的模拟传输线路。帧中继网络涉及的网络协议层次是物理层和数据链路层，在数据链路层实现数据的转接。帧中继网络通过帧中继交换机通过中继链路连接组成，现在也可以由ATM网络作为中继承载网络。

网络用户的LAN通过路由器和专用线路接入帧中继网，路由器应具有标准的帧中继UNI接口，否则，需要在路由器和帧中继网络之间添加帧中继拆/装设备(FRAD)。用户需要申请连接到电信帧中继交换机的DDN专线或HDSL专线。帧中继适合突发性强、数据速率高、时延低、经济性好的数据业务传输。

帧中继具有的主要特点包括：

(1) 帧中继仅在数据链路层实现数据的转接，仅对帧结构、传输差错情况进行检查，对出错帧直接丢弃，将流量控制、数据纠错留给网络端节点处理，使得所采用的数据链路层协议LAPD在可靠性基础上得以简化，减少了数据传输的时延。帧中继可以通过ATM提供的高速透明传输通道传输业务数据。

(2) 提供永久虚电路(PVC)和交换虚电路(SVC)，目前帧中继网络仅提供PVC技术。通过对帧地址字段DLCI的识别，可以实现用户数据的统计复用，统计复用使得帧中继的每一条线路和网络接口，都可以由多个终端用户按虚电路(PVC)实现共享，在单一物理连接上提供多个逻辑连接，提高了网络资源的利用率。

(3) 提供较好的性价比，由于采用PVC和统计复用，线路租用费用仅为DDN线路的40%。帧中继支持带宽控制，在线路空闲时，允许网络用户以超出所申请的约定信息速率(CIR)的速率发送数据，而不用承担额外的费用。

帧中继的不足之处在于：由于没有足够的流量控制功能，当同一网络接口的各PVC同时有数据传输时，可能会出现拥塞。若物理线路或物理端口出现故障时，会影响在此物理线路上创建的多条虚电路。

2.9.2 无线广域网接入

无线广域网(Wireless Wide Area Network, WWAN)是利用无线网络把物理距离分散的LAN或其他网络连接起来的网络。WWAN的连接范围可以覆盖一个国家，WWAN的结构可以分为末端系统和中间链路系统。WWAN的技术标准是IEEE 802.20，是由IEEE 802.16工作组中的一个小组于2002年3月提出的，之后，这个小组独立成为IEEE 802.20工作组。IEEE 802.20的目的是弥补IEEE 802.1x协议在移动性方面的不足，实现在高速移动环境下的数据传输，是在高速移动环境下的宽带无线接入规范。IEEE 802.20解决了移动性与高速传输之间的矛盾。

IEEE 802.20标准在物理层以正交频分复用(OFDM)，以及多输入多输出(MIMO)技术为核心，充分挖掘时域、频域和空间域的资源，提高系统的频谱效率。IEEE 802.20基于

IP 分组数据的 IP 架构，在适应突发性数据业务的性能方面优于 3G 移动技术，与 3.5G (HSDPA、EVDO)性能相当。

IEEE 802.20 在设计理念上符合下一代无线移动通信技术的发展方向，在实现和部署上具有一定的优势，在移动性方面优于 IEEE 802.11，在数据吞吐量方面优于 3G 移动技术。IEEE 802.20 目前还处在完善阶段。

无线广域网的接入方式主要有通用分组无线业务(General Packet Radio Service, GPRS)、3G、码分多址(CDMA)、CDMA-2000、TD-SCDMA、W-CDMA、IMT-2000。

其中，GPRS 属于 2.5 代移动通信技术，与 GSM 拨号方式的电路交换方式不同，GPRS 采用分组交换机方式，具有的特征主要包括自动切换、高速传输、快速登录、按量计费、实时在线等。TD-SCDMA 为中国提出的时分同步码分多址技术，成为全球 3G 移动标准之一。

2.9.3 因特网接入技术概述

人们可以通过 ISP 接入因特网。中国高等院校可以通过中国教育科研计算机网络(CERNET)接入因特网，CERNET 的网络控制中心在清华大学。一般网络用户，可以通过电信网络、有线电视网络提供的多种连接方式接入因特网。可以采用的因特网接入技术主要有：

(1) 拨号接入。

(2) xDSL 接入。

(3) HFC 和 Cable Modem。

(4) 光纤接入。

(5) 无线接入。

宽带接入技术是指数据传输率超过 1Mbps 因特网接入。xDSL 技术是用数字技术改造现有模拟电话线，实现宽带接入。常用的 xDSL 技术类型有 ADSL、HDSL、SDSL、VDSL、DSL(ISDN)。

随着以太网技术的进步，以太网的覆盖范围已经从局域网扩展到城域网和广域网，以太网数据传输率已经达到千兆和万兆。近年来，宽带以太网接入技术发展很快，采用光纤传输网络，提供因特网接入的宽带以太网连接到了社区、楼宇、用户家庭，可以预计，宽带以太网接入会逐渐成为因特网接入的主流技术。宽带以太网接入的产品常用 FFTx 标识。

2.9.4 因特网接入技术的特征

xDSL 技术利用了电话线上电话系统没有利用的高频部分，以及相应的调制解调技术，进行数据传输。xDSL 采用多种调制方法，这些调制方法各具特点，例如，2B1Q 可以延长传输距离，QAM 可以充分利用带宽、抗噪声能力强，CAP 的传输距离远；DMT 的抗噪声性能好。

非对称数字用户环路(Asymetric Digital Subscriber Loop, ADSL)是属于 xDSL 的技术，为网络用户提供上、下行非对称的传输速率，一般情况，上行速率为 1Mbps，下行速率为 8Mbps。ADSL 分为虚拟拨号和专线方式，最初主要是针对视频业务开发，目前已经演变成为较方便的宽带接入方式。提供 ADSL 宽带接入的 ISP 是中国电信和中国联通。

ADSL 把电话线路上可用的 1.1MHz 频带划分成 256 个独立的信道，每个信道

4312.5Hz，其中，信道0用于电话。信道1～5没有使用，用于隔离语音信号和数据信号分，减少相互之间的干扰，另外250个信道中，一个用于上行的控制，一个用于下行的控制，其余的可以传送数据，由电信部门决定上下行数据分别占用多少信道。ADSL的连接如图2-23所示。

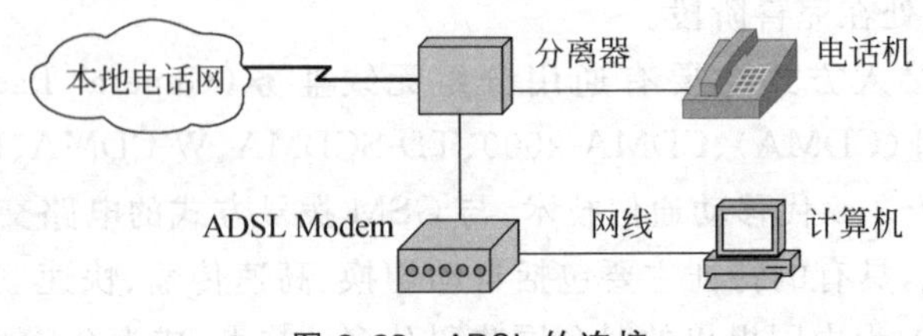

图2-23 ADSL的连接

线缆调制解调器(Cable Modem，CM)接入属于较常用的因特网接入方式，CM基于有线电视(CATV)网络的光纤同轴电缆混合技术(Hybrid Fiber Cable，HFC)，通过CATV的HFC网络传输高速数据业务。CM宽带接入方式可以提供的上行速率为10Mbps，下行速率为36Mbps。提供CM宽带接入的ISP是国家广播电视总局。

HFC采用模拟频分复用技术，利用宽带通信电缆、光纤同时传输分配式广播信息、交互式电信信息、模拟信息以及数字信息。整个HFC网络由馈线网、配线网、用户引入线等三部分组成。

光纤以太网(FTT＋LAN)接入方式用光纤作为主要的传输介质，是宽带接入的最终解决方案，采用千兆或万兆以太网技术，也称为宽带以太网接入。光纤接入网的构成主要包括：光线路终端OLT，提供与公共网络本地交换机之间的接口，并通过光纤与用户端的ONU通信；光网络单元ONU，提供用户侧的接口。光纤接入网根据光网络单元ONU的位置进行分类，主要分类有FTTB、FTTC、FTTZ、FTTH、FTTO。例如，FTTZ标识光纤到小区，可以统称为FFTx，意思是光纤到……

随着千兆和万兆以太网技术的普及，目前，电信部门提供覆盖城市居住小区的千兆以太网，提供网络用户接入因特网的服务，成为今后因特网接入的发展方向。光纤以太网接入方式实现简单，网络用户仅需购买一块以太网卡，通过以太网卡RJ-45连接器，用UTP-5双绞线直接连接到由ISP提供、放置在用户楼宇单元的交换机端口上。

无线接入是指接入过程中使用无线传输介质，在较大范围内(几十千米)向用户提供固定或者非固定的网络接入服务。无线接入技术按接入对象可分为移动无线接入和固定无线接入两类：移动无线接入的代表是蜂窝移动通信系统和卫星移动通信系统；固定无线接入指从网络交换节点到固定用户终端采用无线接入方式，目前主要有固定宽带无线接入和WiMAX等几种技术。

固定宽带无线接入系统基于分组交换技术，采用点对多点的工作方式，由一个中心站点(接入点AP)和多个用户站点组成，可以分为本地多点分配业务(Local Multi-point Distribution Service，LMDS)、多路多点分配业务(Multichannel Microwave Distribution System，MMDS)、卫星直播(Direct Broadcast Satellite，DBS)。

通常人们在实验室网络环境，计算机可以通过AP接入无线局域网(WLAN)，再通过无线局域网与内部有线网络连接，例如，校园计算机网络，经过内部网络提供的服务接入因特网。WLAN 采用 IEEE 802.11 技术标准，使用免许可证的 ISM 频段，WLAN 应用越来越普及。

习题

1. 构成计算机网络的所有网络实体均可以被抽象为哪些基本构件？这些基本构件各有什么特点？

2. 写出主要的网络分类的依据及网络名称。

3. 计算机网络体系结构有哪些层次、每层完成什么样的功能、支持和用到哪些网络协议、适应于哪些应用？

4. 写出对应网络协议层次每层的网络协议数据单元(PDU)名称。

5. 为什么说局域网是一个通信网？

6. 计算机网络体系结构有什么用途？

7. 给出计算机网络协议(PDU)的格式的图示。

8. 举例说明人们之间的通话也在不知不觉中使用着分层协议。

9. 写出计算机网络协议的三个要素，三个要素之间的关系是什么？

10. 写出 TCP/IP 协议的两个基本要点。

11. TCP/IP 协议具有哪些特点？

12. TCP/IP 协议结构包含哪些层次？各层涉及的协议和功能有哪些？

13. 写出网络协议捆绑的过程。

14. 计算机网络中用到哪些地址？这些地址各有什么用途？

15. 写出计算机网络中地址之间的转换方法。

16. IP 地址如何标识？

17. IP 地址编址技术的发展经历了哪些阶段？

18. 写出有类 IP 地址的特征。

19. 写出特殊 IP 地址的主要用途。

20. 写出专用 IP 地址的用途，以及专用 IP 地址的地址范围。

21. 写出 IP 层转发分组的过程。

22. 写出子网划分技术的要点。

23. 有一个单位分配一个 C 类 IP 地址 202.10.23.0，需要为该单位的 6 个部门划分子网，每个部门的主机数为 30 台。给出子网划分的过程和图示。

24. 写出无分类编址(CIDR)的要点。

25. 写出变长子网掩码(VLSM)的要点。

26. 写出通过 CIDR 实现路由汇聚的方法。

27. 最长前缀匹配的要点是什么？

28. 网络互联的类型有哪些？

29. 网络互联时需要遵循的规则是什么？

30. 网络互联设备与网络协议层次的对应关系是什么？

31. 说明网络互联设备的包含关系，并给出图示。

32. 以太网技术为什么能够成为局域网的主流技术?
33. 给出以太网技术的主要特征。
34. IEEE 802.3 标准判定无效以太网 MAC 帧的依据是什么?
35. 举例说明以太技术已成功地应用于城域网的设计实现中。
36. 虚拟局域网(VLAN)的特征有哪些?
37. VLAN 设计的原则主要包括哪些内容?
38. 实现 VLAN 的方式有哪些?
39. 以太网帧格式中插入一个 4 字节的 VLAN 标识字段,写出这个标识字段的内容。
40. VLAN 主干(Trunk)连接主要采用哪些标准?
41. 路由包含哪两个基本动作?
42. 路由算法中常用的度量有哪些?
43. 路由表的表项内容主要有哪些?
44. 路由选择算法涉及的参数有哪些?
45. 动态路由选择算法的工作过程是什么?
46. 什么是默认路由,默认路由有什么用途?
47. 为什么采用层次路由?
48. 给出因特网中的路由层次。
49. 写出因特网中的使用的路由协议,简述每种路由协议的要点。
50. 什么是 NAT 技术,怎样实现 NAT 技术?
51. 写出广域网接入技术的要点。
52. 写出无线广域网接入(WWAN)的要点。
53. 可以采用的因特网接入技术主要有哪些?

第3章 计算机网络设备

3.1 传输介质和连接器

3.1.1 传输介质

计算机网络中用到的传输介质有两大类：有线传输介质和无线传输介质。常用的有线传输介质有双绞线、同轴电缆、光缆。常用的无线传输介质有无线电、红外线、微波、激光。目前，在企业网组网时用得最多的有线传输介质是非屏蔽双绞线(UTP-5)和光缆(光纤)。在有线传输介质中，信号的传播速度是光速的三分之二；在无线传输介质中，信号的传播速度是光速。

双绞线(Twisted Pair)是由两根相互绝缘的铜导线按照一定的规格互相缠绕在一起而成的网络传输介质，外部包裹屏蔽层或橡塑外皮而构成。双绞线的特点是：如果外界电磁信号在两条导线上产生的干扰大小相等而相位相反，那么这个干扰信号就会相互抵消。

非屏蔽双绞线(UTP)集中多对双绞线，外面包一层塑料增强保护层形成。UTP抗干扰能力较差，误码率高，但价格便宜、安装方便。其特性阻抗为100Ω。美国电子工业协会(EIA)为非屏蔽双绞线定义了6种质量级别：第1、2类，电话通信中的语音和低速数据线，其最高传输速率为4Mbps；第3类，计算机网络中的数据线，其最高传输速率为10Mbps；第4类，计算机网络中的数据线，其最高传输速率为16Mbps；第5类，使用最多的一类，标识为UTP-5，其最高传输速率为100Mbps；第6类，具有200MHz以下的传输特性，最高传输速率1000Mbps。

双绞线施工用到的组网工具有压线钳、打线器、电缆测试仪等。

UTP-5的塑料保护层内有4对线，其中，白-橙色和橙色为一交扭对；白-绿色和绿色为一交扭对；白-蓝色和蓝色为一交扭对；白-棕色和棕色为一交扭对。UTP-5非屏蔽双绞线如图3-1所示。

图3-1 UTP-5非屏蔽双绞线

光纤的基本特性是：光纤的纤芯采用高纯度的二氧化硅，并掺有少量的掺杂剂，以提高纤芯的光折射率。包层也是高纯度的二氧化硅，也掺杂了一些掺杂剂，主要是降低包层的光折射率。涂层一般采用丙烯酸酯、硅橡胶、尼龙等材料，以增加机械强度和可弯曲性能。

光纤通信的优点是：通信容量大(理论上可达到25Tbps)、保密好、抗电磁波辐射干扰、防雷击、传输距离长(无中继下可达200km)。光纤通信的缺点是：光纤连接困难、成本较高。

光传输工作原理是：通过不同角度射入光纤的光有不同的反射角度，光纤的包层就像一面镜子，使光纤在纤芯内反射。光纤内的反射决定了光如何在光纤中传播。如果光纤纤芯与包层的折射率小于1%，则所有角度小于或等于8度的、射到包层上的光都将继续留在光束中。

一条光纤能不能进行双向或多信道传输，取决于采用的传输技术和光源技术。以太网目前仅支持单信道下的单向传输，双向通信时，需使用两条光纤。DWDM 光通信技术，可以实现单条光纤的多信道同时传输，甚至单条光纤下的双向信号传输。但是 DWDM 实现成本很高。

光纤通信系统是以光波为载体、光导纤维为传输介质的通信方式，起主导作用的是光源、光纤、光发送机和光接收机。

光纤中传输的是光波，外界的电磁干扰与噪声都不能对光信号造成影响。光纤传输过程中，首先需要将电信号转换成光信号再通过光纤传输，光信号传输到目的地后，再把光信号转换成电信号输出。数据的发送端或接收端需要有光电转换装置设备进行信号的变换处理。光纤的数据传输速率可达几十 Gpbs，传输距离可达几十千米并具有低误码率(10^{-11}～10^{-10})。

光纤利用全反射传输对信号编码后的光束。通过光纤传输的每一条光束称为一个模。按传输点模数光缆分为：单模光纤(Single Mode Fiber)，光线是以直线方式传输，频率单一，没有折射现象，传输损耗小，通常芯径小于 10μm；多模光纤(Multi Mode Fiber)，光线是以波浪式传输，同时传输几种颜色的光，通常芯径在 50μm 以上，涂覆层直径在 100～600μm 之间。

光纤跳线用于短距离连接网络设备光接口。取一段 1～10m 的光纤，在光纤的两端各接一个连接头，做成光纤跳线。光纤跳线分为单线和双线。光纤一般只进行单向传输。通信设备需要发送和接收两根光纤。使用时单线需要两根，双线需要一根。光纤跳线的两端的连接头要适配连接设备的连接头，可以构成光纤跳线的不同类型，光纤跳线如图 3-2 所示。

图 3-2 光纤跳线

光纤技术性能参数如表 3-1 所示。

表 3-1 光纤技术性能参数

ITU 标准	光纤模式	纤芯/包层直径(μm)	基准波长(nm)	最大衰减(nm)	最大带宽(MHz/km)
G.651	多模	50/125	850	3.5	500
G.651	多模	50/125	1300	1.5	500
G.651	多模	62.5/125	850	3.5	160
G.651	多模	62.5/125	1300	1.5	500
G.652	单模	9/125	1310	1	
G.653	单模	9/125	1550	1	

同轴电缆的技术规格和参数如表 3-2 所示。

表 3-2　同轴电缆的技术规格和参数

技术规格	类　型	阻抗(Ω)	描　　述
RG-58/U	Thinwire	50	固体实心铜线
RG-58C/U	Thinwire	50	军用版本
RG-59	CATA	75	宽带电缆,用于 TV 电缆
RG-8	Thinwire	50	固体实心线,直径大约为 0.4 英尺
RG-11	Thinwire	50	标准实心线,直径大约为 0.4 英尺
RG-62	Baseband	90	用于 ARCnet 和 IBM 3270 终端

常见光缆局域网的传输指标如表 3-3 所示。表中 NS 标识未定义,NA 标识不可用。

表 3-3　常见光缆局域网的传输指标

网络应用类型	波长(nm)	最长距离(m)			链路余量(dB)		
		62.5μm	50μm	SM 单模	62.5μm	50μm	SM 单模
10Base-F	850	2000	2000	NS	12.5	7.8	NS
Token Ring4/16	850	2000	2000	NS	13	8.3	NS
Deman Priority (100VG-AnyLAN)	850	500	500	NS	7.5	2.8	NS
	1300	2000	2000	NS	7.0	2.3	NS
100Base-FX	1300	2000	2000	NS	11	6.3	NS
10Base-SX	850	300	300	NS	4.0	4.0	NS
FDDI	1300	2000	2000	40 000	11.0	6.3	10-32
FDDI(low cost)	1300	500	500	NA	7.0	2.3	NA
ATM52	1300	3000	3000	15 000	10.0	5.3	7-12
ATM5155	1300	2000	2000	15 000	10.0	5.3	7-12
ATM155	850(laser)	1000	1000	NA	7.2	7.2	NA
ATM622	1300	500	500	15 000	6.0	1.3	7-12
ATM622	850(laser)	300	300	NA	4.0	4.0	NA
Fabre Channel266	1300	1500	1500	10 000	6.0	5.5	6-14
Fabre Channel266	850(laser)	700	2000	NA	12.0	12.0	NA
FabreChannel1062	850(laser)	300	500	NA	4.0	4.0	NA
Fabre Channe1062	1300	NA	NA	10 000	NA	NA	6-14
1000Base-SX	850(laser)	220	550	NA	3.2	3.9	NA
1000Base-LX	1300	550	550	5000	4.0	3.5	4.7
ESCON	1300	3000	NS	20 000	11.0	NS	16

常用传输介质的速率等参数如表 3-4 所示。

表 3-4　常用传输介质的速率等参数

传输介质	成本	速率(bps)	电磁干扰	衰减	安全性
双绞线	低	1～10G	高	高	低
同轴电缆	中	1～100M	中	中	低
光纤	高	10M～10G	低	低	高
无线电	中	1～50M	高	高	低
微波	高	1～100M	高	变化	中
卫星	高	1～100M	高	变化	中

3.1.2　连接器

连接器用于实现网络节点设备之间的连接，连接器的位置在连接线的两端。以端节点与访问节点之间的连接器为例，一般把端节点一侧的设备称为数据终端设备(DTE)，访问节点一侧的设备称为数据电路端接设备(DCE)。DTE 为插头(针)，DEC 为插座(孔)。

双绞线两端的连接器是 RJ-45，也称为水晶头。RJ-45 连接器有 8 个线槽分别与 4 对双绞线相对应。8 根双绞线在插入水晶头时，依据线的颜色依序排列，顺序标识为 1、2、3、4、5、6、7、8。RJ-45 连接器的构造如图 3-3 所示。

图 3-3　RJ-45 连接器的构造

连接器的机械尺寸和线序的排列是有规则的，属于物理层协议，用通用国际标准颁布，遵循标准化和开放性。RJ-45 连接器的线序排列遵循 EIA/TIA 568A 和 EIA/TIA 568B 标准。EIA/TIA 568A 和 EIA/TIA 568B 线序排列如表 3-5 所示。

表 3-5　EIA/TIA 568A 和 EIA/TIA 568B 线序排列

线　序	1	2	3	4	5	6	7	8
EIA 568B	橙白	橙	绿白	蓝白	蓝	绿	棕白	棕
EIA 568A	绿白	绿	橙白	蓝白	蓝	橙	棕白	棕

EIA/TIA 568B 和 EIA/TIA 568A 标准规定的线序必须严格遵守，UTP-5 使用时选择橙和绿两个线对，原因有两个，一是开放性要求，二是每根线的材质不一样。若不采用标准规定的线序，把两端 RJ-45 的连线一一对应，也可以使用，但在连接距离远的情况，网络性能

会很不稳定，出现莫名其妙的错误。另一方面，按线序标准规定连接，使双绞线的连接通用性会更好，尤其在一些需要获取规定线序双绞线信号线数据的情况，可以很好地实现"开放"。

UTP-5 的橙和绿两个线对有 4 根线，可以实现双向同时传输。EIA/TIA 568B 线序的 4 根线电信号的标识如表 3-6 所示。

EIA/TIA 568A 线序的 4 根线电信号的标识如表 3-7 所示。

表 3-6　EIA/TIA 568B 线序的 4 根线电信号的标识

线的顺序	线的颜色	信号标识
1	橙白	T+
2	橙	T−
3	绿白	R+
6	绿	R−

表 3-7　EIA/TIA 568A 线序的 4 根线电信号的标识

线的顺序	线的颜色	信号标识
1	绿白	R+
2	绿	R−
3	橙白	T+
6	橙	T−

光纤有 3 种连接器，光纤的连接是一种对接耦合式连接。

（1）ST 型连接器。由氧化锆陶瓷插芯、尾纤后套及插芯头套构成，连接头的外壳部分是带有斜面锁钩的可旋转的金属圆壳。ST 型连接器与同轴电缆中用的 BNC 插头一样具有锁住功能，是使用最多的光纤连接器。

（2）SC 型连接器。外形为塑料矩形外壳，采用塑料工艺制造插针套管，是氧化锆整体形，端面磨成凸球面，插针尾部入口呈锥形，便于光纤的插入。SC 型连接器体积小，只需纵向插入插座，不用旋转及自锁开启功能，适合高密度连接。

（3）FC 型连接器。外形与 ST 型连接器类似，中心部分与 ST 型连接器一样，是氧化锆陶瓷插芯，外壳是带有螺纹的可旋转的金属圆壳。

ST 型连接器如图 3-4 所示。

SC 型连接器和 FC 型连接器如图 3-5 所示。

图 3-4　ST 型连接器

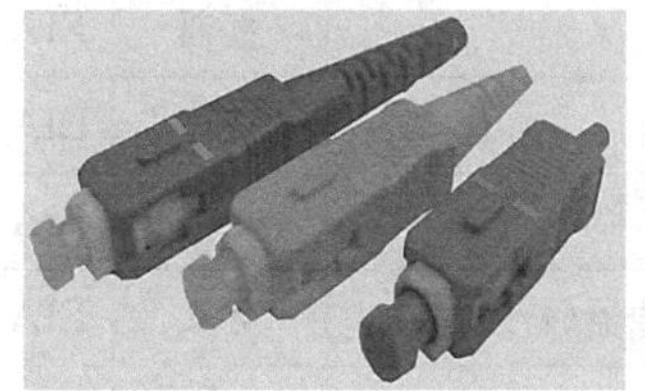

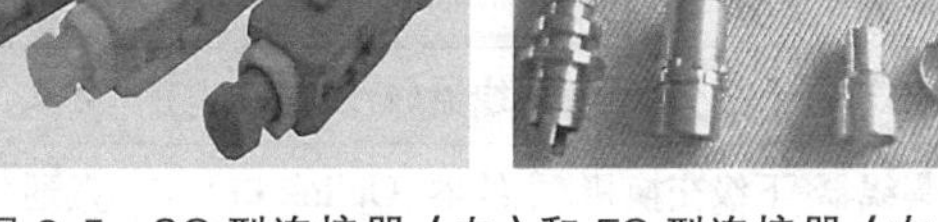

图 3-5　SC 型连接器（左）和 FC 型连接器（右）

光纤有三种连接方式，对于这三种连接方法，结合处都有反射，并且反射的能量会和信号交互作用。光纤的连接方式有：

（1）可以将它们接入连接头并插入光纤插座。连接头要损耗 10%～20%的光，但是它使重新配置系统很容易。

（2）可以用机械方法将其接合。方法是将两根小心切割好的光纤的一端放在一个套管中,然后钳起来。可以通过结合处来调整,以使光纤信号达到最大。机械结合需要受过训练的人员花大约 5min 的时间完成,光的损失大约为 10%。

(3) 两根光纤可以被融合在一起形成坚实的连接。融合方法形成的光纤和单根光纤差不多是相同的,但也会有一点衰减。

网络中常用的连接器和接口名称如表 3-8 所示。

表 3-8 网络中常用的连接器和接口名称

接口名称	连接器	接 口 说 明
交换机端口	RJ-45	10/100/1000M 速率网络接口,接双绞线直通电缆
光纤端口	GBIC 或 SC	100/1000M 速率网络接口,接 SC 接头光纤
Console	RJ-45	交换机配置端口,接反转电缆,网管型交换机才有
AUI	15 针 D 形接口	连接粗同轴电缆,目前已淘汰
BNC	BNC	细同轴电缆连接的接口,目前已淘汰
Uplink	RJ-45	级联端口,一般为交换机第一个端口
MII	MII	介质无关端口,可以转成光纤或双绞线等介质

3.1.3 直通线、交叉线和全反线

若双绞线两端的 RJ-45 连接器的线序排列一致,即一端为 EIA 568-A(或 EIA 568-B),另一端也为 EIA 568-A(或 EIA 568-B),这样所构成的连接线称为直通线。若一端为 EIA 568-A,而另一端为 EIA 568-B,或者一端为 EIA 568-B,另一端为 EIA 568-A,这样构成的连接线称为交叉线。若一端的线序为 1~8,另一端的线序为 8~1,则称为全反线。

直通线用于异种设备之间的连接,例如,路由器和交换机。交叉线用于同种设备之间的连接,例如,交换机与交换机。全反线计算机连接网络设备的控制口,用于对网络设备进行配置。现在,有些网卡或交换机能自适应直通和交叉方式。网线的用途如表 3-9 所示。

表 3-9 网线的用途

网线的用途	直通线或交叉线	两端 RJ-45 连接器线序
交换机/集线器-计算机	直通	EIA 568B-EIA 568B 或 EIA 568A-EIA 568A
路由器-交换机	直通	EIA 568B-EIA 568B 或 EIA 568A-EIA 568A
计算机-计算机	交叉	EIA 568B-EIA 568A 或 EIA 568A-EIA 568B
交换机/集线器-下级交换机/集线器(普通口)	交叉	EIA 568B-EIA 568A 或 EIA 568A-EIA 568B
交换机/集线器-下级交换机/集线器(Uplink 口)	直通	EIA 568B-EIA 568B 或 EIA 568A-EIA 568A

3.2 网络适配器

3.2.1 网络适配器的用途

网络适配器也称为网卡。目前使用最多的是以太网的网卡,通过以太网卡连接起来的

网络就是以太网。网络适配器的基本功能是，提供网络中计算机主机与网络传输系统之间的网络接口，实现主机系统总线信号与网络环境的匹配和通信连接，接收主机传来的各种控制命令，并且加以解释执行。网络适配器实现数据链路层的大部分功能，如数据帧的形成、发送和接收，数据的差错校验等。

网络适配器是网络通信的主要部件之一，网络适配器的性能直接影响网络功能和网上运行应用软件的效果。通过网络适配器将计算机数据转换为能够通过网络传输介质传输的信号。当网络适配器传输数据时，它首先接收来自计算机的数据，为数据附加自己的包含校验及网络适配器地址(MAC 地址)首部，然后将数据转换为可通过传输介质发送的信号。

随着大规模集成电路和网络技术的迅速发展，网络适配器的总线位数已由 8 位提高到 16 位、32 位和 64 位。其数据速率也由 10Mbps 上升到 100Mbps、1000Mbps、10 000Mbps，甚至更高。网络适配器要能满足不同计算机主机总线的要求。

从数据传输方式看，现在网络适配器都支持全双工模式，也称为双向同时传输。简单地说，就是指当 A 传送数据给 B 时，B 同时也可以传送数据给 A。网络适配器与主机之间的数据传输方式，采用了 Bus Master 方式，可以不占用 CPU 资源，因此速度很快，网络适配器可以不依赖主机 CPU 进行帧的传输或接收。

按有无物理上的通信线缆分类，分为有线网卡和无线网卡，无线网卡插入可移动计算机主机的扩展槽中，无线网络访问点(AP)设备安装在固定的位置上，移动计算机通过 AP、无线传输协议接入无线网络。

3.2.2 网络适配器的连接

有些网卡插在计算机主板的扩展槽上，现在大多数网卡都集成在主板上。从 CPU 的观点来看，网卡同任何 I/O 控制器设备是一样的，可以把网络环境看成是计算机的外部设备，网卡就是 I/O 适配器。网卡作为 I/O 适配器，提供网络节点(主机)与网络的连接，网络适配器的连接位置如图 3-6 所示。

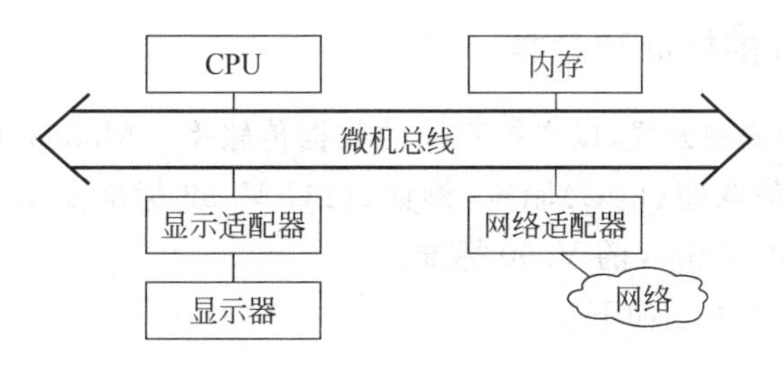

图 3-6 网络适配器连接的位置

以以太网为例，为了向网络传输数据，CPU 在内存中形成一个帧，然后命令网卡开始发送。当网卡按照 CSMA/CD 协议获得介质控制权并进行传输的同时，CPU 能继续执行其他任务。当网卡完成了一个帧的传输后，它利用中断机制来通知 CPU。为了接收帧，CPU 在内存中分配缓冲空间，然后命令网卡把要传入的帧写入缓冲空间。网卡等待接收网上的帧，复制该帧的副本，核对帧的校验和并检查帧的目的地址。如果目的地址与本站地址或广播地址相匹配，网卡就在内存缓冲空间存储帧的副本并中断 CPU。如果帧的目的地址与本站地址不匹配，网卡就丢弃这一帧并等下一帧。

网络适配器(网卡)分为广域网络、局域网络、无线网络适配器等。在局域网络中又与所采用的局域网络技术有关,又分为以太网网络适配器、令牌环网网络适配器等。目前以太网技术已经成为局域网络的主流技术,人们在家庭网络、实验室网络、校园网络中多采用以太网网络适配器。

现在的以太网络适配器均支持100Mbps/1000Mbps自适应速率,支持即插即用。操作系统包含有支持多种网络适配器的驱动程序。

3.3 调制解调器

3.3.1 调制解调器的作用

调制解调器(Modem)属于DCE,是一种信号变换设备。调制解调器是属于通信子网的设备,但是位置通常在用户一侧。调制解调器用来把计算机设备输出的数字信号变换成模拟信号,在电话线(电话网络)上传输。

连续振荡的信号能比其他信号传播得更远,无论是使用有线传输介质还是使用无线传输介质,长距离数据传输都是采用传输数据对载波调制的技术。

早在计算机网络出现之前,采用模拟传输技术的电话网就已经工作了近一个世纪。尽管数字传输技术优于模拟传输技术,而且人们也意识到数字通信网是今后的发展方向,但现有的规模庞大且仍能继续工作的模拟通信网,例如电话网络,还会继续使用一段时间。

因为基带信号含有大量的低频信号,甚至还含有直流分量,所以它往往不通过电话线路传输(语音通路频带范围一般为300~3400Hz)。因此要利用电话线路传输数字信号,必须采取措施把数据信号调制到电话线路的频带范围内。

数字信号的调制实际上是用基带信号对载波信号的3个特征参数(幅度、频率和相位)进行调制,使这些参数随基带脉冲信号的变化而变化。

3.3.2 Modem的标准和分类

Modem有不同的调制方式,以支持不同的数据传输率。Modem的调制方式和数据传输率的标准由国际电信联盟(ITU)制定,例如,ITU V.32标准支持9.6kbps数据传输率1998年ITU-T制定出56kbps的V.90标准。

Modem的主要分类方法如下。

1. 按通信设备

可将Modem分为拨号Modem和专线Modem。拨号Modem主要用于公用电话网上传输数据。拨号Modem具有在性能指标较低的环境中进行有效操作的特殊性能。多数拨号Modem具备自动拨号、自动应答、自动建立连接和自动拆线等功能。专线Modem主要用在专用线路和租用线路上,它不必带有自动应答和自动拆线功能。专线Modem的数据传输率要比拨号Modem高。

2. 按数据传输方式

可将Modem分为同步Modem和异步Modem,同步Modem能够按同步方式进行数据传输,它的速率较高,一般用在主机到主机的通信上。同步Modem需要同步电路,故设备复杂、造价昂贵。异步 Modem 是指能随机地以突发方式进行数据传输的 Modem,它所传输的数据以字符为单位,用起始位和停止位表示一个字符的起止。异步 Modem 主要用于终端到主机或其他低速通信的场合,它的电路简单、造价低廉。

3. 按通信方式(数据传输方向)

可分为单向、双向交替和双向同时 3 种。单向 Modem 只能接收或发送数据。双向交替 Modem 可收可发,但不能同时接收和发送数据。双向同时 Modem 则可同时接收和发送数据。

4. 按照 Modem 支持的物理接口

可分为支持 RS-232C 接口、RS-449 接口、RS-530 接口、V. 35 接口以及 X. 21 接口等物理接口的 Modem。

5. 按 Modem 安装的位置

可分为外置 Modem 和内置 Modem。内置 Modem 为一块电路插板,插在主板上。外置 Modem 提供 RS-232C 接口与计算机的 RS-232C 接口连接,外置 Modem 背面的接口如图 3-7 所示。

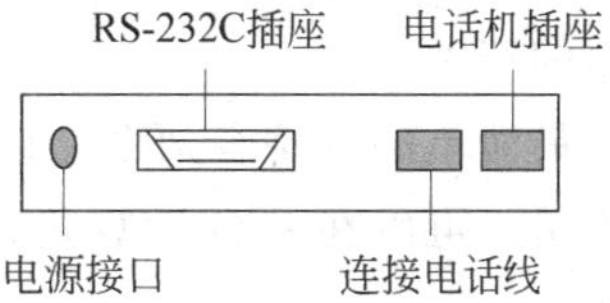

图 3-7　外置 Modem 背面的接口

3.3.3　Modem 的基本功能

Modem 的基本功能有:

(1) 提供双向同时通信方式。

(2) 自动拨号和应答,安全可靠回呼。

(3) 自动线路质量检测、自动协商速率。

(4) 自动呼叫监视、呼叫等待和自动重拨。

(5) 支持常用的文件传输协议。

(6) 具有存储电话号码、自动故障诊断、声光指示等。

(7) 支持与 Hayes AT 命令集兼容,可以进行编程控制。

(8) 可用于普通电话线路或专线。

(9) 具有差错控制、数据压缩和传真功能。

外置 Modem 的前面板上一般有 8 个指示灯,用于标识 Modem 的工作状态。Modem 指示灯的指示标识如表 3-10 所示。

表 3-10　Modem 指示灯的指示标识

指示灯标识	标识的工作状态	指示灯标识	标识的工作状态
HS	高速指示(High Speed)	SD	发送数据(Send Data)
AA	自动应答(Auto Answer)	RD	接收数据(Receive Data)
CD	载波检测(Carrier Detect)	TR	终端准备好(Terminal Ready)
OH	挂机(Off Hook)	MR	Modem 准备好(Modem Ready)

Modem 的命令集由一组用于控制、配置和测试 Modem 的命令组成。Hayes(贺氏)公司给出了工业标准 AT 命令集,尽管 Hayes 公司已宣布倒闭,但 AT 命令集仍然成为事实上的工业标准。AT 命令不是 DOS 命令,它必须通过通信软件或通信编程经通信端口发向

Modem,每个命令以 Enter 键结束。

3.4 网桥

3.4.1 网桥的功用

网桥是在数据链路层实现网络互联的网络互连设备。网桥其实就是一台用于局域网络互联的计算机。局域网络结构上的差异体现在介质访问控制(MAC)协议上,网桥被广泛用于异种局域网互联,可将两个或多个同种或异种局域网络连接起来。

网桥的特点是:具有过滤功能,减少网络拥塞;网桥扩展了 LAN 的有效长度;防止错误扩散,网桥隔断了某些潜在的网络故障;提高了安全性,具有相同安全性数据的主机放在相同网段上。

为了提供容错能力,可以用多个网桥连接网段,采用 IEEE 802.1d“生成树协议”防止回路的产生。

最简单的网桥有两个端口,复杂的网桥可以有更多的端口。网桥的每个端口与一个网段连接。可以在一台计算机的扩展槽上插入两块网卡,安装上网桥软件,构成一个网桥设备。

由于只有目的地址在其他网络段的帧才被转发,网桥可以过滤通信量,使局域网的一个网段上各工作站之间的通信量局限在本网段的范围内。

3.4.2 网桥的工作原理

网桥具有自学习功能,网桥采用逆向学习的方法获得路径信息。每个网桥都有一张转发表(站表),表中记录端口和网络地址(MAC 地址)的对照信息。透明网桥能够一边转发帧,一边通过学习建立起端口和网络地址的对照表。网桥检查它收到的所有帧中的源主机的 MAC 地址,根据接收帧的端口学习到主机所在的位置。

如果网桥不知道接收方位于网桥哪一侧,它将向所有端口发送该帧。当网桥启动时转发表为空,一段时间后就能建立起所有主机与端口关系。为保持转发表信息正确性,将给转发表中的每一个表项分配一个计时器。一旦超时,就丢弃这个表项。

网桥的操作过程是:侦听每个端口上是否有帧到达;保存到达帧的源 MAC 地址以及接收它的端口号到站表缓冲区;查看接收到的每个帧的目的 MAC 地址,若站缓冲区中无此地址,广播 MAC 地址,转发该帧到所有其他端口,若站缓冲区中存在该 MAC 地址,则转发到相应端口,若源 MAC 地址和目的 MAC 地址所对应的端口相同,则将该帧丢弃。

在用多个网桥连接网段时,会产生回路(环路),采用 IEEE 802.1d 生成树协议(Spanning Tree Protocol,SPT)解决环路问题。在存在冗余链路的情况下,SPT 在网络中标识出一条无环链路作为工作链路,并临时关闭非工作链路中的网桥端口。当网络中任何一条链路的状态发生变化时,网桥将根据生成树协议重新计算是否因为链路状态的改变而出现新的回路。如果工作链路出现了故障导致帧不能通过,生成树协议将重新计算出一条新的无环链路,并打开临时关闭的网桥端口。

IEEE 802.1w 快速生成树协议(Rapid Spanning Tree Protocol,RSPT)是对 SPT 的改进,RSTP 完全向下兼容 802.1d STP 协议,除了和传统的 STP 协议一样具有避免回路、提供冗余链路的功能外,最主要的特点就是“快”。如果一个局域网内的网桥都支持 RSTP 协议且管理员配置得当,一旦网络拓扑改变,仅需要不超过 1s 的时间,就可以重新生成拓扑树,而 STP 则需要大约 50s。

网桥存在的问题是：网桥对接收的帧要先存储和查找转发表,决定是否转发,增加了时延;网桥在 MAC 子层并没有流量控制功能;网桥连接只能适用通信量不是很大的应用,若同时有大量的向其他网段转发的通信量,容易形成广播风暴。

3.5 路由器

3.5.1 路由器的作用

路由器(Router)是在网络层实现互连的网络设备。路由器其实就是一台用于多种网络互联的计算机。路由器通过 IP 分组中的 IP 地址标识,查找路由表中的表项,确定如何转发 IP 分组。通过路由器互连的网络形成一个虚拟通信网络。路由器将异构的多种通信网络互联起来,如今的因特网就是一个由路由器互连起来的“网络的网络”。路由器在网络层工作的两个过程是：找到 IP 分组相应的出口,这可通过查找路由表获得;将分组从入口送到出口,这取决于路由器的体系结构。

路由器的主要功能包括选路,确定 IP 分组的路径,下一跳的位置;转发,当 IP 分组到达路由器的一条输入链路时,把 IP 分组移动到一条适当的输出链路;提供与网络的接口,提供与各种 WAN、LAN 的标准接口,连接不同的物理网络;配置管理,支持多种网络配置和管理,包括对路由器本身的配置、网络性能的监视。Cisco 2811 路由器如图 3-8 所示。

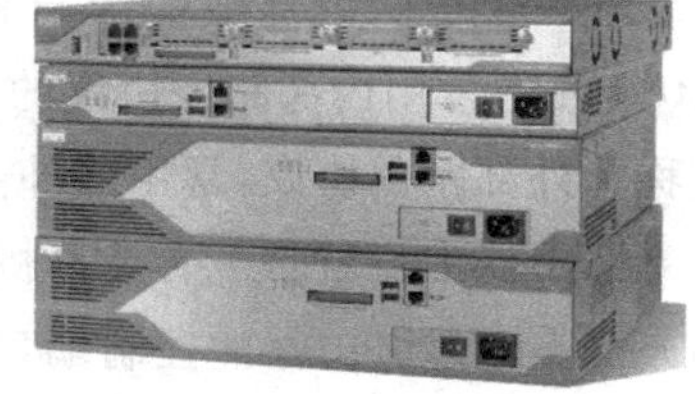

图 3-8　Cisco 2811 路由器

路由器通过路由选择协议,查看 IP 地址中的目的网络标识,依据路由表中表项进行选择,转发 IP 分组到下一跳位置,这样经过若干个路由器的逐跳转发,直到 IP 分组要到达的目的网络。路由表的表项一般由 3 部分组成：目的网络(IP 地址、子网掩码)、下一跳地址、TTL。

路由器是实现异种网络连接的互连设备,通过路由器可以实现局域网和广域网之间的互连。在 Internet 环境下,使用 TCP/IP 协议,对应第三层的网络协议是 IP 协议。IP 协议把由路由器互连的各个网络看成一个“链路”,各段链路仅提供物理层和数据链路层服务,这两层在 TCP/IP 协议簇中称为网络接口层。IP 分组(数据包)被封装在数据链路层的帧中,在各个链路中传输。

网桥在转发帧时,以帧首部中的 MAC 地址作为转发的依据,路由器在转发分组时,依据的是网络层 IP 分组首部的路由信息。由于路由器互连的层次比网桥高,路由器的传输性能不如网桥或二层交换机。

3.5.2 路由器的结构

路由器由输入端口、交换结构、选路处理器(路由选择模块)、输出端口组成。路由器的结构如图 3-9 所示。

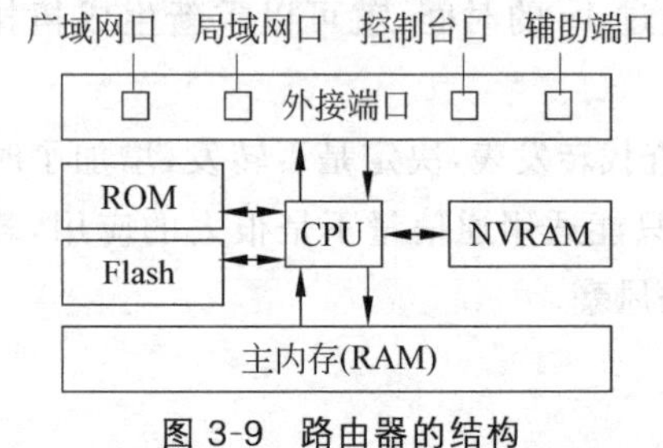

图 3-9 路由器的结构

路由器的交换结构位于路由器的核心部位,路由器的交换结构有三种交换方式:

(1) 经内存交换,若内存带宽为每秒可写进或读出 B 个分组,则总的转发吞吐量必然小于 $B/2$;

(2) 经一根总线交换,总线带宽可达千兆比特/秒,对用于接入网或企业网的路由器来说,通过总线交换通常是足够的。

(3) 经一个互联网络交换,使用一个更复杂的互联网络,具有最高的吞吐量。

目前路由器主要采用网络交换方式。

3.5.3 路由器的工作原理

路由器可以根据网络层的协议类型、网络号、主机的网络地址、子网掩码、高层协议的类型等来监控、拦截和过滤信息。路由器通过 IP 地址和子网掩码的组合区分各个子网,有利于子网的划分、维护和管理。路由器还有流量控制能力,可以采用优化的路由算法均衡网络负载,减少网络拥塞的发生。路由器具有很好的隔离能力,可以避免广播风暴,也利于提高网络的安全性和保密性。

在一个子网内部或一个自治系统(AS)内部使用的路由协议称为内部路由协议,在 Internet 中常用内部路由协议的为开放最短路径优先协议(OSPF),AS之间使用的路由协议称为外部路由协议,常用的外部路由协议是边界网关协议(BGP)。

路由器本身就是一台计算机,路由器可以没有显示器和键盘,在对路由器配置时,常用的方法是通过路由器的控制端口(Console 口)与一台计算机连接,这台计算机设置为超级终端,与路由器通信,进行路由器的配置。

路由器也需要操作系统才能进行网络系统配置,以及与其他路由器交换信息。Cisco 路由器的操作系统称为互联网络操作系统 (Internetwork OS, IOS)。

路由器的主要技术指标包括吞吐量、转发速度、时延、所支持的通信协议、所支持的选路协议、网络接口类型、选路表容量、最长区配、选路协议收敛时间、对多播的支持、对 QoS 的支持和网管功能等。路由器类型指标包括接口种类、用户可用槽数、CPU 档次、内存容量、端口种类和密度。路由器的性能指标包括全双工线速转发能力、设备吞吐率、端口吞吐率、背靠背帧数、路由表能力、丢包率、时延、时延抖动、VPN 支持能力、平均无故障工作时间。

3.6 交换机

3.6.1 交换机概述

交换机(Switch)是一个多端口的网桥,交换机是一种组网设备。交换机中的电路可以把任意端口的网段与其他端口的网段在数据链路层上连接起来。交换机的工作原理及内部构造如图 3-10 所示。

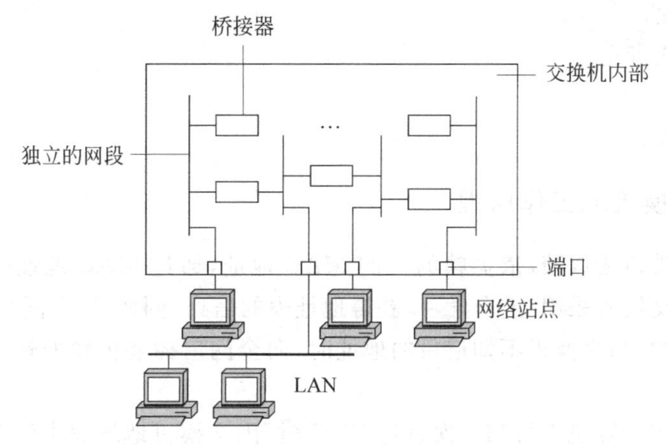

图 3-10　交换机的工作原理及内部构造

交换机作为一个多端口网桥，各个网络段由网桥连接，交换可以并行工作，可以隔离冲突域。交换机工作在第二层，特点是在硬件实现上。交换式局域网的基本结构是通过交换机的端口直接连接计算机，或者通过交换机的端口连接另一个交换机。交换机内的桥接功能仅在需要时转发帧，交换机内可以同时存在多个转发帧的数据通道。

交换机通过处理帧的 MAC 地址，从一个输入端向一个或多个输出端转发分组，增加了网络总带宽。例如，一个单个的以太网段只能提供 100Mpbs 的带宽，若输入与输出主机两两不同的话，则以太网交换机可提供 $100\times n/2$Mpbs 的带宽（n 为交换机上的输入和输出端口数目），此时这些主机之间能够同时进行双工通信，而不会相互干扰。

目前，Intranet（内联网）主要是采用交换机组网。组网的交换机分为三个层次：核心层、汇聚层和接入层。核心层交换机提供高速交换和高速数据传输，一般采用两个以上千兆或万兆交换机用作核心层交换机。汇聚层交换机可以支持多个接入层交换机的连接，可以通过汇聚层接入 Internet（因特网）。接入层交换机提供网络节点的接入，计算机主机通过接入层交换机接入网络，支持到桌面 100Mbps 或者更高数据传输率的连接。从网络拓扑结构看，核心层、汇聚层和接入层的连接是树型结构，向下连接的层次数目是没有限制的，具有很好的可靠性、灵活性和可扩展性。

在复杂 LAN 设计中，无法知道整个网络的配置，交换机可能连接了多个网段，会在网络中形成回路。为提高网络可靠性，可能需要在网络中设置冗余交换机，为了避免网络回路的影响，交换机中采用了 IEEE 802.1d 协议，该协议通过生成树算法可以防止形成逻辑上的回路。

交换机通常支持链路聚合（Trunk）技术和弹性链路（Resilient Link）技术。链路聚合可将多个物理连接当作一个单一的逻辑连接来处理，它允许两个交换机之间通过多个端口并行连接同时传输数据，以提供更高的带宽、更大的吞吐量。例如，两个普通交换机连接的最大带宽取决于媒体的连接速度（双绞线为 200Mpbs），而使用链路聚合技术可以将 4 个 200Mpbs 的端口捆绑后成为一个高达 800Mpbs 的连接。

交换机的重要特性主要包括：

(1) MAC 地址表的大小。

(2) 端口的自适应能力。

(3) 模块的热插拔。

(4) 端口限速。

(5) 背板总线带宽。

(6) 转发速率。

(7) 端口聚合。

3.6.2 交换机的工作原理

交换机从源端口读取帧，依据帧的目的 MAC 地址，通过 MAC 地址(转发)表，将帧交换到目的端口。交换机采用“逆向学习”获得地址表的信息，例如，以太网交换机是基于透明网桥的原理工作的，当交换机不知道目的地址时，向全网广播要传输的帧，通过逆向学习获得转发路径信息。

当交换机收到计算机主机第一次发送 PDU 时，因交换机地址表中没有对应的表项，就会向交换机的所有端口广播(洪泛)该 PDU；同时，交换机通过检查该 PDU 的源 MAC 地址，记忆该主机连接的端口位置，在地址表中建立对应的表项，待下次遇到地址表中表项对应的目的 MAC 地址时，就直接转发到地址表指出的对应端口。交换机通过自学习，通过一段时间可以建立起所有端口与计算机主机 MAC 地址对应的地址表。交换机中地址表的表项均有一个 TTL 字段，当超时后就会丢弃该表项，以确保地址表中的表项内容是最新的、有效的。

交换机内部有一个 MAC 地址表，表中存放着每个端口所连接的计算机网卡的 MAC 地址。当计算机连接到交换机上，经过一段时间后，交换机会自动地在 MAC 地址表中存放有“交换机端口、计算机网卡 MAC 地址对应表”。当交换机从某个端口接收到一个 MAC 帧时，从 MAC 帧中读取目的 MAC 地址，并在交换机内的 MAC 地址表中进行检索。当检索到一个匹配的表项时，就将这个 MAC 帧发送到所匹配表项指定的端口中。这一点与集线器不同，集线器会将收到的数据发向集线器的所有端口。所以，连接到交换机上的计算机不会因为某两台计算机传送数据而影响其他计算机之间的通信，多个端口上连接的计算机可以同时交换信息。交换机工作原理如图 3-11 所示。

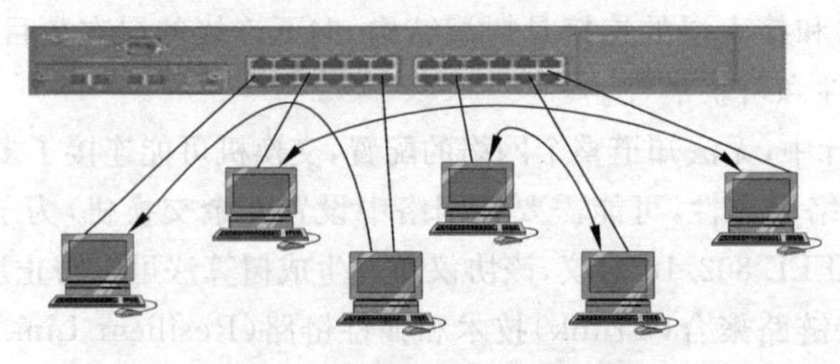

图 3-11 交换机工作原理示意图

MAC 地址表是由交换机采用“自学习”方式建立起来的。当交换机从一个端口(用 portX 表示)接收到一个 MAC 帧数据时，读取源 MAC 地址字段(用 macX 表示)，然后在 MAC 地址表中放入一个表项信息，即 MAC 地址 macX 和端口 portX 的对应关系信息。通过这样的“学习”过程，与交换机相连接的所有工作着的节点的 MAC 地址，都会被交换机得到，逐渐建立对应的 MAC 地址表项。

以太网交换机有多个端口，每个端口可以连接一台计算机或一个网段，每个端口都有桥接功能，它能够在任意一对端口间转发帧，每一个端口属于一个冲突域，按照 CSMA/CD 协议工作，交换机中的电路可以把任意端口的网段与别的端口的网段在数据链路层上连接起来。交换机内的桥接功能仅在需要时转发帧，交换机内可以同时存在多个转发帧的数据通道。

3.6.3 交换机的工作方式

交换机的交换方式有三种：存储转发、直通、碎片丢弃。

(1) 存储转发的工作原理。交换机从通过某个端口进入缓冲区的帧中提取目的地址，查找转发表(端口-MAC 地址表)，获得输出端口号，把帧从输出端口转发出去。交换机要存储、检测、丢弃坏帧、查表、转发帧。交换机的处理时延比较长，但可靠性比较高。

(2) 直通方式的工作原理。帧格式中目的地址字段在前面，交换机不用先对整个帧接收缓存，输入端口接收到帧的目的地址字段的 6 个字节后，立即查找转发表，获得输出端口号后，就把整个帧导向输出端口，避免了存储转发方式中的串并转换、存储、处理、并串转发要耗费的时间。直通方式时延小，但不对帧进行差错处理，会有可能把有差错的帧或因冲突而产生的碎片转发出去，这些差错只能由目的站点处理，通过反馈要求发送站点重发。

(3) 帧碎片丢弃的工作原理。依据最短帧长要求，以太网中因冲突产生的帧碎片小于 64 字节，相当于 512 比特。输入端口上收到的小于 512 比特的帧，交换机将该帧丢弃，接收到 512 比特时，就可以根据目的字段的 6 个字节的值去查转发表确定输出端口，把帧导向输出端口，完成端口间帧的交换。帧碎片丢弃是前两种交换方式的优化折中，在源站点和交换机输入端口之间的链路上不进行差错处理，差错处理放到目的站点进行，但避免了碎片的传输。

3.6.4 交换机的分类

根据物理结构可分为独立式、堆叠式、模块化。

交换机可以分为不同的类型，例如，以太网交换机、ATM 交换机等。从应用规模上可以分为企业级交换机、部门级交换机和工作组交换机。

从结构上可以分为模块式交换机和固定配置交换机。固定配置交换机一般具有固定的接口配置，硬件不可升级。例如，Cisco Catalyst 1900/2900 交换机、3COM 的 Super Stack Ⅱ系列交换机等。

模块式交换机又称为机箱式交换机，可以根据需要配置不同的模块，模块可以插拔，交换机上有相应的插槽，使用时将模块插入插槽中，所以具有很强的可扩展性。

一般的骨干交换机，都使用模块式结构。大中型交换机可以支持不同类型的协议和传输介质，这些扩展模块有千兆以太网模块、快速以太网模块、令牌环模块、FDDI 模块、ATM 模块等，所以能够将具有不同协议、不同结构的网络连接起来。模块式交换机的价格都比较昂贵。Cisco Catalyst 6500 交换机如图 3-12 所示。

图 3-12 Cisco Catalyst 6500 交换机

3.6.5 以太网交换机

以太网交换机用来构建以太网,以太网交换机依据在组网中位置和作用的不同,分为核心层交换机、汇聚层交换机和接入层交换机。

交换机的物理接口分为网络接口和管理接口。有时也把交换机的物理接口称为交换机的端口。网络接口用于连接计算机主机或其他网络设备,例如主机接入交换机、交换机与交换机连接、交换机与路由器连接。网络接口的数据传输率一般为自适应的,目前多为100Mbps 或 1000Mbps。依据网络接口连接传输介质的不同,分为 UTP 接口和光纤接口。

管理接口用于对交换机进行配置和控制管理,例如用于与超级终端连接的 CONSOLE 接口,以及辅助控制接口等。

交换机支持 VLAN,初始时,交换机的所有端口均属于 VLAN 1,VLAN 1 是默认的,在产品出厂时设定,不可删除。计算机设备可以直接连接交换机端口,与其他端口的计算机通信,交换机是即插即用设备。

3.6.6 交换机的级联和堆叠

交换机级联是指在两台交换机的普通端口(例如,RJ-45 端口)之间连接网线(RJ-45 网线),将交换机连接在一起,实现相互之间的通信。可解决一台交换机端口数量不足的问题,也能够延伸网络的覆盖范围。通过普通端口级联时,使用交叉线,通过级联端口级联时,使用直通线。

交换机堆叠是指把交换机的背板带宽通过专用模块聚集在一起,这使堆叠交换机的总背板带宽是几台堆叠交换机的背板带宽之和,从而使得堆叠交换机集合能够作为一个整体进行管理。不是所有的交换机都可以堆叠,只有可管理的、模块化的特定交换机才具有堆叠管理功能。

有两种堆叠方法:菊花链式堆叠是一种基于级联结构的堆叠技术,通过堆叠端口或模块首尾相连;星型堆叠技术需要堆叠中心,所有的堆叠交换机都通过专用的高速堆叠端口,也可以是通用的高速端口,上连到统一的堆叠中心。

堆叠与级联的区别是,级联是通过交换机的某个端口与上级交换机进行连接,连接的端口可能成为传输的瓶颈;堆叠是将交换机的背板通过高速线路连接在一起,这样堆叠的交换机的端口之间具有较好的性能。

3.6.7 多层交换的概念

二层交换的问题是，其工作是基于 MAC 地址，不涉及网络层的功能，没有路由能力，当转发目的地址不明的帧时，只能广播该帧，这样，在多个 LAN 经由网桥和交换机连接成的网络中，会造成广播风暴，造成拥塞。

用路由器连接网络，可以实现网络隔离，路由器能阻止 LAN 间的广播流量，避免广播风暴。路由器存在的问题是，路由器的大部分功能均由软件实现，造成时延增大，吞吐率受到限制。路由器是无连接的设备，IP 分组经过路由器时，一个一个 IP 分组需要进行拆包和打包，需要较多的时延，路由器往往会成为网络中的瓶颈。

交换机是基于硬件结构的，对帧的转发处理过程非常简单，可以达到很高的吞吐量。一个想法是使交换机既保持交换的高性能，又具有路由能力，这种思想导致了三层路由交换机的出现。三层交换机能够实现路由器的路由功能，是 Intranet 的主要组网设备，已经得到广泛应用。

传统交换是二层交换，而三层交换（也称多层交换技术或 IP 交换技术）是在网络模型中的第三层实现了数据包的高速转发。

三层交换技术的出现，解决了企业网划分子网之后，子网之间必须依赖路由器进行通信的局面，解决了传统路由器低速、复杂所造成的网络瓶颈问题。一个具有三层交换功能的设备，实际上是一个带有第三层路由功能的第二层交换机，是两者的有机结合。

三层交换机可以完成的功能有：

(1) 通过第三层信息决定分组转发路径。

(2) 通过校验字段检验第三层协议首部。

(3) 检查分组的生存时间字段 TTL，可以更新生存时间。

(4) 对管理信息库 MIB 中的统计信息进行更新。

(5) 通过检查分组首部信息实现安全性控制。

(6) 对分组选项字段信息响应和处理。

(7) 通过标准的路由协议，例如 RIP、OSPF，可以与广域网路由器通信。

四层交换扩展了三层交换和二层交换，它支持细粒度的网络调整，以及对通信流的优先级划分。四层交换根据 TCP/UDP 端口号进一步确定通信量的转发目的地。

3.6.8 局域网采用三层交换技术

局域网采用的三层交换技术主要有两种：下一跳解析协议和 NetFlow 交换。

第一种三层交换技术称为下一跳解析协议（Next Hop Resolution Protocol，NHRP），采用的技术也称为“路由一次，随后交换”，对应的技术文档是 RFC 1735。3COM 公司的 Fast IP 技术使用的就是 NHRP。Fast IP 的工作原理如图 3-13 所示，其中主机 A、B 分别处在不同的 VLAN 中，图中数字表示下一跳解析协议的工作顺序。以主机 A 与主机 B 通信为例，最初主机 A 通过路由器与主机 B 建立通信连接，并学习到 A 与 B 之间的交换路径，主机 B 给出响应，双方建立起交换路径，一旦路由确定了交换路径，双方就可

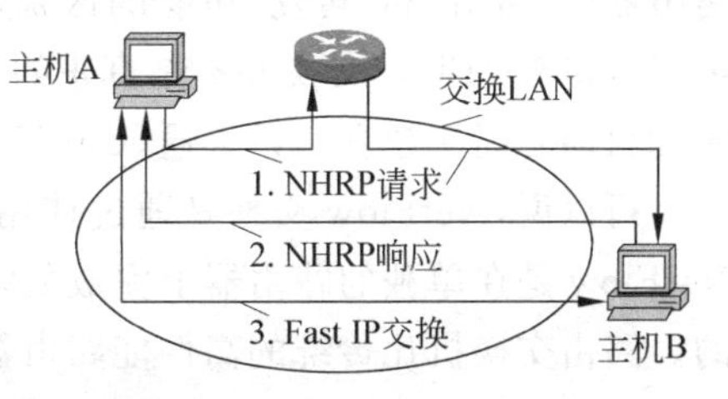

图 3-13 Fast IP 的工作原理

以在确定交换路径上进行通信，无须再通过路由器。这就是“路由一次，随后交换”的核心思想。

之后再进行数据传输时，发送方A将自己的IP地址与接收方B的IP地址比较，判断B是否与自己在同一子网内，若B与A在同一子网内，则进行二层的转发；若不在，A要向“默认网关”发出ARP(地址解析)分组，而“默认网关”的IP地址其实是三层交换机的第三层交换模块。如果三层交换模块已知B的MAC地址，则向A回复之；否则它向B广播一个ARP请求，B回复其MAC地址，三层交换模块保存此地址并回复A，同时将B的MAC地址发送到二层交换引擎的MAC地址表中。此后，当A与B间的数据分组全部由二层交换高速处理。仅路由过程才需要三层处理，绝大部分数据都通过二层交换转发，因此三层交换机的速度很快，同时价格也较低。

可以类比日常生活中的例子来进一步理解“路由一次，随后交换”概念。例如，一个人要到火车站，最初他不知道到火车站的路径，需要询问知道到火车站去的人。这个人找到了火车站，学习到了去火车站的路径，这个人以后再去火车站时，就不用再询问知道到火车站去的人了，可以自己直接去了。

Fast IP受到网络拓扑结构的限制，这是因为NHRP的响应是基于交换路径的，在通信的双方之间必须存在交换路径。Fast IP技术关键是在数据交换过程中避开第三层路由器，把基于IP地址路由表的功能转换成基于端口MAC地址表的转发功能。Fast IP把交换和路由结合在一起，在一次路由的基础上进行交换，既使用路由，又对路由进行补充。通过采用Fast IP可以提高网络的吞吐量4至5倍。Fast IP可以用于千兆位以太网和ATM网络环境，采用IP Navigator技术方案后Fast IP可以实现与WAN的互连。

第二种三层交换技术是Cisco公司提出的NetFlow交换，NetFlow交换仍然是在第三层操作，目的是提高路由器的性能，可以在Cisco路由器上进行软件升级实现NetFlow。在传统的第三层路由技术中，独立地处理每一个数据分组。即使某些数据分组属于一个网络流并有一定的内在关系也要如此处理。NetFlow交换并没有建立连接源和目的端系统的第二层交换路径，它是在单台路由器上进行的，仅仅是利用先前缓存下来的路由信息。

在NetFlow中交换路由器采用一般的第三层路由方式处理每一个到达的分组。在NetFlow交换中，第一个数据分组仍然采用一般的第三层路由/交换方式，处理之后，路由器把第一个数据分组的路由信息记录在NetFlow的高速缓存Cache中，路由信息内容为主机或中继路由的MAC地址和输出端口号。路由器对后续的每一个分组确定转发路径时，首先在Cache中查找，如果查找到，就用Cache中的路由信息直接转发，否则按通常的第三层路由方式处理。NetFlow工作原理如图3-14所示。

在NetFlow技术中，网络数据流的划分标准是依据源和目的IP地址。NetFlow强调路由器中“路由”和“转发”功能的区别，使用“交换”这个概念来描述路由器的“转发”功能。可以看出NetFlow交换并不是真正的第二层交换，第二层交换是基于MAC地址进行的，在源和目的之间应建立一条直通(Cut Through)的交换路径。

可以说，NetFlow交换是通过使用高速缓存技术的一种传统路由和转发的改进方法。NetFlow是在单独的路由器上完成的，数据分组的“交换”与通常意义上的交换是完全不同的。路由交换机比传统的高性能路由器具有更高的性价比，并且吞吐率比第二层交换机高。

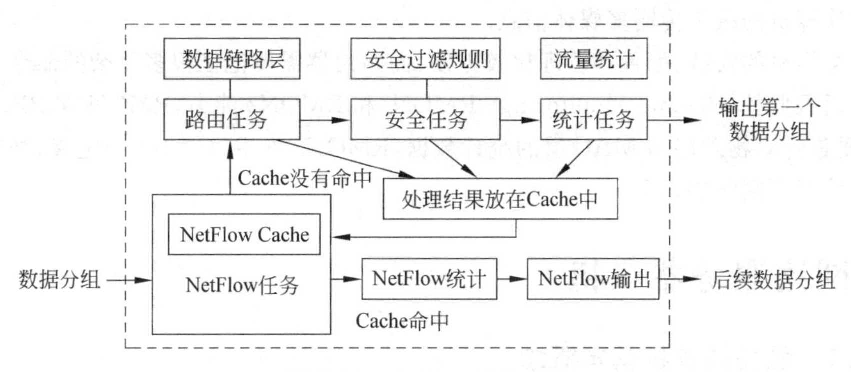

图 3-14 NetFlow 工作原理

3.6.9 三层交换与传统路由器的比较

通过三层交换与传统路由器的比较,可以进一步了解两者的差异,清楚三层交换技术的实质。两者的相同点在于三层交换机可以完成传统路由器在局域网中的几乎所有的功能。

三层交换机与传统路由器的比较如表 3-11 所示。

表 3-11 三层交换机与传统路由器的比较

比较内容	三层交换机	传统路由器
对 LAN 协议的路由支持	有	有
子网和广播域划分方法	VLAN、第二层交换域	按接口划分,每个接口为一个广播域
数据转发的体系结构	硬件实现、ASIC	软件实现
数据转发速度	高	低
远程监控 RMON 支持能力	有	无
策略支持性能	灵活	不太灵活
广域网 WAN 支持能力	无	有
产品价格	低	高

通过比较可以看出三层交换机只是在广域网 WAN 支持能力上不如传统的路由器,完全可以在 LAN 中替代传统的路由器。

在子网划分上,三层交换机的每个接口内置固有的二层交换域,允许单独的子网带宽分配并限制广播风暴。可以按照物理特征,例如,交换机端口号,或者协议信息,例如,MAC 地址、IP 层信息等划分广播域。

三层交换机采用硬件 ASIC 实现二层交换帧、三层路由帧、单播帧、多播帧、广播帧等各种数据的转发,而用软件实现网络管理、信息表管理和异常处理,使得三层交换的硬件实现具有很高灵活性,容易进行并行处理。

策略机制应用方面,三层交换可以支持安全性处理、负载均衡和协议选项的处理。服务质量 QoS(Quality of Service)和服务类型 CoS(Class of Service)是目前人们关注的两种策略,QoS 涉及带宽分配和传输延迟的控制,CoS 涉及分组包优先权的方法。QoS 和 CoS 机制用于在计算机网络上传输多媒体信息。

三层交换机的安装、配置和管理比较方便,而路由器需要记忆很多复杂的命令。三层交换机具有远程监控(Remote Monitoring, RMON)和 RMON2 能力,RMON 在 RFC 1757 中定义,主要是针对物理层和 MAC 层的统计数据,RMON2 在 RFC 2021 中定义,把对统计数据的采集扩展到网络层以上。

3.7 网络服务器主机

3.7.1 服务器主机基本概念

服务器是软件的概念。人们通常讲的服务器其实是装有服务器软件的主机。服务器主机一般采用高性能的计算机,采用一系列独特的硬件技术。例如,多处理器技术、SCSI 接口技术、容错技术、热插拔技术、智能 I/O 技术、磁盘阵列技术等。服务器平台通常是指驱动服务器的引擎。在因特网应用中,服务器无处不在。服务器性能指标主要包括 CPU、I/O、存储器种类和容量。

有时,服务器软件就装在路由器中,此时路由器也是一台服务器主机。可以把服务器主机简称为服务器,服务器是为网络用户提供共享资源和服务的设备,服务器是网络的中枢和信息化的核心。

服务器的类型可以依据 4 方面进行划分:

(1) 根据整个架构可分为刀片式、机架式、塔式、IA 和 RISC 服务器。

(2) 按照硬件配置的差别可分为工作组级、部门级和企业级服务器。

(3) 按照具体安装的应用软件可分为高端 IDC 服务器、功能服务器、通用服务器、网络服务器、打印服务器、Web 服务器、文件服务器、FTP 服务器、E-mail 服务器、数据库服务器等。

(4) 根据操作系统分为 Windows 阵营、UNIX 阵营服务器。

其中,按应用分类可以给用户清晰的概念。Intel 提出的前端(用于接入等)、中端(用于各种应用和中间件)和后端(用于数据库、在线分析等)的分类办法,也是属于从应用角度分类的。机架式通常安装在标准机柜中。

服务器功能性配置是非常重要的,往往包含了许多服务器独有的技术。服务器的功能包括可用性、可靠性、可扩展性、可管理性、安全性。有些厂商也把安全性和可用性合称为可靠性、容错性等,安全性有基于硬件与软件之分,在实际应用中,更多是从软件系统去考虑。

可用性主要是考察服务器的热插拔和冗余特性。热插拔技术属于 PNP 技术,是由系统 BIOS 将热插拔信息传给 BIOS 配置管理程序,并由该程序对热插拔部件进行重新配置(如中断、DMA 通道等)。需要插槽和设备的断电保护设计。热插拔技术有利于用户在保证业务连续运作的基础上扩展/改善系统。除了内存、硬盘、各类 PCI 卡可热插拔外,一些高端服务器的 CPU 也是可以热插拔的。

可靠性通常采用冗余技术,冗余技术是一种部件级的"热备概念"。它能显著增强系统的容错或连续运作能力。从概率的角度看,单部件可用性是 90%,那么加一个冗余部件后,其可用性将增加到 99%。冗余部件主要包括风扇、电源、PCI 卡、PCI 控制器、RAID 控制器等,内存和 CPU 也可做成冗余设计。

在实际应用中有存储扩展和 PCI 扩展值得关注。存储扩展包括内部与外部的存储扩展。内部的存储扩展由服务器的托盘架、电源和数据线等走线设计决定,外部的存储扩展主要指服务器是否提供外部存储接口。在应用中,某些特定用户需要再增加特定的 PCI 卡,例如,视频处理、多个网络接口、安全认证、加密等。

3.7.2 服务器主机和集群技术

刀片式服务器应用越来越多,刀片式服务器是一种高可用、高密度的低成本服务器平台,适合集群计算环境。每个刀片就是一块系统主板,刀片单元包含 CPU、硬盘、内存、网络接口等器件,机箱为多个刀片单元提供共享的基础设施(如背板、电源等)。每个刀片系统主板通过本地磁盘启动自己的操作系统,类似于多台不同的独立服务器。每个刀片运行自己操作系统,服务于特定的用户群,一般没有关联,必要时可以使用系统软件将这些刀片集合成一个服务器集群(Cluster)。

服务器主机均采用 SMP(对称式多处理器)技术,SMP 指在一台计算机上汇集多个 CPU,各 CPU 之间共享内存系统及系统总线。服务器的 I/O(输入/输出)子系统主要包括硬盘系统和总线系统。

安全访问服务器是一种特殊的路由器,它能为远程 PC 用户接入企业网提供服务。可以为专用硬件设备,也可以是在 PC 上插入多串行口卡后运行专用软件而成。

用户通过调制解调器经电话线或 ISDN 等线路与访问服务器连接,再经该访问服务器接入企业网,用于零散用户远程入网。

安全访问服务器提供的安全特性包括:鉴别用户身份,即需要输入用户名和口令;回叫安全特性。

服务器性能以系统响应速度和作业吞吐量为代表。

集群技术将一组相互独立的服务器,通过高速通信网络组成一个完整的服务器系统,并以单一系统的模式加以管理,使多台服务器像一台机器那样工作或者看起来像一台机器。

服务器集群技术的主要特点有:

(1) 高度的可用性,应用程序能够跨计算机进行分配,可以实现并行运算与故障恢复,提供更高的可用性。

(2) 可伸缩性,服务器集群技术可以通过在现有系统上增加服务器来进行扩展,增加的服务器将与原有的服务器紧密地集成在一起。

(3) 易管理性,集群以单一系统映射的形式来面向最终用户、应用程序及网络,可以为网络管理员提供单一的控制点,支持远程控制。

Microsoft 服务器提供三种支持群集的技术:网络负载平衡(NLB)、组件负载平衡(CLB)、群集服务(MSCS)。

(1) 网络负载平衡(NLB)充当前端群集,用于在整个服务器群集中分配传入的 IP 流量。NLB 通过在群集内的多个服务器之间分配其客户端请求来增强可伸缩性。随着流量的增加,可以向群集添加更多的服务器。NLB 最多可以将 32 个运行的计算机连接在一起共享一个虚拟 IP 地址。NLB 还提供了高可用性,即自动检测服务器故障,仅需 10s 就可在其余服务器中重新分配客户端流量。

(2) 组件负载平衡(CLB)可以在多个服务器之间分配负载。可以在最多包含 8 个等同服务器的服务器群集中实现COM+组件的动态平衡。COM+组件位于单独的、COM+群集中的服务器上。

(3) 群集服务(MSCS)充当后端群集，可为数据库、网络协议包传递以及文件和打印服务等应用程序提供高可用性。当任何一个网络节点(群集中的服务器)发生故障或脱机时，MSCS将会最大程度地减少故障带来的影响。

习题

1. 常用的有线介质有哪些?
2. 常用的无线介质有哪些?
3. 光纤通信的优点和缺点各是什么?
4. 写出光传输的工作原理。
5. RJ-45连接器的线序排列所遵循的标准是什么?
6. 光纤连接器有哪些?
7. 光纤有哪些连接方式?
8. 写出网络中常用的连接器和接口名称。
9. 写出直通线、交叉线和全反线的特征和用途。
10. 画出网络适配器在网络环境中的位置。
11. 调制解调器(Modem)属于什么设备? 在哪个位置部署?
12. 写出网桥的特点。
13. 写出网桥的工作原理。
14. 写出路由器的主要功能。
15. 路由器的交换结构的交换方式有哪些?
16. 路由器的主要技术指标有哪些?
17. 画出交换机的内部构造图。
18. 交换机的重要特性有哪些?
19. 简述交换机的主要工作原理。
20. 简述交换机的交换方式。
21. 写出交换机的主要分类方法。
22. 交换机的物理接口有哪些?
23. 交换机的级联和堆叠各有什么用途? 两者的区别是什么?
24. 简述多层交换的要点。
25. 三层交换机可以完成的功能有哪些?
26. 局域网采用的三层交换技术主要有哪些?
27. 类比日常生活中的例子，说明“路由一次，随后交换”的思路。
28. 写出NetFlow交换的工作原理。
29. 写出三层交换与传统路由器的比较。
30. 写出服务器主机类型的划分方法。
31. 服务器集群技术的主要特点有哪些?

第4章 网络设计需求分析

4.1 网络设计需求分析概述

4.1.1 网络需求分析的概念

需求分析是从软件工程和管理信息系统引入的概念，是任何一个工程实施的第一个环节，也是关系一个工程成功与否的最重要环节。需要对网络需求分析的概念、意义、具体的实现方法和注意事项有较深入的理解。分析网络设计的应用目标、约束、技术指标和网络通信特征。网络设计需求分析的目的是：描述网络系统的行为特征与约束条件，指明网络系统必须实现的具体指标。

IEEE对需求的定义如下：

(1) 用户解决问题或达到目标所需要的条件或要求。

(2) 系统满足合同、标准、规范或其他正式规定文档所需要有的条件或要求。

(3) 反映需求所描述的条件或要求的文档说明。

需求分析专家Alan Davis认为，需求是从系统外部发现系统所具有的满足用户的特点、功能及属性等。强调的是网络工程是什么样的，而不是网络工程是怎样设计、构造的。可以看出，并没有一个无二义性的需求解释，真正的需求实际存在于人们的脑海中，任何文档形式的需求仅是一个模型、一种叙述。

网络需求分析是获取和确定用户有效完成工作所需的网络服务和性能水平的过程。网络需求分析的主要工作内容有：搞清网络应用目标，理解网络应用约束，掌握网络分析的技术指标，采用适当的分析网络流量的方法。需求分析是网络设计过程的基础。需求分析往往是网络工程设计中容易被忽视的环节。

网络需求描述了网络系统的行为、特性或属性，需要从分析网络应用目标和分析网络应用约束入手，需要掌握网络分析的技术指标，特别是关键的技术指标。通过需求分析来了解到客户需要什么样的网络服务以及网络性能的高低。

在做需求分析之前首先要进行用户基本情况的调研，获取和收集用户的需求信息。收集信息过程中需要不断地与用户、计算机部门的管理人员、业务部门的负责人交流，然后分辨、归纳和描述交流的结果，还要解决不同用户群体之间的需求矛盾。

需求分析是整个网络设计过程的第一步，如果需求分析没有做好，就可能导致在整个项目的开发过程中，客户的需求不断变化，影响网络工程项目的计划和预算。如果网络工程应用需求分析做得透，收集到完整的清晰的需求信息，能够使设计人员更好地了解用户的目标和目前的状态，并在分析和设计过程中做出客观的判断和量化的选择，所设计的网络工程方案就会赢得用户方青睐。同时网络系统体系结构架构得好，网络工程实施及网络应用实施就相对容易得多。

通过用户需要分析，调查分析和整理用户的需求和存在的问题，研究解决的办法，提出实现网络系统的设想，对网络系统做概要设计，计算建设成本、效益和投资回收期，编制系统概要设计书，对网络系统做出分析和说明，之后进行概要设计的审查，设计人员内部对所做的概要设计进行评价，一般情况，是给出多种设计方案的比较。

对基本调研的结果是否与用户需求一致进行验证，重点是对系统概要设计书进行审查。把调研情况连同系统概要设计书提交给用户，并给用户做出有关概要设计关键部分的说明和解释。请网络用户对需求调研工作和网络系统概要设计书进行评价，提出修改意见。认真分析、采纳用户意见，修改系统概要设计书，用户负责人在系统概要设计书上签字确认。

通过需求分析阶段获得的需求信息通常是零散的、无序的，有些甚至是矛盾的或在当前条件下是不易实现的。网络设计者需要对这些信息进行分析整理，归纳出网络用户目前建设网络的可行目标，凝练出所设计网络系统应该具有的特点，最后用规范语言描述建设目标，形成网络工程建设可行性报告。

4.1.2 分析网络应用目标

分析网络应用目标对于整个网络设计至关重要。了解网络用户需求可以从三个方面着手：

(1) 从企业高层管理者开始征求网络服务(业务)需求。

(2) 收集网络用户群体的网络应用需求。

(3) 收集为支持网络服务和网络应用所需要的网络性能需求。

这里的需求涉及5个方面：服务(业务)需求、用户需求、应用需求、计算机平台需求、性能需求。收集用户需求最常用的方法有观察和问卷调查、集中访谈、采访关键人员。

网络需求分析是从调研开始的，在与用户探讨网络设计项目的应用目标之前，建议先调研用户的业务状况，调研内容包括用户在所处的行业中的地位和优势、用户的市场、供应商、产品、服务、长远的发展目标等。通过调研弄清楚用户最需要的是什么，通过建设网络可以给用户提供的支持和帮助是什么。

把用户的需求挖掘出来。以一个企业为例，有时候连用户都不一定完全清楚他们需要什么。这就需要网络设计人员从专业的角度去分析用户的业务类型，分析哪些用户会使用网络，企业的哪些应用软件或系统要运行在网络上，并分别找出它们对网络的依赖，尽量地用既专业又通俗的语言去描述用户目前所面临的问题和需要的网络功能。

例如，召开一个企业管理层人员参加的网络需求和设计座谈会，了解对网络的业务需求。生产部代表说："需要通过网络把各条生产线上的各种数据采集并传输到数据服务器主机，并可以监视生产线的流水作业状况，从各生产线采集来的数据可以共享和比较。"销售部代表说："需要通过网络与全球的客户们无障碍地进行沟通，包括订单接受、客服服务、在线咨询协商等。"研发部的代表说："为安全性，需要采用B/S架构模式进行设计图纸、设计数据的处理，并确保外网不能访问到研发数据。"财务部代表说："财务部要独立，财务数据需要绝对的安全。"

只有把与网络有关的业务搞清楚了，网络设计者才能确定用户都需要哪些网络功能，需要采用什么样的网络架构，应该购买什么样的设备。也只有网络设计者充分地了解了用户业务的特点，才能确定用户对网络的可靠性、可用性、安全性等性能参数的要求，才能确定哪些业务需要走局域网流量，那些需要连接Internet，并准确地预测其增长率对网络的要求。

网络工程建设的性价比是网络设计时考虑的一个重要因素。需要了解网络工程项目的预算费用，用于项目建设的资金额度会影响网络工程的设计思路和投资规模。应根据预算，合理分摊一次性投入和以后的周期性投入的比例，为提出简单实用、高性价比的网络建设方案提供依据。

网络设计的目标有很多，但都可以归结为：通过建成的网络，改善工作条件、方便信息处理、网络资源共享、提高工作效率、提升工作质量、降低成本、增加收入和利润。

4.1.3 网络需求分析的内容

需要了解用户方的组织结构，了解的内容包括企业的部门组成、业务流程、业务伙伴、业务领域、部门所在区域、企业通信需求等。通过了解为确定主要的用户群、通信流量特征、通信覆盖区域等提供帮助。

网络设计人员应收集的需求信息主要包括：

(1) 网络系统建设的总体目标。

(2) 网络信息系统的数据情况。

(3) 对新的网络系统的技术要求。

(4) 现在的网络及通信技术及发展趋势。

(5) 原有的计算机和网络环境。

(6) 拟开发的新网络系统对原有环境的影响。

(7) 要开发的网络系统所处的地理环境。

(8) 网络系统建设所可能获得的经费预算。

(9) 对网络用户的培训要求。

在调研组织结构的过程中，主要与决策者和信息提供者进行沟通。决策者为负责审批网络设计方案或决定投资规模的管理人员，信息提供者为负责解释企业的业务战略、长期计划和业务需求的人员。尤其是通过与企业中从事信息技术(IT)的员工的交谈，将会了解更多与企业服务一致的网络性能需求。请这些员工帮助制定网络设计方案，以及检测网络性能的计划。

网络需求分析的主要内容描述如下：

(1) 用户网络环境分析。建筑物布局，建筑物之间的最大距离；网络中心机房位置；设备间的位置及电源供应情况；信息点数量及位置；特殊的环境需求或限制条件。

(2) 用户网络设备状态分析。用户现有计算机的数量及分布；今后几年用户信息点可能的增长；用户现有的网络设备数量及技术参数；现有网络设备之间的物理连接等。

(3) 用户网络服务需求分析。数据库和应用软件的共享服务需求；文件传输和存取的服务需求；网站系统建设的需求；远程访问服务的需求；网络视频服务需求；IP 电话的需求等。

(4) 用户通信类型比例分析。数据、语音、视频在应用中所占的比例；是否有无线通信、卫星通信的需求等。

(5) 用户网络容量和性能需求分析。用户业务的时间规律；用户业务产生的网络流量规律；用户业务的安全需求；用户业务的最低带宽需求；用户业务最低响应时间需求。

网络安全不单纯是技术问题，而是策略、技术与管理的有机结合。网络安全的需求分析涉及的主要内容包括：

(1) 分析网络系统可能面临或存在弱点、漏洞，以及在系统安全设置上用户的要求是什么。

(2) 分析网络系统阻止外部攻击行为和防止内部员工违规操作行为的策略要求。

(3) 怎样划定网络安全边界，使内部网络系统和外界的网络系统能安全隔离的需求是什么。

(4) 怎样确保租用电路和无线链路的通信安全。

(5) 分析如何监控内部网络的敏感信息，包括技术专利等信息。

(6) 分析员工工作桌面系统的安全需求。

收集需求信息的主要难度包括用户说不清楚需求，用户的需求经常变动，分析人员或用户的理解有误。

4.1.4 分析网络项目范围

在需求分析阶段应确定用户有效完成工作所需的网络服务和性能水平，网络需求分析中的一个重要内容是明确网络项目的设计范围，这里的设计范围指的是：设计一个新的网络；修改现有的网络；设计和修改的是一个网段、几个网段或是整个网络。需要了解企业网络演变的过程和原因。

有时需要的是设计一个全新、独立的网络，但更多的是对现有网络的升级和改造。对网络的升级和改造需要考虑保护已有网络的投资，原有网络升级后与已有网络、网络设备的兼容性等问题。

通过分析确定网络工程建设的关键时间点，为制订项目实施计划提供依据，这些时间点是项目实施的重要里程碑，为制定工程项目实施进度表提供支持。

网络设计和建设的目的是提供网络应用。需要明确网络用户的具体网络应用需求，包括现有的应用和新增的应用，以及将来的应用内容，哪些应用是重要的，哪些应用是常规的或是需要开发的。上述分析可以进一步为网络设计提供帮助，例如，怎样在网络设计中体现用户应用需求，涉及哪些网络技术，需要提供什么样的网络性能等。

应预测网络应用增长变化，提供对网络发展趋势的分析，了解网络系统的可扩展性需求。预测增长率需要考虑的内容有网络覆盖区域的变化、组织机构的增加、网络用户数量的增长、网络应用的增长、通信带宽需求的增长、存储数据量的增长等。

预测网络需求增长主要有两种方法：统计分析法、模型匹配法。统计分析法是基于原有的统计数据，分析可能出现的发展趋势，对未来的增长率进行预测。模型匹配法是依据不同行业、应用领域建立相应的增长率模型，分析网络当前的状况，依据经验选择模型，预测未来的增长率。

4.1.5 分析网络项目应用需求

网络需求分析是在网络设计过程中用来获取和确定系统需求的方法。收集网络应用需求可以从两个方面入手：一个是分析网络应用类型的特性，另一个是网络应用对资源的访问。依据上述两个方面，可以有不同的网络应用分类，通过分不同的应用类型，尽快归纳出网络应用对网络设计的主要需求。

(1) 按网络应用功能分类,可以分为常见功能和特定功能。

常见应用功能为日常使用最多、应用范围较广的一些网络应用,例如,电子邮件、文件传输、网络浏览、数据处理、办公应用、文字处理、远程教学、远程医疗、远程监控、电子商务、电子政务、金融服务、仿真与辅助设计等。

特定功能应用实现特定用途,面向特定的工作内容,例如,网络管理、网络维护、网络控制、特定的金融计划系统、制造控制系统、排版印刷系统等。

(2) 按响应方式可以分为实时应用、非实时应用。不同的响应方式对网络性能有不同的需求,主要涉及网络的带宽、时延和吞吐量等技术指标。实时应用需要本地进程与远地进程保持同步,并要求网络的数据传输率稳定,预留一定的带宽。非实时应用是更为广泛的应用,对带宽、延时要求较低,但对网络设备的缓冲区容量有较高的要求。

(3) 按对网络资源访问的方式分类,网络用户对网络资源的访问,可以通过量化指标反映出来,这些量化指标包括:每个应用的用户数量、每个用户平均使用每个应用的频率、使用高峰时间段、使用低谷时间段、平均访问时延、每个网络事务的平均长度、每次传输的平均数据量、影响通信的定向特性等。

俗话说"好马要配好鞍",应该能给网络用户推荐出一流性价比的计算机设备。什么样的用户用什么样的终端,什么样的网络应用配什么档次的服务器主机都应有个估算。可以建立一个"计算机平台需求表"。

对网络用户需求的网络应用进行调查和分析之后,把所得调查结果填写到"网络应用统计表",表项的内容包括应用名称、应用类型、重要性、是否为新增、备注。

网络管理的需求一般是企业的网管部门给网络设计者提出的要求。这也是需求分析阶段中很关键的一个环节。一般 IT 网管人员提出的需求都是有一些技术含量的,技术要求也比一般网络用户要高,加上 IT 网管部门有一定的决策权,所以需要仔细应对。网络管理人员处于自身进行网络管理的方便,一般会提出诸如虚拟局域网分段、网络拓扑结构层次、IP 地址规划、网络性能、网络管理、网络安全、广域网的选择等方面的详细要求。

有时,一些网管人员凭借以往的经验,似乎对技术和产品多少都有那么一些倾向,他们的一些选择和偏好,有时会深深地影响到网络设计者的网络规划理念,例如有些网络管理人员就是不屑于建立数据备份和容灾中心,甚至不相信网络机房会遭到雷击等。对于网管人员一些不合适的倾向和要求,在不影响网络规划整体目标的前提下,网络设计者一方面要与用户沟通,另一方面也要学会妥协,但是,在严重影响网络规划目标时,还是需要晓之以情,动之以理,甚至要以严酷的现实例子来说明可能面临的后果。最后归纳网络管理的需求,写出"网络管理需求分析统计表"。

4.1.6 需求分析中存在的问题

需求分析中存在的问题有:

(1) 没有足够的用户参与,用户可能会不理解为什么要花那么多时间搜集需求信息,有时网络设计者觉得已经了解用户的需求,不需要再找其他用户沟通了,有时,用户也不一定清楚真正的网络需要,不同用户之间对网络需求不一致。

(2) 用户需求不断增加,会增加网络工程项目的复杂性,增加投资规模,原有预算已经无法满足需求的增加。若想把需求变更控制在小的范围,就需要在最初阶段对网络工程项目范围、约束条件、预算限制给用户进行充分的说明，变更应具有合理性，需要明了为什么做变更，变更的代价需要用户和集成商共同承担。

(3) 模棱两可的需求，会造成对需求不同的理解，有时会对网络工程的设计带来不利的影响，严重时会导致工程设计的返工，耽误网络工程建设时间。避免模棱两可需求的方法是，组织人员从不同的角度审查需求分析的结果，通过比较分析消除二义性。

(4) 不必要的需求，可以用画蛇添足比喻这种情况，这种需求往往是不实用的。从用户的角度，应提醒用户关注网络的核心功用和价值。从网络设计者的角度，应避免在网络设计中添加不必要的"形象工程"。

(5) 过于精简的需求说明，原因是用户不清楚需求分析的重要性，提不出内容翔实的需求，只是指望网络设计者能够理解用户的需求。这就要求网络设计者想办法，理出需要用户回答的需求问题，与用户深入沟通，真正了解用户的真实需求是什么。

例如，网络设计者询问用户问题的类型可以是：这是什么含义；与另一需求是什么关系；若有多个可能，哪种可能最大；若需求实现有困难，可以有哪种替代方案。

4.2 分析网络设计中的约束

4.2.1 用户网络业务需求分析

不同用户对网络的需求是不同的。任何一个网络都不可能是满足所有不同用户业务需求的万能网。网络用户可以分为个人用户、一般企业用户、中、大型企业网络用户、行业用户等。不同用户对网络业务的关注各有侧重。

(1) 个人用户主要是因特网业务。1Mbps 左右的带宽基本能满足大部分个人用户的需求，个人用户对网络系统的安全需求较高。

(2) 企业用户中，小型企业网络的网络节点较少，地理分布范围较小，用户业务主要利用因特网进行，接入带宽一般 10Mbps 左右，通常采用以太网技术。

中型企业网络的地理分布范围一般在一个园区内，例如，校园网络，主要用于校园内部网络通信，接入带宽在 10～100Mbps 之间，对数据安全性要求较高，通常采用万兆以太网技术组网，通过防火墙接入 ISP。

大型企业网络，往往以企业总部为中心。总部使用高端路由器并做冗余备份，分支机构采用中低端路由器做接入，具有跨地区、跨行业的特征，传输线路通常是租用专线或通过 VPN。

(3) 行业用户中，电信行业网络拥有庞大的接入网、传输网、交换网等。提供数据、话音、视频多种业务类型，采用多种网络类型，例如，PSTN、DDN、Ethernet 等。采用多种交换技术，例如，电路交换、分组交换、信元交换等。网络设备要有较高的性能和可靠性，并要求支持多业务、支持 QoS，主干链路一般采用 SDH、DWDM 技术。

ISP 行业网络在统一 IP 平台上提供多种业务，选择先进技术设计和组建网络，要求良好的 QoS 保障能力，提供多种接入方式。

教育行业网络对数据可靠性要求较低，但对带宽要求较高。大型校园网采用三层网络拓扑结构，采用支持万兆的三层路由以太网交换机组网，网络外部一般采用双出口。提供的业务有“一卡通”服务、选课排课服务等。

4.2.2 网络结构和性能的需求分析

1. 网络拓扑结构需求分析

网络拓扑结构是指网络逻辑结构和网络物理结构。拓扑结构设计中往往采用层次结构设计,网络层数越多,网络建设和运维成本会越高。拓扑结构也与网络类型有关,一般情况下,小型局域网采用星型拓扑结构,园区网采用树型结构加网状结构,城域网采用环型、树型等结构。

网络拓扑结构设计需要考虑的内容还有:是否采用 VLAN 进行工作组划分,是否需要采用无线通信,接入点的类型和数量,是否需要远程 PC 或网络互联,互连采用专线方式还是 VPN 方式,是否需要组建一个大型行业城域网。例如,接入点的类型和数量涉及采用哪种接入方式,是采用 DDN 还是 ADSL,接入链路是仅采用教育网的单链路还是采用电信网和教育网的双链路。

2. 网络节点需求分析

网络节点位置的地理分布是,接入层的节点一般设置在建筑物内,汇聚层节点的位置分为两种情况:若接入层节点较多,汇聚层节点与接入层节点在一起;若较少,汇聚层节点与核心层节点在一起。需要考虑的内容包括网络节点的设备处理能力是否满足要求,终端设备(如 PC)的分布情况,传输介质转接点的位置分布情况,综合布线设备间的位置等。

3. 网络链路需求分析

需要确定主干链路采用的传输介质,园区网中的主干链路多采用光缆,需要考虑的主要内容有:主干链路最大连接距离是否满足要求,设备间的位置,电源接地方式,网络链路的维护管理是否方便。若采用无线通信,需要考虑对设备是否有电磁干扰。

4. 网络扩展性需求分析

依据扩展性需求,设计网络时应考虑留有多少余量,以支持新用户接入网络、新应用能无缝地在现有网络上运行。进行扩展时,确保现有网络拓扑结构不用大规模更改,原有设备能得到很好的利用。扩展需求分析要明确用户业务的扩展性、网络性能的扩展性、网络结构的扩展性、网络设备的扩展性、网络软件的扩展性。

5. 网络安全需求分析

分析网络系统软件和硬件的安全需求,采用何种安全设计,何种安全技术。提供数据安全措施,支持用户认证和入侵防护。

6. 网络可靠性需求分析

需要考虑和分析的主要内容包括:是否需要数据自动备份;是否需要数据远程备份;是否需要双机热备系统;网络出现故障时,是否能快速恢复;采用何种网络系统的监控功能。

7. 网络管理需求分析

需要考虑和分析的主要内容包括:采用何种网络管理协议,是否需要远程管理,需要哪些网管功能,准备采用的网管软件是否兼容现有的系统。

4.2.3 网络业务约束对网络设计的影响

网络需求分析阶段除了分析应用目标和用户应用需求外,也需要分析对网络设计的约束,事实上这也是一种用户需求。对网络设计的主要约束有政策约束、预算约束、时间约束。

分析政策约束的目标是发现隐藏在项目后面可能导致项目失败的因素。对于开发者和用户,网络设计的一个共同目标就是控制网络预算,开发者还应使客户充分了解到他们的投资会得到什么样的回报。网络设计项目的日程安排也是一个重要的问题,项目进度表规定了项目的最终期限和重要阶段。

1. 政策约束的分析

应与用户讨论他们的企业政策和技术发展路线,要与用户就有关网络协议、技术标准、设备供应商等方面的政策进行讨论。需要注意的是,多听和了解用户的意见,尽量不要发表自己的意见,因为自己对用户的实际需求还没有全面理解。不要期待所有人都会拥护新项目。对已经进行过并没有成功的类似项目,应避免情况出现重演。通过对政策约束的分析,可以发现隐藏在工程项目背后可能导致项目出现问题的一些事务安排、利益关系或历史遗留因素。

其他需要了解的政策因素还有:用户是否已经制定有相关的技术标准;是否已经有一些解决问题的方案和思路;是否已经有认可的系统集成商或厂商的产品;是否在网络建成后会影响到人员的岗位,会带来其他哪些不利的影响等。

俗话讲"知彼知己,百战不殆",对政策约束了解得越透彻,对网络设计方案的确定就越有帮助。

2. 预算约束的分析

网络设计的一个共同目标就是控制网络工程的预算。经费预算支出的内容应包括需求设计、网络设计、设备采购、购买软件、施工安装、系统维护、系统测试、系统验收、培训人员。此外,还应考虑信息费用及可能的外包费用。要求网络设计必须符合用户的预算,获得最好的性价比。

要了解清楚建网单位的投资规模,即用户方能拿出多少钱来建设网络。一般情况下,用户方能拿出的建网经费与用户方的网络工程的规模,以及工程应达到的目标是一致的。也就是常说的"有多少钱就办多大的事",切不可一味地攀比。一样的网络工程规模和建设目标,完全是采用国际名牌或采用国内品牌,其价格相差较大。对于网络工程项目,用户方都想经济方面最省、工期最短、工程质量最好、网络应用效果最佳。只有知道用户方对网络投入的底细,才能据此确定网络硬件设备和系统集成服务的"档次",产生与此相配的网络设计方案。在制定网络设计方案时,应合理分摊一次性投入和以后的周期性投入的比例,切忌犯技术人员"完美主义"的通病。

同时分析网络工程预算的投资回报情况,让网络用户明了网络工程项目可以带来何种效益,在各个阶段会获得哪些回报。对于系统集成商的利润,一般包括硬件差价、系统集成费、综合布线施工费用和软件开发费用 4 部分。另外,也应对网络用户的运用、管理和维护网络的能力进行分析,尤其是要了解网络管理人员的专业知识能力,是否可以胜任以后的工作需求,以便确定对用户进行培训的内容,便于给用户在人员配备、网络运行维护等方面提出切实可行的建议。对网络设计者来说,能把事情办好,可以多花钱;多花钱,也要把事情办好;能省钱,又能把事办好,那才是更好。

3. 时间约束的分析

时间约束指的是网络工程项目实施各个阶段的完工时间应有规定。由用户提出时间要求，网络系统集成商以文档形式给出项目施工进度表，项目施工进度表规定了项目最终期限和重要阶段完工期限，一般要求项目进度表应为可能发生、可预见的变化留有时间余量。网络设计者要对施工进度表安排的时间进行分析，若有疑问的地方，应及时与网络用户沟通。

用户负责管理项目进度，网络工程施工者必须确认就该日程表是否可行，若可行，就必须按约定时间完工。若在项目施工过程中出现影响施工时间的问题，需要及时在施工方和用户之间沟通，尽快找出解决问题的方法。

4.2.4 网络应用目标检查的内容

网络应用目标检查的内容如表 4-1 所示。

表 4-1 网络应用目标检查的内容

网络应用目标	检查结果
对用户所处的产业竞争情况做过研究	
了解用户的组织结构	
明确了网络设计的最主要目标	
用户已确定了关键任务的操作	
了解网络项目的应用范围	
了解用户对网络性能衡量的标准	
就网络产品供应商、网络设备选型等有关政策已与用户进行了沟通	
了解网络工程项目的预算	
了解项目实施进度安排	
对用户人员知识结构十分了解	
就用户培训计划达成一致意见	
了解了可能影响网络设计的有关因素	
了解了用户原有网络的基本情况	
了解用户对网络技术指标的需求	

4.2.5 需求分析报告和可行性报告

在进行网络设计需求分析之后，通过需求收集整理，形成了许多原始的表格资料，在此之上编制出“网络设计需求分析报告”。就像“堆积木”，积木模块制作完成了，下面就该把积木模块分类、有序放置，在用积木搭建模型时，会很方便、容易地找到所需要的积木模块。网络设计需求分析报告的格式和包含的主要内容，建议如下：

(1) 综述部分，网络工程项目的简单描述；设计过程的阶段划分；工程项目的状态，包括已完成部分和正在执行的部分。

(2) 需求分析阶段概述，简单总结本阶段已做的工作。列出所接触过的群体和个人的名单，说明收集信息的方法(面谈、集中访谈、调查等)。总结该网络设计、施工过程中可能受到的约束。

(3) 需求数据总汇部分,说明需求数据来源、数据与网络系统设计的关系、数据对网络设计的影响,以及数据处理时的优先级考虑。尽量多用图和表描述,描述应简单、直接,指出主要矛盾。

(4) 给出网络需求清单,对需求分析进行数据总结,然后按优先级列出网络需求清单。

(5) 需求协调与批准部分,应说明网络需求在进行下一步工作之前得到批准、认可的原因。对网络设计需求分析过程中揭示的、不同用户群体之间对网络需求的矛盾,交给管理层解决这些矛盾。

为确保原始调研数据的完整性,可在网络设计需求报告中增加附加内容,来解释管理层的批准和决定,并说明最终批准的网络需求内容。

在充分了解分析了用户对目标网络系统的详细需求后,应该按照国家制定的有关规定,写出网络工程建设的可行性报告。可行性报告需要对网络工程的背景、意义、目标、工程的功能、范围、需求、可选择的技术方案、设计要点、建设进度、工程组织、监理、经费等方面做出客观的描述和评价,为工程建设提供基本的依据。

网络建设可行性报告的主要内容包括:

(1) 可行性研究的前提。

(2) 现有状况的分析。

(3) 建议建立的网络系统方案。

(4) 可供选择的其他网络系统方案。

(5) 投资与效益分析。

(6) 社会效益与社会因素。

(7) 结论。

4.3 网络设计需求分析的技术指标

4.3.1 网络需求分析涉及的技术指标

网络性能需求与网络技术指标紧密联系,为达到一定的网络性能,必须采用相应的网络技术和网络设备。网络分析中的最重要指标是网络性能,影响网络性能的主要因素有网络流量、距离、时段、拥塞、服务类型、可靠性和信息冗余。需要指出的是,如果网络的一端是通过电话线联网或者无线上网,那么即使另一端是千兆宽带网络,网络速度依然会很慢(一点决定整体)。

如果不能对网络用户给出直观的网络性能参数和技术指标的描述,他们很难采用网络设计者所提出的网络设计方案。网络性能参数主要有吞吐量、时延、差错率、效率、响应时间等。对网络性能的取舍,可以通过网络设计者与网络用户之间商定的服务等级协定(Service Level Agreement,SLA)来规范说明。

定量地分析网络性能,首先要确定网络性能的技术指标。有很多国际组织定义了网络性能技术指标,这些技术指标为设计网络提供了一条性能基线(Baseline)。网络性能指标有两类:网元级,关注网络设备的性能指标;网络级,将网络看作一个整体,关注的是端到端的性能指标。网络需求分析中的技术指标关注的是网络级性能指标。下面对描述网络性能的主要参数和技术指标逐一讨论。

4.3.2 时延

时延(Delay/Latency)可以定义为从网络的一端发送一比特到网络另一端收到这个比特所经历的时间。网络中数据传输的过程就像小溪中的流水,遇石石拦、遇沟沟挡,网络数据经过每一个设备、每一条链路都会产生延迟。

根据时延产生的原因,可以将时延分为传播时延、发送(传输)时延、重传时延、分组交换时延、排队时延。传播时延是指电磁波在信道中传播所需要的时间;发送时延是指发送数据所需要的时间;数据传输中出了差错就要重传,这会影响总的传输时延;分组交换时延是指当网桥、交换机、路由器等设备转发数据时产生的等待时延;排队时延是指在网络节点分组交换时的等待时间。网络时延可以用公式描述为

总时延 = 传播时延 + 传输时延 + 重传时延 + 分组交换时延 + 排队时延

其中,传播时延=距离/信号在传输介质中的传播速度,传输(发送)时延=传输的信息量/数据传输率。传播时延和发送时延是可以确定的时延,其他时延与具体的网络环境和网络设备有关。发送时延也称为传输时延。信号在无线传输介质中的传播速度是光速,信号在有线传输介质中的传播速度是光速的三分之二。

在讨论网络时延时,又可将网络时延分为往返时延(Round-trip Time,RTT)、单向时延(One-way Latency,OWL),需要指明的是:RTT≠2×OWL,这是由于在因特网环境中存在有单向时延不对称性,这也说明度量网络时延参数与度量时间关系密切,与源点与终点所需时钟同步有关。

RTT指的是从网络发送端(源点)发送报文到接收端(终点),然后报文再返回到发送端所需要的时间,RTT包括了在两个端点之间的传播时延,以及发送时延,在沿途所经每跳的排队时延和处理时延,RTT间接地描述了报文所经过的路径、沿途经过跳数(路由器、交换机)的数目、每跳的时延特性。RTT具有仅需要在源点定时的优点,避开了源点和终点之间的时钟同步要求,是一种易于获得的测度。

OWL是指从网络的一端发送报文,到该报文在网络的另一端被接收所需要的时间。有关OWL的技术文档是RFC 2679。单向时延测量源点到终点之间的路径,单向时延测量的同步需要外部时钟源,例如GPS或NTP。

4.3.3 吞吐量

吞吐量(Throughput)与进入网络中的分组数、从网络中输出的分组数相联系。顾名思义,就是讲网络吞进去的分组数量和从网络吐出来的分组数量,是表现网络"消化能力"的参数。

吞吐量是指在没有分组丢失的情况下,网络及网络设备能够接受的最大数据传输率。需要指出的是:吞吐量和网络中数据传输率或者说带宽是不同的概念,但有一定的关系。例如,一个单位建立了1000Mbps的局域网,网络和网络设备都支持千兆,但受诸多因素的影响,而实际网络的吞吐量或许只能达到600Mbps。

吞吐量反映了单位时间内传输无差错数据的能力。一个与吞吐量相关的参数是网络负

载(Offered Load),网络负载等于单位时间内总共发送的分组数,包括发送成功和重传的分组。在稳定状态下吞吐量的计算公式是:吞吐量=负载×分组发送成功的概率。

与吞吐量相关的另一个参数是容量(Capability),容量是指通信设备发挥预定功能的能力,容量通常用来描述通信通道或通信连接的能力。例如,E1 通道的容量是 2.048Mbps,这并不意味着 E1 通道将总是处于 2.048Mbps 的传输状态,仅表示具有如此大的传输能力。理想情况下,吞吐量与容量相等,但实际上往往做不到。有时,吞吐量与容量可以互换使用,不加区分。网络吞吐量是与每天各个时段有关系的,服从概率统计分布规律,每天各个时段的网络吞吐量如图 4-1 所示。

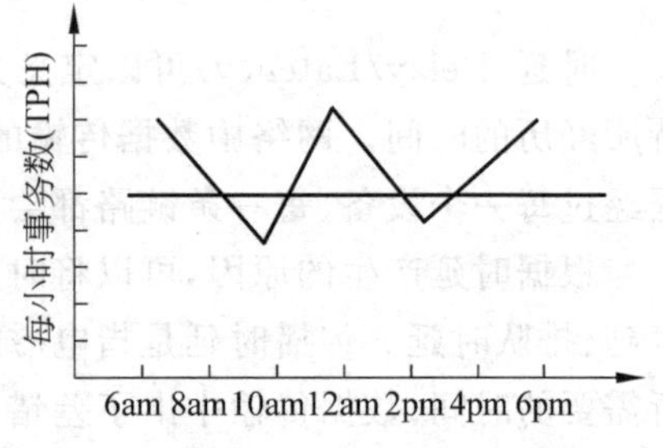

图 4-1　每天各个时段的网络吞吐量

吞吐量用来描述网络的总体性能,吞吐量可针对某个特定连接或会话定义,也可以定义网络总的吞吐量。经常用 PPS(每秒分组数)、CPS(每秒字符数)、TPS(每秒事务数)、TPH(每小时事务数)来度量。

另外需要提一下的是应用层吞吐量,它表明了单位时间内正确传输的与应用层相关的数据量,也称为有效吞吐量。有效的吞吐量与响应时间有直接关系,有效吞吐量越高,时间响应越快。需要指出的是,有时吞吐量提高了,有效吞吐量并没有提高,反而会降低,这是因为多传输的额外分组可能是一些重传的分组,或其他开销需要的分组。影响应用层吞吐量的因素有协议机制,例如,握手、确认、窗口、拥塞;协议参数,例如,分组长度、重传定时器等;网络互连设备的 TPS 或 TPH,分组丢失率。与吞吐量相关的网络节点(主机)的主要因素有 CPU 类型、磁盘访问速度、缓存容量、总线性能、存储器结构、所选操作系统的效率、网络接口类型、网络中的节点数量等。

4.3.4　丢包率

丢包率(丢分组率)是指在一定时间段内在两点之间的分组数据传输中,丢失分组与总的分组发送量的比率。该指标是反映网络状况极为重要的指标。丢包率也称为分组丢失率。丢包率反映了网络传输过程中的出错率。

因特网采用 TCP/IP 协议,在网络层提供无连接的“尽力交付”的网络服务,IP 分组传输路径上的各跳节点(路由器)尽可能地转发到来的分组,除非路由器的缓冲区溢出,网络出现拥塞情况,或对应该分组的目的网络、目的节点不存在,造成无法转发分组,路由器是不会随意丢弃分组的。

网络丢包的主要原因是路由器的缓存队列溢出,或是网络出现拥塞情况。无拥塞时路径丢包率为 0%;轻度拥塞时丢包率为 1%～4%;较重拥塞时丢包率为 5%～15%;严重拥塞时,网络的吞吐量下降到 0,此时,分组丢失率为 100%。有时是通过分组丢失率来感知网络中是否出现了拥塞。

与丢包率相关的一个指标称为“差错率”,差错率在广域网中也称为误码率(BER),该值通常极小,在一般的网络链路上,误码率为 10^{-5},而在光纤数字链路中,误码率为 10^{-11},可以忽略不计。

在局域网中,丢包率通常用误帧率描述。一般是传输 10^6 字节的数据时,出现差错帧的个数不超过 1 个,作为比较合适的局域网丢包率的门限值。

需要指出的是,网络出现丢包并不能说明网络存在故障,有如下原因:

(1) 如上所述,分组的目的网络、目的节点不存在,造成无法转发分组,分组也会被丢弃掉,出现这些情况的原因是分组的 IP 地址错误,或是网络中节点主机没有开机。

(2) 另外,有些多媒体网络应用是丢失不敏感的,允许有少量的丢包率,例如,IP 语言通信(Voice on IP)。少量分组的丢失,并不会太影响对语言数据的理解。

(3) 还有 TCP 协议中的分组传输超时判断,就是通过超时来判断分组丢失,这包括数据分组丢失或是应答分组丢失,在一定的时间没有收到应该达到的分组,就重传分组。

(4) 网络中的流量控制、拥塞控制也会用到丢包率,在 TCP 拥塞控制的快重传、快恢复机制中,若出现连续的数据报文段丢失,连续的几个应答报文段总是期望接收同一序号的报文段,拥塞控制机制就可以采用适当的措施进行拥塞控制,例如,调整源端发送报文段的速率。

4.3.5 网络延时抖动和路由

延时抖动(Jitter)是指从源到目的地的连续分组到达时间的波动。IETF 对时延抖动的描述为:瞬间分组时延波动(Instantaneous Packet Delay Variation, IPDV)。时延抖动反映了连续分组(I)、分组(I+1)在单向传输中的时延变化,时延抖动的描述如图 4-2 所示。

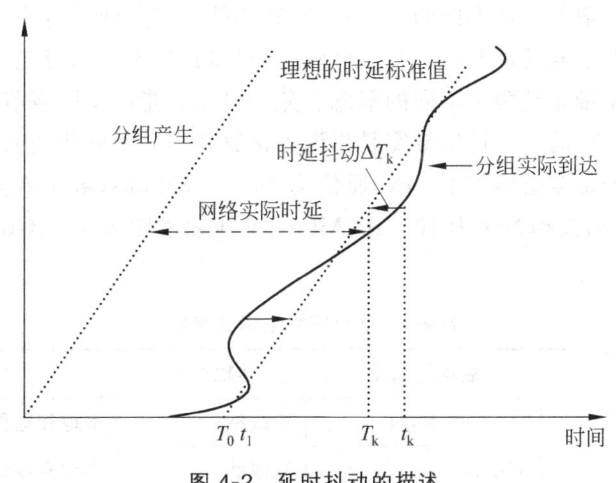

图 4-2 延时抖动的描述

因特网中的多媒体应用,不仅与网络时延有关系,而且与延时抖动有更紧密的关系。例如,因网络突发引起时延抖动,就可能使得视频和音频的通信出现中断。

在网络工程设计中,需要考虑用户应用对延时抖动的要求。一般要求延时抖动的变化量应小于时延 1%~2%,即对于平均时延为 200ms 的分组,时延抖动≤2~4ms。减少延时抖动的方法是给节点主机提供一个缓存,通过增加缓存,由于缓存输入端的变化量小于整个缓存的长度,在输出端的延时抖动表现并不明显,即可降低延时抖动带来的影响。减少延时抖动的另一种方法是减小分组的长度。

在 Internet 中,通信网是通过 IP 路由器互连的,路由器负责接收分组,然后从正确的出口转发出去,这就需要在路由器中维护一个路由表,路由表的表项内容主要包括目的网络地址、下一跳的地址。

路由(route)即为一个特定的"节点-链路"集合,该集合是由路由器中的选路算法决定的,选路算法决定分组传输时所采用的路径(路由)。路由的变动将会影响使时延、丢包率等技术指标。

因特网中采用层次路由,路由层次为因特网、自治系统(AS)、区域、网段(节点-链路)。自治系统内运行的内部路由协议是 RIP 或 OSPF,自治系统之间运行的外部路由协议是 BGP。IP 网络路由是动态的,但是相对稳定,为了保持网络稳定工作,选路算法通常不会轻易改变路由,除非当资源用完(即发生拥塞)或底层网络出现故障。每个 IP 分组在网络中独立选择路由,增大了 IP 网络的健壮性。在因特网中实际测量的结果表明,网络中的绝大多数网络的路由都是不变的,包括主干网络也是如此,这与采用和设置层次路由、默认路由有很大关系。通过观察同一路径 IP 分组所经路由或默认路由发生的变化,即可以确定有关网络或默认路由是否出现了问题。

一种错误的观点是,IP 网络的路由是动态的,研究路由没有意义,这种观点是很片面的。

4.3.6 网络带宽和响应时间

带宽(Bandwidth)用来衡量网络链路单位时间传输比特的能力,单位是 bps。带宽的度量在高频率和低频率情况下是不同的,这些不同频率的信号是通过传输介质和网络发送的。不同的网络应用需要不同的带宽,不同的网络技术可以提供不同的带宽。

瓶颈带宽和可用带宽是两个不同的概念。瓶颈带宽是指两个网络节点之间路径上的最小带宽链路(瓶颈链路)的值。可用带宽是指沿着该路径当时能够传输的最大带宽。

一些典型应用的带宽指标如下：PC 通信为 14.4～50kbps;数字音频为 1～2Mbps;压缩视频为 2～10Mbps;文档备份为 10～100Mbps;非压缩视频为 1～2Gbps。常见的网络带宽参数如表 4-2 所示。

表 4-2 常见的网络带宽参数

技术类型	数据传输率	传输介质	应用环境
拨号线路	14.4～56kbps	双绞线	本地和远程低速访问
租用线路	56kbps	双绞线	小型商业低速访问
综合业务数字网	128kbps	双绞线	小型商业本地应用、中速访问
IDSL	128kbps	双绞线	小型商业应用、中速访问
卫星通信	400kbps	无线电波(微波)	小型商业应用、中速访问
帧中继	56kbps～1.544Mbps	双绞线	小型、中等商业应用
T1	1.544Mbps	双绞线、光纤	中等商业应用、因特网访问、端到端网络连接
E1	2.048Mbps	双绞线、光纤	中等商业应用、因特网访问、端到端网络连接
ADSL	1.544～8Mbps	双绞线	中等商业应用、高速本地应用

续表

技术类型	数据传输率	传输介质	应用环境
电缆调制解调器	512kbps～52Mbps	同轴电缆	本地商业应用、中高速访问
以太网	10Mbps	同轴电缆、双绞线	传统局域网
令牌环网	4～16Mbps	双绞线	传统局域网
E3	34.368Mbps	双绞线、光纤	16 个 E1 的汇聚
T3	45Mbps	双绞线、光纤	大型商业应用，通过 ISP 连接到因特网主干网
OC-1	51.84Mbps	光纤	主干网、校园网通过 ISP 连接到因特网
快速以太网	100Mbps	同轴电缆、双绞线、光纤	高速局域网
光纤分布式数据接口 FDDI	100Mbps	光纤	局域网主干网
铜线分布式数据接口 CDDI	100Mbps	双绞线	连接主机
OC-3	155.52Mbps	光纤	大型企业主干网
OC-24	1.244Gbps	光纤	因特网主干网
OC-48	4.488Gbps	光纤	因特网主干网
千兆以太网	1Gbps	光纤	局域网、城域网、广域网

网络响应时间(Respond Time)是指从服务请求发出到接收到相应响应所花费的时间，它经常用来特指客户机向服务器主机交互地发出请求并得到响应信息所需要的时间。它是评估网络用户体验的关键值，用户往往比较关心这个网络性能指标。影响响应时间的因素有连接速度、协议优先机制、网络设备等待时间、节点主机繁忙程度、网络配置情况、链路的差错率、网络拥塞情况。响应时间也与网络系统构成有关。

当响应时间超过 100ms 或 0.1s 的时候，就会引起不良反映，超过 100ms，用户就能意识到等待网络的传输。

响应时间与一些时延关系紧密，这些时延主要包括轮询时延、连接时延、CPU 时延、网络适配器时延、传输介质(物理介质)时延。

4.3.7 利用率和网络效率

利用率(Utilization)是指某设备应具有的能力发挥出来了多少，利用率描述了指定设备在使用时所能发挥的最大能力。

利用率明确了网络通信所需要的系统开销，这些系统开销可能的主要原因是差错、冲突、重传、路由重定向、确认、拥塞。例如，网络检测工具表明某网段的利用率是 30%，这意味着有 30%的容量正在使用。可以给出一个利用率平均在 40%左右的网络新方案，特点就是架构布局合理，网络利用率动态变化平稳，同时又有很大的扩展空间来容纳业务流量的增加。

在网络分析与设计中，通常考虑两种类型的利用率：CPU 利用率和链路利用率。CPU

利用率是指在处理网络应用请求与响应时，处理器的繁忙程度；链路利用率是指可以被有效使用的链路连接带宽百分比。

网络效率(Efficiency)表明了为了产生所需要的输出而要求的系统开销，例如，网络用户传输的数据流量与网络线路带宽之间的比例。网络效率明确了发送通信需要多大的系统开销，不论这些系统开销是否由冲突、差错、重定向或确认等原因所致。

可以借用生活中比喻来进一步理解网络效率，某个公司有一家供应商来送货，不论送多送少，哪怕就是送一张单据，都是开着一辆大货车来，这就是没效率的表现。评估一个网络是否有效率，需要根据网络的业务流量，以及网络采用的技术标准来衡量。如果额外的网络开销占据流量的比例太高，说明这是一个效率不高的网络。

提高网络性能的一种方法是尽可能提高 MAC 帧的最大长度。前提是使用长帧要求链路具有较低的差错率，否则重传帧会对提高网络效率带来不利的影响。

4.3.8 可用性、可靠性和可恢复性

可用性(Availability)是指网络或网络设备可以使用的时间占总时间的比例(百分比)。网络管理的目标是使网络的可用性尽可能接近 100%。可用性与冗余有关，提高可用性的一种方法是设置多个设备或多条链路冗余(不是多余)，用日常生活中的类似比喻是："有人歇时有人忙，都干活时一起扛"，既能实现网络的高可用性又能实现负载均衡。

IP 可用率作为一项技术指标用于衡量 IP 网络的性能。这是因为许多 IP 应用程序运行的好坏，直接依赖于 IP 层丢包率，当丢包率指标超过设定的阈值时，许多网络应用变得无法应用(不可用)。IP 可用率反映了 IP 层丢包率对网络应用性能的影响。

可用性与可靠性有关，可靠性是指网络设备持续执行预定功能的可能性。通俗地讲，就是网络可以多长时间地正常工作而没有故障中断。它也表征了网络发生故障的频率。可靠性用平均无故障时间(MTTF)来表示。可靠性和可用性联系紧密，例如，一个网络，在一天时间内，每隔 3h 就因故障停机 5s，一天 24h 总共停机 40s。计算出来的可用性来为：(24h－40s)/24h＝99.95%，可以看出可用性还不错，但要用可靠性来衡量，平均无故障时间 MTTF＝3h，这显然是不符合网络设计的基本要求的。

可以看出，可用性会因为可靠性差下降；反之，可用性高了说明故障少了，可靠性高了。说明可以通过可用性来度量可靠性，可用性越高，可靠性越好。

可恢复性是指网络从故障中恢复正常的难易程度和时间。可恢复性用平均修复时间(MTTR)来表示。为了达到较高的可恢复性，在设计网络时，要尽量购买知名厂商、故障率低、可靠性高、冗余性好、兼容性好的网络设备。另外，需要有清晰的网络施工、调试、测试、验收技术方案，确保网络工程施工的质量。在网络验收后，做好网络管理人员的培训，帮助用户建立有效的网络管理、设备维护制度。

4.3.9 网络分析的其他技术指标

网络分析还有一些其他的指标，这些技术指标如下：

(1) 可扩展性(Scalablity)。指设计的网络技术和设备可以适应客户需求的增长而扩充的能力。

(2) 安全性(Security)。这是网络设计的一个重要分析指标，所有的网络用户都不希望

网络资源信息因为网络原因而丢失或被破坏。

(3) 可管理性(Manageability)。不同的用户可能有不同的管理目标,在选择网络设备时要考虑用户的可管理性目标。

(4) 适应性(Adaptability)。指客户改变应用要求时网络的应变能力,好的网络设计应能适应用户要求的变化。

(5) 可购买性(Purchasability)。又称为成本效用,基本目标是在给定的成本下通信量最大。

(6) 冗余度,上面已经提到。一般有冗余线路、冗余设备、冗余模块。冗余模块也是设备冗余的一种,只不过不是完整的设备而已,例如,服务器上的冗余电源,做热备份的镜像磁盘等。

(7) 适应性。其实就是功能多样性的表述。例如,一个公司建设的网络,客户来到公司,带个笔记本电脑要上网,要用无线有无线,不能无线咱有有线,没有计算机也没关系,客户把手机拿出来,蓝牙、红外线可以随便选,这表明了所建网络适应不同需求应用的能力。

(8) 可伸缩性。指的是网络随着用户需求的增长而扩充的能力,这里仅说出了"可伸"的一面,也叫可扩展性。其实,网络还应该有"可缩"的一面。例如,若公司人员进行优化,或是部门进行了调整,此时,就要看所设计的网络能在多大程度上,在不影响网络整体性能的情况下进行收缩,以节省周期性的成本开支。能缩能伸才叫可伸缩性。

需要指出的是,由于一个网络设计很难兼顾所有的网络技术指标,在进行网络设计时,需要对这些技术指标进行取舍或折中,依据可以支配的网络投资,综合考虑各种因素,尽量满足基本的网络需求。

4.3.10 网络技术指标汇总报告

网络技术指标汇总报告用于记录网络用户需要的技术目标,为网络设计提供网络需求基础数据。同时分析各种网络应用,给出网络应用技术需求表。

网络技术指标汇总报告的主要内容包括用户方今年、明年两年内有关网络建设的计划;有关场地扩展、用户增加计划;增加网络服务器、主机数量的计划;服务器部署、迁移的计划;与外部网络通信和联系的需求和计划;网络可用性的指标,以及 MTBF、MTTR 需求;各网段上的网络利用率需求;网络吞吐量指标;网络互连设备的 PPS 指标;BER 指标需求;使用长帧、提供传输效率的计划;对响应时间的需求指标;网络安全需求与指标;实现可管理性的需求;与用户一起制订网络设计技术目标的计划。

网络应用技术需求表的表项内容包括应用名称、应用类型、是否为新的应用、重要性、停机成本、可接受的 MTBF、可接受的 MTTR、吞吐量指标、时延要求、延时抖动要求、备注。读者可以试着画出这个表格。

4.4 网络流量需求分析

4.4.1 网络流量分析的方法

分析网络流量的方法主要有两个:一是通过精确测量,二是通过粗略估算。最终得出分析结果是对现有网络流量的大概估计，这个估计值为网络设计提供了一个参考基线(Baseline)。

无论是全新设计网络还是延伸现有网络，都需要对客户现有网络流量特征进行分析。步骤主要包括：绘制网络结构图；确定网络区域内设备；分析网络通信流量特征，确定流量基线。为了确定网络的基础结构特征，首先要勾画出网络结构图，并标示出主要网络互连设备和网段位置。

通过对通信流量、通信边界、通信模式的分析或估测，为下一阶段的逻辑网络设计和物理网络设计提供可供参考的、可量化的重要依据。经过网络需求分析，基本形成了网络应用和服务的整体概念。进一步需要建立网络流量模型，可以采用模拟和仿真方法，确定网络区域通信边界，进行相应的通信流量的分析和测试。

4.4.2 因特网流量的特征

在过去15年内，许多研究人员通过对因特网流量进行了较为细致的分析和研究，揭示了因特网基本行为和特性的十大规律，了解这些规律对于我们把握设计计算机网络的一般规律是有帮助的。

1. 因特网流量一直在变化

因特网的通信量连续地在变化着，因特网通信量在快速增长。与通信量有关的流量成分、协议、应用，以及网络用户等都在不断地发生改变。人们通过测量的方法认识流量的特征。对因特网中某个网络区域收集的数据，仅仅是在因特网的演化过程中某一点网络流量的映射，全面反映因特网的流量是很困难的。

到目前为止，人们还没有完全摸清流量的特征，还没有完全掌握因特网流量变化的规律，研究因特网流量结构及其规律还有许多工作需要做。

2. 因特网流量是非稳态的

建立因特网流量模型是比较困难的，因为因特网流量是动态变化的，并且通信量的结构也是一直在变化的，每时每刻都有不同的网络链路或网络用户在加入或退出。

表征聚合的网络流量有困难，主要原因是因特网的异构特性，存在大量的、不同种类的应用，多种协议、多种接入技术和接入速率，用户行为随时间的变化，因特网本身随时间变化。

研究分析表明，网络流量具有长程相关性(LRD)，也称为“自相似”、“分形”、“多分形”特性。LRD是无处不在的，存在多种网络的流量中，例如，LAN、WAN、ATM、帧中继、Web应用。LRD与网络用户流量的重尾现象有关，重尾现象是指波动性很强的一类随机现象，表现为急剧的变化。研究表明因特网流量是非稳态的。

3. 网络流量的局部特性

网络流量结构并不是完全随机的。网络流量具有“邻近相关性”(Locality)效应，这是因为：流量的结构与用户在应用层发起的任务有关，各分组并非是独立的，流量的模式远非随机的；网络流量存在有时间上的邻近相关性，以及空间上的邻近相关性，在主机级、路由器级和应用级都有该种效应。这些流量的局部特征可以通过网络协议数据单元(PDU)中的字段的逻辑信息进行识别，例如，网络层分组中的源和目的地址字段信息，可以获知分组的来源和去向。

4. 分组流量是非均匀分布的

流量并非均匀分布的，在因特网主机的分组流量很不均匀，例如，10% 的主机占据 90% 的流量，或是 20%的主机占据了 80%的流量。流量非均匀分布的主要原因是：采用客户机/服务器方式，服务器主机承担的流量就会比较大；地理位置原因，许多研究机构、大学集中在某一区域，或是某些发达地区的信息资源比较丰富，该地区的信息流量相对比较大。

5. 网络分组长度呈现双峰分布

因特网分组长度分布呈现双模态、双尖峰分布。

短分组的长度在 40 字节左右，这类分组主要是交互式的流量和确认分组，例如，TCP 确认分组，这类分组约占网络中分组传输的 40%。

许多长分组是属于批量数据文件的应用，基于网络中最大传输单元(MTU)的限制考虑，希望这些数据分组尽可能长些，这类分组约占网络中分组传输的 50%。不同网络的 MTU 是不同的，在从较大 MTU 的网络向较小 MTU 网络传输分组时，需要进行分组的分片处理。

中等长度的分组很少，仅占网络中分组传输的 10%左右。

6. 分组到达是突发性

经典的排队论和网络设计是基于：假定分组的到达过程是泊松(Poisson)分布(无记忆的指数分布)。一些研究基于的假设是：分组到达过程遵循泊松分布。假设分组的到达是以特定的平均速率随机独立出现的。实际研究表明，分组到达时时间不是独立和指数分布的。

泊松分布的形式化的描述为：一个泊松过程中的事件之间的到达时间间隔是呈现指数分布的，并且事件是独立的，不会同时发生两个事件。通过所建立的泊松模型，经常可以获得精确的数学分析，得到在网络排队模型中的平均等待时间和方差的表达式，因泊松模型其指数分布具有“无记忆”性质，在数学上极有吸引力。无记忆指的是，即使知道上次事件所依赖的时间，也不知道下次事件何时出现。泊松分布描述的是概率统计规律。

因特网中分组的到达不是泊松分布的。因特网中的用户独立地、随机地发起对因特网的访问，例如，用户向 Web 服务器发出的浏览页面的请求过程，网络中分组到达具有突发性。最近的研究指出，分组到达不是泊松分布，分组是突发式到达的，分组有成群的特性，分组是一群一群达到的，分组到达的前后有关联，到达时间并非指数分布，到达时间并非独立的。这种突发性与分组采用的网络传输协议有关。研究表明，分组达到的排队规律比泊松模型预期的结果相差了许多，分组流量是突发的，分组达到过程不服从泊松分布。

网络中的流量与使用的时间段有关，平均值可能很低，但峰值可能很高。流量可能是自相似的，在较长的时间范围内存在突发性，突发性是难以精确定义的。

7. 网络会话过程遵循泊松分布

研究证实，网络会话到达过程遵循泊松分布。因特网中用户发起访问某种网络资源的过程是独立的、随机的。例如，对远程访问(Telnet)流量的研究表明，当使用随机时间变化的速率时，泊松分布模型可以有效地用于对该会话达到过程的描述。类似的例子有 Web 应用的会话过程。

8. 多数 TCP 会话是简短的

大量的研究证实，多数 TCP 会话是简短的。有数据表明 90%以上的 TCP 会话所交换的数据少于 10 KB,90%的 TCP 交互连接仅持续几秒钟,得出的结论是 TCP 短暂的连接具有普遍性,这个结论让人们感到意外。有研究表明,80%的万维网文档传送小于 10 KB,且具有很大的突发性。

9. 流量是双向的或不对称的

因特网中的通信流量是双向的,通常是不对称的。数据通常在两个方向流动,两个方向的数据量往往相差很大。万维网的应用就是一个明显的例子,尤其是下载万维网的大文件时,这种流量不对称是网络用户都可以体会到的。

10. 因特网流量的主体是 TCP

研究表明,多数应用都使用 TCP/IP 流量。在因特网的分组流量中,TCP 传输的份额占绝大部分。尽管 IP 电话和多播技术是利用 UDP 传输的,TCP 传输仍占主导地位,至今为止 TCP 协议一直是最重要的协议,在可预见的未来仍会如此,正因为这样,许多研究仅关注 TCP 协议和 IP 协议。

这是因为因特网中几种广泛的应用层协议,例如,HTTP、SMTP、FTP、Telnet 都是封装在 TCP 协议中传输的。另外,1997 年以来,P2P 网络计算模式开始广泛应用,又导致 TCP 流量迅速增加。

4.4.3 网络流量边界分析

网络设计开始之前,需要对网络用户现有网络流量特征或用户应用需求有深入的了解,通过了解和分析,判断用户的需求目标是否符合实际,网络中哪些地方可能存在瓶颈,影响网络性能的地方会有哪些,网络中的接口数量,以及网络链路的容量是否可以满足需求,网络设备的选型如何确定。逐步勾勒出较清晰的网络设计蓝图。

分析和确定当前网络通信量和未来网络容量需求的方法是:参考因特网流量当前的特征;需要通过基线(Baseline)网络来确定通信数量和容量;需要估算网络流量及预测通信增长量的实际操作方法;参数的估算无疑为网络设计提供了依据。分析网络通信特征的步骤包括绘制网络结构图,确定企业网子网边界,把网络分成几个易于分析的管理域;确定域内的网络设备;分析流量特征,确定流量基线。

确定网络流量的边界的具体做法是,将企业网以工作组的方式分成若干个区域,这种划分可以与企业网的管理等级结构是一致的。例如,可以采用与行政管理一致的分层结构。但在多数情况下,网络应用是跨部门使用的,许多企业采用模块管理,组建虚拟工作组通过协作完成某个项目,有些时候,按网络应用和网络协议的使用的工作组来描述边界比按行政部门描述更贴近实际应用。

之后在网络结构图上标注出工作组和数据存储方式的情况,从而定性地分析出网络流量的分布情况。然后找出逻辑网络边界和物理网络边界,进而找出易于管理的域来。

这里涉及逻辑边界和物理边界两个概念,其中逻辑边界能够用一个或一组特定的应用程序的客户群或者虚拟局域网确定的工作组来区分。物理边界可通过逐个连接来确定一个物理工作组。通过网络边界可以很容易地分割网络。

绘制完结构图、确定好流量边界后,就可以分析网络流量特征了。首先要分析产生流量的应用特点和分布情况,因而需要搞清现有应用及新应用的用户组和数据存储方式。

在确定网络流量边界的过程中,需要编制两个表:工作组基本情况表和数据存储方式表。工作组基本情况表的表项主要包括工作组名称、用户数量、所处位置、使用的应用。数据存储方式表的表项主要包括存储类型、位置、应用程序内容、使用的工作组。

4.4.4 网络流量特征分析

根据不同通信方式的特点来研究不同方式的流量，以便为网络设计提供基线。不同的网络流量类型主要包括客户/服务器方式、对等通信方式、服务器/服务器方式、分布式计算方式、终端/主机方式。接下来要估计每个应用的通信负载，尽可能精确地估计出应用的负载。然后就可以估算主干网或广域网上的流量了。

刻画网络流量特征包括：辨别网络通信的源点和目的地，分析源点和目的地之间数据传输的方向和对称性。在某些应用中，流量是双向的且对称的；在另一些应用中，流量是双向非对称的，例如，在客户机/服务器模式中，通信流量是双向非对称的，客户机发送少量的查询数据，而服务器则发送大量的数据。而在广播式网络应用中，通信流量是单向非对称的。

网络流量测量可以给网络设计提供的帮助包括：了解现有网络的行为，网络性能的鉴别，证实网络服务质量，用户使用网络的属性，网络扩展的计划。

测量现有网络的流量的研究已经积累了许多经验。网络流量测量方式大体可分为两类：一是主动式，它通过主动发送的测试分组序列来测量网络行为；二是被动式，它通过被动捕获流经测试点的分组来测量网络行为。

测量的指标主要是时延、吞吐量、丢包率。需要注意的是由于因特网的访问路径具有不对称性，对于往返时延和单向时延有不同的测量方法。

测量精度与系统采用的同步时钟精度密切相关，不同系统采用的同步时钟机制是不同的，例如，可以是网络时间协议(NTP)、GPS系统、专用硬件系统、软件模块。采用不同的同步时钟机制会造成测量精度的差异。

功能简单的网络系统所获得的测量精度会稍差一些，但功能简单的网络系统的可扩充性会更好一些。不应一味地为提高测量精度和指标而使网络系统越来越复杂。

此外，网络系统对安全性的支持很重要，尤其是在进行流量测量时，应保证网络系统的安全。

网络流量测量涉及一个核心概念是通信流(Flow)，它是指对一个呼叫或连接的行为的逻辑对应，流属性(源/目的地址、源/目的端口号、分组计数、字节计数等)具有聚合性质，反映了在起始和停止范围内发生的事件。但是经常的情况是，在要测量网络流量时这个网络还没有建立，这时显然不能使用上面的方法。流量测量完成后，填写网络通信流量表。

因特网中通信流量分类与网络可以支持的计算模式有对应的联系，网络中的计算模式有终端/主机方式(联机终端方式)、客户机/服务器方式、对等方式(P2P)、服务器/服务器方式、分布式计算方式。

估算网络应用的通信负载，需要记录和预测的内容有：应用的性质、每次通信的通信量、传输对象大小、并发数量、每天各种应用的频度。

在进行测量值的估算中，有时不容易得到准确的数值，可以根据不同情况给出假设：应用程序的用户数量等于并发用户的数量；所有应用程序是在同一时间内使用，所计算出来的带宽标识最差情况下的估算值；每个用户可以打开一个流量最大的会话，该会话直到关闭应用时才结束。

更精确地估计应用带宽的需求，涉及应用程序发送的数据对象长度、通信协议开销、程序初始化时引起的附加负载。应用程序对象的近似长度如表 4-3 所示。常用网络协议的开销如表 4-4 所示。

表 4-3 应用程序对象的近似长度

应程序对象	长度(KB)	应程序对象	长度(KB)
终端屏幕	4	图形计算机屏幕	500
电子邮件信息	10	演示文档	2000
Web 文档	50	高分辨率图像	50 000
电子表格	100	多媒体对象	100 000
文字处理文档	200	数据库备份	1 000 000

表 4-4 常用网络协议的开销

网络协议	用到的开销(B)	网络协议	用到的开销(B)
Ethernet v2	18＋8＝26	TCP	20
HDLC	6	IPX	30
IPv4	20		

4.4.5 网络流量分析的例子

计算主干网流量的例子如图 4-3 所示，有 3 个子网。

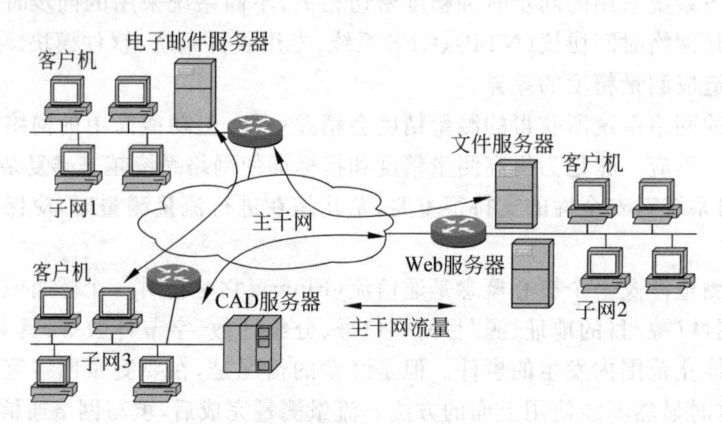

图 4-3 计算主干网流量的例子

主干网的通信负载的流量分布表如表 4-5 所示。

表 4-5 因特网主干网的通信负载的流量分布表

应用	每子网分布率	模拟会话	平均事务大小	总访问容量
电子邮件	33/33/33	150/秒	3KB	4.6Mbps
文件传输	25/25/50	100 文件/小时	4.5MB	560kbps
Web 浏览	50/25/25	200 网页/秒	50KB	10Mbps
CAD 服务器	0/50/50	65/小时	40MB	5.78Mbps

可以计算出电子邮件流量，在子网 1、子网 2、子网 3 的流量分别是 4.6Mbps×0.33=1.2Mbps，主干网络流量是：4.6Mbps×0.66=4.4Mbps。

文件传输的流量，在子网 1、子网 2 的流量分别是 560kbps×0.25=140kbps，子网 3 的流量是 560kbps×0.5=280kbps，主干网络流量是 140kbps+280kbps=420kbps。

Web 浏览网页的流量，子网 1 的流量是 10Mbps×0.5=5Mbps，子网 2、子网 3 的流量分别是 10Mbps×0.25=2.5Mbps，主干网络流量是 5Mbps+2.5Mbps=7.5Mbps。

访问 CAD 服务器的流量，子网 2、子网 3 的流量分别是 5.78Mbps×0.5=2.89Mbps，主干网络流量是 2.89Mbps。

最后，可以计算出主干网的总流量是：

主干网的总流量=4.4Mbps+0.42Mbps+7.5Mbps+2.89Mbps=15.21Mbps

习题

1. IEEE 对需求的定义是什么？
2. 写出网络需求分析的定义。
3. 了解网络用户需求可以从哪些方面着手？
4. 网络设计的目标有哪些？
5. 网络设计人员应收集的需求信息主要包括哪些？
6. 网络需求分析的主要内容有哪些？
7. 网络安全的需求分析涉及的主要内容有哪些？
8. 预测网络需求增长主要方法有哪些？
9. 按网络应用功能分类，可以分为常见功能和特定功能，这两种功能各包括哪些内容？
10. 需求分析中存在的问题有哪些？
11. 网络结构和性能的需求分析主要包括哪些内容？
12. 用户网络业务需求分析主要包括哪些内容？
13. 网络业务约束对网络设计的影响有哪些？
14. 简述预算约束的分析的要点。
15. 简述时间约束的分析的要点。
16. 网络应用目标检查的内容主要有哪些？
17. 网络设计需求分析报告的主要内容有哪些？
18. 网络建设可行性报告的主要内容有哪些？
19. 网络需求分析涉及哪些技术指标？
20. 网络中的时延主要有哪些？哪些时延是应首先考虑到的？哪些时延是可以预先知道的？
21. 什么是网络中的吞吐量和网络负载？吞吐量反映了什么？吞吐量和网络负载之间的关系是什么？
22. 写出网络容量定义的要点。
23. 网络丢包的主要原因是什么？
24. 为什么说网络出现丢包并不能说明网络存在故障？

25. 写出网络延时抖动(Jitter)的要点。

26. 带宽(Bandwidth)与网络可以提供的数据传输率之间有什么联系?

27. 瓶颈带宽和可用带宽有什么不同?

28. 写出网络响应时间(respond time)的要点,什么情况下会引起不良反映?

29. 分别写出利用率和网络效率的要点。

30. 分别写出可用性、可靠性和可恢复性的要点,并说明它们之间的联系。

31. 网络分析的其他技术指标有哪些?

32. 网络技术指标汇总报告的主要内容有哪些?

33. 网络应用技术需求表的表项内容有哪些?

34. 分析网络流量的方法主要有哪些?

35. 写出因特网流量的特征。

36. 写出分析和确定当前网络通信量和未来网络容量需求的基本方法。

37. 写出确定网络流量边界的具体做法。

38. 说明逻辑边界和物理边界两个概念。

39. 在确定网络流量边界的过程中,需要编制哪些表,这些表各包含哪些内容?

40. 刻画网络流量特征包括哪些内容?

41. 网络流量测量可以给网络设计提供哪些帮助?

42. 网络流量测量方式大体可分为几类,各有什么要点?

第 5 章　综合布线系统设计

5.1　综合布线系统概述

5.1.1　综合布线系统的基本概念

综合布线系统是一种跨学科、跨行业的系统工程，布线系统属于信息处理和信息传输的基础设施。网络工程体系框架的基础设施平台层次，与综合布线系统有关，这个层次涉及综合布线设计、网络机房系统和供电系统设计等。综合布线系统也称为结构化布线系统。

综合布线系统构成了智能化建筑的基础，是智能化建筑的神经系统。布线系统的对象是建筑物内的传输网络，包括电话网络、电视网络、计算机网络、传真、监控、消防、照明电线、动力电线。有时把后两项称为强电布线，前五项称为弱电布线。智能建筑的智能功能特性的体现由 5 个部分组成：智能化建筑的系统集成中心（System Integrate Centre，SIC）、综合布线系统（Premises Distribution System，PDS）、办公自动化（Office Automation，OA）、通信自动化（Communication Automation，CA）、楼宇自动化（Building Automation，BA）。

目前所说的综合布线系统还是以通信自动化为主，是智能化建筑的基础。综合布线系统是智能大厦的基础设施。智能大厦具有舒适性、安全性、方便性、经济性和先进性等特点，一般包括中央计算机控制系统、楼宇自动控制系统、办公自动化系统、通信自动化系统、消防自动化系统、保安自动化系统等，它通过对建筑物的 4 个基本要素（结构、系统、服务和管理）及其内在联系最优化的设计，提供一个投资合理、同时又拥有高效率的优雅舒适、便利快捷、高度安全的环境空间。

综合布线系统应能支持话音、图形、图像、数据多媒体、安全监控、传感等各种信息的传输，支持 UTP、光纤、STP、同轴电缆等各种传输介质，支持高速网络的应用。综合布线系统遵循开放的技术标准，依据这些技术标准布线，给用户施工提供了方便，可以在标准化的支持下做到布线部件之间的互换，可以保护用户的投资，容易在应用范围变化时实现升级和迁移。

综合布线技术是对传统布线方式的改进，将建筑物与建筑群中多种配线系统统筹规划，把所有语音、数据、视频信号与控制设备的配线，经过统一的规划设计，综合在一套标准的配线系统内，支持电话、闭路电视、计算机网络等信息设备的应用，解决了以往多种配线互不兼容的问题。对计算机网络设备讲，通过预设的布线连接，在室内相应的位置安装连接联网设备的插座，当联网设备位置改变时，只需接入新位置的插座，仅有可能会根据需要做一些简单的跳线。

综合布线系统作为系统工程，应能够满足综合性的应用。布线系统所采用的结构，通常要根据技术要求、地理环境和用户分布等情况而定，设计的目标是在满足使用的技术指标的情况下，使系统布线合理，造价经济，施工容易、维护方便、可长期使用。

综合布线系统是一套标准的配线系统，应用场合十分广泛，尤其适合智能化建筑或者集中先进技术设备的建筑群体使用。

综合布线系统可以为智能化建筑、商业、企业、学校、政府机关的办公应用环境提供信息传输支持。综合布线系统应用的场合有：智能化建筑的布线系统，这些系统中通常拥有相当数量的先进设备，其通信容量大，自动化程度高；商业贸易类型的布线系统，商务贸易中心，商业大厦等；银行、保险公司、证券公司等金融机构；宾馆、饭店等服务行业；办公类型的布线系统，政府机关、企事业单位、群众团体、公司机关等办公大楼或综合型大厦等。

综合布线设计中应当注意的问题有：电缆弯曲半径（电缆弯曲半径不得低于电缆直径的8倍）、电缆重量、环境温度、应用环境等。

综合布线系统的设计方案不是一成不变的，需要随着应用环境、用户需求的不同有变化。在制定设计方案时应注意的是：尽量满足用户的通信要求；了解建筑物、楼宇间的通信环境；确定合适的布线拓扑结构；选取适用的传输介质；注重开放性，所选布线产品和设备应兼容。布线系统属于基础设施，应保证至少可以使用15年。

5.1.2 综合布线系统具有的特点

综合布线设计时应注重：兼容性、开放性、灵活性、可靠性、先进性和经济性。综合布线系统具有以下特点：

(1) 支持综合布线应用，集语音、数据、图像与监控等设备于一体，提供话音、图形、图像、数据多媒体、安全监控、传感等各种信息传输的通路，支持UTP、光纤、同轴电缆等多种传输介质。

(2) 设备兼容性好、容易维护，增减设备容易方便。将多种终端设备的插头、插座标准化，能够满足不同厂商终端设备的需要。

(3) 可扩展性好，综合布线系统在配线上的扩充性好，以便将来有更大需求时，很容易将设备安装接入，变化设备位置或更改设备类型，只需在配线架上对相关部位跳线即可改变系统组成和功能。

(4) 易于扩容，便于维护，采用模块化设计，易于扩充与重新配置。每一连接节点的线路均与其他线路相互独立，修改或更新配置时不会影响到其他设备。所有的接插件都是积木式的标准件，方便使用、管理和扩充。

(5) 标准化和规范化，采用国内外通用标准，线缆、设备布局规范，并为扩容留有余地，由于实现标准化，可以实现所采用线缆和设备的规模化、批量生产，并为测试设备的研制提供了方便，设备位置的变更不必考虑配线的相容问题。

(6) 开放性支持，采用开放性的综合布线体系结构，提供有厂商和用户认可综合布线模式，具有满足不同用户需求的能力。也为综合布线设计和产品研发提供了开放性支持，能够支持多数厂商的网络产品，支持多种网络结构。

(7) 经济性支持，一次性投资，长期使用，使得维护费用低，整体投资达到最少。

综合布线技术标准的目标是：规范一个通用的语音、视频和数据综合应用的传输布线标准，支持多业务、多设备、多用户环境；为服务于商业的电信设备、计算机设备，以及多媒体传输的布线产品的设计提供依据；指导商业建筑中的结构化布线的规划和安装；为各种类型的线缆、连接器（件），以及布线系统的设计和安装提供性能指标和技术标准。

综合布线系统采用开放式星型拓扑结构，满足数据、电话、电视、视频监控等多媒体业务的需要，支持双绞线、光纤、同轴电缆等多种传输介质，支持高速网络应用。需要说明的是综合布线系统的工作范围，综合布线系统目前的侧重点是计算机网络系统布线，目前能综合各种弱电信号的综合布线系统越来越得到人们的重视，建筑物的综合布线设计已经成为信息基础设施建设的重要环节。

5.1.3 综合布线系统的标准

综合布线标准涉及的内容有传输介质、拓扑结构、布线距离、用户接口、线缆规格、连接件性能、安装程序等。要求布线系统的使用寿命至少为 15 年。

1985 年初，计算机工业协会(CCIA)提出对建筑物布线系统标准化的建议，美国电子工业协会(EIA)和美国电信工业协会(TIA)开始布线系统的标准化制定工作。

1991 年 7 月制定出 EIA/TIA 568，为建筑物电信布线标准。与布线通道及空间、管理、电缆性能及连接硬件性能等相关的标准也同时推出。

1995 年底，EIA/TIA 568 标准更新为 EIA/TIA 568A 和 EIA/TIA 568B，国际标准化组织 ISO 给出相对应的标准 ISO/IEC/IS 11801。

布线系统标准包括的内容有：

(1) 办公环境中综合布线的最低要求。

(2) 拓扑结构和距离。

(3) 传输介质标准及其参数。

(4) 连接器和引脚功能分配，以及兼容性和互通性。

目前已经出台了许多国际标准、国内标准和行业标准，用于综合布线系统的设计和施工，与综合布线系统有关的国际标准有：

(1) ISO/IEC 11801。建筑物通用布线标准。

(2) EIA/TIA 568。商业建筑电信布线标准。

(3) EIA/TIA 569。民用建筑通信信道和空间标准。

(4) EIA/TIA 570。住宅及小型商业区综合布线标准。

(5) EIA/TIA 606。商业、民用建筑建通信管理标准。

(6) EIA/TIA 607。商业、民用建筑建通信接地标准。

① TIA/EIA-TSB-36。非屏蔽双绞线电缆的规格。

② TIA/EIA-TSB-40。非屏蔽双绞线连接件传输技术要求参数。

(7) EIA/TIA TSB-67。非屏蔽双绞线系统传输性能测试验收规范。

(8) EIA/TIA TSB-72。集中式光纤布线规则。

(9) EIA/TIA TSB-75。开放型办公室水平布线附加标准。

(10) EN 50167\50168\50169。欧洲建筑物水平布线、跳线与终端连接、垂直布线标准。

(11) EN 50173。欧洲建筑物布线标准。

(12) IEEE 802.3。系列标准规范。

与综合布线系统有关的中国国家标准有：

(1) GBJ 79-1985。工业企业通信接地设计规范。

(2) GB 2887-1989。计算站场地技术条件。

(3) JGJ/T 16-1992。民用建筑电气设计规范。

(4) GB 50174-1993。电子计算机机房设计规范。

(5) GB 9254-1998。信息技术设备的无线电干扰极限值和测量方法。

(6) GB/T 50311-2007。建筑与建筑群综合布线系统工程设计规范。

(7) GB/T 50312-2007。建筑与建筑群综合布线系统工程施工和验收规范。

(8) GB/T 50314-2007。智能建筑设计标准。

(9) YD/T926.1～3-2001。大楼通信综合布线系统，邮电部于2001年颁布的通信行业标准。

其中，GB/T 50311-2000是在2000年2月，由中国国家质量技术监督局、中华人民共和国建设部联合颁布的国家标准，规定从2000年8月份开始实施。GB是中国国家标准的缩写。

综合布线系统设计主要步骤如下：

(1) 获取或绘制用户建筑群平面图。

(2) 分析用户需求，生成信息点安装位置清单。

(3) 建筑群布线路由设计，主建筑布线路由设计，绘制布线施工图。

(4) 编制布线材料清单。

综合布线设计中应考虑的问题如下：

(1) 用户的位置及他们之间的最长距离。

(2) 用户位置发生变化的概率。

(3) 交换机与信息节点之间的最大距离。

(4) 电缆走线的限制和电缆弯曲半径的限制。

(5) 设备间、电缆井、天花板等的可用空间。

综合布线的配线架上和线缆上应粘贴用作标识的标签。所有使用的标签应通过专用机器打印，把连接标识打印在粘贴性的标签上，并用防水薄膜覆盖。

所有配线架都用标签给以标识，所有插座端口须用固定的标签加以标识，所有的配线及跳线都予以标识并单独编号。应给所有的机柜/配线架/信息端口用标签予以标识，标签的标识格式应遵循 EIA/TIA 606技术标准。

5.1.4 综合布线系统的组成

综合布线系统的组成结构要遵从国家标准，以及国际标准化组织/国际电工委员会的有关标准规定。有些标准以一个建筑群为设计单元，有的是以一幢建筑物为设计单元。

综合布线系统的连接部件主要包括配线架、各种线缆(双绞线、同轴电缆、光缆)接续设备、各种传输介质的连接器、中继器、集线器、交换机等网络设备。

综合布线系统采用星型拓扑结构，结构下的每个分支子系统是相对独立的单元，对每个分支单元系统的改动不会影响其他子系统。

以一个建筑群为单元的综合布线系统为例，其组成分为6个子系统：工作区(终端)子系统、水平布线子系统、垂直布线子系统、管理子系统、设备间子系统、建筑群子系统。综合布线系统的组成结构如图5-1所示。

1. 工作区子系统

工作区子系统包括办公室、作业间等需要电话、计算机等设备的区域。

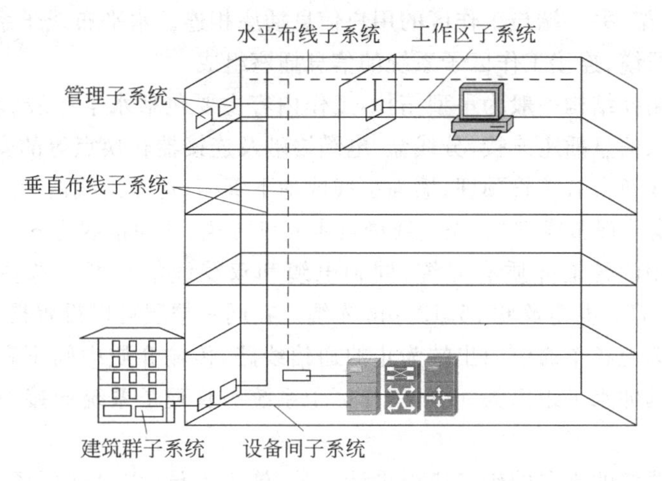

图 5-1 综合布线系统的组成结构

工作区布线是由终端设备到信息插座的连线组成,即由从通信的引出端到终端设备之间的连接线组成。工作区子系统主要包括:与用户设备连接的各种信息插座和相关配件,例如,信息模块、网络适配器、连接器、非屏蔽双绞线的 RJ-45 插座、RJ-11 电话连接插座、图像信息连接插座,以及连接这些插座与终端设备之间的连接跳线和扩展连接线等;各种终端设备,例如,计算机、电话机、传真机、电视机、仪器仪表、传感器、监控器等。

工作区布线要求相对简单,布线通常属于非永久性的,可以根据用户的需要随时移动、增加或改变,既便于连接也易于管理。布线需要的配件种类、规格和数量视应用需求而定。

工作区子系统设计的等级可以是基本型、增强型、综合型。目前多采用增强型设计,可以支持语音点和数据点(信息点)互换。

在设计时需要注意的是:信息插座距离地面的位置应在 30cm 以上;信息插座与计算机等设备的距离应被保持在 5m 以内;网卡的接口类型应与线缆的类型保持一致;每一个工作区至少应配置一个单相三线的 220V 交流电源插座。

与信息插座配套的是信息模块,信息模块是安装在信息插座中的,一般是通过卡位来实现固定。工作区中信息点的数量可以依据网络设计需求分析中的要求进行估算。

信息点有两种配置方法,基本型配置:$9m^2$ 一个信息插座(数据或语音)。增强型配置:$9m^2$ 两个信息插座(1 个数据,1 个语音)。例如,一幢大楼建筑面积为 $20\,000m^2$,则实用面积可以按 75%估算为 $15\,000m^2$,并按每 $9m^2$ 有两个数据接口估算,整幢大楼的信息点数约为 3000 个。

所需 RJ-45 插头(水晶头)数量的计算方法是:$m=n\times4+n\times4\times15\%$。其中,$m$ 表示 RJ-45 插头总需求量,n 表示信息点的数量,一个信息点按 4 个 RJ-45 插头考虑,并需要留有 15%的冗余量。

所需信息模块数量的计算方法是:$m=n+n\times3\%$。其中,m 表示信息模块的总需求量,n 表示信息点的数量,需要留有 3%的冗余量。

2. 水平布线子系统

水平布线子系统包括楼层水平线缆或光缆、桥架、预埋管道、信息插座等。

水平布线子系统覆盖建筑物的一个平面楼层,它一端来自垂直干线的楼层配线间(即管理子系统)的配线架,另一端与工作区的用户信息插座相连。水平布线子系统由楼层配线设备、配线架、连接线缆,连接工作区子系统的信息插座组成。

水平布线的拓扑结构一般为星型拓扑,工作内容主要包括水平布线、水平跳线架、水平线缆、线缆出入口、信息插座连接、分线盒、电缆终端及连接器转换点等的安装和配置。水平布线子系统的布线通常有暗管预埋、墙面引线或地下管槽、地面出线两种。水平布线一般采用三种类型:直线管理布线方式、先走线槽再走支管方式、地面槽线方式。

水平布线采用的传输介质有光缆、同轴电缆和双绞线等。可以选择的介质有 100 Ω UTP 电缆、150Ω STP 电缆及 62.5/125μm 光缆。在同一楼层可以设置楼层配线架,该子系统是由楼层配线架至各个通信引出端为止的通信线路,传输介质中间不宜有转接点。水平布线最远的连接延伸水平距离为 90m,工作区子系统与管理子系统的接插线和跨接线电缆的总长可达 10m。

水平布线时线路的走向的确定应由设计人员、施工人员、用户到现场实地勘察,依据建筑物的物理位置和信息点的布局,以及施工难易程度来考虑,做出取舍。

水平布线时,对于非屏蔽的电源电缆与信息电缆并线的最小间隔距离为 10cm。在信息点(工作站)的信息口或间隔点,电源电缆与信息电缆的距离最小应为 5cm。打吊杆走线槽时,间距 1m 左右一对吊杆,吊杆的根数总量应为水平干线的长度(m)的两倍。使用托架走线槽时,间距 1~1.5m 之间安装一个托架,托架的需求总量应为水平干线的长度(m)。

水平布线所需线缆的用线量计算方法是:总长度=所需总长+所需总长×10%+n×6,其中,n 为布线条数,留有 10%的冗余量,n×6 为端接容差。

布线线槽或暗管的计算方法是,暗管或线槽的横截面积必须大于线缆横截面积之和的 3 倍。

3. 垂直布线子系统

垂直布线子系统由连接主配线间(MDF)与中间配线间(IDF)之间的干线光缆及大对数电缆组成。主配线间一般安排在中心机房。楼层信息点较少时,垂直干线电缆宜采用分支递减的连接方式。楼层信息点较多时,垂直干线电缆宜采用点对点连接方式。

垂直布线子系统也称为干线子系统,是高层建筑垂直连接的各种传输介质的组合,它将各个楼层的水平布线子系统连接起来,在多层高建筑或二层以上的低建筑中,构成垂直子系统连接。

垂直布线子系统的任务是通过贯穿建筑物楼层的垂直线缆,把各个楼层管理间(交接间、配线间)的线缆连接到设备间,其基本拓扑结构为星型。

垂直布线子系统采用的传输介质主要是光缆、大对数电缆或双绞线。传输介质安装在沿着贯穿建筑物各个楼层的竖井之内,垂直竖井在每个楼层有连接水平子系统的分支房间,这个房间通常称为管理子系统。

垂直布线子系统涉及主跳线架、中间跳线架、建筑外主干电缆、建筑内主干电缆等。连接通信控制室、设备间和建筑物出入口设备。通过垂直连接系统可将各个楼层的水平布线子系统连接起来,它是结构化布线的骨干部分。接地应符合 EIA/TIA 607 规定的要求。

垂直布线子系统的线缆不能放在电梯、强电、供电、供水、供暖等竖井中。光缆需要拐弯时,其曲率半径不能小于 30cm。线缆的两端应加标签标识。

垂直布线子系统的垂直通道有两种方式:线缆孔、线缆竖井。建议采用线缆竖井方式,与之相连的水平通道建议选择预埋暗管或线缆桥架方式。

楼层配线间上下对齐，一般采用线缆孔方式。线缆孔是一个很短的管道，通常由直径10cm的钢质金属管做成，被嵌入混凝土楼板层中，金属管的长度应比楼层地面高出2.5～10cm。线缆捆绑在钢绳上，钢绳用铆钉固定在墙上的金属条上面。

线缆竖井是在每层楼板上开出垂直的方孔，方孔的尺寸大小依据通过的线缆数量确定，线缆也是被捆绑在钢绳上。钢绳固定在用铆钉固定在墙上的金属条上面，或固定在楼层地面上的三脚架上。线缆竖井提供线缆安装的灵活性，离线缆竖井很近的金属支架上可以支持多根不同的线缆。

4. 管理子系统

管理子系统设计涉及布线设备——机柜、双绞线配线架、光纤跳线架等；网络材料——光缆、尾纤、双绞线、跳线、大对数电缆等；网络设备——语音主干采用110型卡接式配线架。

管理子系统设置在配线设备的房间内，由各个楼层的配线架实现垂直子系统与水平布线子系统之间的连接。管理子系统也称配线系统，它就像一个楼层调度室，由它来灵活调整一层中各个房间的设备移动和网络拓扑结构的变更。管理子系统由管理间（包括中间交接间、二级交接间）的配线架、各层的交连、输入/输出（I/O）设备组成。管理子系统常用的设备包括双绞线配线架或跳线板、光缆配线架或跳线系统，除此之外还有一些集线器、适配器和光缆的光电转换设备等。

管理子系统有连接多个子系统的配线架，用于垂直子系统和水平布线子系统之间的连接，包括水平和主干布线系统的双绞线跳线架、光纤跳线架、装有配线架的机柜，以及必要的网络连接设备，例如适配器、集线器和交换机等。在调整和移动设备、改变网络拓扑结构时，只要调整管理子系统的交接、改变跳线方式即可，不需要重新布线，体现了综合布线系统的灵活性。

管理子系统提供了与其他子系统连接的手段，把整个布线系统及用到的连接设备、器件、线缆构成一个有机的整体。确定管理间的数量时，应从所服务的楼层范围考虑，若配线线缆的长度都在90m的范围以内时，可以设置一个管理间，若超出这个范围，可以考虑增设管理间，管理间之间应设置干线通道。

管理子系统的交接有三种方式：单点管理单交接、单点管理双交接、双点管理双交接。建议采用单点管理双交接。单点管理位于设备间里的交换设备或互连设备附近。交接设备跳线连接方式有卡接式接线方法；插接式接线方法。前者适用相对稳定，不经常移位、重组的线缆和线路，后者适用经常移位、重组的线路。

所需配线架数量的计算方法是：配线架的数量＝I/O总数÷每个配线架端节点线路数。

5. 设备间子系统

设备间子系统也称为中心机房，或IDC。中心机房主要用于安装网络设备、电信设备、有线电视设备、安全监控设备、综合布线设备等。设备间应按机房国家标准建设。

设备间子系统是在一幢建筑物中的适当位置，集中安装大型通信设备、主机、网络服务器、网络互连设备和配线接续设备，进行网络管理的场所。设备间也就是布线系统的监管中心，设备间子系统是整个建筑物的信息汇聚点、网络信息系统的出入口，需要提供良好的机房环境，在这里监视、管理建筑物内整个网络系统。设备间子系统所连接的设备主要是服务的提供者，并包含大量的与用户连接的端子。该机房担负户外系统与户内系统的汇合，同时集中了所有系统的传输介质、公用设备和配线接续设备等。

设备间子系统位置通常选择在一幢楼的中部楼层，以便于垂直、水平布线子系统连接，满足电磁环境要求。系统的位置选择需要考虑到与垂直子系统、水平布线子系统连接是否方便，还要考虑到对抗电磁干扰的要求。

设备间应尽可能靠近建筑物弱电线缆引入区和网络接口的位置，为便于搬运网络设备，设备间应靠近电梯位置。设备间室内机架或机柜前面的空间距离不小于 80cm，后面的空间距离不小于 60cm。壁挂式配线设备底部距离地面不应小于 30cm。

EIA/TIA 569 标准规定了设备间子系统的布线规范。在设计设备间时需要考虑的内容有房间最低高度、房间面积、地板承载负荷、设备接地要求、线缆走向等。设备间子系统是布线系统的中枢，影响到结构化布线的投资、施工安装与维护等。设备间（机房）供电要求严格，通常必须配备不间断电源（UPS）。

6. 建筑群子系统

建筑群子系统的作用就是将一个建筑物中的线缆延伸到建筑群中其他建筑物的通信设备和装置上。提供各幢建筑物之间的通信线路，以及建筑物外部与建筑物内部布线系统的连接点。进入建筑物内部的连接直接进入设备间子系统。

EIA/TIA 569 标准规定了网络接口的物理规格，实现建筑群之间的连接要求。包括支持建筑物之间通信所需的硬件，例如各种线缆、避雷设备等。

建筑群子系统采用的传输介质有光缆、同轴电缆或双绞线。具体采用哪种传输介质，应根据网络的规模、通信的传输距离和用户的容量而确定，通常优先考虑采用光缆。

对应现有的建筑物，需要确定各个入口管道的位置，可以使用的入口管道数。若入口管道数不够，确定需要增加多少，或在重新布置线缆时可以腾出多少入口管道。对于新的建筑物，应依据技术标准设计新的综合布线系统，标识出入口管道的位置。同时确定主线缆路由和备用线缆路由。

建筑群子系统的布线通常有通过地下管道布线和架空布线两种方式。通常有四种施工方法：架空线缆布线、直埋线缆布线、管道内线缆布线、隧道内线缆布线。可以利用建筑物之间的地下供暖、供水通道。建筑群子系统四种布线方法的比较如表 5-1 所示。

表 5-1　建筑群子系统四种布线方法的比较

布线方法	优　点	缺　点
架空	利用原有的电线杆，成本低	不提供机械保护，灵活性、安全性差，影响建筑物美观
直埋	提供某种程度机构保护，保持建筑物外貌	挖沟成本高，难以安排线缆的铺设位置，难以更换和加固
管道内	提供最佳的保护，电缆的铺设、扩充和加固方便容易，保持建筑物外貌	挖沟、铺管道成本很高
隧道内	若原来有隧道，则成本最低，提供安全，保持建筑物外貌	隧道内的热量或泄漏的热水会对线缆有影响

以上各子系统按模块化设计，可以保护已有的布线设施，使其具有很好的扩充性。各子系统有机地结合在一起，构成一个完整的、开放的布线系统，综合布线系统基本上覆盖了一个楼宇或一个建筑群的所有弱电系统。

5.2 综合布线系统的工程设计

5.2.1 综合布线设计的内容

综合布线系统包括建筑物综合布线系统（PDS）、智能大厦布线系统（IBS）、工业布线系统（IDS）。PDS是一种能够支持话音、数据通信、安全监控、传感器信号传输、多媒体信息传输和高速网络传输的系统，在讨论网络工程时主要涉及PDS。对PDS的基本要求是标准化、实用性、开放性、结构化、先进性。

综合布线设计的主要内容包括：

(1) 评估用户的通信要求和对计算机网络的要求。

(2) 实地勘察建筑群或建筑物的地理环境。

(3) 根据网络的通信类型、地理环境、用户容量和拓扑结构来确定选择什么样的传输介质。

(4) 确定配线接续设备的规格与设备的位置。

(5) 依照综合布线系统的结构和布线工程的布局，为整个网络系统绘出结构化布线的蓝图。

(6) 进行综合布线工程造价预算。

对网络工程通信的布线要求有：

(1) 每个工作区（5～10m^2）至少有一个双孔或多孔8芯的信息插座。

(2) 特殊工作区可采用多插孔的双介质混合型信息插孔，或增加信息插座。

(3) 采用压接式跳线或插接式快速跳线的交叉连接硬件。

(4) 配线子系统采用5类非屏蔽双绞线、5类屏蔽双绞线、超5类双绞线、光纤或混合组网。

(5) 干线采用铜缆和光缆混合组网或全部采用光缆组网。

(6) 每个工作区对应信息插孔均有独立的水平布线电缆引至楼层配线架。

布线距离的基本参数如表5-2所示。

表5-2 布线距离的基本参数

布线位置	光纤(m)	屏蔽双绞线(m)	非屏蔽双绞线(m)
建筑群(楼栋到楼栋)	2000	800	700
主干(设备间到配线间)	2000	800	700
配线间到工作区信息插座		90	90
信息插座到网卡		10	10

5.2.2 综合布线系统的部件

综合布线系统中所需要的设备和部件很多，大体上划分为传输介质、传输介质之间的连接部件、配线接续设备等几类。选用布线部件时，主要考虑的应是标准化和开放性，部件的互换性、容易安装是最重要的，同时应选用正规厂商的规范、合格的产品，因为布线系统关乎“百年大计”，是需要长期使用的，可靠性和安全性是要保证的。

传输介质是连接网络各个站点的物理通道。这里指的是有线传输介质，提供可靠的物理通道是信息能够正确、快速传递的前提，采用的传输介质为双绞线、同轴电缆、光缆。目前使用最多的是双绞线、光缆。

(1) 双绞线连接设备。双绞线布线系统中的连接部件主要是 RJ-45，除此之外就是用户的信息接插座或叫通信引出端子，由此以便与终端设备相连接。

(2) 同轴电缆连接设备。同轴电缆布线中所需要的连接部件比较多。如 N 系列和 BNC 系列。随着以太网技术的发展，双绞线上的数据传输率可以达到 100Mbps～1Gbps，甚至更高。在计算机组网中，同轴电缆已经不再使用。较多使用的是 CATV 同轴电缆，用在有线电视网络中。

(3) 光缆连接设备。光缆布线中所需要的连接设备有光缆配线架、光纤连接器和光电转换器等设备。

(4) 光电转换器件。用于实现电信号与光信号之间的转换。有些光电转换器件已经嵌入到交换机、路由器等网络设备中，提供电接口或光接口。在干线连接上，也有单独的光电转换设备，用来连接电缆和光缆。

(5) 配线架。由各种各样的跳线板与跳线组成，能够方便地调整各个区域内的线路连接关系，当需要调整布线系统时，通过配线架系统的跳线重新配置布线的连接顺序。为了操作方便，线缆配线架大多都采用无焊接的连接方法。

(6) 跳线用于终端设备与网络设备之间的连接。跳线的种类很多，如光纤跳线、电缆跳线等。

5.2.3 综合布线系统设计原则

对布线系统的要求是布线距离尽量短而整齐，排列有序。具体的方式有“田”字形和“井”字形两种：“田”字形较适用于环形布局，“井”字形较适用于纵横式布局。布线的位置可安排在地板下，也可吊顶安装。综合布线设计原则涉及实用性、性价比、灵活性、扩充性、距离限制、容易管理等。

(1) 实用性原则。布线系统是网络建设最基础的部分，应一次性充分铺足，选择质量最好的线缆和连接设备，应满足用户现在和未来 10～15 年内对通信线路的要求。

(2) 性价比原则。选择的线缆、接插件、其他设备应具有良好的物理和电气性能，而且价格适中。光纤优先作为传输介质的选择，网络主干和垂直布线系统采用光纤，支持 1Gbps，使在数年内处于先进水平，在室内采用 UTP-5 以上规格的双绞线。

(3) 灵活性原则。做到信息插口布局合理，网络连接设备和线缆连接器支持开放性、标准化，支持即插即用。

(4) 扩充性原则。适当冗余，布线系统不能随意添加或删除，一般预留 30%的冗余线路。尽可能采用易于扩展的设计结构和线缆接插件。

(5) 遵循最长距离限制的规范。在可能的情况下，线缆要尽量短，一方面节约材料，另一方面有利于信号的传播，减少信号的传播时延。

(6) 容易管理原则。布线设计、线缆连接应有统一标识，方便配线、跳线。布线设计、施工的技术档案规范和完整。需要将综合布线系统测试验收报告和有关技术文档汇总并归档，包括信息点配置表、配线架对照表、结构化布线系统走向图等。

5.2.4 综合布线行业惯例

综合布线系统设计和安装时可能涉及许多行业惯例，这些行业惯例是人们对布线施工经验的总结，对布线设计和保证布线施工质量很有帮助，可以视具体情况参考和查用。

色彩在综合布线工程设计、施工和使用维护中具有重要的标识作用，这是因为人们对色彩和图形的敏感程度高于符号、文字和数码。基于这一特性，人们想到，可以在设备间、管理间、配线间等位置设置一些醒目的色标，通过这些色标可以清晰地区分不同的功能区域。

通常的综合布线行业惯例中，色彩的用法例子是：绿色代表"绿色场区"，连接至公用网络。紫色代表"紫色场区"，通过"灰色场区"接至设备间，再通过配线架连接到"白色场区"至干线子系统，再由干线子系统分线接入"蓝色场区"，即配线子系统，最终接入工作区（工作区同样属于"蓝色场区"）的信息插座。设备间的另一端则通过"棕色场区"接至建筑群子系统，将线缆引至另一幢建筑物。

为了布线和施工方便，通常相关的色区相邻放置，连接块与相关的色区相对应，相关色区与接插线相对应。在一般情况下，这些鲜艳的色彩作为各区，特别是设备间、管理及配线间的配线架标签的底色，或用于跳接线的标签的底色。

在布线设计和施工中经常要考虑不同线缆相遇时的处理方法，例如，不属于同一个工程的线缆，以及布线中的不同线缆相遇时。从理论上讲，在同一综合布线系统工程中，各种线缆交叉走线的情况是很少的，但是施工时可能会遇到一些特例。如果出现这样的特例，通常的做法是：相互平行的线缆走线时，电源线缆一般位于信息线缆的上部；出现电源线缆与信息线缆相交叉时，尽量采用垂直交叉走线，并符合最小交叉净距要求，且通常是将电源线缆"绕道而行"。

5.2.5 综合布线系统的屏蔽问题

中国基本上采用北美的结构化布线策略，即使用无屏蔽双绞线加光纤的混合布线方式。

屏蔽系统是为了保证系统不受或少受干扰。抗干扰性能包括两个方面：一是系统抵御外来电磁干扰的能力；二是系统本身向外辐射电磁干扰的能力。对于后者，欧洲通过了电磁兼容性测试标准 EMC 规范。实现屏蔽的一般方法是，在连接硬件外层包上金属屏蔽层，以滤除不必要的电磁波。现已有 STP 及 SCTP 两种不同结构的屏蔽双绞线供选择。

屏蔽设计时需要考虑的主要问题有 3 个：

(1) 接地问题，屏蔽系统的屏蔽层应该接地。在频率低于 1 MHz 时，一点接地即可。当频率高于 1 MHz 时，EMC 规范建议在多个位置接地。通常的做法是在每隔波长十分之一的长度处接地，且接地线的长度应小于波长的 1/12。如果接地不良，如接地电阻过大、接地电位不均衡等，会产生电势差，这将会构成障碍和隐患。

(2) 系统整体性，屏蔽电缆不能决定系统的整体 EMC 性能。屏蔽系统的整体性取决于系统中最弱的元器件，如跳接面板和连接器信息口等设备。因此，在屏蔽线安装过程中应避免出现隙缝，避免构成子屏蔽系统中最危险的环节。

(3) 屏蔽系统的屏蔽层并不能抵御频率较低的噪声，在低频时，屏蔽系统的噪声至少与非屏蔽系统一样。这也是一般很少采用屏蔽双绞线的原因。

5.2.6 综合布线系统的测试和验收

综合布线系统的测试和验收通常是用户委托第三方服务商进行，之所以通过第三方，是为了保证独立性和公正性。通过测试和验收可以确定工程是否达到了原来设计的目标、工程质量是否符合要求、施工是否按规范进行等。测试和验收决定着用户对工程施工的认可。

综合布线系统的测试主要是对线缆和布线系统的网络连接硬件进行测试，从工程角度来说通常分为两类：验证测试和鉴别测试。验证测试是测试线缆安装的基本情况，例如有无开路、短路，以及非屏蔽双绞线、RJ-45 连接器的连接是否符合标准。鉴别测试是验证布线系统是否符合有关标准的测试，例如，测试电气特性是否到达设计要求等。

综合布线系统测试的内容通常包括线缆长度、特性阻抗、噪声、衰减、近端串扰。

综合布线系统的测试工具分为两大类：一类是线缆检测工具，用于验证测试，这类工具有 TEST ALL IV 检测仪和 Fluke 620 检测仪；另一类是线缆测试工具，用于鉴别测试，这类工具有 DSP 100 数字式测试仪、TEST ALL 25 测试仪和 938 系列光缆测试仪等。

也可以通过计算机管理软件对综合布线系统进行测试，计算机管理和测试软件应能随时记录各种硬件设施的工作状态信息，能显示楼层平面图、所有硬件、设备间的位置、配线子系统和干线子系统的元件位置。

例如，对传输介质的测试，双绞线的测试内容有：接线图测试和线缆长度测试，主要测试水平线缆连接工作区信息插座，以及配线设备接插件连接是否正确。特性阻抗、线缆间的近端串扰和信号衰减值是否符合要求；信噪比表示近端串扰与衰减在某一频率上的差值，是否符合要求；回波损耗表示因阻抗不匹配而导致的部分传输信号的能量反射，是否符合要求。

光纤测试的主要参数是光功率损耗，与光纤接头有关，光纤测试的主要内容有光纤的连续性、光纤的输入/输出功率、光纤功率的损耗和衰减。

测试与验收应依据综合布线有关技术标准，以及工程实施中的有关技术文档。这些标准和文档包括：网络用户与系统集成商（施工方）签订的合同书，以及补充的相关协议；工程招标文件；设计与施工方案；有关验收的国家和国际标准；相关厂商产品施工规范说明。

综合布线系统测试和验收工作的过程如下：

(1) 准备工作，验收方对工程项目进行实地考察，了解项目情况，写出"工程验收实地考察报告"；验收方与委托方协商制定"验收计划书"，内容主要有测试日程、测试大纲，书面通知施工方提交工程竣工文档，审核工程竣工文档；

(2) 现场验收和测试，分为物理验收和文档验收，物理验收的时间可以是在施工过程中和竣工后。物理验收主要是依据技术标准和施工文档，对综合布线的几个子系统进行检查和测试，例如信息插座是否按规范进行安装、线槽走向是否合理、布线是否规范美观等。

(3) 召开验收、鉴定会议，对工程施工做出评价，颁发工程竣工验收证书，鉴定小组写出鉴定报告书，将所有鉴定、验收文档归档。鉴定时需要的资料文档有综合布线工程建设报告、综合布线工程测试报告、综合布线工程资料审查报告、综合布线工程用户意见、综合布线工程验收报告、其他佐证资料等。

5.3 网络机房设计

5.3.1 机房设计的主要内容

网络机房也称为设备间，网络机房环境系统、配电系统、接地系统是网络机房设计的主要内容。需要依据有关建设标准，在开放性、可用性、安全性、可靠性、性价比等方面综合考虑。

网络机房设计内容涉及机房位置的选择、机房面积的确定、机房地面设计、机房墙面设计、机房顶棚设计、机房门窗设计、机房照明设计、机房的环境设计、机房的卫生环境、机房温度和湿度的环境、系统防电磁辐射的环境、机房设备的位置、机房电源设计、机房接地设计等。

在网络机房设计时，主要考虑的是位置、面积、装饰和照明等。机房位置的选址，通常选择在高层大楼的中层为宜。机房面积的确定方法是，通常网络机房面积应为设备占用面积的5～7倍。计算机网络系统机房装饰设计，主要是机房地面、机房墙面、机房顶棚、机房门窗、机房照明。机房照明设计，要求光线均匀分布，光线不能直射到设备上。国家标准规定，机房在离地面0.8m处的照明度应为150～200勒克斯。

5.3.2 机房环境设计

1. 机房环境要求

机房内放置有高精密的网络设备，并且设备之间的连接线、网络系统的接插件数量很多，网络设备的耗电量也很大，对机房环境的设计要求较高。通常需要考虑的因素有电源、灰尘、温度与湿度、腐蚀、电磁干扰、电源、接地等，这些也是造成计算机网络系统发生故障的主要环境因素。

例如，对于网络设备中的集成电路芯片来讲，随着芯片集成度的提高，引脚数也增多，若机房灰尘过多，会在芯片引脚之间，印刷电路板引线之间产生漏电流，也会引起引脚和引线的腐蚀，造成开路、短路故障，尤其在潮湿季节会加大芯片的负荷，致使芯片老化或损坏。

机房对温度和湿度有一定的要求，按照国家标准规定，机房的温度在正常工作时应保持在15～30℃，停机时应保持在5～35℃。对相对湿度也有一定的要求，国家标准规定机房内的相对湿度应保持在20%～80%之间。相对湿度过高，会引起芯片引脚之间漏电流增大，引起接触不良。相对湿度过低，容易产生静电感应，造成对设备的静电干扰，严重时会损坏设备上的芯片。

2. 温度和湿度的指标

一般把温度和湿度分为A、B、C三个等级，温度和湿度的具体指标如表5-3所示。

表5-3 温度和湿度的具体指标

指标项目	A级		B级	C级
	夏季	冬季		
温度(℃)	22±4	18±4	12～30	8～35
相对湿度	40%～60%	35%～37%	35～80	35～80
温度变化率(度/每小时)	＜5应不凝露	＞0.5应不凝露	＜15应不凝露	

3. 对尘埃的限制

机房对尘埃的限制如表5-4所示。这里的灰尘粒子应是不导电的、非铁磁性的和非腐蚀性的。

表5-4 机房对尘埃的限制

灰尘颗粒的最大直径(μm)	0.5	1	3	5
灰尘颗粒的最大浓度(粒子数/m^2)	1.4×10^7	7×10^5	2.4×10^5	1.3×10^5

4. 供电电源的技术参数

机房的供电电源的技术参数是：电压为380V/220V，频率为50Hz，相数为三相五线制或三相四线制/单相三线制。机房允许电源电压的波动范围如表5-5所示。

表5-5 机房允许电源电压的波动范围

波动内容	A级	B级	C级
电压变动(%)	−5～+5	−10～+7	−15～+10
频率变化(Hz)	−0.2～+0.2	−0.5～+0.5	−1～+1
波形失真率(%)	<±5	<±5	<±10

5. 电磁辐射的影响

电磁辐射的影响主要有两类：电磁干扰、射频干扰。外部强电设备启动所产生的电流、电压的波动，静电放电时都会造成电磁干扰。机房附近的通信电台、通信基站的无线电波，以及电源系统的射频传导会引起射频干扰。要求无线电杂波干扰的幅度应低于0.5V，若超出，应考虑采取电磁屏蔽措施。机房应采取防静电措施，例如，在机房门口加装防静电的脚垫，在工作台上面铺设防静电垫，在检修电路板时，应佩戴防静电手套。

有关机房设计和施工应遵循的相关技术标准主要有：GB 50174-93，电子计算机机房设计规范；GB 2887-89，计算机场站技术要求；GB/T 50312-2000，建筑与建筑物综合布线工程施工验收规范；ISO/IEC 11801和EIA/TIA的有关标准。

6. 机房空调容量计算方法

机房主要靠空调进行室内温度和湿度的调节，计算机房空调容量时需要考虑设备发热量、机房照明发热量、人员发热量、机房外围结构和空气流通等因素。机房空调容量计算方法是：

$$K=(100\sim300)\times\sum S$$

其中，K为空调容量，$\sum S$为机房面积。

7. 机房的安全和防火级别

机房的安全分为A、B、C三个类别：A类，对机房的安全有严格的要求，有完善的安全措施；B类，对机房的安全有较严格的要求，有较完善的安全措施；C类，对机房的安全有基本的要求，有基本的安全措施。可以看出C类是最低的要求，必须有基本的安全措施。

建筑物的防火等级分为A、B、C三个等级：A级，建筑物的耐火等级必须符合GB/TJ 45-82“高层民用建筑设计防火规范”中规定的一级耐火等级；B级，建筑物的耐火等级必须符合 GB/TJ 45-82 中规定的二级耐火等级；C 级，建筑物的耐火等级应符合 GB/TJ 16-74 “建筑设计防火规范”中规定三级耐火等级。

5.3.3 机房电源设计

1. 机房电源设计的要求

电源是机房网络设备及照明设备正常工作的能源。机房的电源设计要体现技术合理、经济实用，提供不间断供电。满足对供电系统的可靠性、安全性、投资少、效益高、维修方便的基本要求。

国家电力部门对用电的电力负荷等级分为三类：一级负荷，要求建立不停电系统，采用一类供电；二级负荷，建立有备用的供电系统的二类供电；三级负荷，为普通用户的供电系统，提供三类供电。可以看出负荷等级不同，供电的质量也不同。

计算机网络系统设备间或中心机房的供电系统，通常要求不间断地供电，即建立不停电系统，采用一类供电。也可以采用两路供电系统，一旦一路停电，立即自动切换到另一路供电系统。

机房的用电包括照明用电、设备用电和空调用电。供电系统的负荷计算需要考虑：照明灯的数量，每只灯的用电功率；设备数量，每台设备所需的用电功率；空调的耗电功率。另外，还需要考虑留有扩容的用电量，例如，将来增加设备时的用电量。根据总的用电量，选择线缆的线径和配电方式，线缆线径通常按 $1mm^2$ 线径不超过 6A 电流的标准设计，配电方式可以选择三相供电或单相供电。

2. 供电负荷的设计

供电负荷的设计需要依据供电负载总功率来确定，供电负荷的计算通常采用两种方法：估算法、实测法。估算法是将各个单项负载功率相加，再将求和结果乘上保险系数 1.3，得出总的负载功率。实测法是在通电的情况下测量负载电流，分两种情况：若负载采用单相供电，则以相电流与相电压乘积的 2 倍作为负载功率；若负载采用三相供电，则以相电流与相电压乘积的 3 倍作为负载功率。通过估算法或实测法计算出来的用电总功率仅是用作确定总负载总功率的基数，需要考虑为将来设备扩容留有余量，以及安全运行留有的余量，一般建议有 30%的余量。总的负载功率最终确定后，所有的配电设备、稳压设备、线缆线径都要依据总负载功率要求进行设计。

机房配电系统的设计应依据国家低压供交流电系统标准，可以采用三相四线制或单相三线制，三相额定电压为 380V，单相额定电压为 220V，频率为 50Hz。若用电设备较多、范围较大时，建议照明系统、设备动力和空调动力系统各用一组三相电，设计时需要均衡各相用电的负荷。

需要注意的是，零线是由电力变压器和发电机中性点引出的并直接接地的中性线。交流系统中的零线不能用作机房内的接地零线。机房内需要安装有自己的保护地线。

3. 供电方式

机房采用的供电方式有三种：

(1) 市电直接供电方式。适应于电网系统运行稳定，质量又有保证，周围没有大型负载以及电磁干扰的情况。特点是投资少，运行费用低、配电设备简单、维护方便，但容易受外部环境影响，若配备交流稳压器可以减少外部的影响。

(2) UPS系统供电。UPS设备分为在线型和后备型。在线型UPS是指其机内逆变器串联在供电回路上,可以持续不间断地工作。后备型UPS是指其机内逆变器通过转换开关并联在供电回路上,只有当市电供电中断后,才切换工作。UPS的输出有正弦波,也有方波。UPS提供的供电功率范围在几个KVA至几十KVA之间,提供的供电时间范围在几分钟至几个小时,甚至几十个小时之间。机房内电源供电连接应有两种:一种由UPS电源供电,另一种由市电直接供电。

(3) 综合供电方式。是把市电直接供电与UPS系统供电结合起来的一种方式,通常是将主要网络设备采用UPS供电,一般辅助设备和照明采用市电直接供电。

4. 供电系统安全

确保机房供电系统安全需要注意的问题有:

防止用电设备过载,用电系统需要配置过载空气开关,在设计之初考虑留有用电余量。防止因用电过负荷使电力线发热而可能引发的电源火灾,同时UPS和交流稳压电源的功率与负载功率相比,要有一定的余量。

设置电气保护措施,电力线在进入建筑物或机房的入口位置,应设置保护措施,并设置防雷保护装置。对静电干扰也要有防止措施。对电气保护还包括过压保护和过流保护等,需要安装过压、过流保护装置。

对插座的安装需要注意各连接线用途和位置不能错,以单相三线插座为例,在正视插座时,规则是"左孔零线、右孔火线、上孔为地线",简单地说就是"左零右火"。在安装插座时,应避免零线和保护地线颠倒连接,若接错会导致网络设备的直流地接到交流地,交流工作地的电压波动会影响到网络设备的直流地电压,造成网络设备工作不稳定。

机房供电设计时对电力供应要求有:电网必须在一定的时间内不间断地供电,可以考虑配备UPS;电网电压要稳定,需要时可以配备电源稳压器;网络系统所用的电源要有良好的接地;计算机网络最好不要与大容量的感性负载电网并联运行,以防止高压涌流对计算机产生干扰;防止工业控制系统交变电磁场的辐射干扰;电网电压应杂波少、干扰小;电网的频率漂移要小。最后两项是对发电厂和电力传输网的要求。前面几项可以通过机房电源设计全部或部分达到要求。

5.3.4 机房电源接地设计

1. 接地的用途

接地指的是网络设备引出的金属导体与大地的土壤有良好的电气连接,与大地土壤直接接触的金属导体称为接地体或接地极,连接网络设备和接地体的导线称为地线。为了获得较好的接地效果,应尽量降低接地的电阻值。机房供电系统的接地通常包括交流接地、直流接地、保护接地。

电源接地系统依据的标准是EIA/TIA 607商业、民用建筑通信接地标准,该标准给出的规定主要内容包括:接地线必须与其他线缆隔离保持绝缘;接地线应与交流电中的中性线分开安装;接地线须连接到专用的接地端,接地电阻应小于1Ω。

网络设备供电系统的接地主要用途是提供一个稳定的参考零电压,消除电磁干扰,提供安全保护。机房供电系统的接地有交流接地、直流接地、保护接地。在工程实施时,要求三种接地分别单独与大地连接,三种接地的接地点位置之间的距离不能小于15m,以防止各种地线之间产生干扰。并要求电力线不能与地线并行走线，以防止电力线对地线产生电磁干扰。

在设计综合布线的接地系统时，一个比较好的应用方案是，利用建筑物建设时，由土建施工单位已提供的弱电竖井接地铜排，作为弱电竖井的垂直接地干线。在各楼层弱电竖井(楼层配线间)设置一个接地端子箱。要求在所有弱电机柜、箱体，以及网络设备上提供一个接地点，并保证能正确地与任何网络设备连接。要求正确地将所有有关的线缆、机柜、配线框架连接起来以保证接地的延续性。所有接地线由铜芯导线、铜排组成，所设计的接地系统应符合 GBJ 79-1985 标准。

2. 交流、直流和保护接地设计

交流接地是将交流电电源的地线与大地相接，通常是采用较粗的导线与铜排相接之后，埋设于 1.5～2m 深地下，并撒放一些粗盐或木炭增加其导电性能。接地电阻小于 3Ω。交流接地线也称为零线或中性线，例如，交流 220V 的零线电压应为 0V，允许有不超过 5V 的电位差。

直流接地是将直流电源输出端的一个极(负极或正极)与大地相接，提供稳定的零电位，提供直流电压参考，可以减少数据传输中出现的差错。通常要求直流接地电阻不得大于 1Ω。

保护接地通常是指各种电气设备的外壳接地。保护接地的作用是屏蔽外界各种干扰对计算机或其他设备的影响，同时防止因漏电造成的人身安全问题。通常要求保护接地电阻小于 1Ω。

3. 屏蔽保护接地和防雷保护接地

机房电源的地线设计，还有屏蔽保护接地和防雷保护接地。屏蔽保护接地是指传输线缆中的屏蔽层良好接地，通常做法是将各种线缆的屏蔽层接在一起，再连接到配线架上的接地端子上，各个楼层配线架的接地端子又与配线间的接地装置保持永久性连接，要求楼层配线架的接地端子至设备间的接地装置导线的直流电阻值不得大于 1Ω。防雷保护接地用于避免雷电对机房和网络设备的损害，要求防雷的接地电阻小于 10Ω，防雷接地与其他接地之间的距离应大于 25m，避免之间产生影响。

4. 地线制作方法

最简单的地线制作方法是使用铜金属板作为接地体，一般情况，金属板的长、宽、高尺寸分别为 50cm、50cm、3cm。将金属板埋在地下 2～3m 的坑内，并加入一些盐或木屑等降阻材料，撒些水，在金属板上焊接 2cm 宽的铜排引出地面，固定在楼宇的外墙壁上，再用 10mm 左右的铜线引入机房内。通常要求地线围绕外墙四周安装。

5. 综合布线线缆与电力电缆和其他管线的间距

综合布线系统与其他干扰源的距离如表 5-6 所示。

表 5-6　综合布线系统与其他干扰源的距离

干　扰　源	接近状态	最小间距 cm
380V 以下电力线＜2KVA	与线缆平行铺设	13
	有一方在接地的线槽中	7
	双方都在接地的线槽中	4

续表

干　扰　源	接近状态	最小间距(cm)
380V 以下电力线<(2～5)KVA	与线缆平行铺设	30
	有一方在接地的线槽中	15
	双方都在接地的线槽中	8
380V 以下电力线<5KVA	与线缆平行铺设	60
	有一方在接地的线槽中	30
	双方都在接地的线槽中	15
荧光灯、电子启动器或交感性设备	与线缆接近	15～30
无线电发射设备、雷达设备、其他工业设备	与线缆接近	≥150
配电箱	与线缆接近	≥100
电梯、变电室	与线缆尽量远离	≥200

配线柜接地导线的选择如表 5-7 所示。

表 5-7　配线柜接地导线的选择

内　容	接地距离≤30m	接地距离≤100m
接入交换机的 PC 数量(个)	≤50	≤300
专线的数量(条)	≤15	≤80
信息插座的数量(个)	≤75	≤450
工作区的面积(m^2)	≤750	≤4500
配电室的面积(m^2)	10	15
选用绝缘铜导线的截面(mm^2)	6～16	16～50

双绞线缆与其他管线的最小距离如表 5-8 所示。

表 5-8　双绞线缆与其他管线的最小距离

管线种类	平行距离(m)	垂直距离(m)	管线种类	平行距离(m)	垂直距离(m)
避雷引线	1.00	0.30	热力管(不包封)	0.50	0.50
保护地线	0.05	0.02	给水管	0.15	0.02
热力管(包封)	0.30	0.30	煤气管	0.30	0.20

5.3.5　机房设计的进一步分析

建立网络系统的环境平台是为网络工程奠定物理基础，这包括综合布线系统设计、网络机房系统的设计和供电系统的设计等内容。

应从系统设计者的角度讨论、理解和掌握机房设计基本知识，重点要求掌握综合布线系统的设计，网络机房供电功率的估算。

例如，分析一幢20层教学大楼内的综合布线系统，不涉及建筑群子系统。主要分析内容如下：教学大楼每层楼高3m，长度120m，宽40m。在大楼中部设有弱电竖井，由于楼宇设有弱电间（竖井），则结构化布线系统应围绕弱电间进行设计。可利用弱电竖井设计和安装垂直布线子系统。

在各个办公室需要部署信息点，即连接计算机网络和电话的地方，对计算机设备集中的房间大约平均每$2m^2$布设一个信息点。根据用户需求，确定信息点设置布局位置，以及信息点数量，并留有一定余量。对于工作区子系统主要是考虑信息插座的位置和样式问题。

也可以采用估算的方法：假设每个楼层面积约$360m^2$，去除走廊等面积约$100m^2$，大约需要130个信息点。考虑到有些楼层可能设置实验室或计算机机房等信息点较为密集的场所，需要增加40个信息点，这样就可以估算出每层的管理子系统的配线系统所需的容量为170。

选择网络物理传输介质，并估算大致使用量。楼宇干线传输速率要能够支持1000Mpbs，每层的传输介质一般要能够支持100Mpbs。由于该楼宇的干线速率要求支持千兆速率，因此垂直干线子系统选用的传输介质应当是光缆。水平布线子系统选用的传输介质可以是双绞线和光缆。

大楼的设备间一般应当选择设置在大楼的中间部位，可以考虑将设备间选择在10层，则向下、向上均约30m。这样通常可以节省垂直干线子系统的造价。

由于弱电井位于大楼每层中间部位，从楼层管理子系统出发的水平布线子系统最长距离约为80m，这是因为线缆需要从弱电桥架上走，这往往不能走直线。这对于百兆速率可采用6类双绞线，而对于千兆速率则要采用光纤。

从弱电间延伸出来的网络线缆桥架，采用“工”字形方式架设，通到该楼层的每个房间，很好地保护了连接各房间与弱电间的双绞线和光缆。在同一楼层中，除了传输速率有特殊要求的架设光缆外，其余一律架设6类双绞线。为了节省布线成本，可以采用从弱电间引出2～3根双绞线的方案，该线缆到达房间后再用配线架进行两次跳线。

网络机房设计要点可以归纳为：每个计算机网络机房都需要有一个完善的供电系统。为了保障供电安全，需要对机房中所有机器设备的总电力功率进行估算。

电功率估算方法是：每台PC计300W，每台交换机计2kW，每台路由器计3kW，每台服务器计5kW；照明电一般与动力电分路供电，可分开按灯具功率计算。

习题

1. 布线系统的对象有哪些？
2. 智能建筑的智能功能特性体现在哪里？
3. 结构化布线技术如何对传统布线方式进行改进？
4. 综合布线设计中应当注意的问题有哪些？
5. 综合布线系统具有的特点有哪些？
6. 写出结构化布线技术标准的目标。
7. 结构化布线标准涉及的内容有哪些？

8. 布线系统标准包括的内容有哪些？
9. 给出与综合布线系统有关的主要国际标准。
10. 写出综合布线系统设计主要步骤。
11. 写出综合布线设计中应考虑的问题。
12. 综合布线系统的连接部件主要包括哪些？
13. 写出综合布线系统组成(PDS)的子系统的名称。
14. 写出水平布线所需线缆的用线量计算方法。
15. 垂直布线子系统的任务是什么？
16. 垂直布线子系统的垂直通道有哪些方式？
17. 简述管理子系统的要点。
18. 简述设备间子系统的要点。设备间子系统的位置一般选在哪里？
19. 简述建筑群子系统的布线方法。
20. 综合布线设计的主要内容有哪些？
21. 对网络工程通信的布线要求有哪些？
22. 结构化布线系统的部件主要包括哪些？
23. 简述综合布线系统设计原则。
24. 简述综合布线行业惯例。
25. 屏蔽设计时需要考虑的主要问题有哪些？
26. 综合布线系统的测试工具有哪些？
27. 写出综合布线系统测试和验收工作的过程。
28. 网络机房设计涉及哪些内容？
29. 写出机房环境设计的要点。
30. 电磁辐射的影响主要有哪些？
31. 写出供电负荷的设计要点。
32. 机房采用的供电方式有哪些？
33. 确保机房供电系统安全需要注意的问题有哪些？
34. 写出交流、直流和保护接地设计的要点。
35. 写出制作地线的方法。

第6章　计算机网络设计

6.1　计算机网络设计概述

6.1.1　计算机网络设计的主要内容

计算机网络本身可以是一个互联的网络，例如，Internet 就是一个网络的网络，设计由多个网络组成的互联网络涉及许多复杂的因素。在讨论计算机网络设计时，通常的做法是用企业网(Intranet)设计作为示例，因为所有计算机网络设计的有关基础理论、技术和实现方法都是一样或类似的，只不过是在具体网络的设计各有侧重，会有不同的应用需求。这里所有计算机网络包括各种 LAN、MAN、WAN，例如，Intranet 就是企业的 Internet，Intranet 采用与 Internet 相同的网络协议和网络体系结构，提供的网络应用与 Internet 也是类似的。Intranet 有时也称为内联网、园区网，例如，校园计算机网络也是采用 Intranet 技术。

计算机网络设计的主要内容是网络拓扑结构设计、网络分层设计、网络地址规划设计、网络结构设计、网络冗余设计。

网络拓扑结构设计是网络设计工作的核心内容，网络拓扑结构像建筑物的基本框架，重要性和地位是不言而喻的。可以从技术、性能、可靠性、安全性、服务质量、投资成本多方面分析和讨论网络拓扑结构，本书主要从技术、性能方面进行分析和设计。

网络分层设计采用的是“复杂问题简单化”和“分而治之”的设计思想，分层设计中的每一层都有特定的功用。以企业网设计为例，采用三层设计：核心层提供多个核心节点之间数据传输的高速通道；汇聚层将网络服务连接到接入层，并且实现安全、流量负载和选路的策略；接入层提供桌面计算机接入计算机网络的服务。

网络地址规划设计用来为网络和网络中的节点规划 IP 寻址和网段划分，涉及 VLAN 的划分、子网的划分、变长子网掩码的应用、CIDR、路由汇聚、网段互连、名字空间设计等内容。通过网络地址规划设计，使得网络运行更加高效和易于管理。

网络结构设计涉及服务子网设计、网络结构扩展设计。服务子网设计多采用集中式服务或分布式服务。网络结构扩展包括接入能力的扩展、处理能力的扩展、带宽扩展、规模的扩展等。

网络冗余设计是网络可靠性设计常用的方法，网络冗余设计的目的是提供网络链路备份，提供网络负载均衡。通过重复设置网络链路和网络设备，提高网络可靠性需求。

在人们谈到计算机网络设计时，通常会提出不少急切想弄明白的问题，例如，什么是企业网、企业网与因特网一样吗？怎样能为特定网络选择一个合适的网络结构？怎样能合理规划使用 IP 地址、IP 地址作用和性质究竟是什么？怎样选择选路协议和网络管理协议？这些问题的解答，需要通过计算机网络设计基础知识的掌握，更需要通过工作案例深入理解，例如，设计一个大型校园网，为企业网规划 IP 地址。

计算机网络设计基础知识的重点是网络拓扑结构设计、按三层模型设计网络结构、网络冗余设计、IP 地址规划。

6.1.2 网络设计的基本原则

以 Intranet 为例,讨论和分析网络设计的原则。

Intranet 是指在一个企业内部以及与其相关的企业之间建立的、为企业的经营活动提供服务的专用网或虚拟专用网。如果一个企业想要更加高速地发展,在企业内部实现资源共享的同时,和外界也应当保持紧密联系。基于这个认识,许多公司正致力于把它们分开的部门与内部网络相连,使得公司内的所有计算机用户可以访问任何数据或计算资源。

从国内外研究情况看,所有 Intranet 的构建都可参照几种特定模式中的一种进行,但由于大型企业组织和管理方式复杂,具体情况差异明显,其 Intranet 的体系结构、功能特点及运作方式等方面不尽相同,不应是某种标准模式的翻版。只有那些充分显示企业特色的 Intranet 才能对企业的发展作出真正的贡献。在大型计算机 Intranet 的建设中,需要充分体现出企业及本行业的特点与优势,在系统开发的同时支持业务革新。

Intranet 组网应本着总体规划,分步实施,注重实用的原则,应充分体现技术先进性、安全性可靠性、可扩展性和投资经济性。Intranet 设计的主要原则如下:

(1) 实用性和先进性。Intranet 的建设应以注重实用为原则。即采用当今世界先进的技术和方法,确保在未来若干年内保持技术的先进性,又要考虑技术的成熟和实用性。

(2) 标准性。Intranet 的建设应注意选取符合国际标准的硬件、软件、网络协议和数据库,便于网络的互联和操作。

(3) 稳定性和安全性。为保证 Intranet 高速、可靠地运行,要求具有较高的容错性能,重要的核心网络设备应具备冗余模块,以避免由于某个模块或电源的单点故障而造成整个网络瘫痪。既要考虑信息资源的充分共享,更要注意信息的保护和隔离,在相应的软硬件系统中使用相应的安全技术。

(4) 可扩展性。在选择网络方案时,要保证良好的扩展性和灵活性。在网络规模扩大以及对网络性能的要求提高时,可以非常容易地以现有平台为基础对网络规模进行扩充,避免对原有网络投资的浪费。

(5) 可维护性。在选择 Intranet 方案时,应考虑采用多种技术手段,包括网络技术选型、拓扑结构、设备选型等,保证整个 Intranet 的可管理性和可维护性。

(6) 通用性。不要采用专用性太强的设计方案,经验表明,这些不通用的设计方案会在网络系统扩展时遇到问题。

(7) 核心简单、边缘复杂,核心层尽量保持简单,需要反复权衡利弊,边缘层一般比较复杂,把复杂的处理留在端系统,这是设计计算机网络的基本要求。

(8) 弱路由,尽量减少路由器传输的信息。一般在内网中尽量使用三层交换机,仅在连接外网时才使用路由器。

网络设计的其他一些原则还有 80/20 原则,数据流量的 80% 在该子网内通信,只有 20% 的数据流量发往其他子网;影响最小原则,网络结构改变时受到的影响应限制到最小程度;2 用 2 备 2 扩原则,主干光缆布线时,2 根使用,2 根备份,2 根保留;技术经济分析原则,成本与性能通常是最基本的设计权衡因素;成本不对称原则,例如,在设计局域网时,对设备性能考虑较多,对线路成本考虑较少,重视的是带宽和扩展性。

用户在设计网络时强调的先进性、实用性、安全性、可靠性、易用性和经济性等指标要求,往往是互相矛盾的。这些矛盾包括主流技术与新技术的矛盾、安全性与易用性的矛盾、可靠性与经济性的矛盾。例如,可靠性设计往往以增加系统成本为代价。可以说,满足所有要求的设计是一个充满了矛盾的设计。应当根据用户的实际需求,突出主要矛盾,有所取舍,在相互矛盾的指标中做出折中处理。

6.1.3 网络组成结构的基本概念

1. 计算机网络结构的基本要素

采用数学中拓扑学,把实体抽象成与大小、形状无关的点,将连接实体的通道抽象成线,进而研究点、线、面之间的连通关系。可以很好地描述复杂的计算机网络结构。

计算机网络结构的基本要素有节点、链路、网云。用节点和链路构成网络,网络之间通过网络互连设备进行互连,一个网络、一组相关的网络或是互连的整个网络都可以用网络云描述。例如,因特网是网络的网络,可以用网络云描述因特网,以及因特网中的网络。按照网络系统集成的观点,节点、链路、网云都属于系统集成的组件、子系统。系统集成是可以递归的,网络互联的过程也是递归的。

2. 中继(Trunk)

中继(Trunk)构成了计算机网络结构的骨架,中继也称为主干或聚合。例如,电信网络中的 Trunk,有主干网络、电话干线。带宽设计中的 Trunk,有多个交换机的端口聚合。链路备份中的 Trunk,有链路热备。VLAN 中的 Trunk,VLAN 中的网络节点在跨越多个交换机通信时,需要通过主干链路转发。

3. 冲突域

冲突域指信号产生冲突的最小范围。冲突域的大小会影响网络的性能,例如,网络可用的带宽。在冲突域中的网络节点若要发送数据,必须竞争发送,遵循信道访问协议规则使用信道。CSMA/CD 是以太网中采用的信道访问协议。有些网络中的信道是无冲突的,采用无冲突的信道访问协议,网络节点访问信道的时间是可以预知的,或者说是可以确定的,例如,用于 SDH 的确定性信道访问协议,用于令牌环网的轮询协议。交换机、路由器等网络设备可以隔离冲突域。

4. 广播域

一个网络属于一个广播域,网络中的某个节点可以向另一个目的网络进行广播,目的网络中的所有节点均是广播的接收者。类似的例子是,链路状态路由协议 OSPF 获取整个网络拓扑结构机制,网络中的节点采用洪泛法(广播)通告网络中的路由信息,最终形成每个节点都以自己为根的全网统一的拓扑结构。广播会占用大量网络资源,影响网络带宽。大量无用的广播包会形成广播风暴。可以用路由器来分割广播域。可采用 VLAN 划分缩小广播域的范围。

6.2 网络拓扑结构设计

6.2.1 网络拓扑结构的一般描述

设计网络拓扑图是设计复杂网络重要的一步。在计算机网络中,用数学图论中的拓扑学知识来描述计算机网路中节点和链路的连接，构成抽象的计算机网络的拓扑结构，可以清晰地描述网络组成部分的抽象连接，省略了不必要的细节，简化了复杂的网络结构描述。

在数学图论中，一个图G是两个不相交的集所组成的有序对<V，E>，其中V是顶点集，E是边集，E是V中元素的无序对集合的一个子集。拓扑结构是由这些顶点和边构成的图，描述了顶点和边的相互关系，以及图的几何形状。拓扑结构是抽象的，不是具体的。图的边表示一个网络或子网，图的顶点表示路由器等互连设备，拓扑结构图只说明网络的几何形状，而不表明子网或互连设备的具体位置。

计算机网络拓扑结构是设计计算机网络的蓝图，用来说明计算机网络的几何形状。计算机网络拓扑结构由点和线（边）组合而成，点和线是拓扑结构中的基本元素。拓扑结构图中的点描述计算机网络中的节点，节点可以标识一个网络设备，例如计算机主机、路由器或交换机。节点也可以标识一个连接的地点（Site），例如一个网络管理中心或一个城市。拓扑结构图中的线描述计算机网络中的链路，链路可以标识由传输介质构成的信道，这些传输介质可以是有线的或无线的。链路也可以标识一个传输网络协议包的网络，即网络云。

在计算机网络拓扑设计中，需要明确网络覆盖的范围、网络互联的类型，确定网络中涉及的节点和连接节点的链路，明确网络的大小和构型，以及所需要的网络互联类型，以及这些节点对应的对象实体、链路对应的带宽要求等，但不涉及具体的网络设备型号、所采用的是何种传输介质等。

6.2.2 网络拓扑结构的类型

根据网络中数据信号的传输方式，计算机网络可以分为点对点网络、广播网络。也分别称为点到点信道和广播信道。网络拓扑结构与网络传输介质联系紧密，不同的网络拓扑需要采用适用的传输介质，采用特定的信道访问协议。

点对点网络将网络中节点依次连接起来，网络中的节点通过单独链路进行数据传输。点对点网络多用在广域网和城域网。在计算机网络中两个端节点的通信就是通过点到点的多条链路，逐跳进行IP数据传输的。

支持点对点网络的拓扑结构有环型、网状型、点到点型。

广播网络中，一个节点发送数据包，网络中其他节点都可以接收到。某个时刻，仅允许一个节点发送数据包。广播网络多用在局域网，例如，大家熟悉的以太网的网络拓扑结构。广播网络提供共享的信道，节点接收到数据包以后，将会根据目的地址进行判断，若目的地址与该节点吻合，就收下，否则就丢弃。

广播网络拓扑结构的例子有：以双绞线连接起来的星型拓扑，用同轴电缆连接的总线型拓扑，以微波连接的蜂窝型拓扑。

广播网络的特点是：在同一个网段内，任何节点之间的通信通常仅需要一跳，最多需要两跳。点到点网络的特点是：若两个端节点之间的中间节点较多，数据包的逐跳传输会增加传输时延。

网络拓扑结构的信道类型及采用的技术如表6-1所示。

表 6-1　网络拓扑结构的信道类型及采用的技术

信道类型	拓扑结构	采用的技术	主要应用	有关标准
点对点	点对点型	PPP	MAN、WAN	RFC 1134
	环型	SDH、DWDM	MAN、WAN	ITUT-T G803
	网状型	多种技术	MAN、WAN	多种标准
广播	星型	CSMA/CD	LAN	IEEE 802.3
	总线型	CSMA/CD	LAN	IEEE 802.3
	蜂窝型	CSMA/CA	WLAN	IEEE 802.11

6.2.3　点对点拓扑结构

点对点拓扑结构由两个节点与它们之间的一条链路连接构成，主要用于城域网和广域网中网络节点的连接，以及两个局域网之间的互连。例如，用于互连两个网络的路由器之间采用点到点的连接，家庭用户与 ISP 之间也是采用点到点的连接，DDN 专线连接也是采用点到点的连接。点对点链路的串接又称为线型网络，数据传输也是逐跳进行的。点对点网络的拓扑结构如图 6-1 所示。

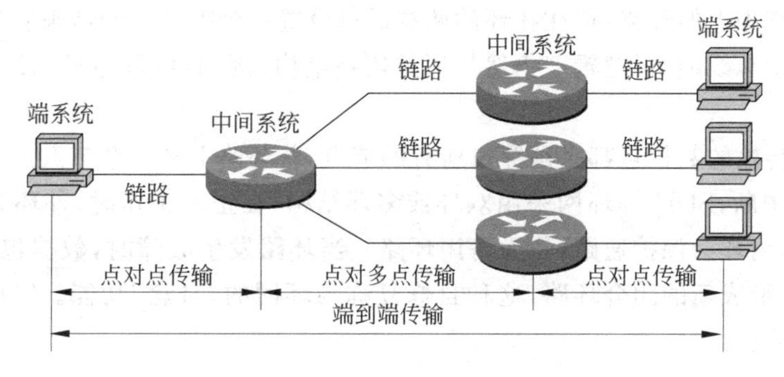

图 6-1　点对点网络的拓扑结构

点对点拓扑具有的特征包括：

(1) 设备无关性。由于连接每个链路均是独立的，这个链路实际就是一个网段，可以根据需要选择合适的网络设备。

(2) 独立性。两个节点之间的链路所封装的网络协议，可以不受其他链路的影响。

(3) 安全性。仅有两个节点使用连接的链路，可以支持较好的安全性。

(4) 非中心化。网络中的资源和网络服务分散在不同的网络节点上，数据传输直接在节点之间进行，不需要其他环节的控制。

(5) 连接数较多。新增加的节点需要与每一个节点都建立连接，线路连接的数量会随着节点数量的增多迅速增加。

(6) 传输时延较长。每个节点都要对数据包进行存储转发，均会产生时延，若节点数量增加，时延也会随着加大。

6.2.4 环型拓扑结构

环型拓扑结构中,网络中的各个节点通过环路接口,按点到点形式连接起来,节点之间的数据包沿环路按顺时针或逆时针方向传输。

IEEE 802.5 令牌环型局域网采用的就是环型拓扑结构,信道访问控制采用令牌传递,令牌是一个特殊的短帧,只有截获令牌的节点才可以传输数据包,并由源节点回收发送的数据包,根据经环路一周后数据包中某些字段的若干位的值,可以判断数据包在传输过程中的情况。IEEE 802.5 令牌环型局域网,采用差分曼彻斯特编码,数据传输率为 16Mbps,由于数据传输率低,目前已很少用。IEEE 802.8 FDDI 采用的是双环结构,数据传输率为 100Mbps,FDDI 早期多用于校园网络,由于 FDDI 结构复杂,建设成本高,目前也很少使用。

现在使用较多的环型网络主要有同步数字体系(SDH)、密集波分复用(DWDM)、弹性分组环路(RPR)、动态分组传输(DPT)等光纤网络,主要用于城域网和广域网。

环型拓扑结构的特点是:每个节点与相邻的两个节点连接,属于点对点的连接,N 个节点完全连接需要 N 条传输线路,数据包在环路上采用单向的传输方式,如果节点 $N+1$ 想把数据包发送给节点 N,数据包需要绕环路一周才能到达节点 N。当环路上节点数目过多时,将会产生较大时延。

在网络工程设计和实施时,由于物理地理位置的限制,环型网络可能不会是所有节点都要连接成一个物理上的环路,往往在环的两端通过设置一个阻抗匹配器来实现环的封闭,虽说在物理上呈现总线型,但逻辑上仍然是环型拓扑结构,例如,可以通过铺设一条多芯光缆来构成环路。

在环路上传输的数据包都必须穿过所有的节点,若环路上某一个节点出现故障,整个数据包传输就会中断,SDH 等环网采用双环或多环结构,在正常工作时,外环为数据通路,用来传输数据包,内环为保护通路,作为备用环路。当环路发生故障时,数据包传输会自动从外环切入内环,形成新的闭合环路,这种自修复称为环网的“自愈”功能。SDH 的双环拓扑结构如图 6-2 所示。

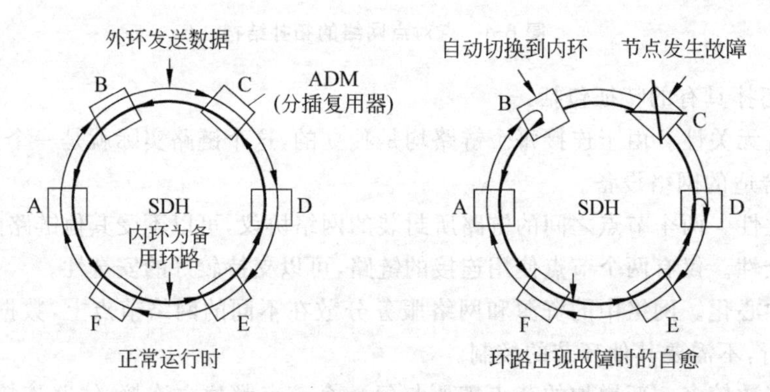

图 6-2 SDH 的双环拓扑结构

环型网络拓扑结构的特征有:

(1) 不需要专用连接设备,例如,交换机,避免了对中心设备的依赖性。

(2) 在环路上的传输时延是可以预知的。

(3) 环型拓扑所需要的线缆比较少,适宜主干网络的长距离传输。

(4) 环网中各个节点的负载较为均衡。

(5) 双环或多环具有自愈功能。

(6) 环网可以采用动态路由技术。

(7) 环网的信道访问是无冲突的。

(8) 环网适用城域传输网和国家主干网设计,不适用多节点接入。

(9) 环网增加节点时,会导致跳数增加,增加传输时延。

(10) 不易判断故障点。

(11) 环网拓扑结构发生改变时,需要重新配置网络。

(12) 环网的投资成本较高。

(13) 环路的维护比较复杂。

6.2.5 网状型拓扑

网状型拓扑也是采用点对点连接方式,网络中的任何两个节点之间都有直达链路连接,在通信时,不需要任何形式的转接。网状型拓扑结构分为半网状型和全网状型。半网状型指的是网络中的每个节点至少有两条以上链路可以到达网络中的其他节点,为了降低成本,在工程实施时,多采用半网状型拓扑结构。全网状结构一般仅用在网络的核心层,并且核心层节点的数目不大于 4 个。网状型拓扑结构如图 6-3 所示,图中左边为中国教育科研计算机网络 CERNET 的主干拓扑。

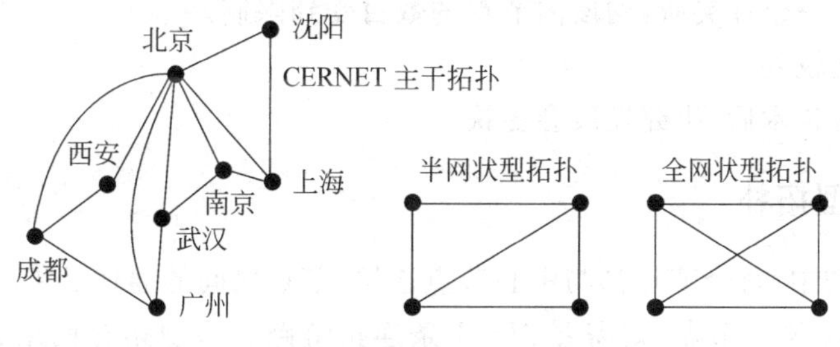

图 6-3 网状型拓扑结构

网状型的拓扑结构可以提供更高的可用性要求,网络中的两个节点之间均只有一个单跳时延,提供了完全冗余和良好的网络性能。若网络中的节点数目为 N,连接节点是链路数 H 为:$H=(N(N-1))/2$。网状型拓扑结构一般用于城域网和广域网,或用在大型局域网的核心层。

网状型的拓扑结构存在的主要问题是:使用和维护代价很高,它在性能优化、排错和升级方面也较困难,限制了连接到路由器 PC 的数量。为降低成本,可以采用部分网状拓扑结构。

网状型拓扑具有的特征包括:

(1) 节点之间均有直达链路,数据包传输快。

(2) 通信节点不需要汇接交换,可改善链路流量分配,提高网络性能。

(3) 存在冗余链路,网络可靠性高。

(4) 线路多,所需线缆多,成本高、维护费用大。

(5) 在网络通信量不大的情况,线路利用率很低。

(6) 较难实现网络性能优化。

6.2.6 总线型拓扑

总线型拓扑采用一条通信链路作为公共传输信道,这条通信链路也称为总线。网络中的所有节点通过自己的网络接口连接到总线上,总线上的连接点到计算机的网络接口的距离比较短。总线型拓扑采用广播信道,多个节点同时发送数据包时会产生冲突,需要竞争发送,例如,IEEE 802.3 局域网、以太网均采用 CSMA/CD 信道访问协议。

总线型拓扑结构多用在局域网。值得注意的是,以太网技术已经成为局域网采用的主流技术,随着以太网数据传输率的不断提高,目前的 Intranet、校园网均采用以太网组网。人们在家中、宿舍、实验室网络、校园网络中使用的几乎都是以太网技术。

简单地说,用以太网网卡作为网络接口连接组建的网络就是以太网。目前,计算机几乎都采用以太网网卡。交换机、路由器均配置有对应的以太网络接口。以太网的数据传输率已经迈入万兆时代,千兆以太网技术出现以后,以太网已经从局域网进入城域网和广域网应用。目前,电信级以太网已经开始应用。

总线型拓扑具有的特征包括:

(1) 连接简单、使用方便。

(2) 网络扩展性好。

(3) 信道存在竞争发送。

(4) 网段属于一个冲突域,网段内节点的数目受到限制。

(5) 可靠性比较差。

(6) 成为主流技术后,研究发展会更快。

6.2.7 星型拓扑

星型拓扑结构中,每个节点都与中心节点连接,节点之间的通信必须经过中心节点。若星型拓扑网络中有 N 个节点,则需要 $N-1$ 条连接链路。星型拓扑网络也采用广播信道,中心节点发送的数据包,网络中所有节点均可以接收到。中心节点容易成为数据传输的瓶颈,若中心节点出现故障,网络通信传输就会中断,从这一点上讲,星型拓扑的健壮性不好。

采用星型拓扑结构的局域网的中心节点设备通常采用交换机,也称为星总线结构,是普遍使用的局域网网络拓扑结构。交换机是一个多端口的网桥,交换机的端口均通过网桥连接在内部背板的交换总线上。

星型拓扑具有的特征包括:

(1) 网络结构简单,成本低,容易维护。

(2) 交换机为即插即用设备,采用交换提供了网络传输效率。

(3) 扩展性好,增加、移动网络节点容易。

(4) 故障隔离容易,一个节点出现故障不会影响其他节点。

(5) 中心节点可能会成为瓶颈。

(6) 使用线缆较多。

6.2.8 蜂窝型拓扑

蜂窝型拓扑结构适用于无线局域网和移动网络。蜂窝型拓扑由圆形区域或六边形区域构成，每个区域称为一个蜂窝，每个区域中心均有一个无线接入点(AP)或基站，区域中的节点必须通过接入点或基站的转接才能通信，也就是说节点之间的通信第一步是通过接入节点。

蜂窝型拓扑在一个区域内采用的是广播信道。当通信节点从一个区域移动到另一个区域时，需要进行切换，与节点目前所在区域的基站联系，并告诉节点所属区域自己目前所在的位置。蜂窝型拓扑结构如图 6-4 所示。

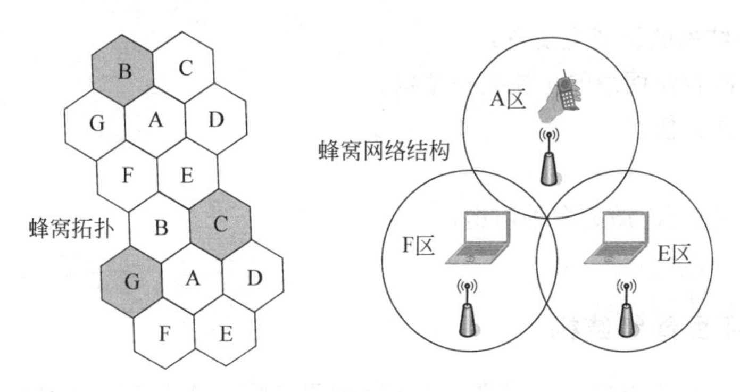

图 6-4 蜂窝型拓扑结构

蜂窝型拓扑结构采用频率复用的方法，每个蜂窝(区域)可以覆盖有效的范围和距离，距离相隔较远的区域可以使用相同的频率，但它们之间的通信不会发生干扰。

蜂窝型拓扑结构的特征主要有：

(1) 用户接入方便。

(2) 网络建设时间短。

(3) 易于扩展。

(4) 蜂窝区域采用广播信道，信号容易受到环境或人为的干扰。

(5) 容易受到地理或距离的限制。

(6) 数据传输率不高。

(7) 蜂窝型拓扑投资成本高。

这里还需要指出的是，无线网络只是有线网络的补充，无线网络不能代替有线网络。

6.2.9 混合型拓扑

从理论上讲，混合型拓扑可以是各种拓扑结构的选择组合。混合型拓扑结构主要用于城域网和广域网。例如，城域网中通常采用 SDH 环型拓扑与线型网(点对点链路的串接)的混合型拓扑。

近年来，混合型拓扑结构多用在局域网中，例如，企业网、校园网的拓扑结构多采用混合型拓扑。采用层次结构的企业网设计，用交换机层次连接而构成的树型拓扑结构，从物理结构上呈现星型－树型－星型－树型－星型拓扑，这是常用的网络拓扑设计。混合型拓扑结构如图 6-5 所示。

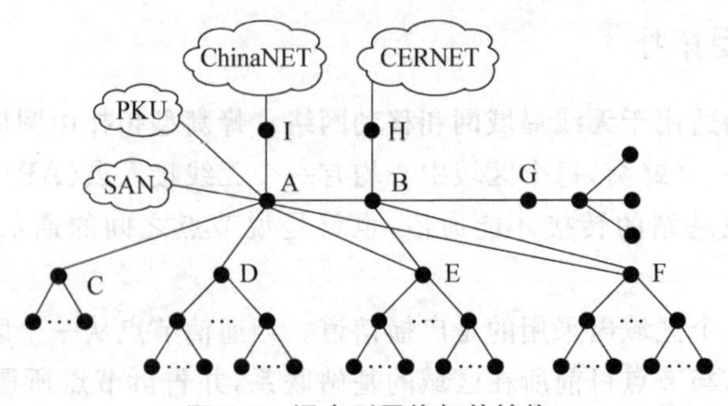

图 6-5　混合型网络拓扑结构

混合型拓扑结构的特征主要有：

(1) 成为层次企业网络的主流拓扑结构。

(2) 组网灵活方便。

(3) 扩展性好。

(4) 可以灵活剪裁，满足多种用途。

(5) 可靠性好。

6.2.10　平面网络结构

平面网络结构是没有层次的网络。每个互连设备实质上都完成类似的工作，网络既不分层，也不划分模块。平面网络结构易于设计和实现。

对于规模较小的计算机网络设计，可以采用平面拓扑结构描述，平面结构没有层次，网络中的每个节点的地位和功用是对等的，完成相同的功能。例如，在一个简单的交换局域网络中，PC 和服务器主机都连接到一台交换机上，属于一个广播域。一个广播域中的计算机数量应限制在 200～300 台，避免广播风暴发生。

企业(Intranet)网络的拓扑可以由连接成环路的多个节点构成，每个节点通过点到点链路与相邻节点连接，这些链路可以是描述广域网的链路。采用平面环路拓扑结构的好处是具有容错功能，当一条链路出现故障时，还可以通过其他链路传输。

在进行网络设计时，小型企业网可以由连接成回路的几个场点(Site)构成，这里的场点指的是位于某一个地方的网络环境，场点中可以包含一个或多个网络节点，以及相应的网络资源，每个场点都有一个 WAN 路由器，通过点对点链路与相邻场点相连。这就构成了平面广域网结构。

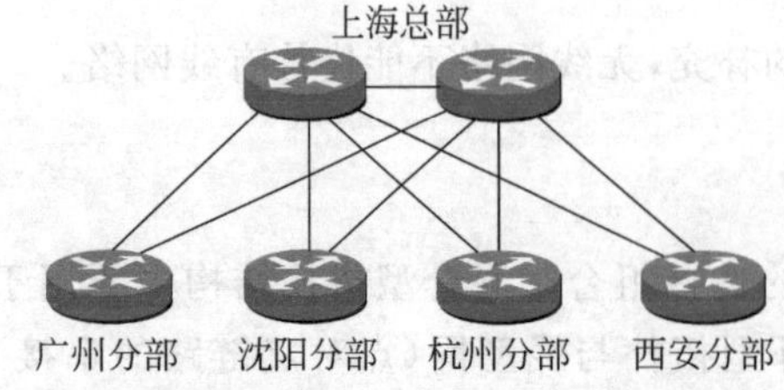

图 6-6　层次冗余拓扑结构

层次冗余拓扑结构如图 6-6 所示，它是一个二级层次结构，可以提供较好的扩展性和低时延保障。

平面广域网结构拓扑结构具有容错的优点。回路结构意味着在双向回路路由器之间有许多跳，结果将导致明显的时延和较高的差错率。回路结构两侧的路由器交换了大量的网络流量。平面结构可以满足低成本和良好的可用性目标，但要求网络的范围较小。为避免单点故障，可在设计中采用冗余的路由器或交换机，冗余结构可以满足可扩展性、高可用性和低时延目标。

当网络的场点进一步增多时，通常并不推荐使用平面回路结构，应当考虑使用层次结构，而不应采用平面结构。可以采用冗余的层次拓扑结构。

6.3 网络分层设计

6.3.1 分层设计模型

网络设计遵循的一个规则是：在每条链路上的广播流量不超过网络总流量的20%。这就需要限制链路上所连接的计算机数量。较好的网络拓扑设计是采用层次拓扑结构，每一层承担不同的链路连接和网络流量。

处理一个大型复杂系统的最常用的方法是“分而治之”。同理，对于设计一个大型的网络系统，一个常用的方法是“分层设计”。使用层次模型设计的好处如下：

(1) 减轻网络中主机的CPU负载。

(2) 增加网络可用带宽。

(3) 简化每个设计元素并且易于理解。

(4) 容易变更层次结构。

(5) 网络互连设备可以充分发挥它们的特性。

采用分层设计模型，可以把较为复杂的网络分为几个层次，各层次重点解决某个或某些问题，这样就把一个大问题分解成多个小问题，解决起来更为简便。

目前的网络分层设计采用三层网络拓扑结构设计，三层网络架构依次分为核心层、汇聚层以及接入层三个层次。设计时的顺序是：先设计接入层，接着是设计汇聚层，最后设计核心层。网络中的流量是自底向上逐层汇聚的。网络分层设计模型的基本结构如图6-7所示。

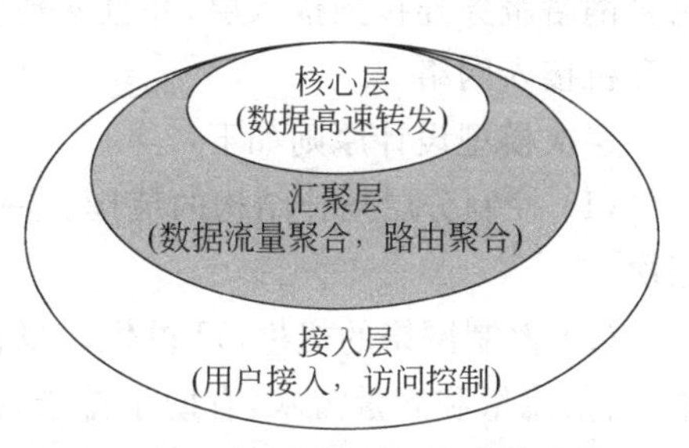

图6-7 网络分层设计模型的基本结构

三层网络拓扑的层次设计又分为涉及广域网络的设计、不涉及广域网的设计(Intranet)。三层可以采用路由器设备设计，也可以采用交换机设备设计，目前在Intranet中使用较多的是采用交换机设备组网。路由型、交换型三层网络拓扑结构如图6-8所示。

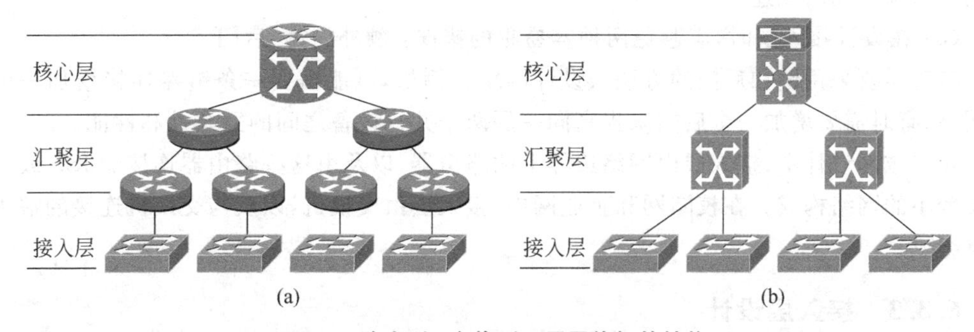

图6-8 路由型、交换型三层网络拓扑结构

核心层是网络的高速交换主干，在整个网络的连通性中起重要作用，一般采用冗余组件设计核心层。核心层应该具备可靠性、适应性、高效性、冗余性、低延时性、容错性、可管理性等特性。在该层使用的设备应该是高带宽、千兆以上的交换机。核心层设备采用双机冗余热备份机制，也可以在该层使用负载均衡技术，来改善网络性能。

汇聚层作为接入层和核心层的“中介”，是核心层和接入层之间的分界点，起着承上启下的功用，例如，服务质量(QoS)机制、网络安全的设置可以在汇聚层。接入因特网(外网)的位置也可以在汇聚层，可以界定网络的边界。汇聚层具有虚拟局域网(VLAN)之间的路由、实施安全策略、源地址或目的地址过滤、工作组接入等多种功能。

汇聚层可以汇聚接入层的路由。在汇聚层可以提供地址转换 NAT，把接入层网络设备使用的专用 IP 地址转换为可以在公用网络(因特网)使用的公用 IP 地址。在汇聚层中，为了达到网络隔离和分段的目的，应该采用支持三层交换技术和 VLAN 的交换机。

接入层向本地网段提供终端设备接入。为网络用户提供在末节网络访问互联网络的途径，提供带宽共享、交换带宽、MAC 层过滤、访问控制等功能。例如，企业网的接入层主要是采用接入层交换机实现。在接入层中，若减少同一网中终端设备的数量，有利于为工作组提供高速带宽。由于接入层不需要进行虚拟局域网之间的路由，可以选择不支持 VLAN 和三层交换技术的普通交换机。

6.3.2 分层设计原则

分层模型的每一层都有特定的作用。核心层提供两个场点之间的优化传输路径。汇聚层将网络服务连接到接入层，并且实现安全、流量负载和选路的策略。接入层用于将端节点计算机接入网络。

层次模型设计原则如下：

(1) 控制分层拓扑结构的范围。一般情况，需要设计核心层、汇聚层和接入层三个主要层次。

(2) 控制网络的规模，可提供较低的和可预测的等待时间，从而可以帮助预测选路策略、通信流量和容量需求，有助于排错，并使网络文档容易编写。

(3) 层次设计的顺序是：接入层—汇聚层—核心层。从接入层开始设计，可以为汇聚层和核心层进行更精确的性能和容量规划，更好地认清所需要的汇聚层和核心层优化技术。

(4) 应使用模块化和分层技术设计每一层，然后根据对通信加载、流量和行为的分析来规划层与层之间的互连。

(5) 在设计接入层时，应避免两种容易犯的错误：额外的链、后门。

有时需要采用链和后门的方法来设计网络。例如，可能需要一条链路连接增加一个国家网络，有时需要增加一个后门来提高同一层两个并行设备之间的冗余性和性能。

在广域网设计中，接入层由网络边界上的路由器，以及由这些路由器连接的 ISP 或一些规模较小的网络构成。在校园网和企业网中，接入层由交换机，以及与交换机连接的端用户节点组成。

6.3.3 接入层设计

接入层主要为最终用户提供访问网络的能力。接入层是网络的基础平台。接入层网络设备大多分散在用户工作区附近，设备品种多。接入层处于网络末端，网络用户业务需要变化比较大，对扩展性要求比较高。在设计时，应考虑为以后扩展预留余量。

在网络设计时需要注意的问题有：

(1) 适度超前，避免重复投资。

(2) 分期实施，适应接入层环境多变、技术多变的情况。

(3) 简化设计，可以降低成本，提高效率，包括结构简化、设备简化、接口简化。

(4) 安全隔离，包括访问控制、协议包过滤、VLAN 划分。

为节约成本，接入层设计很少采用冗余链路。接入层采用的拓扑结构为星型。为简化网络设计，接入层一般不提供路由功能，也不进行路由信息交换。

采用交换机堆叠可以提高数据传输效率，交换机堆叠以后，可能会形成循环回路，应选择支持 IEEE 802.1d 生成树的交换机。

需要指出的是，不能将接入层设备用作两个汇聚层路由器的连接点。但是，接入层交换机可以同时连接到两个汇聚层交换机，用作链路冗余，但是，建议不要用接入层交换机同时连接到两个汇聚层路由器。接入层的网络连接如图 6-9 所示。

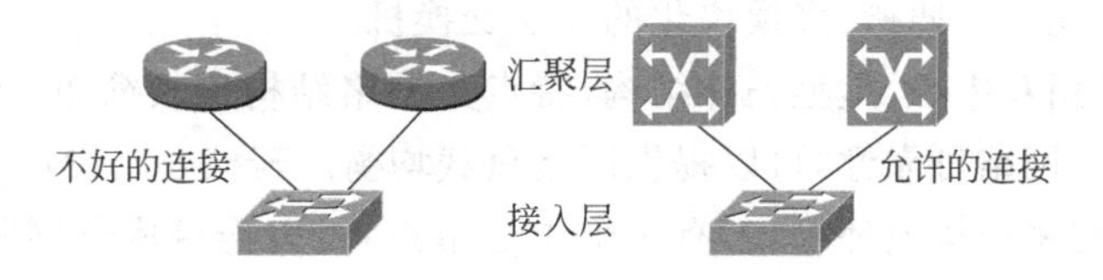

图 6-9　接入层的两种网络连接

设计时，应注意交换机端口密度是否满足用户需求，交换机上行链路是采用光纤模块(光口)，还是采用光电转换端口(电口)，是否提供了交换机端口速率自适应功能，是否为今后扩容提供了冗余量，是否提供了链路聚合，交换机是否支持 IEEE 802.1q 的端口优先级队列功能。

应考虑选用可管理的接入层交换机，可以通过 Console 超级终端、Web 访问、Telnet 远程访问等多种带内或带外方式对交换机进行配置和管理。若交换机具有远程监控(RMON)功能，还可以实时进行信息收集，进行故障检测。

6.3.4　汇聚层设计

汇聚层的主要功能是汇聚网络流量，屏蔽接入层变化对核心层的影响，汇聚层构成核心层与接入层之间的界面。汇聚层可以实现的功能有：

(1) 链路汇聚，减少链路数，当汇聚层与核心层之间有多条链路时，可以提供负载均衡。

(2) 流量汇聚，把接入层大量低速链路聚合到核心层。

(3) 路由汇聚，在汇聚层进行路由聚合，减小核心层路由器中路由表占用的容量。

(4) 主干带宽管理，为网络主干链路进行流量控制、提供负载均衡，提供 QoS 保证。

(5) VLAN 路由，不同 VLAN 之间的路由，应在汇聚层进行处理。

(6) 隔离变化，利用汇聚层隔离接入层拓扑结构等的变化，避免对核心层的影响。

链路汇聚可以使核心层与接入层之间的连接最小化，汇聚层将大量的低速接入层设备，通过链路汇聚点接到核心层，可以实现链路的收敛，提高网络传输效率。例如，接入点一般处在不同的建筑物内，而核心层设备一般放置在中心机房内，之间的距离会大于100m，需要通过光纤连接，若接入点信息较多，可以通过放置在接入点楼栋内的汇聚层交换机，减少主干光纤链路投资，同时减少核心交换机的数量，减轻核心交换机的负载。

汇聚层交换机多选用3层交换机，可以在全网体现分布式路由思想，减轻核心层交换机的路由压力，有效地实现路由流量的均衡。网络多媒体应用的增多，需要提供对QoS的支持，对一些突发流量大、控制要求高、安全需求高的网络应用，均应在汇聚层采用三层交换机。

汇聚层交换机的下行链路端口速率可以与接入层保持一致，上行链路端口速率相对应下行链路端口应大于一个数量级。在企业网设计中，为降低成本，多采用单光口、多电口组合的交换机，而在城域网中，由于流量大，汇聚层多采用全光口交换机。

6.3.5 核心层设计

核心层的主要功能是提供高速数据通道，实现数据包的高速交换。对核心层设备的要求很高。核心层设计的主要内容有拓扑结构设计、性能设计、冗余设计、路由设计。核心层交换机多采用高性能的多插槽、多模块化的三层交换机。

核心层一般采用双中心、星型拓扑结构，特点是网络结构比较简单，可以实现链路冗余和设备冗余，提供了网络可靠性，可以提供网络负载均衡。若核心层设计有3个以上中心节点时，网络拓扑结构将连接成环型，若有4个中心节点，可以连接成全网状型拓扑。可以考虑把因特网接入的位置放置在核心层，有些网络设计中，也可以把因特网接入的位置放置在汇聚层。核心层的拓扑结构如图6-10所示。

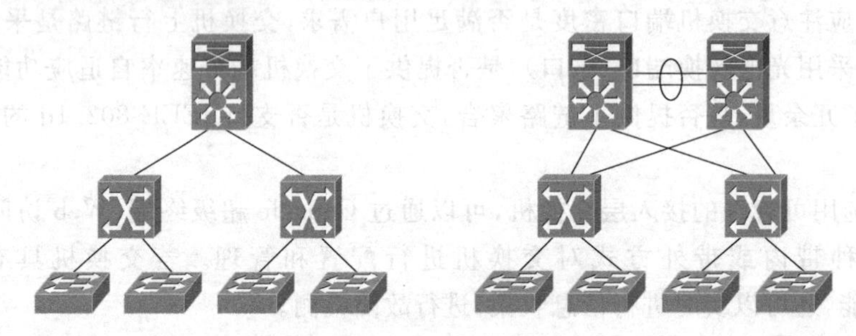

图6-10 核心层的拓扑结构

计算机网络中增加带宽的最简单方法就是增加冗余链路。核心层交换机和路由器可以为多个链路提供负载均衡。在网络设计时，应考虑设置两条广域网接入链路，其中一条可以作为备用，或用作冗余链路。在配置核心层路由时，应使用优化分组吞吐率的路由特性，避免使用分组过滤。一般情况是将提供网络应用服务的多种服务器直接连接在核心层，并且安全、备份、网络管理也有连接在核心层的。核心层的多中心拓扑结构如图6-11所示。

6.3.6 网络冗余设计

网络冗余设计基本思想是：通过重复设置网络链路和互连设备来满足网络的可用性需求。冗余是提高网络可靠性和可用性目标的最重要方法，通过冗余设计，可以减少由于单点故障而导致整个网络故障。重复设置必需的组件，使关键应用不停运，仅性能降低。冗余的

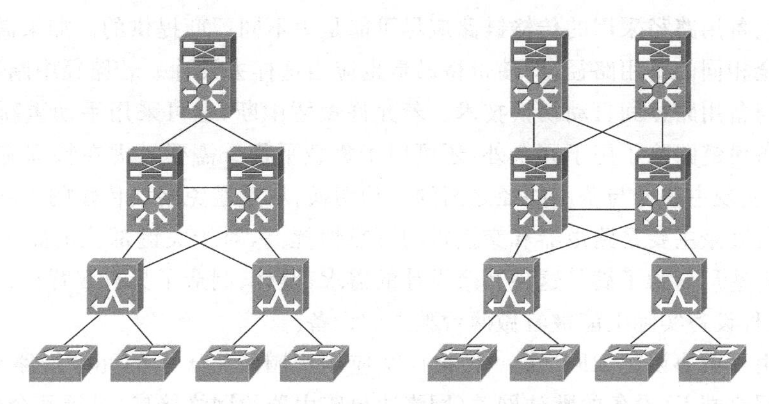

图 6-11　核心层的多中心拓扑结构

对象可能是核心路由器、电源、广域主干网或 ISP 网络等。在企业网核心层和汇聚层均可实现冗余。

网络冗余设计的目的是增加计算机网络的可靠性。从工程的角度讲，计算机网络的可靠性是在给定的时间间隔及给定的环境条件下，计算机网络按设计目标成功运行的概率。成功运行的含义是正确无误地完成规定的功能，这就要求计算机网络具有一种程度的容错能力，当网络系统发生故障时，系统能够继续工作，并可以快速恢复网络功能。

需要指出的是，冗余设计会增加网络的成本，以及网络设备维护的费用。需要在网络成本、网络可靠性之间进行取舍。

可以从网络设备冗余、网络链路冗余、负载均衡等几个方面考虑网络结构的冗余设计。冗余设计的主要内容包括链路冗余、交换机冗余、路由器冗余、服务器冗余、电源系统冗余、软件冗余等。链路冗余可以采用链路聚合技术、服务器冗余可以采用双机热备方法、交换机、路由器、服务器都可采用冗余电源、软件冗余可以采用双服务器软件镜像的方法。网络分层设计中的汇聚层冗余设计如图 6-12 所示。

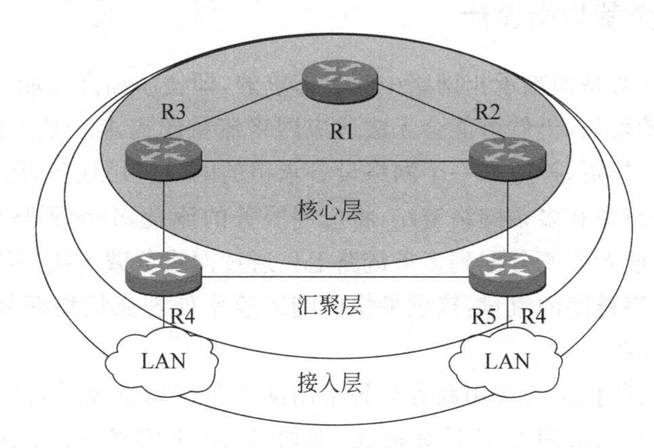

图 6-12　汇聚层冗余设计

网络链路冗余提供一条备用路径，是针对主路径上的设备和链路的重复设置，由路由器、交换机，以及它们之间的独立备用链路构成。为防止路径故障，必须提供一条备用路径。备用路径由独立备用链路构成。一般情况下，备用路径的容量比主路径的容量要小，备用路径在实现时可以采用与主路径不同的技术，例如可以分别采用以太网技术和 ADSL 技术。

另外，主、备用路径采用的传输链路应尽可能是由不同厂商提供的。如果需要一条与主路径性能完全相同的备用路径，即使价格昂贵也应当这样去设计。若路径中断不可接受，应采用主路径与备用路径间自动切换技术。若允许短暂中断，也可采用手动重新启动备用路径的方法。备份链路除了用于冗余外，还可用于负载平衡。需要考虑在特殊应用场合采用双路径设计，实现主路径与备用路径之间的自动切换，尽量避免网络传输的中断。

网络设备冗余主要是路由器和交换机的可靠性提高，对于关键部位的路由器或交换机需要冗余。有些厂商为了满足这种冗余设计的需求，设计、制造了具有双背板、双电源、双引擎的设备，这种设备实际上能被看做两台独立的设备。

虚拟路由冗余协议(VRRP)是一种被广泛应用于园区主干网的冗余链路解决方案，方法是对以太网终端 IP 设备的默认网关(网络边界路由器的网络接口)进行冗余备份，在其中一台路由设备发生故障时，能向用户提供透明的切换，及时由备份路由设备接管转发工作，VRRP 也可以用于网络流量均衡。

负载均衡也可以通过冗余设计实现。冗余的主要目标是满足可用性需求，另一个目标就是能够通过并行链路支持负载平衡来提高性能。例如，因特网中的应用服务器多是通过冗余来提供网络服务的。在 IPv6 网络中增加了任播地址，为实现网络中的负载均衡提供了很好的地址寻址技术。

网络链路冗余设计时需要考虑的问题包括：

(1) 是否允许网络传输的暂时中断。

(2) 备用路径的容量是否可以满足基本要求。

(3) 启用备用路径需要的时间限制。

(4) 实现备用路由的成本。

冗余设计的基本要求是：只有在网络链路中断时，才启用冗余链路；尽量不要将冗余链路用于负载平衡；一般在核心层采用链路聚合技术。

6.3.7 网络负载均衡设计

单一网络设备有时是很难承担网络中流量需求的，即使添加高性能的网络设备，但随着网络信息流量的持续增长，仍然可能会无法适应网络流量的需求。采用网络负载均衡可以保护原有网络设备的投资，把原来一个网络设备承担的网络应用任务，用一组网络设备共同承担，采用专用网络设备和多条网络链路，将应用服务的流量，分配到整个网络设备组中的每一台网络设备上，或者均衡分配到多条链路上。通过网络负载均衡持续检查，确定各网络设备的状态，以及网络链路的流量，提供最快的响应速率处理流量均衡分配，确保网络应用服务有序、可用、不停顿。

大型网络资源点所提供的应用服务均是采用网络负载均衡设计，由一组网络应用服务器共同提供某一项服务，采用 C/S 计算模式，例如，Web 应用服务、DNS 服务、电子邮件服务等。

采用网络负载均衡设计的服务器组，在网络中呈现为一个虚拟的服务器，虚拟服务器用一个虚拟 IP 地址代表，服务器组中的服务器数量可以动态增减。在客户机访问虚拟 IP 地址时，负载均衡机制将连接分配到服务器中具有最高可用性的一个服务器设备。

可以看出，网络负载均衡建立在现有网络结构基础之上，通过增加网络设备台数，满足了网络应用流量的需求，降低了对网络设备本身的要求，具有很好的扩展性、灵活性、可用性。

网络负载均衡设计的要点是：将大量的并发访问或数据流量分散到多台网络设备上分别处理，提高了响应速度。将单个重负载的运算分散到多台网络设备上并行处理，并对处理结果进行汇总，返回给客户机。

负载均衡可以采用软件或硬件的方法，软件网络负载均衡是指在一台或多台服务器操作系统上，安装支持负载均衡的一个或多个附件软件，优点是配置简单、使用灵活、成本低。软件方法存在的问题是，在服务器上安装网络负载均衡软件，会增加服务器主机的开销，消耗较多的资源，当网络连接数目很大时会出现资源缺乏。

硬件网络负载均衡是直接在服务器主机和外部网络之间安装负载均衡设备，称为负载均衡器，即由专门的负载均衡设备承担负载均衡策略、分配和流量管理，可以满足最佳的需求，但是硬件成本较高。

有些负载均衡器集成在网络设备中；有些负载均衡器通过两个网卡，把功能集成在服务器中，一个网络接口连接因特网，一个网络接口连接到服务器群组的内部网络。

网络负载均衡设计可以应用到不同的网络层次上。

第2层负载均衡，采用链路聚合技术，把多条物理链路聚合为一条聚合逻辑链路，由多条物理链路共同承担网络流量，在逻辑上增大了链路的容量，可以满足网络应用对网络带宽的需求。

第4层负载均衡是将一个合法的IP地址，映射为多个内部服务器的IP地址，对每一个TCP连接请求，动态地使用其中一个内部IP地址。网络负载均衡设计，使得交换机可以根据流经数据包中协议字段的值，例如，IP地址、端口号，结合负载均衡策略，在服务器主机IP和虚拟IP(VIP)之间进行映射，选择服务器组中当前可用性最好的主机来处理连接请求。

第5层负载均衡，提供对访问应用层控制方式，例如，Web服务器的应用，通过检测HTTP协议的首部，依据首部字段值的信息执行负载均衡，若有错误信息，可以将连接请求重定向到其他Web服务器。可以根据HTTP首部信息判断数据流的类型，把数据流量引向不同的服务器。例如，把视频流导向对应的视频服务器。目前应用层的负载均衡仅支持有限的应用层协议。

按照获取系统状态信息与否，负载均衡算法分为静态和动态两类。静态算法适应网络负载变化不大的场合，典型的静态算法有两类：随机算法和循环域名算法。动态算法利用系统的状态自适应地做出负载均衡分配，需要搜集、传输和处理状态信息的机制，负载均衡性方面较好，但需要一定的开销。动态算法的实现策略有三类：用户状态已知，网络设备状态已知，用户状态和网络设备状态均已知。

负载均衡设计有一定的要求，负载均衡策略设计有两个关键因素，负载均衡算法和对网络系统状态的检测方式和能力。常用的负载均衡算法有轮询均衡、加权轮询均衡、随机均衡、响应速度均衡、最少连接数均衡、处理能力均衡。负载均衡设计要点有性能、可扩展性、可靠性、容易管理支持。

6.3.8 服务子网设计

网络服务主要有两类：通用的网络服务，例如，DNS服务、Web服务、FTP服务、电子邮件服务；内部应用服务，例如，办公（OA）服务、管理信息系统（MIS）服务、校园一卡通服务等。当网络服务较多时，需要设计一个服务器主机群，也称为服务子网。服务子网设计在哪个层次，对网络性能会产生不同的影响。服务子网设计分为集中式服务设计和分布式服务设计。

集中式服务设计模型是将服务子网设计在核心层，服务器集群可以集中放置在中心机房内，适用网络中数据流量不大的网络。特点是网络结构简单，便于管理；但增加了核心层的负荷，影响可靠性。集中式服务设计模型适用网络数据流量不大的企业。集中式服务设计模型如图 6-13 所示。

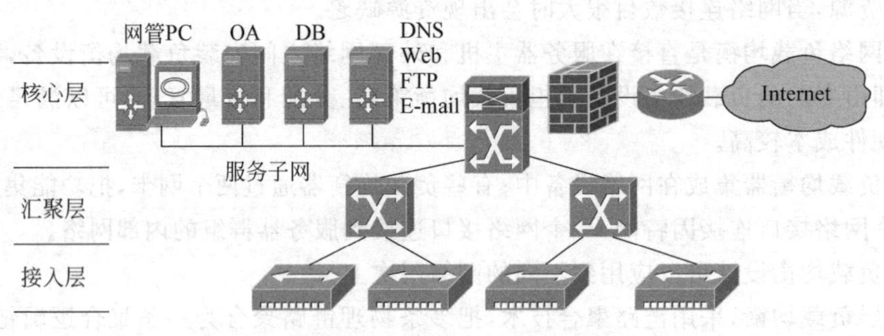

图 6-13　集中式服务设计模型

分布式服务设计的特征是网络服务集中、应用服务分散。采用的设计方法是，将通用网络服务放置在核心层，通用网络服务器群放置在中心机房。企业内部应用服务分布到各个部门，内部应用服务器分别放置在汇集层或接入层的机房。分布式服务设计的优点是网络流量分担合理，核心层设备的压力小，应用服务器放置在汇聚层，即使核心层发生故障，应用服务子网仍然可以工作，可靠性好。分布式服务设计的不足是网络管理工作复杂，网络设备利用率不高。分布式服务设计模型适用企业园区网络。分布式服务设计模型如图 6-14 所示。

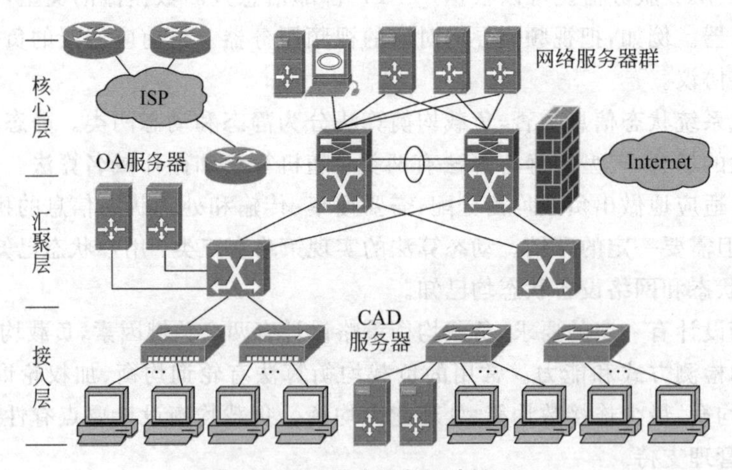

图 6-14　分布式服务设计模型

6.4 网络性能设计

6.4.1 网络带宽设计

网络性能设计的目标是使网络系统能满足网络用户对网络功能的需求。在网络设计阶段需要尽可能避免出现网络的性能瓶颈,根据网络应用数据流的特点,规划和设计网络性能监控和优化机制。

在网络运行时则注意监控某些关键站点和线路的活动,维持必要的服务质量(QoS),进行网络的可用性检测和流量管理等工作。网络性能的分析和评价方法有测量法、分析法、模拟法。

网络带宽常常成为影响网络性能的不稳定因素。ITU-T I.113 建议规定:数据传输速率低于 1.5Mbps 的网络划分为窄带网;数据传输速率在 1.5Mbps 以上的网络划分为宽带网。在基带网络中,带宽通常用来衡量数据的传输速率,单位为每秒多少位(bps)。在频带传输网络中,带宽涉及波长、频率或能量带的范围,一般特指频率上、下边界之差,单位为赫兹(Hz)。在通信网络中,存在基带和频带混合使用的情况,带宽单位的判定需要依据具体应用情况而定。常用数据传输网络的带宽如表 6-2 所示。

表 6-2 常用数据传输网络的带宽

网络名称	传输速率	通信信道	应用领域
X.25	54kbps	点对点	城域网
ISDN	单:64kbps,双:128kbps	点对点	个人、小企业用户
FR	19.2kbps~2Mbps	点对点	城域网,专线
DDN	64kbps~2Mbps	点对点	城域网,专线
ADSL	下 8Mbps,上 1Mbps	点对点	个人、小企业用户
VDSL	下 52Mbps,上 2Mbps	点对点	双绞线
Ethernet	10/100/1000Mbps	广播	局域网、城域网
Ethernet	10Gbps	广播	光纤
HFC	下 36Mbps,上 10Mbps	广播	个人、小企业用户
E1	2.048Mbps	点对点	企业专线接入
E3	34.368Mbps	点对点	光纤
T1/DS1	1.544Mbps	点对点	同轴电缆、光纤
T3/DS3	43.232Mbps	点对点	同轴电缆、光纤
ATM	155Mbps、655Mbps	点对点	城域网
SDH/SONET	51.84Mbps~2.5Gbps	点对点	城域传输网
DWDM	2.5~40Gbps	点对点	城域传输网

带宽能否达到理论值,与网络采用阻塞式设计还是非阻塞式设计相关。阻塞式与非阻

塞式设计的设计思路是：非阻塞式设计，上层链路带宽大于或等于下层链路带宽的总和。阻塞式设计，上层链路带宽低于下层链路带宽的总和。通过网络设计比较分析，得出的结论是，非阻塞式网络汇聚节点负载轻，网络扩展性好，不足之处是工程成本高。

在网络设计中应充分考虑影响网络带宽的多种不稳定因素，例如，以太网带宽不稳定的因素涉及：双绞线线路质量的好坏，对网络带宽影响很大；信号在传输过程中要消耗大约10%的系统开销；环境温度变化、接头产生氧化等，都会造成带宽下降。

用户网络业务最低带宽需求是不同的。在局域网中，上行和下行带宽相差不多。在因特网中，下行带宽大于上行带宽。一般要求，满足用户网络服务需求带宽不能低于256kbps。

网络带宽设计的基本思想是：根据带宽占用大的业务来选择线路带宽，并根据业务使用频度考虑带宽。提供和分配网络带宽时，需要考虑的因素有用户的服务类型、用户的访问速度、用户和服务器之间的连接质量。不同网络应用对网络带宽的需求如表6-3所示。

表6-3　端到端网络业务最低带宽要求

网络应用	下行带宽	上行带宽	应用说明
网页浏览	32kbps	10kbps	每个页面
收发邮件	128kbps	128kbps	依用户与邮件服务器带宽而定
FTP下载	200kbps	32kbps	一般占用到用户带宽的70%左右
网上聊天	32kbps	32kbps	文字聊天
网上购物	64～128kbps	32kbps	交互式应用
网络游戏	64～256kbps	64kbps	因特网游戏，依用户与游戏服务器带宽而定
IP电话1	32kbps	32kbps	H.323纯语音IP电话，采用G.723编码
IP电话2	128～512kbps	128～512kbps	多媒体IP电话
视频会议	512kbps	512kbps	H.323视频多媒体会议
视频监控	256～512kbps	256～512kbps	分布式多媒体监控业务，如交通监控系统等
视频点播1	256kbps	64kbps	MPEG-1(VCD)分配型多媒体视频业务
视频点播2	2Mbps	64kbps	MPEG-2(VCD)分配型多媒体视频业务
BT下载	256～512kbps	256～512kbps	占用到用户带宽的80%左右
远程医疗	256～1.5Mbps	256～1.5Mbps	交互式多媒体业务
数字化电视	512～800kbps	64kbps	分配型多媒体业务

在设计网络带宽时用到集线比的概念，集线比是指在电话通信系统中，可用信道与接入用户线的比例，用电话集线比模型描述。例如，一条E1线路可以同时接通30路电话，如果按1∶1的集线比，则只能接30条用户线，如果按1∶8的集线比，则可以接240条用户线。计算机网络集线比是指网络服务系统有效接入与最大接入能力之间的比率。计算机网络的集线比经验值为1∶8～1∶15。

带宽与网络流量有很大关系，带宽与网络流量的联系是：带宽是固定值，而流量是变化的量；带宽有很强的规律性，而流量的规律性不强；带宽与物理设备、传输链路相关，流量与使用情况、传输协议、链路状态等相关。

网络流量设计采用分层网络流量模型。数据流量从接入层流向核心层时，被收敛在高速链路上。流量从核心层流向接入层时，被发散到低速链路上。核心层设备汇聚的网络流量最大。接入层设备的流量相对较小。

不同网络服务的数据流量特性是不一样的，影响网络性能的质量参数主要有突发性、延迟、抖动、分组丢失等。不同网络服务的流量特性如表 6-4 所示。

表 6-4　不同网络服务的流量特性

网络服务	业务特征	突发性	延迟容忍度	抖动容忍度	丢失容忍度
Web 网页	多个小文件传输	高	中	高	中
E-mail	数据量小	高	高	高	高
FTP	大文件批量传输	中	高	高	高
即时通信	数据量小	高	中	高	高
网络游戏	要求可靠传输	高	中	高	中
IP 语音	要求可靠传输	低	低	低	低
视频点播	带宽要求高	低	低	低	低
电子商务	要求可靠传输	高	中	中	低

6.4.2　网络服务质量设计

TCP/IP 协议采用尽力交付的服务，并不提供服务质量(QoS)保证。随着网络多媒体应用的普及，例如，IP 电话、视频会议、视频点播、远程医疗、远程教育，对网络服务质量提出了越来越高的要求。

网络服务质量的设计目标是提供端到端的服务质量保证。利用 QoS 机制区分不同类型的数据流，提供不同的服务质量。

网络服务质量参数主要有连接延迟、连接失败的概率、吞吐率、传输时延、时延抖动、丢包率、出错率、吞吐量、误码率、安全保护、优先级、恢复功能等。ITU-T Y.1541 标准根据传输时延、时延抖动、丢包率、出错率四项参数综合，将 QoS 分为 6 类，按所提供的服务质量高低依次为 0～5 类，分别对上述四项参数各有不同侧重要求。下面以语言数据传输为例，讨论网络设计时，对服务质量参数基本考虑。

传输时延是两个节点之间，发送和接收数据包的时间间隔。在任何系统中，传输时延总是存在的。例如，话音数据包到达目的地的总时间不得超过 150ms。

时延抖动是不同数据包之间延迟时间的差别。抖动主要由于排队等候时间不同而引起。话音网络的抖动不应超过 30ms。

丢包率指发送数据包与接收数据包的比率。数据包丢失一般由网络拥塞引起，丢包率过多会影响数据传输质量。一般要求，数据包丢失率应小于 1%。

吞吐量是一定时间内流出网络的 PDU 数量，总是希望吞吐量越大越好。理想情况下，吞吐量应与输入负载线性增长。有时,也用数据传输率标识吞吐量,吞吐量与网络的带宽有很大关系。

增加网络带宽,可以提高网络性能,提高网络设备性能也会对 QoS 提供更好的支持,但是无限增大带宽是不可能的,网络设备性能提高也是有限度的。解决 QoS 问题存在两种思路:

(1) 通过对数据包进行分类,对业务类型进行优先级调度处理,解决带宽利用、延迟和丢包等问题。

(2) 骨干网越简单越好,主要任务是高效的数据包转发(不管坏包、好包)。因此应当利用流量工程的方法解决骨干网络的负载均衡问题。

支持 QoS 采用的主要技术有: VPN(虚拟专用网),通过隧道技术在公共网络上仿真点到点的专线技术;区分服务(DiffServ),通过传输汇聚提供服务质量支持;链路汇聚,通过链路带宽汇聚提高网络带宽;流量工程(TE),控制数据流传输路径,达到 QoS 保证;MPLS,采用固定长度的标签,加快交换机查找路由表的速度。对应的因特网技术文档分别是: RFC 1633,IntServ(集成业务)模型;RFC 2475,DiffServ(区分业务)模型;RFC 2702,MPLS(多协议标签交换)。

使用较多是 IntServ 综合业务模型。IntServ 提供两种服务类型: 保证服务(GS),通过保证带宽和时延来满足应用程序的要求;负载控制服务(CLS),保证在网络过载情况下,也能提供服务。

IntServ 的优点是提供每个数据流端到端的 QoS 保障。IntServ 的缺点是链路状态维护工作使核心路由器不堪重负,需要传送每个流的信令和状态,系统开销太大,面向连接的特性容易导致网络复杂化,需要全部网络设备都提供一致的技术。

DiffServ 区分业务的基本思想: 把业务分成不同的类别,并根据业务所属类别区分对待。优点是将业务流汇聚为少数几种业务类型,为不同业务类型提供不同优先权,不需要信令。区分服务结构=策略/资源管理器+边缘业务流调节+核心区分转发,由用户和业务提供者商定服务等级(SLS)。网络发生拥塞时,按流量调节规定(TSC)处理用户的业务流。

MPLS(多协议标签交换)是 IP 路由和 ATM 交换技术的结合。MPLS 允许在 IP 协议首部再增加首部建立数据传输通道,不用对 IP 数据包的内容做任何处理。MPLS 采用固定长度的标签,加快了 MPLS 交换机查找路由的速度。MPLS 的设计思想: 边缘路由,核心交换。对连接请求实现一次路由选择,多次交换服务。MPLS 在无连接 IP 网络中引入面向连接的机制。MPLS 在下一代电信网络(NGN)中有很好的应用。

QoS 的复杂性表现在: 很难知道用户的业务类型;很难建立用户业务流量模型;不同用户的同一种业务,其业务特征和流量模型也很可能不同;端到端的可用资源情况很难判断;技术不成熟;实现 QoS 需要全网的支持;有时 QoS 需求并不紧迫。

6.5 企业网(Intranet)设计

6.5.1 Intranet 设计概述

园区网应当使用层次模型设计,使网络具有良好的性能、可维护性和可扩展性。设计时经常采用的技术有较小的广播域、冗余分布子网、冗余服务器、VLAN 划分。

Intranet 拓扑结构设计主要涉及网段划分、VLAN 设计。将一个大的平面网络分解为多个子网，缩小广播域。一个 VLAN 交换机不是将所有广播传送到每个端口，而是将广播只传送到同一子网的某个部分。虚拟局域网使网络中节点之间的传输不受物理网路的限制，在隔离冲突域、网络安全性等方面提供支持。

Intranet 拓扑结构设计也是采用核心层、汇聚层和接入层三层设计，Intranet 中的三层设计多采用交换机组网，采用支持三层路由功能的交换机进行网络之间的互连，在接入层使用二层交换机，在汇聚层和核心层采用三层交换机。目前仅是在与外网连接时才采用路由器进行互连。

一个问题是，设计园区网使用交换机还是路由器？目前很少使用路由器，主要采用交换机。通常在接入层使用二层交换机，在汇聚层使用三层交换机。

服务器是 Intranet 中最重要的设备或资源类型之一，它主要用于存放数据资源。根据用户的应用需求，在园区网中，可将文件服务器、Web 服务器、动态主机配置协议 DHCP 服务器、名字服务器、数据库服务器等设计为冗余结构。

需要指出的是，由于三层交换机技术的进展，实现大型平面交换式网络的需求越来越少，对 VLAN 的需求也相应在减少。另外，VLAN 较难以管理和优化，VLAN 涉及多个物理网络，对 VLAN 的传输主干(Trunk)上的容量需要较大，这也会影响网络的整体性能。

Intranet 设计中，经常会在交换机之间设计冗余链路，对冗余链路形成的环路问题，采用 IEEE 802.1d 生成树算法解决。但是 IEEE 802.1d 只能解决环路问题，不能解决负载均衡问题。可以通过冗余 LAN 网段设计，实现负载均衡，并可以扩展 Intranet 的覆盖范围。

6.5.2 Intranet 的 WAN 设计

Intranet 的 WAN 设计用于 Intranet 连接 ISP 和因特网(外网)。一般采用冗余 WAN 链路和多因特网连接。Intranet 通过在网络内部的种种设计，以及配置多条通向因特网的路径，来满足用户的可用性和性能目标要求。为了连接 Intranet 外部站点或合作伙伴，同时保证 WAN 的数据安全，可以使用专用线路或者采用虚拟专用网跨越因特网来连接 Intranet。

采用冗余的 WAN 链路，企业级网拓扑中常包括冗余(备份)广域网链路。一个广域网可被设计为完全网状或部分网状。考虑到所付出的代价，采用分层部分网状拓扑结构一般能满足要求。

设计时应了解实际物理电路情况，选择物理上不同的通信设备组成的网络。应与广域网供应商讨论有关电路实际设置的问题。需要注意的是，从通信公司到本单位建筑物的本地电缆往往是网络中最薄弱的链路部分，它会受到建筑施工、火灾、洪水、冰雪和缆线挖断等其他许多因素的影响。

多因特网连接是指为一个 Intranet 提供一条以上的链路进入因特网的情况。根据用户的目标，一个 Intranet 可以采用多种不同的与因特网连接的方式。多因特网连接拓扑如图 6-15 所示。

多因特网连接拓扑的比较如表 6-5 所示。

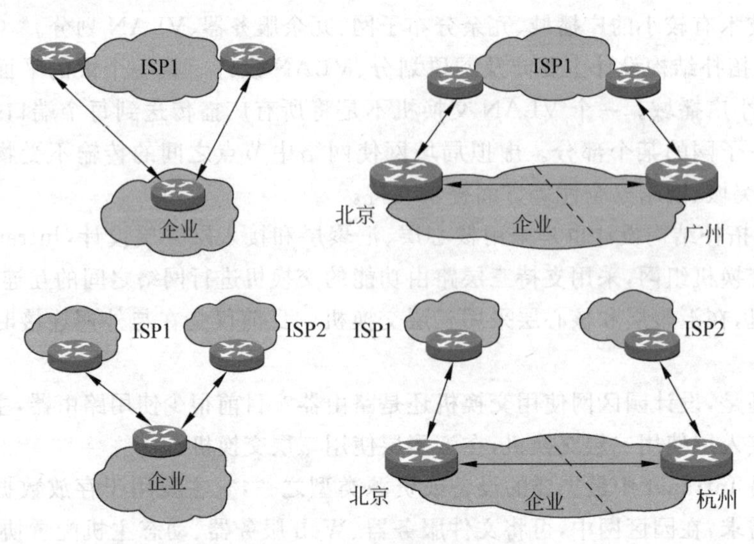

图 6-15　多因特网连接拓扑

表 6-5　多因特网连接拓扑的比较

出口路由器数	ISP 数目	到因特网的连接数	特　　点
1	1	2	WAN 备份,低成本、工作容易。无 ISP 冗余,本地容易有单点故障
1	2	2	WAN 备份,低成本、ISP 冗余。本地容易有单点故障,处理两个 ISP 会遇到策略和协议的差异
2	1	2	WAN 备份,成本适中、适用地理分散企业、工作容易。无 ISP 冗余
2	2	2	WAN 备份,适用地理分散企业、ISP 冗余。处理两个 ISP 会遇到策略和协议的差异,成本较高

6.6　IP 地址规划设计

6.6.1　网络中的寻址技术与方法

在因特网中,每个与网络相连的主机网络接口都需要有一个唯一的 IP 地址,IP 地址用来标识网络中的一个连接。所谓网络地址规划,是指根据 IP 编址特点,为所设计的网络中的节点、网络设备分配合适的 IP 地址。IP 地址也称为协议地址、逻辑地址。IP 地址用来标识不同的网络、子网,以及网络中主机。不同网络中的主机若想互相通信,需要通过互连设备,路由器是一种网络层的互连设备,用来连接不同的网络或子网。

计算机网络中通过协议地址进行网络协议数据单元(PDU)的路由和寻址。网络中的路由和寻址功能划分在网络层,具体到 TCP/IP 协议中是 IP 层,对应的协议数据单元称为 IP 分组。在 IP 分组中有源 IP 地址和目的 IP 地址两个字段,各占 32 位二进制位。IP 地址用于标识网络节点所处的位置。

IP 地址采用层次结构,由两部分组成:网络标识和主机标识。网络标识用于标识节点是属于哪个网络,主机标识用于标识节点是所属网络中的那一台主机。在实际应用时,考虑到 32 位二进制不容易记忆，用点分十进制标识 IP 地址，每 8 位二进制位组用一个十进制数表示，之间用点进行间隔，例如，202.176.32.1，用二进制展开就是 11001010 10110000 00100000 00000001。

为了克服 IP 地址紧缺的问题，目前在网络 IP 地址的规划设计中均采用无分类域间路由(CIDR)技术，CIDR 把 32 比特的 IP 地址划分为两部分，并且也具有点分十进制数形式 a.b.c.d/x，其中 x 指示了在地址的第一部分中的比特数目，x 最高比特构成了 IP 地址的网络标识部分，并且经常被称为该地址的前缀。一个 IP 地址的剩余 $32-x$ 比特被称为后缀，后缀类似主机标识部分，用于标识一个网络中的主机，属于同一个网络的所有网络主机设备应具有相同的网络前缀。例如，某个组织获得采用 CIDR 标识的地址 a.b.c.d/21，它的前 21 比特定义了该组织的网络前缀，对该组织中的所有主机的 IP 地址来说是共同的，其余的 11 比特标识该组织内的主机。

采用 CIDR 以后，不仅可以很好地通过网络前缀的变化，实现变长子网掩码划分子网，构成层次编址，也可以很好实现路由汇聚，减少路由器中路由表的表项数目，提高路由效率。获得一个 IP 地址的部门通过网络前缀值增大可以再划分为几个内部子网，这些内部子网的地址块是连续的，从外部网络是看不到这些内部子网的，可以对外屏蔽内部网络复杂的网络结构关系，这些子网与外部网络的路由都汇聚到该部门的一个 IP 地址上，只是到了该部门网络后，再依据该部门网络路由器上的路由表进行子网的路由和寻址。层次编址与路由汇聚如图 6-16 所示。

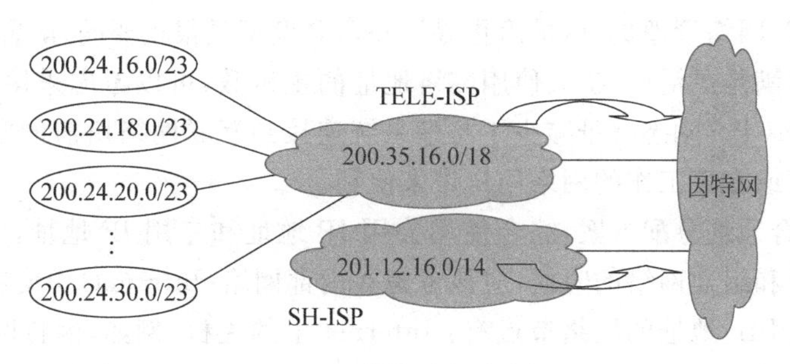

图 6-16 层次编址与路由汇聚

网络地址转换(NAT)用于把内部网络(Intranet)IP 地址转换为公共网络(Internet)的 IP 地址。内部网络地址也称为专用 IP 地址，仅能够在内部网络中使用，是为了解决 IP 地址紧缺的一种地址划分机制。NAT 一般处于内网与外网之间的位置，在路由器或实现 NAT 的主机上进行配置。

6.6.2 获得 IP 地址的方法

由 ICANN 统一负责对 IP 地址的分配进行管理，ICANN 不直接面向网络用户，IANA 把地址分配给地域性因特网注册机构 RIR。按世界地理区域划分，分别处理所管辖区域的 IP 地址分配。有 5 个 RIR：ARIN(北美地区)、LACNIC(拉丁美洲)、RIPE NCC(欧洲地区)、APNIC(亚太地区)和 AFRINIC(非洲地区)。

在 RIR 之下是国家级注册机构(NIR)和本地区注册机构(LIR)。RIR 把 IP 地址分配给下一级注册组织(NIR)或 ISP，授予他们可以指定和分配 IP 地址的权限。

中国国家级注册机构为中国互联网络信息中心(CNNIC),中国著名的 ISP 有中国教育科研计算机网络 CERNET、中国电信等。中国高等院校一般都是通过 CERNET 获得 IP 地址,CERNET 再到位于日本的 APNIC 申请。

6.6.3 IP 地址规划的原则

IP 地址规划要和网络层次规划、路由协议规划、流量规划等结合起来考虑。IP 地址的规划应尽可能和网络层次相对应。IP 地址规划应采用自顶向下的方法,首先把整个需要接入 Internet 的网络根据地域、设备分布、服务分布及区域内用户数量划分为几个大区域,每个大区域又可以分为几个子区域,每个子区域从它的上一级区域里获取 IP 地址段。

对 IP 地址的规划、分配应有文档记录。IP 地址的规划目标是可管理性、可用性、可扩展性。在分配地址之前设计结构化寻址模型,预留用于扩展的地址空间。用网络前缀变化,采用分层方式分配地址块,提高可扩展性和可用性。

采用结构化网络层寻址模型,使地址是有意义的、分层的、容易规划的。优点是:有利于地址的管理和故障检测;容易理解网络结构;操作网络管理软件和利用协议分析仪来跟踪和识别设备;实现了网络优化和安全性。例如,为一个企业网分配一块 IP 地址,然后将每块地址分成子网,再将子网划分为更小的子网,这也是一种结构化 IP 寻址模型的思想。

为支持移动性应用,根据物理地址划分地址块,分配网络地址时尽可能使用有意义的编号。可以授权分支机构管理他们自己的网络、子网的寻址划分。

如缺少有经验网络管理员,尽量简化寻址和命名模型是很重要的,配置内容也要尽量简单,另一方面可以满足灵活性、扩大使用网络地址的主机数,可以考虑采用动态分配网络地址,例如,采用 DHCP。动态寻址减少了将端系统连接到互联网络所需的配置工作量,对那些频繁变动、旅行或在家工作的网络用户带来便利。

通常采用混合地址分配方案,综合使用公用 IP 地址和专用 IP 地址,由于国内公用 IP 地址有限,在设计和组建网络的时候,应该考虑在内部网络(Intranet)中使用专用 IP 地址。

需要使用公用 IP 地址的网络节点有:Internet 上的主机,例如,因特网数据中心(IDC)需要对 Internet 开放的 WWW、FTP、E-mail 服务器;AS 的边缘设备等。

一般情况,在内部网络中,公用 IP 地址和专用 IP 地址混合使用。内部网络中的路由设备同时支持公用 IP 地址和专用 IP 地址的路由,内部网络数据中心的服务器主机分配公用 IP 地址。内部网络的节点使用专用 IP 地址,在 NAT 位置配置一个公用 IP 地址,通过 NAT 技术实现 IP 专用地址与 IP 公用地址的转换,访问外部网络(Internet)。若内部网络用户有特殊需要,也可以给其临时分配公用 IP 地址。

动态分配地址可以有效地管理和使用网络用户的 IP 地址,以太网中的网络节点(主机),可以通过 DHCP 方式进行动态 IP 地址分配。通过用户电话线接入因特网时,可以采用 PPPoE 的接入方式,通过 RADIUS 服务器统一分配 IP 地址。

6.6.4 网络地址规划技术

一个部门或组织从 ISP 获得一块 IP 地址之后,就可以依据内部网络建设的需要,划分子网,为网络中的节点指定和分配 IP 地址,具体讲是为主机或路由器的网络接口分配独立的 IP 地址。

可以通过手工配置 IP 地址，这是人们常用的方法。也可以通过动态主机配置协议(DHCP)分配 IP 地址，这需要建立和配置 DHCP 服务器，接入网络的主机会自动从 DHCP 服务器获得一个临时的 IP 地址，用户退出网络后，这个 IP 地址可以分配给其他网络用户使用。移动计算促进了 DHCP 的广泛应用，例如在一个校园网内，网络用户可以携带上网的笔记本(便携计算机)在校园中移动，每到一个新的位置都可能连接到一个新的子网，通过 DHCP 协议获得一个新的 IP 地址。

专用 IP 地址和 NAT 是在 IP 地址规划时经常采用的技术。目前，许多机构都无法申请到大量的 IP 地址。解决有三种途径：发展 IPv6 技术、使用动态地址分配技术、使用网络地址转换(NAT)技术。

因特网技术文档 RFC 1597 给出了专用 IP 地址的描述和规范，已经将某些 IP 地址段划分为 Intranet 的专用地址。专用 IP 地址有 3 个范围：

(1) 10.0.0.0～10.255.255.255，24 位，约 700 万个地址(A 类)。

(2) 172.16.0.0～172.31.255.255，20 位，约 100 万个地址(B 类)。

(3) 192.168.0.0～192.168.255.255，16 位，约 6.5 万个地址(C 类)。

变长子网掩码应用也是很广泛的，变长子网掩码用于划分不同长度的地址块，与此对比，有类(A 类、B 类、C 类)IP 地址采用的是等长子网掩码。

6.6.5 IP 地址规划实例分析

以分类 IP 地址的子网划分方法为例，设从主机标识部分借用 n 位给子网，剩下 m 位作为主机标志，那么生成的子网数量为 2^n-2，每个子网具有的主机数量为 2^m-2 台。设计的基本过程是：根据所要求的子网数和主机数量，由公式 2^n-2 推算出 n。n 应是一个最小的接近要求的正整数，求出相应的子网掩码，即用默认掩码加上从主机标志部分借用的 n 位组成新的掩码，子网的部分写成二进制，列出所有子网和主机地址；去除全 0 和全 1 地址。

一个 C 类地址 192.168.143.0，需求是网内可有至多 140 台主机，要将该网分成 6 个子网，每个子网能容纳 25 台主机。考虑到要去除两个保留的特殊子网地址，至少需要 8 个子网，则 $n=3$，新的子网掩码为 192.168.143/27，而每个子网可容纳的主机数量为 $2^5-2=30$。

B 类地址划分的例子，一个具有 B 类地址 166.113.0.0 的机构，需要划分至少 25 个子网，每个子网需要容纳至少 1500 台 PC。试给出子网掩码和每个子网的配置。由于需要 25 个子网，因此理论上讲，至少需要 27 个子网，以去除子网号为全 1 和全 0 子网。这样，子网掩码长度需要增加 5 个比特，留下 11 比特用作主机 ID。而 11 比特可容纳的主机数量为 $2^{11}-2=2046$ 台 PC，符合设计要求。

规划一个校园网络的 IP 地址时，需要掌握设计具有三层结构的大型校园网的基本方法，选择适当网络设备构造该网络。可以考虑采用三层结构为该大学设计校园网：选用万兆以太网作为连接大学各个校区的高速主干；选用千兆以太网作为各个校区的主干，形成大学校园网的汇聚层；选用百兆以太网作为基本的接入形式。

大学校园网与因特网具有统一接口，即通过千兆以太网接入中国教育科研网 CERNET。

由于一个时期的网络具有特定的主流技术，因此这几年建设的园区网大多数都采用千兆到楼宇、百兆到 LAN(桌面)的以太网解决方案。事实上，这种结构是一种二层结构的网络拓扑，其中，千兆构成了汇聚层的主干，而百兆到 LAN/主机构成了接入层。因此，一种自然而然的解决方案就是选用万兆以太网构成整个核心层，形成了校园网的主干。校园网主干具有因特网的公网地址。

选用万兆交换机互连各个园区网，而不选用高速路由器的理由是：各园区网均采用的以太网技术体系，兼容性好。大学将在校园网上开展教学视频观摩、远程教学等多媒体应用，提供高速率信息通道是必要的。万兆交换机为三层交换机，是具有选路功能的交换机，在校园网环境下能够发挥更好的性能。

另一个值得考虑的是价格因素。若在覆盖几十千米范围采用高速路由器的话，底层通常要采用 SDH 技术，这使有关设备的价格要增加 2～3 倍。尽管高速路由器会带来对各个园区有更好的隔离性，但在校园网中用处不大。

一般情况，校园网从 CERNET 获得了 IP 地址的数量是无法满足需求的，只能供向因特网发布信息或进行科学研究之用，因此构成校园网 IP 地址的主体是经过 NAT 转换的专用 IP 地址。使用专用 IP 地址不利于与其他大学的学术交流，但也是不得已而为之的方法。另一方面，NAT 可以隔离校园网和外部网络，可增加校园网的安全性。

由于网络的规模较大，考虑到以后的可扩展性，校园网设计的路由协议是选用 OSPF。考虑到设备的可管理性，网络管理协议选用 SNMP。

校园网通过防火墙，连接放置各种应用服务器的非军事区部分，并经路由器与 CERNET 相连。

三层校园网结构中的核心层可以选用 Cisco 公司的万兆交换机 Catalyst 6509，租用电信公司的光纤专线，用万兆速率将各个园区的万兆交换机连成一个环。

各园区网可基本保持原有的二层网络架构，并在自己的园区网中使用专用 IP 地址块。需要考虑将园区网汇聚层主干千兆主交换机与大学主校区万兆交换机通过防火墙相连的问题，有些万兆交换机可能具有内置的防火墙。设计时可在内部防火墙处设置自己的非军事区，放置学院的网络应用服务器。

学院网络与大学主校区万兆核心层主干网连接，用千兆光缆连接多个千兆交换机构成学院园区网的主干，向下以百兆以太网交换机作为接入网交换机与用户计算机相连，实现百兆到桌面。

6.7 选择路由协议

6.7.1 网络中的路由层次

在计算机网络中采用层次路由机制实现网络协议包的路由选择。采用层次路由的原因是：路由器中路由表中的表项数目是受到限制的，这是由路由器的内存空间决定的，路由器的内存容量不可能无限大；另一方面，对大的路由表处理需要的时延比较长，会影响路由器转发网络协议包(PDU)的效率。随着因特网中节点数目的增加，当网络中节点数目达到一定规模后，再以节点为单位进行路径选择已变得不可能，采用层次路由已成必然。

因特网中的路由层次可以划分为因特网、自治系统(AS)、区域(region)、中间网络、末节网络。类似层次路由的例子是电话网络，例如，电话号码 0086-0571-8691-7928 依次标识国际、城市、电话分局、电话机插口编码。

为了实现层次路由,把因特网按照一定的范围和要求划分为自治系统,每一个自治系统有唯一的自治系统号,自治系统号由 ICANN 负责分配和管理。在 AS 内部运行内部路由协议,在 AS 之间运行外部路由协议。

每个自治系统(AS)由一组通常在相同管理者控制下的路由器组成。在相同的 AS 内的路由器可全部运行同样的选路算法(如 LS 或 DV 算法),且拥有相互之间的信息。在一个 AS 内运行的选路协议叫做自治系统内部选路协议,而在 AS 之间运行的选路协议叫做自治系统间选路协议。

为了提高路由的效率,把 AS 进一步划分为区域,区域分为主干区域和一般区域,一般区域通过路由器连接到主干区域,一般区域需要通过主干区域才能到达其他的自治系统。区域内的每个网络节点在自己所处的区域内怎样选择路由,怎样把 PDU 送到目的节点的全部细节,节点并不知道,也不必关心其他区域的内部结构。

一个区域包含若干个网络,每一个网络中,都可以进行网络协议包路由寻址,这些网络又可以分为中间网络或末节(Stub)网络。中间网络是指网络协议包可以穿越的网络,这个网络通过若干个路由器连接到其他不同的网络。末节网络是指网络协议包可以通过单一路由器进、出这个网络,但无法穿越这个网络。例如,本地网路多属于末节网络。

网络中的路由器分为 AS 边界路由器、区域边界路由器、区域内部路由器。

6.7.2 网络中的路由协议

计算机网络之间是通过路由器互连的。路由器运行路由选择协议,利用网络协议包中 IP 地址的网络标识,通过查找路由表中的路由表项,确定网络协议包的路由。

路由发生在网络层,是把 PDU 从源节点穿越网络到达目的节点的行为。路由包含两个基本动作:路径选择、转发(交换)。路径选择是通过路由选择算法确定最佳的 PDU 传输路径。转发(交换)是逐跳过程,类似 400m 接力赛跑,依据 PDU 的目的网络地址,把 PDU 按确定转发路径,依次转发。

路径选择使用路由选择协议。依据路由协议是否可以自己适应网络状态的变化,网络中的路由协议分为静态路由协议和动态路由协议。

静态路由协议适用网络中路由不经常变化的情况,例如,在末节网络中的路由。静态路由算法中,随时间路由的变化是非常缓慢的,通常是由于人工干预进行调整。

动态路由也称为自适应路由,动态选路算法能够当网络流量负载或拓扑发生变化时,根据网络状态的变化,自动更新路由,因特网中采用的就是动态路由。动态路由又分为孤立式、集中式、分布式,因特网中采用分布式的动态路由协议。

动态路由协议采用的路由选择算法主要有:距离向量(DV)路由选择算法、链路状态(LS)路由选择算法、路径向量(PV)路由选择算法。这些算法分别对应着 Bellman-Ford 算法、Dijkstra 算法、路径属性算法。其中 DV 是局部路由选择算法,LS 属于全局路由选择算法。

计算机网络中的路由协议分为内部路由协议和外部路由协议。因特网中的内部路由协议为路由信息协议 RIP、开放最短路径优先协议 OSPF,外部路由协议为边界网关协议 BGP。

路由算法还分为负载敏感的还是负载迟钝的，常用的选路算法，例如，RIP、OSPF 和 BGP 都是负载迟钝的。尽管选路协议工作原理可能十分复杂，但在网络设计中，选择一个选路协议实际上是一件简单的工作。

通常在路由表中设置默认路由。一台主机通常直接与一台路由器相连接，该路由器即为该主机的所谓默认路由器，又称为该主机的第一跳路由器。每当某主机发送一个分组时，该分组被传送给它的默认路由器。将源主机的默认路由器称为源路由器，把目的主机的默认路由器称为目的路由器。

选路算法的目的是简单的，即给定一组路由器以及连接路由器的链路，选路算法要找到一条从源路由器到目的路由器"最优"路径。

6.7.3 路由协议的比较

RIP 用于小型企业网，OSPF 则适用于规模较大的企业网，BGP 适用 AS 之间的路由选择，IGRP 或增强型 IGRP 适用于使用 Cisco 路由器的小型企业网。路由协议的比较如表 6-6 所示。

表 6-6 路由协议的比较

比较内容	RIP	OSPF	BGP
路由选择协议	DV	LS	PV
路由选择算法	Bellman-Ford	Dijkstra	路径属性
路由设计目标	路由最优	路由最优	路由可达
封装位置	UDP	IP	TCP
内部或外部路由	内部	内部	外部
度量值(Metric)	跳数	时延(链路状态)	AS序列号长度
网络规模	15 跳	100 个区域，每区域 50 台路由器	1000 台路由器
收敛时间	可能很慢	很快	非常快
资源消耗	内存：低。CPU：高。带宽：高	内存：高。CPU：高。带宽：低	内存：中。CPU：低。带宽：低
安全性(鉴别)	无	有	有

6.8 选择网络管理协议

6.8.1 网络管理的基本功能

网络管理协议用于实现网络中网络管理节点与被管网络节点之间的通信。通过网络管理可以实现对计算机网络的配置、监控、故障定位、性能优化、审计等。一般网络管理包括 6 个方面的管理：配置管理、性能管理、故障管理、计费管理、审计管理、安全管理。

在进行网络管理设计时，需要考虑到标准化要求、可扩展性、兼容性，也需要考虑到被管理的网路设备的特点，以及网络管理所需要的成本。需要指出的是在进行网络管理过程中，需要传输用于管理的网络协议包,这就需要消耗网络的资源。另外,需要针对不同计算机网络及应用对网络管理的需求,避免选择过高的网络管理目标,用于网络管理的投资应以够用适度即可。网络管理过程中获取的数据需要妥善保存,定期更新,以便今后比较和分析,为优化网络性能提供依据。目前在因特网和企业网中常用的网络管理协议是 SNMP。

6.8.2 网络管理机制

网络管理机制通过网络管理模型描述。网络管理的组成包括五个部分:网络管理者、被管网络设备、网管代理、网络管理协议、管理信息库 MIB。其中网管代理、MIB 处在被管网络设备内,网路管理者与被管网络设备之间通过网络管理协议通信。

网络管理者位于一个网络节点的主机中,这台主机也称为网络管理工作站,管理工作站是网络管理员与被管理网络系统的接口。管理工作站提供的功能主要有:

(1) 故障发现、数据处理与分析。

(2) 提供监视和控制网路的接口。

(3) 将网络管理员的命令转换成对远程网络元素的监视和控制。

(4) 与被管对象的 MIB 通信和交换数据。

网管代理位于被管网络设备中,网管代理响应网络管理站点发出的查询、控制等请求。另一方面,网管代理可以在异常情况出现时,用异步方式向网络管理站点报告被管网络设备出现的异常,例如,掉电、突然停机等故障。

MIB 保存被管计算机网络资源的数据,需要将被管网络资源以计算机能够理解的形式表示出来。一个被管网络设备被抽象表示为若干被管对象,一个对象就是描述管理代理特性的一个数据,这些对象的集合构成 MIB 中的数据。网络管理者通过读取 MIB 中对象的值了解被管网络设备和网络的状态,进行监视和控制,并可以通过设置 MIB 的对象值,使远程网管代理执行一个动作,或是修改网管代理的配置。

6.8.3 网络管理协议和平台

在进行网络管理协议设计时,需要考虑被管理网络设备的差异性,以及被管网络的规模,要求网络管理协议尽可能简单实用,有较好的可扩展性、适用性、健壮性和开放性。这也符合"简单者生存"这一达尔文定律的哲学思想,在计算机网络中的 IP 协议的"尽力交付"也体现了这一思想。

需要设计一种开放的网络管理基础设施,可以提供以下功能:

(1) 自动发现网络拓扑结构和网络配置。

(2) 事件通知。

(3) 智能监控。

(4) 多厂商网络产品的集成。

(5) 存取控制。

(6) 友好的用户界面。

(7) 网络信息的报告生成。

(8) 编程接口。

简单网络管理协议 SNMP 用于网络管理者和网管代理之间的通信。SNMP 是一个标准化的计算机网络管理框架。SNMP 可以与 TCP/IP 协议结合使用，属于 TCP/IP 协议簇中的应用层协议，SNMP 也可以与其他网路协议栈配合使用。

SNMP 实际上既是一种网络管理协议，也代表了一个标准化的因特网网络管理框架，使得对各种因特网设备的监视和控制成为可能。SNMP 的特征是健壮和简单，开放且实现容易，从而易于推广应用。公共管理信息协议 CMIP 是 OSI 网络管理体系结构中的重要标准，它应用于 OSI 协议栈网络及大型电信网管理部分场合。由于 CMIP 十分复杂，在实际的网络设计中很少采用。

管理者与网管代理之间通过网络管理协议 SNMP 通信，SNMP 具有的功能类似汇编语言中的 debug 工具。SNMP 的基本操作有三种：

(1) Get。管理者获取网管代理的 MIB 对象值。

(2) Set。管理者设置网管代理的 MIB 对象值。

(3) Trap。网管代理向管理者通告网络的异常事件。

SNMP 的 Get 操作是通过定期对被管网络设备的轮询进行的。SNMP 并不属于完全的轮询协议，可以看到对异常事件的处理机制，不需要经过轮询就可以捕捉异常事件，向管理者报告异常事件的发生。SNMP 的上述操作通过 SNMP 的协议数据单元 PDU 实现，规定了 7 种 SNMP 的 PDU 格式。

有些被管理的网络设备是无法安装网络管理代理的，例如，调制解调器等。也有一些网络设备采用的是另外一种网络管理协议。解决的方法是采用委托代理，委托代理也称为代理服务器。委托代理可以提供协议转换和过滤操作等功能。

目前，在市场上和技术上占有领先地位的网管平台均采用 SNMP 协议，这些网管平台有 HP 公司的 OpenView、SUN 公司的 SUN Solstice Enterprise Manager、IBM 公司的 Tivoli、CA 公司的 Unicenter TNG。有些网络设备厂商开发了专用的网络管理工具包，例如，Cisco 公司的 CiscoWorks，3Com 公司的 Transcend。在为企业网设计网络管理系统时，需要根据企业管理特点，先选择合适的网络管理平台和所需要的管理软件。

6.9 网络设计案例分析

6.9.1 校园计算机网络设计

某一大学有两个校区，分别是东校区和西校区。所设计的校园计算机网络应覆盖两个校区的所有建筑物，实现两个校区网络的互连互通，逐步实现无线网络在两个校区内的覆盖。外部网络的接入点设置在东校区，西校区的网络节点通过东校区网络与外部网络连接。

校园计算机网络建设目标是：在学校内构筑一套高性能、全交换、以万兆以太网结合快速以太网为主体、以双星(树)结构为主干的覆盖整个校园的网络系统。支持高速数据传输，满足网络用户突发性、大负荷访问的需求。采用宽带接入方式连接到 Internet，实现国内、外高校之间的资源共享、信息传输和学术交流。与外部网络(广域网、城域网、因特网)的连接提供安全性措施，支持访问控制 ACL，采用路由器防火墙或单独的防火墙设备，实现网络协议包过滤，可以设置针对 IP 地址、端口地址的过滤规则。

综合布线系统是网络通信基础设施，应当一步到位，在设计时，应充分考虑可扩充性、可靠性和可用性，选择标准化、质量好的布线部件，满足十年以上使用需求。例如，主干光缆的铺设费用较高，应当进行冗余设计，光缆芯数应留足余量，线缆铺设后不再改动。另外，在环境条件允许情况下，主干光缆应铺设在地下专用管道内。

校园计算机网络的基本需求主要有：

(1) 主干网的数据传输率(带宽)为10Gbps。

(2) 100Mbps交换到桌面计算机，支持VLAN技术。

(3) 设置DHCP服务器分配IP地址。

(4) 支持图书馆网络资源，以及学校其他网络资源的高速、海量、双向访问。

(5) 网络设计和所选用的网络设备应充分考虑可扩展性需求。

(6) 提供完整、统一的网络系统管理、监控平台，选用先进的网络管理系统。

(7) 提供常规网络应用，支持教学、科研活动，实现学校办公及管理自动化。

(8) 提供有线与无线传输技术相结合的网络环境。

(9) 提供与Internet的连接，以及与当地城域网的连接。

(10) 提供必要的安全措施，防止外来的攻击和非法入侵。

(11) 提供从校外安全、便捷地访问校内资源的服务。

(12) 能够对接入因特网的用户进行权限控制和计费管理。

(13) 提供语音、图形、图像等多媒体信息传输，二级以上交换机应支持组播功能。

校园网与企业网不同，校园网一般采用开放的网络结构，采用开放的TCP/IP协议，提供Web、电子邮件、文件传输等网络应用。应具有传递语音、图形、图像等多种信息媒体功能，二级以上交换机应支持组播功能，提供校园内、外网络信息高速、海量、双向访问。近年来，无线校园网络正在逐步普及，无线局域网作为有线网络的补充，发挥越来越多的作用。通过调研，发现学校对海量数据传输有很高的需求，这就要求在进行网络设计时考虑采用万兆以太网交换技术，校园主干网采用光缆布线，具备性能优越的资源共享功能，以及校园网中各信息点之间的快速交换功能。

校园网在与广域网连接的安全性要求上不如企业网高，一般采用路由器防火墙，而企业网需要考虑设置物理防火墙。在网络设备选型方面应考虑主流厂商的产品，注重开放性、标准化、先进性和可靠性。由于校园网规模较大，教学与科研部门不断增多，如果所有信息点在同一冲突域中，容易出现广播风暴，使网络性能受到影响。在设计时，核心层和汇聚层交换机应支持第三层交换技术、支持QoS。通过交换机进行VLAN划分，实现对网络用户的分类控制，对网络资源的访问提供权限控制。

校园计算机网络提供的网络应用有：

(1) 电子邮件系统，用于收、发邮件，进行联系和交流，获取文献资料。

(2) 文件传输FTP，用于获取技术文档和学术资源、交流研究资料。

(3) 建立学校主页，通过Internet向外发布学校信息、进行宣传、提供各类咨询。通过学校内部网络进行各类管理信息发布，提供教学和行政部门链接，提供校园文化平台，收集反馈意见等。

(4) 计算机教学，提供多媒体教学和远程教学环境，以及师生互动平台。

(5) 数字图书馆系统，用于查询、检索、阅读学校图书馆的文献资料。

(6) 计算资源共享，提供大型分布式数据库系统、视频会议、视频点播、超级计算环境。

(7) 教务和办公事物处理，可以提供教学、科研、后勤、财务和人事等方面事物处理，以及学籍、考评、竞赛等一般管理。

(8) Internet 接入，通过校园网与 Internet 连接，进行交流和文献资料查询。

校园计算机网络设计采用层次化网络拓扑结构设计，分为核心层、汇聚层和接入层。

(1) 网络核心层设计。核心层采用两台带有第三层交换模块的万兆以太网交换机。核心交换机之间采用聚合链路技术，使交换机之间可以有 4 条负载均衡的冗余连接线路。当两个交换机之间的一条线路出现故障时，会快速自动切换到另外一条线路上进行传输。通过万兆以太网交换、千兆以太网交换、快速以太网交换，以及路由和光纤连接构成校园计算机网络的主干。在核心层提供因特网接入。

(2) 网络汇聚层设计。汇聚层通过光缆或双绞线连接核心层、接入层，提供基于统一策略的数据流汇聚和连接功能，主要包括地址的汇聚、部门和工作组的接入、广播域和多播传输域的定义、VLAN 划分、传输介质转换、安全控制等。多个汇聚层交换机可以连接不同的无线局域网区域、连接不同的服务器群组，例如，各院系服务器群组、学生用服务器群组、学校办公服务器群组、远程服务器群组等。连接各个教学、科研、实验、办公楼宇中的交换机。

(3) 网络接入层设计。接入层交换机向下的连接层次一般没有限制，接入层交换机可以直接连接桌面计算机或下一层次交换机，支持百兆到桌面的数据传输。可以采用可网管、可堆叠的高性能交换机或一般二层交换机。为便于扩展，交换机应具备扩展槽，可以根据需要加插 2 口堆叠模块、单口或双口的千兆模块。

校园计算机网络的网络服务器主要包括 Web、FTP、电子邮件(E-mail)、数据库、VOD、远程访问、文件服务器等。与企业网相比，校园网的 Web、FTP、电子邮件服务器流量比较大，可考虑采用高性能的 UNIX 服务器，而对应用服务器和数据库服务器的要求不是很高，可以采用高档企业级 NT 服务器。这里要说明的是：服务器是软件的概念，一般讲的网络服务器是指安装了相应服务器软件的计算机主机。

校园计算机网络的应用系统主要包括：

(1) 学籍管理、学生事务管理、学生信息管理。

(2) 教学和教务管理，教师评估管理、教室管理、教案管理、教学资源管理。

(3) 选课管理，课表管理，教师和学生的授课、选课、成绩信息的录入、修改、浏览和查询。

(4) 网上图书管理、提供图书信息录入、图书查询、图书预借，以及图书信息的统计和维护。

(5) 公告管理，进行公告登记和公告维护两项操作，将校内通知、公文等发布到校园网上。

(6) 数字化校园，实现校园办公管理的统一界面，供内部教学、科研、财务、人事等事务处理。

(7) 校园"一卡"通管理，用一张卡实现交费、图书借阅、就餐、校园出入等管理。

校园网设计思路和技术方案是：采用万兆以太网交换技术和虚拟网络技术；按核心层、汇聚层和接入层组建网络；两个校区的主干网均采用 VRRP 实现双核心结构；DHCP 服务器等供校内访问的服务器采用双机热备份；无线网络与有线网络的连接采用就近接入；移动终端接入无线网络应通过身份认证；选用 SSL VPN 网关为师生员工提供在校园网外接入校园网的服务。

校园计算机网络的拓扑结构如图 6-17 所示。在进行设计时,可以考虑把 5 个核心层交换机分别放置在网络信息流量较大的位置,例如,在学校的东校区,学校网络信息中心可以放置一个 IPv6 核心交换机和一个核心交换机,另一个核心交换机可以放置在学校主图书馆;在学校的西校区,一个核心交换机可以放置在理科科研大楼,另一个核心交换机可以放置在教学实验大楼。核心交换机与汇聚交换机之间采用光缆连接,各学院楼宇可以放置汇聚交换机,再把各部位的接入交换机连接到汇聚交换机。网络安全设计采用了 DMZ、防火墙技术,并在适当的部位设置入侵检测系统(IDS)。

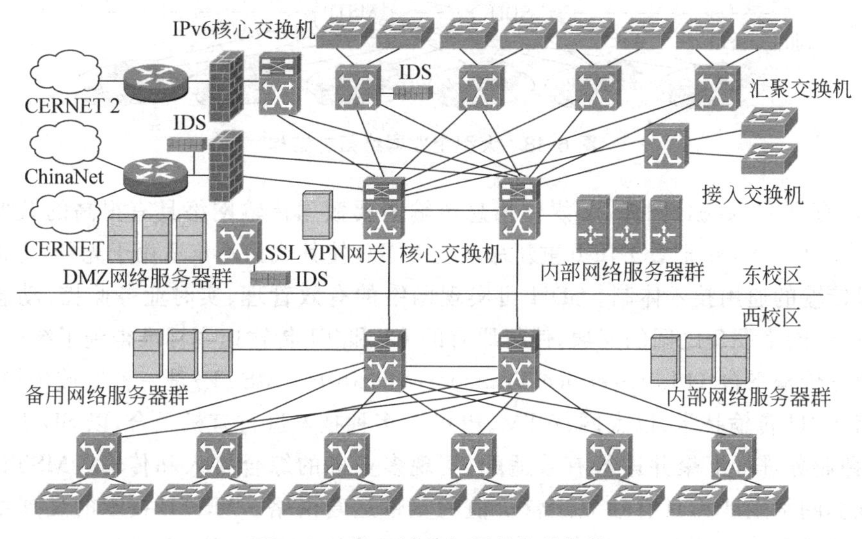

图 6-17 校园计算机网络拓扑结构

6.9.2 大型企业主干网设计

以一个企业的全国主干网为例进行讨论。假设某一大型企业网络有 4 个主干节点,10 个区域中心,90 多个地区公司。在企业总部与各区域中心均设有独立的数据中心,数据业务主要有通用数据业务和专用数据业务。通用数据业务包括电子邮件、防病毒系统、公司 ERP、电视会议、电子商务、Internet 访问和办公自动化等。专用数据业务包括生产运行数据、产销存系统和销售管理系统等。大型企业网络拓扑结构如图 6-18 所示。

其中,RPR 为弹性分组环,采用双环结构,技术标准为 IEEE 802.17。RPR 是新一代带宽 IP MAN 所采用的一种技术。RPR 的目标之一是提供分布式接入,RPR 是在环内使用共享带宽的分组交换技术,每一个节点都知道环的可用容量。在传统的电路交换模式下,全网状型连接需要 $O(n^2)$个点到点连接,而 RPR 只需要一个与环的业务连接。RPR 的数据传输速率可达 1~10Gbps。RPR 网络支持 SLA,对网络资源和流量都采用分布式的管理方式,可满足用户对服务等级的严格要求。

同步数字体系(Synchronous Digital Hierarchy,SDH)是一种将复接、线路传输及交换功能融为一体的光纤数据传输网络,是在美国贝尔实验室提出来的同步光网络(SONET)的基础上发展起来的。SDH 技术的诞生有其必然性,随着通信的发展,要求传送的信息不仅

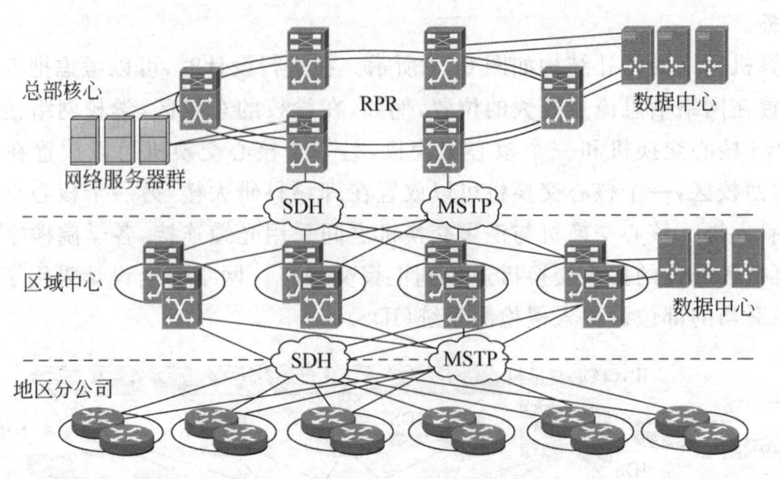

图 6-18　大型企业网络拓扑结构

是话音，还有文字、数据、图像，多媒体信息传输需要数据传输网络具有很高的数据传输速率。ITU-T 于 1988 年把 SONET 重新命名为 SDH，使其成为不仅适用于光纤，也适用于微波和卫星传输的通用技术体制。SDH 可实现网络的有效管理、实时业务监控、动态网络维护、不同厂商网络设备之间的互通，使得原有的 E1 和 T1 传输速率标准得到了统一。

多业务传输平台（Multi-service Transport Platform，MSTP）是一种城域传输网技术，MSTP 将 SDH 传输技术、以太网、ATM、POS 等多种技术进行有机融合，以 SDH 技术为基础，将多种业务进行汇聚并进行有效适配，实现多业务的综合接入和传输。MSTP 使传输网络由配套网络发展为具有独立运营价值的宽带运营网络。MSTP 技术的发展主要体现在对以太网业务的支持上，以太网新业务的要求推动着 MSTP 技术的发展。

MSTP 的技术优势体现在：解决了 SDH 技术对于数据业务承载效率不高的问题；解决了 ATM/IP 对于 TDM 业务承载效率低、成本高的问题；提供 IP QoS 支持；解决了 RPR 技术组网限制问题，实现双重保护，提高业务安全系数；提高了网络监测和维护能力。

地区分公司可以租用电信部门的专线与区域中心连接，再通过区域中心与企业总部连接。在传统的企业网络配置中，要进行异地企业网络之间的连接，通常采用的方法是租用 DDN 专线或帧中继专线，这会需要较高的通信和维护费用。企业员工外出或处于远端的企业用户，通过拨号线路连接 Internet 进入企业网络通常会带来安全上的隐患。

虚拟专用网（VPN）是依靠 ISP（Internet 服务提供商）和其他 NSP（网络服务提供商），在公用网络中建立专用的数据通信网络的技术。在虚拟专用网中，任意两个网络节点之间的连接并没有传统专用网络所需的端到端物理链路，网络连接是利用某种公用网络的资源动态组成的。这里讲的虚拟，是指用户不再需要拥有实际的长途数据线路，而是使用 Internet 公用数据网络的长途数据线路。所谓专用网络，是指用户可以为自己制定一个最符合自己需求的网络。部分地区分公司，以及在外地出差的员工可以通过 VPN 与企业网络连接。

广域网链路是企业网络实现连接非常重要的组成部分，在企业级网络拓扑设计中经常包括冗余广域网链路。一个广域网可被设计为完全网状或部分网状拓扑结构。一般情况，采用分层的部分网状拓扑结构就能满足要求。

企业网络的网络寻址设计应遵循一些规则，通过寻址设计使得企业网络具有可扩缩性、可管理性。在分配地址之前需要设计结构化寻址模型、为企业网络节点的扩充预留地址空间，避免在将来企业网络扩展时，出现需要重新对网络节点或网络设备分配地址空间的情况。

通过改变网络前缀的位数实现IP层次地址块的划分，可以支持路由汇聚，提高IP分组转发效率。为支持移动性，应根据网络物理位置而不是根据工作组成员逻辑关系分配地址块，在分配网络地址时尽可能使用有意义的编码，例如，域名地址具有望文生义的作用和效果。可以授权企业区域中心和地区分公司网管机构自行管理和分配所管辖网络、子网、网络节点的IP地址，采用网络地址转换(NAT)，实现内部专用IP地址到因特网公用IP地址的转换。

事实证明，人们访问网络、获取信息的方式越便捷，保护网络各种资源的安全也就越困难。如何保证合法用户对网络资源的安全访问，防止并杜绝黑客的蓄意攻击与破坏，同时又不至于造成过多的网络使用限制和性能下降，成为在进行企业网络安全设计时努力追求的目标。企业网络安全主要是通过访问控制、防火墙、入侵检测、VPN的部署，同时，应制定有效的企业网络应用和管理规范。

大型企业网络主干网应具有10Gbps以上的带宽，主干网用来连接区域中心和地区分公司网络，可能会容纳网络上50%～80%的网络信息流量，是网络大动脉，设计时应注重可靠性、对QoS的支持，应能满足企业网多业务承载的需求，确保数据传输实时畅通，为企业生产提供多方面的保障。

由于大型企业组织和管理方式复杂，具体情况差异明显，每个企业网络的体系结构、功能特点及运作方式等方面不尽相同，在设计企业网络时，所采用的方案不应是某种标准模式的翻版。只有那些充分显示企业特色的企业网络设计方案才能对企业的发展作出真正的贡献。在大型企业网络的建设中，需要充分体现出企业及本行业的特点与优势，在网络系统设计、开发的同时，多考虑对企业产品、生产、技术与业务创新的支持。

6.9.3 家庭无线局域网设计

家庭无线局域网络(Home Wireless Local Area Network，HWLAN)是随着局域网络和无线局域网络发展起来的，有时也把家庭无线局域网络简称为家庭网络(Home Area Network，HAN)。近年来，移动网络、传感器网络、嵌入式系统的发展加快了家庭无线局域网普及的步伐。人们发现，家庭的计算机设备、家用电器、监控设备，甚至婴儿车、电视机、冰箱、微波炉等都可以嵌入网络接口，放置网络传感器，配置网络协议，实现与无线局域网的连接。家庭无线局域网再通过与有线网络、因特网连接，实现高速数据传输和海量信息资源访问。家庭无线局域网连接如图6-19所示。

人们在上班时，可以通过计算机网络，控制家中的微波炉开启，当下班到家时，很快吃上可口的饭菜。超市的计算机网络与家庭无线网络连接，可以通过传感器获知家中冰箱中食品的数据，及时按需补充冰箱中的物品，当您下班回到家中，发现超市的送货车也来到了，送来了冰箱中缺少的食品。人们通过计算机网络连接家庭网络中的监控设备，可以看到和获知家中的安全情况，具有安全感，放心地从事工作。

人们可能会对上述描述有些陌生，其实，早在2000年以前，这些描述的事情在北美和欧

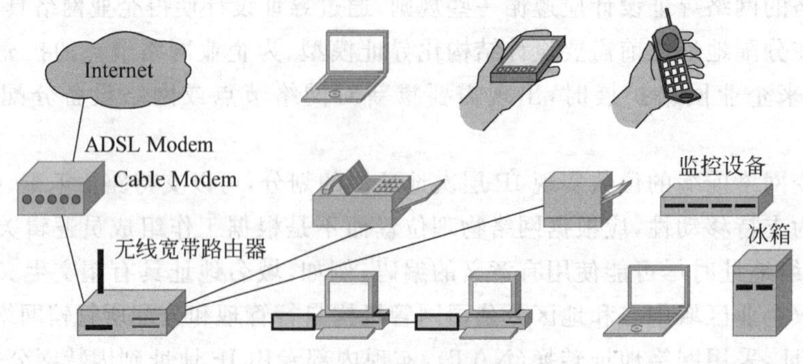

图 6-19　家庭无线局域网连接

洲已经实现了，给人们的生活、工作、学习带来许多方便。可见，计算机网络已经或正在改变着人们的习惯和行为方式，可以设想一下，假若现在没有计算机网络，人类社会和人们的生活将会是怎样。

家庭无线局域网设计比较简单，类似人们用积木搭建模型，现在的计算机设备、家用电器、手持设备等均具有网络接口，支持 TCP/IP 协议，只要按照设备说明书，打开设备，按照对话框的提示操作，很快就会配置好家庭网络。由于采用无线传输介质，家庭网络中的网络节点增加或删除十分方便，可以在家庭无线局域网的覆盖范围内，随意的移动网络节点。

家庭无线局域网络的主要网络设备是无线路由器，家庭网络中的网络节点需要通过无线路由器连接因特网和其他网络，从这点讲，无线路由器有些类似无线局域网中的访问点(AP)。无线路由器通过 ADSL Modem，经电话网络与因特网连接，或者通过 Cable Modem 经有线电视网络与因特网连接，是两种最常用的接入方式。

无线路由器(Wireless Router，WR)是具有无线覆盖功能的路由器，是把无线 AP 和宽带路由器合二为一的扩展型产品。无线路由器支持 ADSL Modem、Cable Modem、PPTP(点到点隧道协议)、动态 xDSL、固定 IP、动态 IP、PPPoE 虚拟拨号等接入方式，用于家庭无线网络的 Internet 连接共享。无线路由器也可以通过交换机、宽带路由器等局域网方式再接入，连接 Internet。无线路由器内置有简单的虚拟拨号软件，可以存储用户名和密码，为拨号接入 Internet 的 ADSL、CM 等提供自动拨号功能。

无线路由器不仅具备无线 AP 所有功能，例如，支持 DHCP、VPN、防火墙、WEP 加密等，而且还支持网络地址转换(Network Address Translation，NAT)和 MAC 地址过滤。

无线路由器支持的主流网络协议标准为 IEEE 802.11g，使用 2.4GHz 频段，数据传输率为 54Mbps，并且向下兼容 802.11b。另外，IEEE 802.11n(Draft 2.0)，用于 Intel 迅驰 4 笔记本和高端路由，可向下兼容。无线路由器信号覆盖范围为：室内达到 50m，室外一般达到 100～200m。

无线路由器具有一个 WAN 端口，用于连接外部网络，采用 RJ-45 连接器，提供 2～4 个 LAN 端口，用于连接桌面交换机或连接普通局域网。通常无线路由的 WAN 端口和 LAN 之间的路由工作模式一般都采用 NAT 方式。无线路由器也可以作为有线路由器使用。对 WAN 口进行配置之前，首先要清楚采用的是哪种宽带接入方式。一般无线路由器默认管理 IP 是 192.168.1.1 或者 192.168.0.1(或其他)，用户名和密码都是 admin。

家庭无线局域网中的计算机、电器设备需要安装有无线网卡，通过无线传输介质与无线路由器连接。无线网卡的接口类型有：

(1) 台式机专用的 PCI 接口无线网卡。

(2) 笔记本电脑专用的 PCMCIA 接口无线网卡。

(3) USB 接口无线网卡。

(4) 笔记本电脑内置的 MINI-PCI 无线网卡。

习题

1. 计算机网络设计的主要内容有哪些？
2. 写出 Intranet 设计的主要原则。
3. 写出网络设计的其他一些原则。
4. 给出计算机网络结构的基本要素。
5. 为什么说计算机网络拓扑结构是设计计算机网络的蓝图？
6. 支持点对点网络的拓扑结构有哪些？
7. 写出广播网络的特点。
8. 简述网络拓扑结构的信道类型及采用的技术。
9. 点对点拓扑具有的特征包括哪些？
10. 环型拓扑结构的设计特点是什么？
11. 环型网络拓扑结构的特征有哪些？
12. 网状型拓扑具有的特征包括哪些？
13. 总线型拓扑具有的特征包括哪些？
14. 星型拓扑具有的特征包括哪些？
15. 蜂窝型拓扑结构的特征有哪些？
16. 混合型拓扑结构的特征主要有哪些？
17. 写出平面网络结构的要点。
18. 使用层次模型设计的好处有哪些？
19. 目前的网络分层设计采用三层网络拓扑结构设计，有哪些层次？
20. 三层网络拓扑结构可以采用路由器设备设计，给出图示。
21. 三层网络拓扑结构可以采用交换机设备设计，给出图示。
22. 分别写出核心层、汇聚层和接入层的设计思路。
23. 写出层次模型设计原则。
24. 在网络设计时需要注意的问题有哪些？
25. 汇聚层可以实现的功能有哪些？
26. 核心层设计是主要内容有哪些？
27. 写出网络冗余设计基本思想。
28. 冗余设计的主要内容包括哪些？
29. 网络设备冗余主要采用哪些方法？
30. 网络链路冗余设计时需要考虑的问题有哪些？
31. 写出网络负载均衡设计的要点。

32. 网络负载均衡设计可以应用到不同的网络层次上，分别写出在不同层次采用的方法。

33. 写出负载均衡策略设计的两个关键因素。

34. 给出集中式服务设计模型的要点。

35. 写出分布式服务设计的特征。

36. 网络性能设计的目标是什么？

37. 网络性能的分析和评价方法主要有哪些？

38. 写出网络带宽设计的基本思想。

39. 解释在设计网络带宽时用到的集线比概念。

40. 写出带宽与网络流量的关系。

41. 写出网络服务质量的设计目标。

42. 网络服务质量参数主要有哪些？

43. 简述解决 QoS 问题存在的两种思路。

44. 支持 QoS 采用的主要技术有哪些？

45. QoS 的复杂性表现在哪里？

46. 写出 Intranet 的 WAN 设计的要点。

47. 给出层次编址与路由汇聚的图示。

48. 写出 IP 地址规划的原则的要点。

49. 采用结构化网络层寻址模型有哪些优点？

50. 写出混合地址分配方案的要点。

51. 因特网中的路由层次有哪些？

52. 什么是末节网络，请画出图示？

53. 动态路由协议采用的路由选择算法主要有哪些？

54. 给出路由协议的比较。

55. 网络管理包括哪些方面的管理？

56. 管理工作站提供的功能主要有哪些？

57. 开放的网络管理基础设施可以提供哪些功能？

58. SNMP 的基本操作有哪些？

59. 校园计算机网络的基本需求主要有哪些？

60. 校园计算机网络提供的网络应用有哪些？

61. 校园计算机网络的应用系统主要有哪些？

62. 给出您所在网络的拓扑结构图示。

63. 写出校园网设计思路和技术方案。

64. 写出大型企业主干网设计的要点。

65. 写出多业务传输平台 (MSTP)的要点。

66. 写出同步数字体系(SDH)的要点。

67. 写出家庭无线局域网络设计的要点。

68. 给出家庭无线局域网络设计的图示。

69. 写出无线网卡的接口类型。

第7章 网络安全设计

7.1 网络安全概述

7.1.1 网络安全面临的问题

网络安全的定义是：计算机网络系统的硬件、软件及其系统中的数据受到保护，不会因偶然的原因而遭到破坏、更改或泄露，网络系统可以连续、可靠、正常地运行，网络服务不中断。

网络安全从本质讲就是计算机网络上的信息安全，涉及的领域相当广泛，凡是涉及网络上的保密性、完整性、可用性、真实性、可信性和可控性的相关理论和技术，都属于网络安全研究的领域。

在最初设计网络时，是考虑把网络用在军用和科学研究中，认为使用网络的人员都是可靠的，没有考虑到网络的安全性问题。最初的网络规模小而且专用，物理控制计算机和通信硬件，门锁和警卫即可保证安全。

进入因特网时代以来，保证网络整体的物理安全性已经不可能。人们访问网络获取信息的方式越便捷，保护网络各种资源的安全也就越困难。人们都知道因特网是个不安全的地方。

网络安全要求提供信息数据的保密性、真实性、认证和数据完整性。安全机制的设计可能因设计者所处的角度不同，以及所采用的方法不同，会存在一些漏洞，基于上述原因，安全机制的设计往往采用逆向思维，从考虑可能会有哪些攻击方法出发，确定需要采取哪些安全措施。

网络信息安全涉及3个方面：安全攻击，危及由某个机构拥有的信息安全的任何行为；安全机制，设计用于检测、防止或从安全攻击中恢复的机制；安全服务，目标是对抗安全攻击，它们利用一个或多个安全机制来提供该服务。

当计算机连接到因特网时，它就面临遭受攻击的威胁，计算机网络面临的威胁包括截获(Interception)、中断(Interruption)、篡改(Modification)、伪造(Fabrication)。网络面临的4种威胁如图7-1所示。

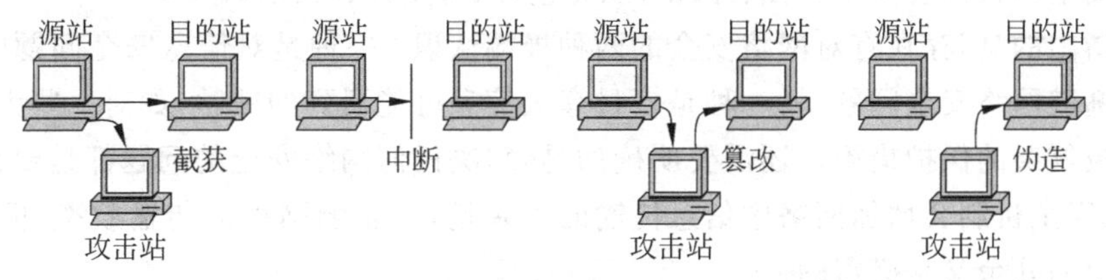

图7-1 网络面临的4种威胁

4种网络安全威胁可以分为被动攻击和主动攻击两大类，截获属于被动攻击，其他属于主动攻击。

被动攻击也称为通信量分析(Traffic Analysis),仅是对网络中协议包(PDU)进行观察和分析,并不改变 PDU 的内容,通过对 PDU 首部字段(控制信息)的分析,可以了解正在通信的协议实体的内容,例如,地址、身份、PDU 的长度、传输的频度、交换数据的性质,以及采用的技术等。

主动攻击是对网络中传输的 PDU 进行有选择地修改、删除、延迟、插入重放、伪造等,也包括记录和复制,主动攻击可以是上面 4 种网络威胁的某种组合。

对付被动攻击的重要措施是加密,而对付主动攻击中的篡改和伪造需要使用报文鉴别。

计算机网络安全的目标是:防止析出协议包内容;防止通信量分析;检测到更改、拒绝服务,检测到伪造初始化连接的发生。

还有一种主动攻击称为恶意程序(Rogue Program),主要包括计算机病毒(Computer Virus)、计算机蠕虫(Computer Worm)、特洛伊木马(Trojan Horse)、逻辑炸弹(Logic Bomb)。计算机病毒是泛指恶意的程序。

7.1.2 开放的网络安全服务

网络安全的基本元素是认证、授权和记账,也称为 AAA(Authentication Authorization Accounting),认证的目的是确保用户是他本身,通信是可信的。授权的目的是为用户分配允许的访问权限。记账的目的是记录用户使用操作的情况和网络的状态。ISO 7498-2 给出基于 OSI 的安全体系结构和安全服务描述,计算机安全服务的内容包括:

(1) 数据保密(Data Confidentiality)。使传输的数据不能够分析出内容。

(2) 数据完整性(Data Integrity)。确保信息没有被改变。

(3) 不可抵赖性(Non Repudiation)。对数据信息施加数字水印、数字签名,确保发送方或接收方不能否认发送或接收了数据信息。

(4) 可用性(Availability)。保证网络服务是可以使用的。

(5) 安全协议设计(Security Protocol Design)。结合网络体系结构的层次,增加各层实现安全的规则。

(6) 接入控制(Access Control)。对接入网络的节点给出限制,并对该节点可以访问网络资源的范围给出限制。

(7) 身份鉴别(Authentication)。在两个开放系统同等层实体建立连接和数据传输期间,提供连接实体的身份鉴别,用于防止假冒或重放以前的连接。

网络安全的特征有 4 个方面:保密性、完整性、可用性、可控性。

需要指出的是,存在有对网络安全的两种极端认识:一种是对信息安全问题麻木不仁,不承认或逃避网络安全问题;另一种是盲目夸大信息可能遇到的威胁,如对一些无关紧要的数据采用极复杂的保护措施。还需要明确的是,解决任何网络安全的问题都是要付出代价,安全协议、安全机制会增加网络中信息传输的冗余量,会影响网络的传输效率,但是这些用于网络安全的冗余又是必需的。

7.1.3 TCP/IP 网络安全技术模型和 IATF

网络安全是一个系统的、全局性的问题。在 TCP/IP 的各个层次都可以提供网络安全机制。TCP/IP 网络安全技术模型如图 7-2 所示。

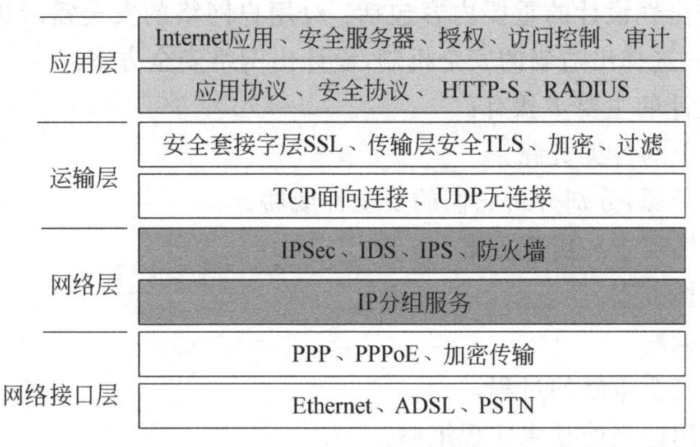

图 7-2 TCP/IP 网络安全技术模型

网络接口层的安全涉及加密传输、防电磁波泄漏等。网络层安全的威胁有报文窃听、流量攻击、拒绝服务攻击等。网络层安全技术有路由安全机制、IPSec、防火墙技术等。运输层安全协议机制有 SSL(安全套接字协议)。SSL 提供三个方面的服务:用户和服务;认证;数据加密服务,维护数据的完整性。应用层安全问题有操作系统漏洞、应用程序 BUG、非法访问、病毒木马程序等。应用层安全技术有加密、用户级认证、数字签名等。

美国国家安全局(NSA)制定了 IATF(信息保障技术框架)标准。代表理论是"深度保护战略"。IATF 从整体过程的角度理解网络安全问题。IATF 标准强调人、技术、操作三个核心原则。IATF 关注网络安全的保护领域有网络基础设施、网络边界、计算环境、支撑基础设施。

IATF 把网络攻击分为:被动攻击、主动攻击、物理临近攻击、内部人员攻击、分发攻击。描述了 5 类网络攻击的特点。

被动攻击包括分析通信流,监视没有保护的通信,解密弱加密通信,获取鉴别信息(如口令)等。被动攻击可能造成在没有得到用户同意或告知用户的情况下,将用户信息或文件泄露给攻击者,如泄露个人信用卡号码等。

主动攻击包括试图阻断或攻破保护机制、引入恶意代码、偷窃、伪造或篡改信息。主动攻击可能造成数据资料的泄露和传播,或导致拒绝服务及数据的篡改。

物理临近攻击指未被授权的个人,在物理意义上接近网络系统或设备,试图改变和收集信息,或拒绝他人对信息的访问。

内部人员攻击可分为恶意攻击或无恶意攻击。前者是指内部人员对信息的恶意破坏或不当使用,或使他人的访问遭到拒绝;后者指由于粗心、无知以及其他非恶意的原因造成的破坏。

分发攻击指在工厂生产或分销过程中,对硬件和软件进行恶意修改。这种攻击可能是在产品里引入恶意代码,如后门等。

7.2 网络安全设计过程

7.2.1 网络安全设计的步骤

人们越依赖于网络,就会越关注网络的安全,网络工程中的网络安全设计越来越凸显出其重要性。网络安全性设计的重要内容包括：对用户网络的安全需求进行风险评估，开发出有效的安全策略，选择出适当的安全机制，设计出网络安全方案。

网络安全性设计的主要步骤有：

(1) 确定网络上的各类资源。

(2) 针对网络资源，分别分析它们的安全性威胁。

(3) 分析安全性需求和折衷方案。

(4) 开发安全性方案。

(5) 定义安全策略。

(6) 开发实现安全策略的过程。

(7) 开发和选用适当的技术实现策略。

(8) 实现技术策略和安全过程。

(9) 测试安全性，发现问题及时修正。

(10) 建立审计日志，响应突发事件，更新安全性计划和策略。

7.2.2 网络风险评估

应当能够对安全需求进行风险评估，并能设计网络安全方案。风险指可能面临的损失程度。风险分析是进行风险管理的基础，用来估计威胁发生的可能性，系统可能受到的潜在损失。通过风险分析，有助于选择安全防护措施，将风险降低到可以接受的程度。风险分析可以采用定量或定性的方式。

风险管理包括一些物质的、技术的、管理控制及过程活动的范畴，根据这些范畴可得到合算的安全性解决方法。例如，网络资产，可以是网络中的软件、硬件、数据，但容易被人们忽视却又很重要的网络资产还有知识产权、信誉、名誉、商业、企业秘密和人使用网络的能力。

对计算机系统所受的偶然或故意的攻击，风险管理试图达到最有效的安全防护。一个风险管理程序包括四个基本部分：

(1) 风险评估(或风险分析)。

(2) 安全防护选择。

(3) 确认和鉴定。

(4) 应急措施。

大多数风险分析的方法是，先要对资产进行确认和评估，可采用定量(如货币的)的或定性(估计)的方法。网络的风险分析需要涉及的内容很多，不可能面面俱到，应根据网络建设的实际情况进行取舍，往往是进行折中处理。选择一系列节约费用的控制方法或安全防护方法，为信息提供必要级别的保护。

例如，为了减少对网络信息加密的成本，需要减少网络的冗余。加密的设备往往会形成网络中的单点故障，很难满足可用性目标，也不容易实现负载均衡。

分析安全性的折中方案时需要考虑的内容有：保护网络的费用是否比恢复的费用要少；费用是否包括了不动产、名誉、信誉和其他一些潜在财富；折中必须在安全性目标和可购买性、易用性、性能和可用性目标之间做出权衡；维护用户注册 IP、口令和审计日志，安全管理增加了管理工作量；安全管理还会影响网络性能；往往需要减少网络冗余，降低成本，但又会导致增加单故障点。

必须选择安全防护来减轻相应的威胁。安全防护选择时需考虑的内容主要有：通常情况下将威胁减小到零并不合算，因为要花费较大的代价；管理者决定可承受风险的级别，采用省钱的安全防护措施将损失减少到可接受的级别；比较安全防护的几种方法；分析减少威胁发生的可能性；减少威胁发生后造成的影响；威胁发生后的恢复方法。

确认和鉴定是进行计算机环境的风险管理的重要步骤，确认是指一种技术确认，用以证明为应用或计算机系统所选择的安全防护或控制是合适的，并且运行正常。鉴定是指对操作、安全性纠正或对某种行为终止的官方授权。应急措施是指发生意外事件时，确保主系统连续处理事务的能力。

7.2.3 网络安全方案和策略的开发

安全设计的第一步是开发安全方案。安全方案是一个总体文档，它指出一个机构怎样做才能满足安全性需求。计划详细说明了时间、人员和其他开发安全规则所需要的资源。一个重要方面是对参与实现网络安全性人员的确认。

选择网络安全设计方案是网络安全中很重要的一步。与因特网的连接应当采用一种多重安全机制来保证其安全性，包括火墙、入侵检测系统、审计、鉴别和授权甚至物理安全性。

提供公用信息的公用服务器如 Web 服务器和 FTP 服务器，可以允许无鉴别访问，但是其他的服务器一般都需要鉴别和授权机制。即使是公用服务器也应当放在非军事区中，用防火墙对其进行保护。

安全方案应当参考网络拓扑结构，并包括一张它所提供的网络服务列表，应当根据用户的应用目标和技术目标，帮助用户估计需要哪些服务。应当避免过度复杂的安全策略。

安全策略是所有人员都必须遵守的规则。安全策略规定了用户、管理人员和技术人员保护技术和信息资源的义务，也指明了完成这些义务要通过的机制。

开发安全策略是网络安全员和网络管理员的任务，并广泛征求各方面的意见。网络安全的设计者应当与网络管理员密切合作，充分理解安全策略是如何影响网络设计的。开发出了安全策略之后，由高层管理人员向所有人进行解释，并由相关人员认可。

安全策略应随机构、人员的变化进行适当调整，安全策略需要定期更新，以适应技术的变化和网络业务内容的需求和增长。与网络安全策略有关的技术文档是 RFC 2196，安全策略应包括的主要内容有：访问策略，定义不同网络用户的不同访问权限；责任策略，定义不同网络用户的责任；鉴别策略，建立远程位置鉴别方法，对网络用户鉴别的机制。

开发安全过程用于实现安全策略。该过程定义了配置、登录、审计和维护的过程。安全过程是为端用户、网络管理员和安全管理员开发的。安全过程指出了如何处理偶发事件，如果检测到非法入侵，应当做什么以及与何人联系。开发安全过程的一个重要环节是，需要安排有关人员参加安全培训。

7.2.4 网络安全防护技术

网络安全防护技术为网络提供安全屏障，采取有效的安全防护策略，确保网络本身，以及网络数据的安全。网络的安全防护包括内网接口安全防护、外网接口安全防护、数据库安全保护、服务器主机安全防护、客户端的安全防护。

在设计内部网络时，应遵循的原则是：应根据部门需要划分子网，并实现子网之间的隔离；采取安全措施后，子网之间应当可以相互访问。

在内网与外网之间构建非军事区(DMZ)，制定DMZ网络访问控制策略，基本原则是：设计最小权限，定义允许访问的网络资源和网络的安全级别；确定可信用户和可信任区域；明确网络之间的访问关系，制定访问控制策略。DMZ网络拓扑结构主要是堡垒主机防火墙结构，堡垒主机是一台具有多个网络接口的计算机，它可以进行内部网络与外部网络之间的路由，也可以充当与这台主机相连的若干网络之间的路由。但是，若攻击者掌握了登录到堡垒主机的权限，那么内部网络就非常容易遭到攻击。在安全策略设置中，应当不允许内部用户直接访问信任域，允许内部用户通过DMZ访问信任域，允许不信任域访问DMZ区域。这样就可以实现三个层次的安全防护。

网络物理防护的目的是保护计算机系统免受破坏和攻击。采取的防护措施主要是：对传导发射的防护是为电源线和信号线配备过滤器，减少传输阻抗与导线之间的交叉耦合；对辐射的防护是采用电磁屏蔽和抗干扰，例如，可以利用干扰装置产生与辐射相关的伪噪声。

网络协议包过滤技术也是常用的防护措施，可以利用PDU字段的规律，利用IP地址、端口地址、运输层协议，设置对PDU的过滤参数。

7.3 网络安全机制

7.3.1 网络安全模型

安全通信所需要的安全构件有机密性、鉴别、报文完整性和不可否认性、可用性和访问控制。设计网络安全方案时，可能用到其中的一个构件或一些构件的组合。网络安全需要采用密码学，密码学是网络安全性机制的基础，但仅仅保证数据的机密性是不够的，还需要认证和鉴别。

网络中的通信双方必须经过协调，共同完成数据信息交换，涉及两个方面：对所发送的消息进行安全变换，例如，对消息明文进行加密，使得攻击者读不懂信息，或者把基于消息的校验编码附于消息后面，用于验证发送方的身份；双方共享某些秘密信息，并希望攻击者不知道这些信息，例如，发送方和接收方使用的密钥。

为了实现安全传输，需要有可信的第三方，例如，第三方负责产生密钥并将密钥分发给通信的双方。还有就是，当通信双方对信息传输的真实性发生争执时，由第三方进行仲裁。

数据加密过程为：在发送端，明文X用加密算法E和加密密钥K处理后得到密文$Y=E_K(X)$，密文在信道上传输，到达接收端后，利用解密算法D和解密密钥K解出明文，公式为

$$D_K(Y)=D_K(E_K(X))=X$$

网络安全的一般模型如图7-3所示。

数据加密、解密过程有五个基本成分：

(1) 明文。原始可以理解的消息或数据，作为算法的输入。

(2) 加密算法。用于对明文进行各种代换和变换。

(3) 密钥。密钥独立于明文，也是加密算法的输入，算法根据所用特定密钥产生不同的

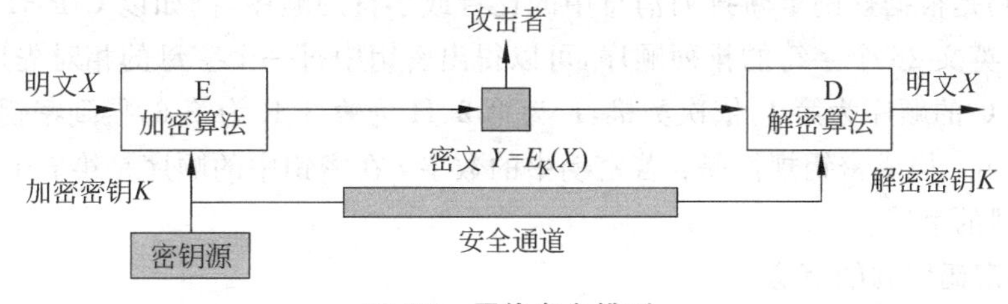

图 7-3 网络安全模型

输出。算法所用的代换和变换也依赖密钥。

(4) 密文。依赖于明文和密钥,是加密算法的输出,看起来是完全随机和杂乱无章的数据,其意义是不可理解的。

(5) 解密算法。本质上是加密算法逆运算,输入密文和密钥可通过解密算法恢复出明文。

若加密密钥与解密密钥相同称为对称密钥加密,若不同则为非对称密钥加密。但不管两种密钥是否相同,两者会必然具有相关性。

密码编码学(Cryptography)是密码体制的设计学,密码分析学(Cryptanalysis)是在未知密钥的情况下从密文推演出明文或密钥的技术。密码学(Cryptology)由密码编码学和密码分析学组成。

若截取者无法从获得的密文中确定出明文,则称所采用的密码体制是安全的,或称为在理论上是不可破的。有矛就有盾,在无任何限制条件下,几乎所有实用的密码体制均是可破的。判断一个密码体制的好坏,关心的是否是在计算上是不可破的,即若一个密码体制中的密码不能被可以使用的计算资源破译,认为该密码体制在计算上面是安全的。

从上述网络安全模型可以看出,安全服务的设计包括下面四个内容:

(1) 设计安全算法,该算法应是攻击者无法破解的。

(2) 生产算法所使用的密钥信息。

(3) 设计分配、传递和共享密钥的方法。

(4) 指定通信双方使用的利用安全算法和秘密信息实现安全服务的协议。

7.3.2 对称密钥机制与公钥机制

1. 对称密钥密码体制

对称密钥密码体制也称为常规密钥密码体制,加密密钥与解密密钥是相同的。大多数传统的加密技术采用的是改变明文字符顺序的置换方式,以及将明文字母映射为另一个字母的替换方式。执行加密功能的模块称为加密器(Cipher)。

替代密码与置换密码是对称密钥机制常用的加密方法。

替代密码(Substitution)与置换密码(Transposition)是早期采用的加密方法。目前替换密码和置换密码只是作为复杂编码过程中的一个中间步骤。

替代密码是有规律把一个明文字符(字母、数字或符号)用另一个字符互换,例如,将英文小写字母表中的每个字母与相差 3 个字符的英文大写字母顺序对应。若把明文看做是二进制序列的话,替代就是用密文位串来代替明文位串。

置换密码是根据规则重新排列消息中的比特或字符的顺序，例如以CIPHER这个字作为密码，依据英文26个字符的排列顺序，可以得出密钥中每一个字母的相对先后顺序，没有A和B，因此C的顺序为第1，依次类推，E为第2、H为第3、R为第6，得到密钥字母的排列顺序为145326。构成密钥规律是：若密钥中的数字 i 在密钥中的顺序是第 j 个，则表示第 i 次读取第 j 列的字符。

2. 公钥密码体制的概念

公钥密码学的发展是密码学发展历史中最伟大的一次革命。公钥密码学与其前的密码学完全不同，公钥算法基于数学函数而不是基于替换和置换，使用两个独立的密钥，在信息的保密性、认证和密钥分配应用中有重要的意义。而此之前的密码体制，包括DES都是基于替换和置换这些初等方法的。

公钥密码体制是1976年由Stanford大学的科研人员Diffie和Hellman提出的。公钥密码体制也称为非对称密钥体制，是使用不同的加密密钥和解密密钥，是一种由已知加密密钥推导出解密密钥，在计算上是不可行的密钥体制。

公钥密码体制出现的原因主要是两个：一个是用来解决常规密钥密码体制中的密钥分配(Key Distribution)问题，另一个是解决和实现数字签名(Digital Signature)。

在公钥密码体制中，加密密钥也称为公钥PK，是公开信息，解密密钥也称为私钥SK，不公开是保密信息，私钥也叫秘密密钥。加密算法E和解密算法D也是公开的。私钥SK是由公钥PK决定的，不能根据PK计算出SK。私有密钥产生的密文只能用公钥来解密，另一方面，公钥产生的密文也只能用私钥来解密。

利用公钥和私钥对可以实现以下安全功能：

(1) 提供认证。用户B用自己的私钥加密发送给用户A的报文，当A收到来自B的加密报文时，可以用B的公钥解密该报文，由于B的公钥是众所周知的，所有其他用户也可以用B的公钥解密该报文，但是A可以知道该报文只可能是由B发送的，因为只有B才知道他自己的私钥。

(2) 提供机密性。若B不希望报文对其他用户都是可读的，B可以利用A的公钥对报文加密，A可以利用他的私钥解密报文，由于没有其他用户知道A的私钥，所以其他用户都无法解密报文。

(3) 提供认证和机密性。B可以先用A的公钥来加密报文，这样就确保了只有A才能解密报文，然后再用B自己的私钥对密文进行加密，这就确保了报文是来自B的。当A收到该报文时，她先用B的公钥解密该报文，得到一个结果，然后A自己的私钥对得到的结果再次进行解密。

需要说明的是，任何加密方法的安全性取决于密钥的长度，以及攻破密钥所需要的计算量。公钥加密算法的开销比较大，另外公钥的密钥分配还需要密钥分配协议。所以不能简单说传统的对称加密体制不如公钥密码体制好。

公钥密码体制的使用过程如图7-4所示。

公钥密码体制有6个组成部分：

(1) 明文。算法的输入，是可读消息或数据。

(2) 加密算法。用于对明文进行各种转换。

(3) 公钥和私钥。算法的输入，两个密钥不同，私钥为秘密的，公钥是公开的，一个用于

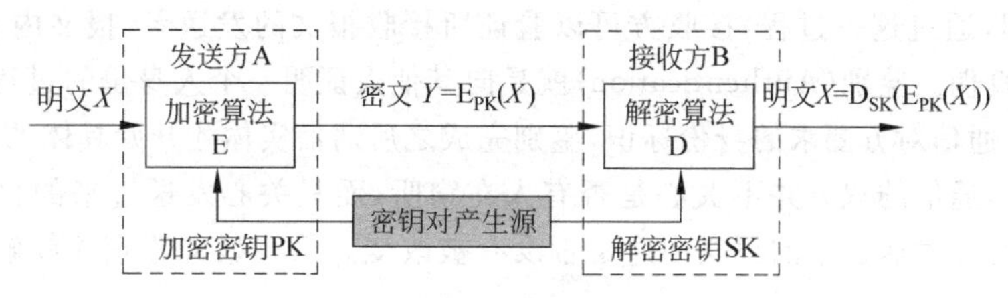

图 7-4 公钥密码体制

加密,一个用于解密。加密和解密算法执行的变换依赖于公钥和私钥。

(4) 密文。为算法的输出,依赖于明文和密钥。

(5) 解密算法。用于接收密文,利用相应的密钥恢复出原始的明文。

7.3.3 数字签名技术

计算机中书信和文件是可以复制、修改的,并且可以不留下处理过的痕迹。如何可以证明判断计算机文件的真实性呢?日常生活中人们通过对文件签名和加盖印章证明真实性,在计算机和计算机网络中需要用到数字签名。

数字签名可以保证:

(1) 接收方可以核实发送方对报文的签名。

(2) 发送方不能抵赖对报文的签名。

(3) 接收方不能伪造对报文的签名。

一般情况采用公钥加密算法要比用常规密钥算法更容易实现数字签名。实现数字签名也同时实现了对报文来源的鉴别,可以做到对反拒认或伪造的鉴别。数字签名的实现如图 7-5 所示。

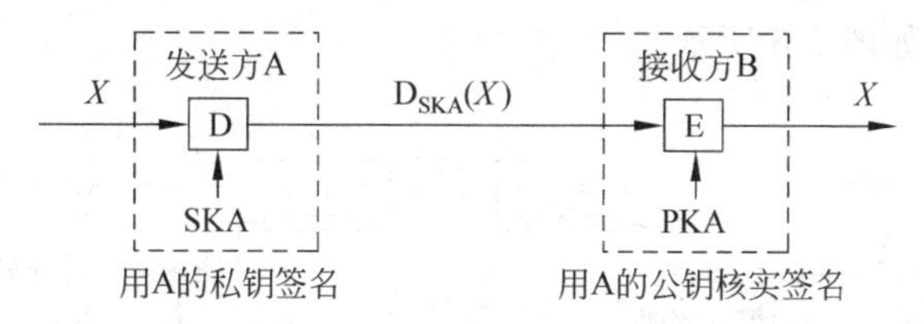

图 7-5 数字签名实现方法

发送方 A 用其私钥,即解密密钥 SKA 对报文 X 进行运算,得出结果 $D_{SKA}(X)$并传送给接收方 B,注意这里的解密仅仅是一种运算,发送方的这种运算是为了进行数字签名。接收方 B 收到报文 $D_{SKA}(X)$,用已知的 A 的公钥,即加密密钥对报文进行 $E_{PKA}(D_{SKA}(X))$运算,得出报文 X。由于除 A 以外没有人能够具有 A 的解密密钥 SKA,不可能产生密文 $D_{SKA}(X)$,B 就可以核实报文 X 的确是 A 签名发送的。如果 A 抵赖不承认发送报文给 B,B 可以把报文 X 和 $D_{SKA}(X)$提交给具有判断权威的第三方,第三方可以用 PKA 很容易地判断真实性。若 B 把 X 伪造成 X',但 B 不可能给第三方出示 $D_{SKA}(X')$,即可判断 B 伪造了报文 X'。

7.3.4 报文鉴别技术(报文摘要 MD)

报文鉴别(Message Authentication)主要用来对付主动攻击中的篡改和伪造。报文鉴别是一种过程，通过这一过程，接收方可以验证所接收报文的发送者、报文内容、发送的时间、序列等的真伪。鉴别(Authentication)就是向其他人证明一个人身份的过程。鉴别协议首先建立满足通信对方要求的身份标识，鉴别完成之后通信实体才开始具体的工作。

在通信时，通信的双方并不关心是否有人在窃听，而只关心发送过来的报文是否是真的，从真实的对方发送过来的报文中途是否没有被改变。只有报文鉴别才能解决报文完整性的问题。

认证和鉴别用到产生认证符的三类函数：报文加密，整个报文的密文作为认证符；报文认证码，是报文和密钥的函数，用生成的定长值作为认证符；hash 函数，用来将任意长的报文映射为定长的 hash 值的公开函数，认证符为该 hash 值。hash 函数的输入是长度可变大小的信息 m，输出是固定大小的 hash 码 H(m)，hash 码并不使用密钥，它仅是输入报文的函数。hash 码也称为报文摘要，是所有信息位的函数，具有错误检测能力。

网络中有许多报文并不需要加密，而是需要判断和鉴别报文的真伪，例如，网络中的一些通知信息。目前在计算机网络中多采用报文摘要 MD(Message Digest)来实现对报文的鉴别，即是说仅对计算出的报文摘要进行加密，不用对整个报文加密，这样既减少了开销，又达到了鉴别真伪的目的。

公钥加密机制的加、解密的计算代价昂贵，有时数据不需要加密，但是要确保不能被篡改。采用报文摘要机制不用加密全部报文就可以实现签名和防篡改。MD-5 是正在广泛使用的报文摘要算法。

报文摘要的工作过程是：在发送方将可变长度的报文 m 经过报文摘要算法运算后得出固定长度的报文摘要 $H(m)$，然后对 $H(m)$加密，得出 EK($H(m)$)，将其附加在报文 m 后面发送到信道上，接收方把 EK($H(m)$)解密，得出 $H(m)$，再把收到的报文 m'进行报文摘要运算，把得到的报文摘要与 $H(m)$比较，若两者一致，表明是发送方发出的，否则就不是。报文摘要加密的实现过程如图 7-6 所示。

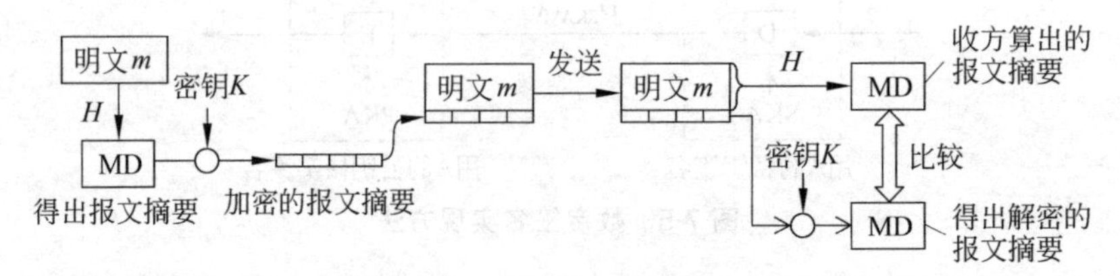

图 7-6　报文摘要加密的实现过程

MD 的特点是仅对很短的固定长度的报文摘要进行加密，相当于加上安全标记，是简单和高效的。报文 m 和 EK($H(m)$)合在一起是不可伪造的，是可以鉴别和不可抵赖的。报文摘要类似于差错检测中的循环冗余校验 CRC，都是多对一的散列函数(Hash Function)的例子，hash 函数的目的是要产生消息、文件或其他数据块的“指纹”，hash 函数要用于消息的鉴别和认证，hash 函数算法的性质如下：

(1) hash 函数可以用于任意大小的报文数据块 m。

(2) hash 函数的输出 $H(m)$是定长的。

(3) 计算 $H(m)$比较容易，用硬件和软件均可实现。

(4) 任何一个报文摘要值 x，若想找到一个报文 y，使得 $H(y)=x$，则在计算上是不可能的，称为单向性。

(5) 对任意给定的报文 x，找到 $y \neq x$，并且 $H(x)=H(y)$ 的 y，在计算上是不可能的，称为抗弱碰撞性。

(6) 找到任何满足 $H(x)=H(y)$ 的偶对 (x,y)，在计算上是不可能的，称为抗碰撞性。

前三个性质和要求是 hash 函数用于消息认证时必须满足的。第 4 个要求单向性是指，由消息很容易计算出报文摘要，但是由报文摘要却不能计算出相应的消息。第 5 个性质可以保证不能找到与给定消息具有相同报文摘要值的另一消息。第 6 个性质涉及 hash 函数抗生日攻击的能力强弱问题。

7.3.5 密钥分配机制

网络的安全取决于密钥和密钥分配的安全，密钥配发属于密钥管理，密钥管理的内容有：密钥的产生、分配、注入、验证和使用。可以看出在计算机网络中的密钥分配是最重要的问题。

密钥必须通过最安全可靠的渠道进行分配。公钥密码体制的主要作用之一就是解决密钥分配问题，人们已经提出了以下几种公钥分配方案：公开发布、公开可访问目录、公钥授权、公钥证书。要使公钥密码有用，实体(用户、浏览器和路由器等)必须能够确定它们所得到的公钥确实来自其通信的对方。对称密钥密码机制的共享密钥分发，以及公钥密码机制中获取正确的公钥，都可通过使用一个可信中介(Trusted Intermediary)实施。

通过设立密钥分配中心 KDC(Key Distribution Center)，通过 KDC 来分配密钥，假设用户 A 要与用户 B 进行通信，两者均是 KDC 登记的用户，分别拥有与 KDC 通信的私有主密钥 KA 和 KB，KDC 密钥分配通过四个步骤进行：

(1) 用户 A 向 KDC 发送用主钥 KA 加密的报文 EKA(A,B)，告诉 KDC 想与用户 B 通信。

(2) KDC 用随机数产生一个“一次一密”的密钥 R_i 提供 A 与 B 此次通信，向 A 发送用 A 主密钥 KA 加密的回答报文，报文中有密钥 R_i 和请 A 发送给 B 的由 B 的私有主密钥加密的报文 $E_{KB}(A,R_i)$，A 无法知道，也不用知道此报文的内容。

(3) 用户 B 收到 A 转来的报文 $E_{KB}(A,R_i)$，使用自己的私有主密钥解密，知道 A 要与 B 通信，也知道通信时所使用的密钥 R_i。

(4) 用户 A 与 B 开始使用“一次一密”的密钥 R_i 进行通信。

KDC 可以在报文中加入时间戳，以防止截取者利用以前记录下来的报文实施重放攻击。目前最常用的密钥分配协议是美国麻省理工学院研制的 Kerberos，对应的 RFC 文档编号是 RFC 1510。利用 KDC 的密钥分配协议如图 7-7 所示。

在公约加密体制中为了证明公钥的真实性，需要有一个可以信赖的机构将公钥与其对应的实体，例如人或主机绑定，这个可以信赖的机构称为认证中心 CA(Certification Authority)，CA 一般由政府建立，每个实体都拥有 CA 发来的被数字签名的证书(Certificate)，证书中有公钥和拥有者的标识信息，例如，人名或 IP 地址。用户可以从可信的地方，例如，代表政府的报纸获得认证中心 CA 的公钥，通过这个公钥向 CA 查询来验证某个公钥是否与某个实体对应。

公钥证书方法是使通信各方使用证书来交换密钥，这种方案与直接从公钥管理员处获

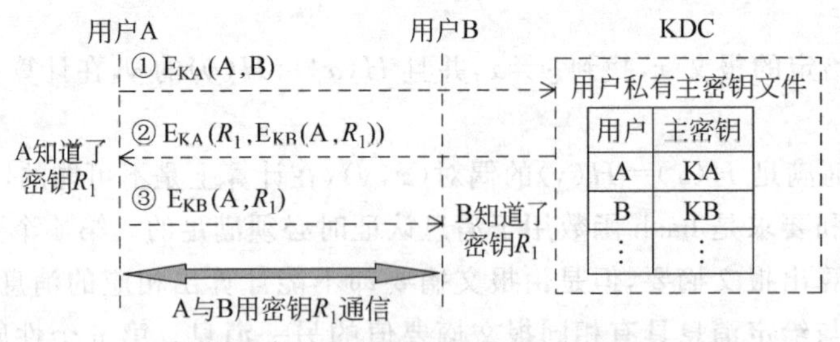

图 7-7 利用 KDC 的密钥分配协议

得密钥的可靠性相同。公钥证书由证书管理员产生,证书的内容包括公钥和其他一些信息,发送给拥有相应私钥的通信方,该通信方通过传递证书将密钥信息给另一方。该方法应满足以下要求:

(1) 任何通信方可以确定证书拥有者的名字和公钥,读取证书。

(2) 任何通信方可以验证该证书不是伪造的,是由证书管理员产生的。

(3) 证书的产生和更新只能由证书管理员操作。

(4) 可以验证证书的当前性。

7.4 网络安全技术

7.4.1 访问控制技术

访问控制是一种基本的网络安全技术,用于控制网络用户对网络资源访问的权限。访问控制主要通过访问控制列表 ACL 配置用户对网络系统及其资源的访问。网络用户的注册信息放置在 ACL 中。

访问控制鉴别谁能访问网络资源,指出在访问网络中的哪些资源时,可以做些什么。根据网络用户所在部门或工作性质,需要为不同的网络用户授予不同的网络资源访问权限。

网络边界安全是指在不同网络的连接边界上,通过各种措施防止相互间的恶意访问,以及恶意流量的相互渗透。例如,网络边界可以是企业网之间的边界、企业网与外部 Internet 的边界。

通常在网络边界处配置访问控制列表(Access Control List,ACL)。访问控制列表 ACL 通过在边界路由器、防火墙、交换机等设备上设置访问规则,可以有效地控制用户网络和 Internet 的访问,从而最大限度地保障网络安全。ACL 根据网络协议包 PDU 中字段的值,作为访问控制条件,来决定是允许还是拒绝 PDU 通过。

ACL 的种类包括自主访问控制(Discretionary Access Control,DAC)、强制访问控制(Mandatory Access Control,MAC)、基于角色的访问控制(Roll Base Access Control,RBAC)。

自主访问控制得到广泛的应用,资源的所有者可以任意规定谁可以访问资源,用户或用户进程可以有选择地与其他用户共享资源。DAC 对单个用户执行访问控制的措施。

强制访问控制中,网络系统给主体和客体分配了不同的安全性,网络用户不能改变自身或任何客体的安全属性,不允许单个用户确定访问权限,只有系统管理员可以确定用户组和用户的访问权限。

基于角色的访问控制的突出优点是，简化了各种环境下的授权管理。RBAC的思想是将访问权限分配给角色，系统的用户担任一定的角色，与用户相比角色是相对稳定的。RBAC已经在某些系统中得到了应用，例如，通过X.509证书来实现对用户身份的认证，把用户和密钥结合起来，在验证用户身份的同时，实现基于角色的访问控制。

访问控制列表可以根据源IP地址、目的IP地址、源端口号、目的端口号、协议标识等协议信息设置访问控制规则。ACL技术最初用在路由器上面，后来扩展到三层交换机。ACL通常分为标准ACL和扩展ACL。

配置标准ACL，可以阻止来自某一网络的所有通信流量，或者允许来自某一特定网络的所有通信流量，或者想要拒绝某一协议簇的所有通信流量。在企业网中配置标准ACL，可以限制员工的上网内容，从而提高工作效率。

配置扩展ACL可以对同一地址允许使用某些协议通信流量通过，而拒绝使用其他协议的流量通过。在企业网中运用扩展ACL，可以对某些病毒端口进行过滤，从而提高企业网的安全性。

配置基于时间的ACL，可以对员工的上网时间进行限制，提高员工的工作效率。

访问控制列表ACL在动态NAT配置中也是关键的一步。对于动态NAT配置而言，在NAT转换关系的建立环节需要进行两项配置：一是定义全局地址池，二是创建一个ACL列表，以给出那些允许被转换的本地地址范围，防止出现NAT转换安全漏洞。

ACL在服务质量QoS中也有广泛的应用，利用ACL实现流规则和流操作关联起来的功能，如帧过滤、带宽管理和流统计等。

7.4.2 审计和恶意软件的防护

为有效地分析网络安全性和响应安全性事件，安全过程应当收集有关的网络活动数据。这种收集数据的过程就被称为审计。

对于使用安全性策略的网络，审计数据应当包括任何个人获得鉴别和授权的所有尝试。收集的数据应当包括试图登录和注销的用户名以及改变前后的访问权限。审计记录中的每一个等级项都应当有时间戳。审计过程不应收集口令。审计的进一步扩展是安全性评估。

恶意软件是恶意的程序代码，恶意软件就是计算机病毒，这些程序代码具有一些人们所不希望的功能，影响网络系统的数据安全性和资源可用性。

恶意软件通常是以某种方式悄然安装在计算机系统内的软件。恶意软件具有的特征是：强制安装、难以卸载、浏览器劫持、广告弹出、恶意收集用户信息、恶意卸载、恶意捆绑。还有称为流氓软件的程序，是介于病毒程序和正常程序之间的程序，例如，广告软件、浏览器行为记录软件等。

计算机病毒是一段可以执行的程序代码。病毒具有独特的复制能力，病毒会附着在各类文件，通过网络可以很快地蔓延，常常难以根除。

计算机病毒出现的原因主要有：出于恶作剧，为了炫耀自己的技术能力和智慧；出于报复心理，当遇到不公正的待遇，或有不满时，为了发泄不满情绪，编制出危险程序；出于版权保护，软件厂商为防止商业软件被非法复制，制作一些特殊程序代码，附加在软件产品中，用于追踪盗版者；出于特殊目的，出于军事、政治的目的，制造、散布和传播的非法程序。

计算机病毒的基本特征是传染性、隐蔽性、潜伏性、破坏性、周期性。

计算机病毒的种类有引导扇区型、文件型、混合型、宏病毒、PE病毒、VBS脚本病毒、蠕虫、特洛伊木马、恶意远程程序、追踪Cookie、黑客程序。

病毒代码一般包括3个部分：引导部分、传染部分、表现部分。

近年来，计算机病毒呈现出的特点包括：病毒种类、数量持续增多；传播途径更多，传播速度更快；电子邮件成为主要传播媒介；造成的破坏日益严重。

理想的防治恶意软件的方法是预防，常见的方法有：检查，确认感染了病毒，并确定病毒位置；标志，确认感染的病毒是何种病毒，是否可以识别；清除病毒，使病毒不能进一步传播。

常用的计算机病毒检测技术有病毒特征扫描法、行为检测法、感染实验法、软件模拟法、启发式扫描、虚拟机技术。

反病毒软件的研制经历了简单扫描程序、启发式扫描程序、行为陷阱机制、多方位保护机制。

7.4.3 防火墙技术

防火墙(Firewall)用来作为内网和外网之间的屏障，防火墙是在两个网络之间强制执行访问控制策略的一个或多个系统，控制内部网络和外部Internet的连接，内网称为可信赖的网络，而外网被称为不可信赖的网络。可以根据企业的安全策略控制(允许、拒绝、监测)出入网络的信息流，所以实际上它是在开放与封闭的界面上构造了一个保护层。所有的通信，无论是从内部到外部，还是从外部到内部，都必须经过防火墙。目前密码技术常在防火墙中采用，例如，身份识别和验证、信息的保密性保护、信息的完整性校验、系统的访问控制机制、授权管理等技术。

防火墙是由软件、硬件构成的系统。防火墙的用途如图7-8所示。

图7-8 防火墙应用网络安全

防火墙遵循的规则是：未经说明允许的就是拒绝；未说明拒绝的均为许可的。防火墙需要识别通信量的各种类型，根据识别结果对通信内容实施阻止和允许进出网络，只有被授权的通信才能经过防火墙，要求防火墙本身对于渗透必须是免疫的。

防火墙所起的作用是：限制访问者进入一个被严格控制的网络节点，防止进攻者接近受到保护的设备，限制人们离开一个严格控制的点。

从逻辑上说，防火墙是一个分离器，是一个限制器，是一个分析器。防火墙通常由一套硬件设备(一个路由器，或路由器的组合，一台主机)和相应的软件模块组成。构成防火墙的主要部分有：路由器；插有两块以上网卡的主机，具有两个以上的网络接口，一个和内部网络连接，另一个和外部网络连接；各种代理服务器主机。

防火墙有两种基本类型如下：

(1) 包过滤型(Packet Filter)。包过滤规则以IP分组信息为基础，对IP源地址、IP目的地址、封装协议(TCP/UDP/ICMP/IP)、端口号等进行筛选，包过滤在OSI协议的网络层进行。对于包过滤装置的有关端口必须设置包过滤规则，一个包到达过滤端口时，对该包的首部进行分析。包过滤功能是路由器的标准功能，包过滤型防火墙工作在网络层，可以由路由器构建。

在配置包过滤路由器时，首先要明白过滤规则仅涉及IP分组首部中控制字段，对IP分组的内容并不关心。例如，允许站点接收来自于因特网的邮件，而该邮件是由什么工具制作的，具体内容是什么则不用关心。

在制定包过滤规则时，需要知道网络协议总是双向的，有一个请求就会有一个应答，在制定网络协议包过滤规则时，要注意网络协议包是从两个方向来到路由器的。也必须准确理解"往内"与"往外"的网络协议包，以及"往内"与"往外"的网络服务这些术语的含义。一个往外的网络服务，例如，Telnet应用服务同时包含往外的包（输入的信息）和往内的包（屏幕显示的信息）。

（2）代理服务型（Proxy Service）。代理服务通常由两部分组成：代理服务器端程序和客户端程序。客户端程序与中间节点（Proxy Server）连接，中间节点再与要访问的外部服务器实际连接。与包过滤不同的是，它使内部网与外部网之间不存在直接的连接，同时还提供日志（Log）和审计服务。

代理服务器的主要功能之一是用作防火墙，它可以被看作是Internet上的一台主机，内部网上的客户机在访问Internet时，首先访问代理服务器，通过代理服务器上运行的代理服务程序去访问Internet上的资源。

代理服务型防火墙有时也称为应用层网关或堡垒主机，能够实现比包过滤路由器更严格的安全策略。不同的应用有不同的应用层网关，例如，HTTP代理服务器、FTP代理服务器、Telnet代理服务器等，由对应的代理软件安装在网络内的某台主机上，构成代理服务器主机。安全保护和用户认证的代理服务器实现两个主要功能：一是可以对内网用户进行认证，二是可以限制外部站点的用户可以访问内网主机的类型和数量。

防火墙遵循的安全策略如下：

（1）仅赋予最小特权。指的是任一个对象（用户、管理员、程序、系统等）应当具有该对象完成指定任务所需要的特权，不能过多赋予特权。

（2）构建纵深防御。构建安全的网络不能只依靠单一的安全机制，而是要尽量建立多层机制，互相支撑以达到比较满意的效果。通过建立多层机制可互相提供纵深防御。

（3）阻塞点原则。阻塞点强迫侵袭者通过一个受到监控的窄小通道。网络管理员应仔细监视这条通道，并在发现侵袭时做出响应。

（4）尽量消除最薄弱环节，防火墙的强度取决于系统中最薄弱的环节，要尽量消除系统中的薄弱环节，例如，口令保护、加密通道、角色划分等。

（5）失效时的保护状态。防火墙系统应明确当系统崩溃时所采取的保护措施，即如果系统运行错误，通常有两种策略可供选择：默认拒绝状态，除了明确允许的都被禁止；默认许可状态，除了明确禁止的都被允许。从安全角度讲，默认拒绝状态是最佳选择。从方便用户访问的角度讲，默认许可状态比较合适。

（6）简单化原则。因为简单的事情易于理解，复杂化必然会存在隐藏的角落，例如，复杂的程序会有较多的小毛病，任何小毛病都可能引发安全问题。

防火墙的缺陷主要有：防火墙不能防范不经过防火墙的攻击，防火墙不能防止感染了病毒的软件或文件的传输，防火墙不能防止数据驱动式攻击。

防火墙的结构主要有：单个路由器、单个堡垒主机(双宿主机)、路由器加堡垒主机、屏蔽子网防火墙。屏蔽子网防火墙的部署如图 7-9 所示。

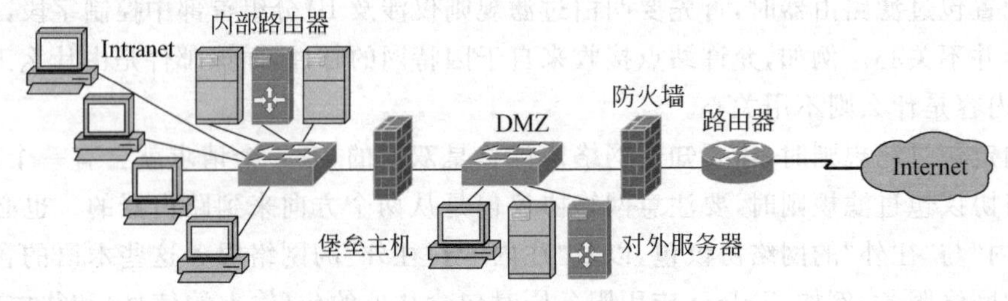

图 7-9　屏蔽子网防火墙的部署

7.4.4　入侵检测技术

入侵是指违背访问目标的安全策略的行为。入侵检测通过收集操作系统、系统程序、应用程序、网络包等信息，发现系统中违背安全策略或危及系统安全的行为。具有入侵检测功能的系统称为入侵检测系统(Intrusion Detection System，IDS)。

入侵检测是对企图入侵、正在进行的入侵或者已经发生的入侵进行识别的过程。入侵包括尝试性闯入、伪装攻击、安全控制系统渗透、泄露、拒绝服务、恶意使用六种类型。入侵检测是一种利用入侵留下的痕迹，如试图登录的失败记录等信息来有效地发现来自外部或内部的非法入侵的技术。它以探测、控制为技术本质，起着主动防御的作用。

非法入侵的方式主要有 4 种：

(1) 扫描端口，通过已知的系统 Bug 攻入主机。

(2) 种植木马，利用木马开辟的后门进入主机。

(3) 采用数据溢出的手段，迫使主机提供后门进入主机。

(4) 利用某些软件设计的漏洞，直接或间接控制主机。

前两种非法入侵方式有一个共同点，就是通过端口进入主机。通过第一种方式攻击主机的情况最多，也最普遍，尤其是利用一些流行的黑客工具。一些技术高超的黑客会采用后两种方式，但软件厂商很快发现，及时提供修复系统的补丁。

网络内部人员滥用职权往往对网络安全危害性很大。入侵检测用于识别未经授权使用计算机系统资源的行为，识别有权使用计算机系统资源但滥用特权的行为(如内部威胁)，识别未成功的入侵尝试行为。即使一个系统中不存在某个特定的漏洞，入侵检测系统仍然可以检测到特定的攻击事件，并自动调整系统状态对未来可能发生的侵入做出警告预报。

入侵检测系统 IDS 自 20 世纪 80 年代早期提出以来，经过多年的不断发展，从最初的一种有价值的研究想法和单纯的理论模型，迅速发展出种类繁多的各种实际原型系统，并且在近年内涌现出许多商用入侵检测系统产品，成为计算机安全防护领域内不可缺少的一种重要的安全防护技术。入侵检测是当今信息安全研究领域的一个研究热点。Snort 已经成为 IDS 的事实标准。

入侵检测过程包括信息收集、信息预处理、数据检测分析和响应等。入侵检测系统本质上是一种“嗅探设备”。IDS 通常设计为两部分：安全服务器和主机代理。

IDS 常用的入侵检测方法有特征检测、统计检测与专家系统。入侵检测的类型通常分为基于主机和基于网络两类：基于主机的 IDS，早期用于审计用户的活动，如用户的登录、命令操作行和应用程序使用等。一般主要使用操作系统的审计跟踪日志作为输入；基于网络的 IDS，在网络中某点被动地监听网络上传输的原始流量，通过对捕获的网络分组进行处理，从中得到有用信息。

从数据分析手段看，入侵检测通常可以分为两类：误用(Misuse)入侵检测、异常(Anomaly)入侵检测。

入侵检测系统模型依据通用入侵检测框(Common Intrusion Detection Frame，CIDF)，由五个主要部分组成。基于网络的入侵检测系统模型如图 7-10 所示，图中粗实线为控制信息，空心箭头为检测处理数据。CIDF 组件之间通过实时数据流模型相互交换数据，并且采用“通用入侵检测对象(GIDO)”作为系统各种数据交换、存储的标准。

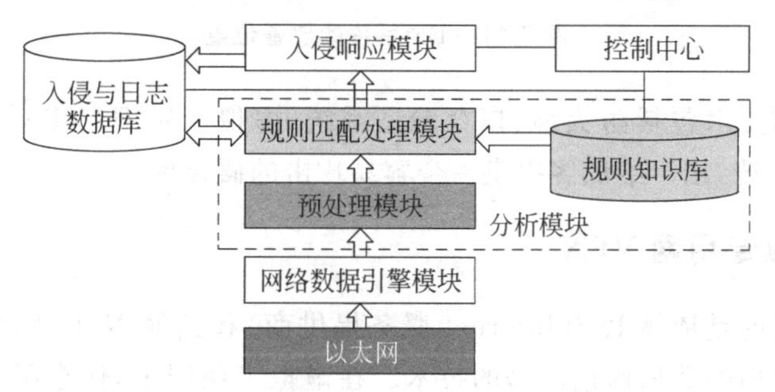

图 7-10 基于网络的入侵检测系统模型

入侵检测系统模型各部分功能描述如下：

(1) 网络数据引擎模块是通用入侵检测框架(CIDF)中的事件产生器。网络引擎截获网络中的原始数据包。

(2) 分析模块包括预处理模块、规则匹配模块和规则知识库。预处理模块实现模拟 TCP/IP 协议栈功能，如 IP 碎片重组、TCP 流重组与 HTTP 、Unicode 、RPC 和 Telnet 解码等功能。规则匹配处理模块是对经过预处理后的数据包与规则知识库的规则进行匹配，产生分析结果。同时负责对分布式攻击进行检测。分析模块是整个入侵检测系统的核心，匹配算法则是系统的分析速度的决定因素。

(3) 入侵与日志数据库，用来存储网络数据引擎模块捕获的原始数据、分析模块产生的分析结果和入侵响应模块日志等。入侵与日志数据库也是不同部件之间数据处理的共享数据库，为系统不用部件提供各自感兴趣的数据。因此，入侵与日志数据库应该提供灵活的数据维护、处理和查询服务。

(4) 入侵响应模块，是对入侵行为做出反应的措施，如记录入侵行为数据以作为日后法庭上的证据，给控制中心发送告警信息，甚至可以切断本次连接的方式来实现系统的安全。

(5) 控制中心是整个入侵检测系统和用户交互的界面，用户可以通过控制中心配置系统中的规则数据库，以检测新出现的入侵方法，也可以通过控制中心对入侵与日志数据库的数据进行统计分析以更合理的方式来配置整个系统。

IDS 系统可以部署在网络中各个关键节点，它们的工作效果是大不相同的。IDS 存在的问题是：误报、漏报率高，没有主动防御能力，缺乏准确定位和处理机制，性能普遍不足。IDS 系统的部署位置如图 7-11 所示。

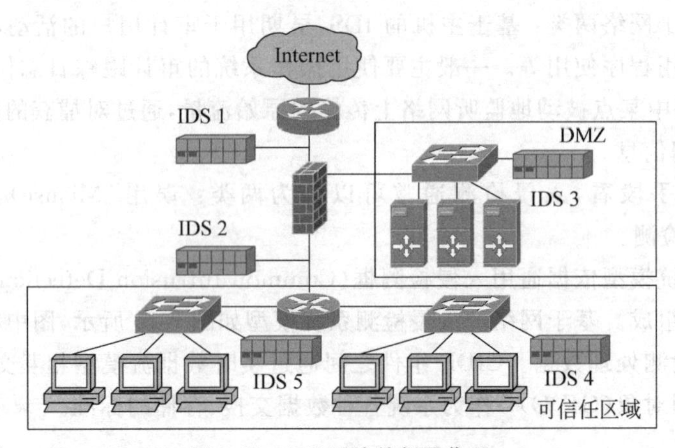

图 7-11　IDS 系统的部署位置

其他入侵防御技术包括防火墙、口令验证系统、虚拟专用网(VPN)、系统完整性检测(SIV),还有蜜罐系统,用于给黑客提供一个容易攻击的假目标。

7.4.5　虚拟专用网 VPN

虚拟专用网指的是依靠 ISP(Internet 服务提供商)和其他 NSP(网络服务提供商),在公用网络中建立专用的数据通信网络的技术。在虚拟专用网中,任意两个节点之间的连接并没有传统专网所需的端到端的物理链路,而是利用某种公众网的资源动态组成。

基于 IP 的 VPN 为使用 IP 机制仿真出一个私有的广域网,是通过私有的隧道技术在公共数据网络上仿真一条点到点的专线技术。所谓虚拟,是指用户不再需要拥有实际的长途数据线路,而是使用 Internet 公众数据网络的长途数据线路。所谓专用网络,是指用户可以为自己制定一个最符合自己需求的网络。理想的 VPN 应当像一个专网一样,它应当是安全的、高度可用的和具有可预测的性能。由于 VPN 是在 Internet 上临时建立的安全专用虚拟网络,用户就节省了租用专线的费用,除了购买 VPN 设备,企业所付出的仅仅是向企业所在地的 ISP 支付一定的上网费用。VPN 应用的例子如图 7-12 所示。

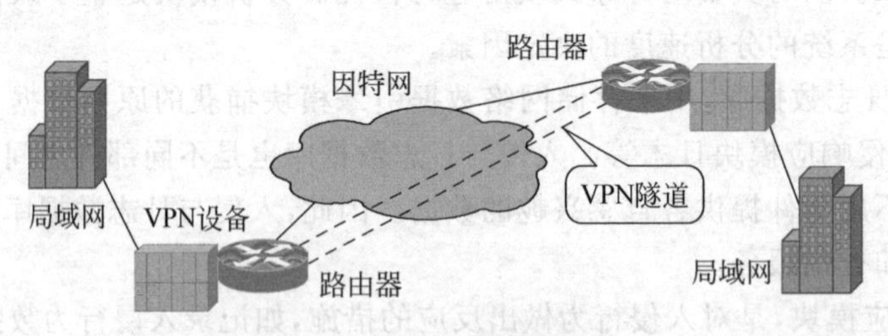

图 7-12　VPN 应用的例子

安全问题是 VPN 的核心问题。目前,VPN 的安全保证主要是通过防火墙技术、隧道技术、加密协议和安全密钥来实现的。

VPN 采用的安全技术有隧道技术、加密和解密技术、密钥管理技术、用户与设备认证技术。VPN 有两种隧道协议:PPTP(点到点隧道协议)、L2TP(第二层隧道协议)。PPTP 是 PPP 的扩展。L2TP 使用 IPSec 进行身份验证和数据加密。

应对网络安全问题，VPN有三种解决方案：远程访问虚拟网(Access VPN)、企业内部虚拟网(Intranet VPN)、企业扩展虚拟网(Extranet VPN)。这三种类型的VPN分别与传统的远程访问网络、企业内部的Intranet、企业网和相关合作伙伴的企业网所构成的Extranet相对应。

VPN网络设计包括软件VPN技术、企业内部虚拟网(Intranet VPN)、远程访问虚拟网(Access VPN)、企业扩展虚拟网(Extranet VPN)、设备厂商VPN。

企业的工作人员有远程访问企业网络的需要时，或者厂商要提供B2C的安全访问服务时，就可以考虑使用Access VPN。Access VPN通过一个拥有与专用网络相同策略的共享基础设施，提供对企业内部网或外部网的远程访问。Access VPN能使用户随时随地以其所需的方式访问企业资源。Access VPN包括模拟、拨号、ISDN、数字用户线路(xDSL)、移动IP和电缆技术，能够安全地连接移动用户、远程工作者或分支机构。

如果要进行企业内部各分支机构的网络互联，使用Intranet VPN是很好的方式。利用VPN特性可以在Internet上组建世界范围内的Intranet VPN。利用Internet的线路保证网络的互联性，而利用隧道、加密等VPN特性可以保证信息在整个Intranet VPN上安全传输。Intranet VPN通过一个使用专用连接的共享基础设施，连接企业总部、远程办事处和分支机构。

如果是提供B2B之间的安全访问服务，则可以考虑Extranet VPN。各个企业越来越重视各种信息的处理。希望为客户提供快捷方便的信息服务，通过各种方式了解客户的需要，同时各个企业之间的合作关系也越来越多。利用VPN技术可以组建安全的Extranet，既可以向客户、合作伙伴提供有效的信息服务，又可以保证自身的内部网络的安全。

Extranet VPN通过一个使用专用连接的共享基础设施，将客户、供应商、合作伙伴或兴趣群体连接到企业内部网。企业拥有与专用网络的相同政策，包括安全、服务质量(QoS)、可管理性和可靠性。Extranet VPN对用户的吸引力在于能容易地对外部网进行部署和管理，外部网的连接可以使用与部署内部网和远端访问VPN相同的架构和协议进行部署。

7.4.6 物理安全性

物理安全性通常的做法是把物理设备和网络数据进行隔离和异地存放，例如，将资源保护在加锁的房间里来限制对网络关键资源的物理接触和访问。保护物理资源免受诸如洪水、火灾、暴风雪和地震等自然灾害的侵害，也属于物理安全的范畴。

通常人们认为物理安全是一个当然的需求，很容易熟视无睹。很少会想到对物理安全设计。

网络安全性设计要考虑到物理安全，例如，路由器、交换机、服务器主机、数据存储等物理网络设备的放置位置。需要对网络现场进行勘察，物理设备的放置位置一般在计算机房内，应有专人管理维护，机房的出、入应有验证。

网络物理隔离采用的方法有：集中上因特网，在专门的办公室，用指定专人负责的专用计算机，供大家访问因特网。这些专用计算机不得用于处理涉密内容；完全冗余的主机，使用具有双主板、双硬盘和双网卡的主机；启动时，选择某台机器与某网络相连。这种方法节省空间、安全保密，但不够方便。

此外，物理安全性还涉及对物理设备的监视、防火、防水和防盗等措施。物理安全设计应给出网络设备物理位置图，监视、防火、防水和防盗等规章制度，日常检查措施等。

物理安全涉及的另一个问题是网络数据的异地备份。网络设备中的数据安全性尤为重要，是网络系统中最有价值的内容，物理设备损坏可以重新购买，而数据丢失则是无法挽回的。为保证网络数据的安全，需要进行异地备份，在建筑物内或建筑物外部的某个安全位置，建立辅助机房，设置备份用的网络设备，把网络数据进行备份存放。也可以把网络数据进行备份，异地存放，例如，通过磁存储介质或光存储介质放置在档案库中。

这里，还应提到技术文档的物理安全性：一是把技术文档存放在安全的物理位置；二是平时借阅的仅是主技术文档的副本，万一丢失或损坏，还有主技术文档，可以再复制一份新的副本；三是技术文档不仅应有纸质的，还应有电子的；四是技术文档所有的纸张质量应保证能够长期存放。

7.4.7 网络隔离技术

网络隔离的技术可以采用网络物理隔离卡和协议隔离技术。网络物理隔离卡技术的思路是：首先切断可能的攻击途径（如物理链路），然后再尽力满足用户的应用需求。协议隔离指两个网络之间存在直接的物理连接，但通过专用协议来连接两个网络。例如，把两个或两个以上采用 TCP/IP 协议可路由的网络，通过不可路由的协议 IPX 进行数据交换，实现网络隔离。

需要指出的是协议隔离不是物理隔离，网络中的节点在数据链路层上是互通的，许多数据链路层协议都可以通过协议隔离，例如，PPP。协议隔离在逻辑上也不是隔离的，入侵者可以通过链路层协议实现攻击的目的。

安全隔离网闸（GAP）是通过专用软硬件技术，使两个或两个以上的网络在不联通的情况下，实现数据安全传输和资源共享。GAP 是在两个网络之间使用一条物理线路，通过纯数据交换对两个网络进行逻辑连接，可以有效避免基于网络协议的攻击行为。

GAP 技术包含两个独立的主机系统和一套固态开关读写介质系统。GAP 所连接的两个独立主机系统之间，不存在通信连接，没有命令，没有协议，没有 TCP/IP 连接，没有包转发等。只有数据文件的无协议“摆渡”，且对固态存储介质只有“读”和“写”两个命令。

GAP 数据交换的过程是：内网与专网之间无信息交换时，安全隔离网闸与内网，安全隔离网闸与专网，内网与专网之间是完全断开的，即三者之间不存在物理连接和逻辑连接。

当内网数据需要传输到专网时，安全隔离网闸主动向内网服务器数据交换代理发起非 TCP/IP 协议的数据连接请求，并发出“写”命令，将写入开关合上，并把所有的协议剥离，将原始数据写入存储介质。

一旦数据写入存储介质，开关立即打开，中断与内网的连接。转而发起对专网的连接请求，当专网服务器收到请求后，发出“读”命令，将安全隔离网闸存储介质内的数据导向专网服务器。服务器收到数据后，按 TCP/IP 协议重新封装接收到的数据，交给应用系统，完成内网到专网的信息交换。

GAP 与其他技术的区别是：防火墙侧重于网络层至应用层的隔离，GAP 属于从物理层到应用层数据级别的隔离；一个物理隔离卡只能管一台计算机，GAP 可管理整个网络，并且不需要物理隔离卡；物理隔离卡每次切换网络都要重新启动，GAP 进行网络转换不需要开关机。

安全隔离网络设计可以采用的方法是：利用 GAP 技术的组网设计；利用网络物理隔离卡组网设计，使用网络物理隔离卡的安全主机，内网和外网最好分别使用两个 IP 地址。

7.4.8 网络安全保密管理制度

网络安全策略对于网络安全建设，起着举足轻重的作用，根据网络的具体需求，可能会包含不同的安全策略内容。安全策略是由一系列安全策略文件所组成的。策略文件的繁简程度与网络的规模有关。对一个中型规模的企业网络来说，网络的安全策略一般包含安全方针、物理安全策略、数据备份策略、病毒防护策略、系统安全策略、身份认证和授权策略等。

网络安全策略中网络安全保密管理制度包括以下内容：

(1) 网络中心负责网络系统的运行、管理和维护工作，任何用户未经同意不得擅自变动网络系统中的各类网络设备和线路。

(2) 不得利用联网的网络设备从事危害网络和网上用户的活动，不得危害或侵入未经授权的所有网络设备。

(3) 不得利用各种软、硬件技术从事网上侦听、盗用活动。

(4) 未经允许，不能对计算机信息网络中存储、处理或者传输的数据和应用程序进行增加、删除和修改。

(5) 不能故意制作、传播计算机病毒等破坏性程序，避免使用来历不明的软件。

(6) 禁止非工作人员操纵网络关键设备，例如，路由器、交换机和网络服务器，在不使用网络服务器时，应注意锁屏。

(7) 每周检查网络设备登录、使用日志，及时发现不合法的登录、使用情况，分析出现网络故障的原因。

(8) 建议对网络管理员、系统管理员和系统操作员所用口令每周更换一次，口令要无规则，重要口令要多于 8 位。网络管理员口令只被系统管理员掌握，尽量不直接使用管理员口令登录服务器。

(9) 涉密信息不得进入国际互联网传输或存储，处理涉密信息的计算机信息系统也不得接入国际互联网，必须采取与国际互联网完全隔离的保密技术措施。

7.4.9 提供网络安全性例子

提供网络服务安全性，内部网络服务可以使用鉴别和授权、分组过滤、审计日志、物理安全性和加密等安全手段。不论用户是通过控制台端口还是通过网络访问这些设备，都需要注册 ID 和口令。有权查看或修改配置的管理员可使用安全等级更高的第二级口令。可使用终端访问控制器访问控制系统(TACACS) 来管理中心中的大量路由器和交换机用户的 IP 地址和口令。TACACS 还提供审计功能限制使用 SNMPv3 以下的 set 操作修改管理和配置数据。

提供用户服务安全性，用户服务包括端系统、应用程序、主机、文件服务器、数据库服务器和其他服务等。提供这些服务的服务器通常能够提供鉴别和授权功能。如果用户关心使用该系统的人员的话，端系统也可以提供该功能。当用户长时间离开自己的办公室时，建议用户退出会话。不工作时应关闭机器，以免未授权用户进入系统去访问服务和应用程序。也可使用自动退出功能在长时间没有用户活动时，自动退出一个会话。安全策略和过程应当说明可接受的有关口令的规则：何时使用口令，如何格式化口令，如何修改口令等。一般说来，口令应当包括字符和数字，至少 6 个字符，而且不是通常使用的词汇，且需经常修改。

拨号访问网络是造成系统安全威胁的一个重要原因。提高拨号访问安全性，应当综合采用防火墙技术、物理安全性、鉴别和授权机制、审计技术以及加密技术等。

鉴别和授权是拨号访问安全性最重要的功能。在这种情况使用安全卡提供的一次性口令是最好的方法。对于远程用户和远程路由器，应使用询问握手鉴别协议鉴别(CHAP)。鉴别、授权和审计的另一个选择是远程鉴别拨入用户服务器(RADIUS)协议。

对于需要高可靠性的网络最基本的方法就是采用冗余设计。例如，为 A 办公楼和 B 办公楼各配置 1 台主交换机，为每个楼层配置 1 台楼层交换机，楼层交换机分别与两台主交换机用千兆光缆相连。将两台主交换机用链路聚合技术连接起来，并将各种服务器与主交换机相连。一旦某台主交换机出现问题，网络不会全面瘫痪。为了保障网络中金融信息的安全，应采取服务器异地互为备份等其他容错技术。

由于遵循 IEEE 802.1d 规范，采用冗余技术时可以不必担心交换机环路。

7.5 网络数据备份与容错技术

7.5.1 网络数据备份

网络数据备份是指为防止系统出现操作失误或系统故障导致数据丢失，而将全系统或部分数据集合，从网络节点的硬盘或磁盘阵列复制到其他的存储介质的过程，其目的在于保障网络系统的高可用性和系统的正常运行。

数据备份作为保证数据安全的一个重要组成部分，其在网络系统中的地位和作用都是不容忽视的。数据备份不仅可以防范意外事件造成数据的损失，而且可以将历史数据保存归档。数据备份被誉为是保证数据安全的最后一道防线。

网络中的数据资源是信息基础设施最重要组成部分，确保网络数据资源不被丢失、损坏，在网络系统发生灾难后可以迅速恢复数据资源，已经成为网络安全设计中重要的内容。网络数据备份是一种数据安全策略，也是网络数据保护中的关键一环，是网络数据保护的基础。

网络数据备份恢复策略是安全策略的一个重要组成部分，完善的网络数据备份恢复策略是建立在对网络环境、主机环境、业务数据等信息的详细分析的基础之上的。一个完整的网络数据备份系统包括：备份硬件、备份软件、备份制度、灾难恢复计划。

坚持做好网络数据备份是保证数据安全很有效的手段。有一句话是“幸运的是那些做了数据备份的悲观主义者”，可见网络数据备份的重要作用。如果人们通过有效而简单的数据备份，就能具有更强的数据恢复能力，很容易找回失去的数据。另一方面，如果有了可靠的容错手段，数据丢失也许就不会发生了。

早期的数据备份比较简单，若数据的文件名相同，则同一文件名的文件会替换和覆盖，容易出现文件内容不一致的事情，例如，输入几个月的数据记录，由于操作失误，被同一文件名，仅有部分数据的新文件覆盖掉了，可以想象后果是很严重的，又需要几个月的输入和整理，才恢复了原有的数据，这是真实的、给人深刻体会的经历。不过，现在的数据备份都会有新的版本号，即使文件名相同，但文件的版本号不同，不容易再出现早期的问题了。

数据备份的策略需要考虑很多因素：使用的介质，是磁带还是磁盘、光盘；数据备份的周期，是选择每月、每周、每日，还是每时进行备份；选择人工备份还是按设计好的备份程序自动备份；选择静态备份还是动态备份；选择全备份还是增量备份（差异备份）。

数据备份通常要按日、按周或按月做备份，对最为重要的文件需要进行更为频繁的备份。进行数据备份时，应注意备份时数据是最新的，并且是最完整的、可用的。尤其应注意数据覆盖的问题，在备份数据的版本、日期、文件标识等方面注重技术性和规范性。

为了有效、可靠地进行网络数据备份，经常采用的方法如下：

(1) 使用应用软件自带的备份功能，进行网络数据备份。

(2) 提供将整个目录备份到另一个设备的默认路径。

(3) 网络数据备份采用压缩技术。

(4) 可以采用多种不同的备份介质，可以是磁的介质或光的介质。

(5) 定期进行数据备份，并对备份数据的保留时间做出合适的规定。

(6) 尽可能保存有价值的数据，不保存无用的数据，节约资金和时间。

(7) 将备份数据放置在安全、可靠的位置，防火、防盗。

(8) 经常检查所备份数据的可用性。

(9) 备份数据应有规范、明确、易用的标识和标签。

在存储备份设计中，常用的备份方式有全备份、增量备份、差异备份。不同网络业务采用的网络安全备份策略如表 7-1 所示。

表 7-1　不同网络业务采用的网络安全备份策略

业务性质	业务系统名称	使用存储	归档介质	本地保护策略	远端保护策略	网络备份策略	服务器备份
关键	联网征费	高端	磁带、磁盘、光盘	快照＋SATA	实时异步	热备份或温备份	热备份或温备份
重要	IC卡	高端	磁带、磁盘、光盘	SATA	实时异步	热备份或温备份	温备份
重要	银行代征费	高端	磁带、磁盘、光盘	SATA	实时异步	热备份或温备份	温备份
重要	财务信息	高端	磁带、磁盘、光盘	SATA	实时异步	热备份或温备份	温备份
重要	信息安全平台	中端	磁带、磁盘、光盘	SATA	实时异步	热备份或温备份	温备份
一般	资料核定	中端	SATA和磁带	无	实时异步	温备份或冷备份	冷备份
一般	电子稽查	中端	磁带、磁盘、光盘	无	实时异步	温备份或冷备份	冷备份
一般	OA	中端	磁带、磁盘、光盘	无	实时异步	温备份或冷备份	冷备份

7.5.2 容错技术

容错是指系统在部分出现故障的情况下仍能提供正确功能的能力。容错就是容许出现错误,并能在出错时,及时恢复正常状态。容错需要采取冗余措施、增加冗余设备,例如,冗余磁盘阵列、冗余主机、双电源等。

冗余磁盘阵列(Redundant Array of Independent Disks,RAID)系统是内嵌微处理器的磁盘子系统,提供设备虚拟化功能,对外呈现为一个容量很大的虚拟存储设备。RAID 重要的概念是磁盘分块,将操作分散到各个不同的磁盘驱动器中,使得主机的 I/O 处理器可以处理更多的操作。RAID 通过冗余具有可靠性和可用性方面的优势。RAID 技术的特点主要是两个:速度;安全。

RAID 存储数据的不同方式称为 RAID 级别(RAID Levels),不同的级实现不同的可靠性,但是工作的基本思想是相同的,即用冗余来保证在个别驱动器故障的情况下,仍然维持数据的可访问性。

RAID 采用的冗余技术包括:

(1) 镜像冗余。将完整的数据复制到另一个设备或位置。

(2) 校验冗余。利用计算矩阵中成员磁盘上数据的校验值可以实现校验冗余。

(3) 电源冗余。采用双电源,主电源出现故障,自动切换到备用电源。

RAID 是一种工业标准,得到业界广泛认同的 5 种是 RAID 0、RAID 1、RAID 3、RAID 5、RAID 10。

RAID 0 是一种高性能、零冗余的阵列。数据以数据块(Strip)为单位,RAID 0 将数据块划分成条或分段存储在多个磁盘驱动器中来提高磁盘子系统的吞吐量。RAID 0 使用条带技术保存数据。条带技术是指数据块可以被交替地写到在阵列内组成逻辑卷的不同物理驱动器中。块长和条带宽度将影响一个 RAID 0 阵列的性能。

RAID 0 未提供冗余。如果在一个 RAID 0 阵列中有一个驱动器发生故障,那么这个阵列中所有驱动器的数据将是不可访问的。RAID 0 主要用于需要尽可能高速读写数据的应用中。

RAID 0 没有保存校验信息的磁盘空间,这样就不需要购买大容量磁盘驱动器或者许多小容量的磁盘驱动器。RAID 0 所有的算法简单,不会增加处理器开销,不需要一个专用的处理器。RAID 0 对于读写长、短数据单元都具有高性能。如果应用程序需要大量的快速磁盘存储并且已经采取其他措施安全地备份了数据,则值得考虑 RAID 0。

RAID 1 通常又称为 Mirror,提供两块硬盘数据的完全镜像,在 RAID 1 中,所有数据都进行百分之百的备份,而且备份数据和原始数据分别存储于不同的磁盘上(磁盘镜像的组成盘)。其优点是安全性好、技术简单、管理方便以及读写性能较好。RAID 1 的磁盘利用率只有 50%(有效数据)。当组成磁盘镜像的硬盘容量不相同时,大于最小磁盘容量的磁盘空间将不能用于磁盘镜像,因而造成磁盘空间的浪费。RAID 1 提供了最高的冗余级别,但磁盘驱动器的费用也是最高的。

RAID 0+1 通常又称为 Stripe + Mirror,它是 RAID 0 和 RAID 1 的结合形式,也称为 RAID 10。RAID 0+1 兼有磁盘镜像和磁盘条块的特点,继承了 RAID 0 的快速和 RAID 1 的安全特征,提高数据访问性能和提供数据安全性保障。磁盘镜像组成可以是一个磁盘条带和一个独立的磁盘。这样能提供较好的性价比。

RAID 3 通常是按字节将数据划分条带分配在许多驱动器上，RAID 3 在阵列中专用一个驱动器保存奇偶校验信息，校验驱动器提供的冗余技术将保证任何一个驱动器不会引起阵列丢失数据。RAID 3 是为顺序磁盘访问，例如，图像和数字式视频存储的应用程序而优化的。对于随机访问的环境如 PC LAN，RAID 3 是不适宜的。由于数据能够从其余的驱动器中重建，RAID 3 阵列中的任何一个驱动器发生故障将不会引起数据丢失。

RAID 5 是把数据和相对应的奇偶校验信息存储到组成 RAID 5 的各个磁盘上，并且奇偶校验信息和相对应的数据分别存储在不同的磁盘上。RAID 5 不对存储的数据进行备份，而是利用奇偶校验提供数据安全保障。当 RAID 5 的一个磁盘数据发生损坏后，利用剩下的数据和相应的奇偶校验信息，可以恢复被损坏的数据。由于 RAID 5 将校验数据划分条带分配到阵列的所有驱动器中，RAID 5 允许并行读和写。

RAID 5 是按频繁地读写小数据块而优化的，各块独立硬盘进行条带化分割，具有数据安全、读写速度快和空间利用率高等优点，适用 PC LAN 环境，尤其适合于数据库服务器。

磁盘冗余阵列(RAID)的主要性能参数如表 7-2 所示。

表 7-2　磁盘冗余阵列(RAID)的主要性能参数

性　能	RAID 0	RAID 1	RAID 3	RAID 5	RAID 10
别名	条带	镜像	专用奇偶条带	分布奇偶条带	镜像阵列条带
容错性	没有	有	有	有	有
冗余类型	没有	复制	奇偶校验	奇偶校验	复制
热备盘选项	没有	有	有	有	有
读性能	高	低	高	高	中间
随机写性能	高	低	最低	低	中间
连续写性能	高	低	低	低	中间
需要的磁盘数	1 个或多个	只需 2 个或 $2n$ 个	3 个或更多	3 个或更多	只需 4 个或 $4n$ 个
可能容量	总的磁盘的容量	只能用磁盘容量的 50%	$(n-1)/n$ 的磁盘容量，其中 n 为磁盘数	$(n-1)/n$ 的磁盘容量，其中 n 为磁盘数	磁盘容量的 50%
典型应用	无故障的迅速读写，要求安全性不高，如图形工作站等	随机数据写入，要求安全些高，如服务器、数据库存储领域	连续数据传输，要求安全性高，如视频编辑、大型数据库	随机数据传输要求安全性高，如金融、数据库、存储等	要求数据量大，安全性高，如银行、金融等领域

7.5.3　网络存储技术

20 世纪 90 年代以前，存储产品大多作为服务器的组成部分之一，这种形式的存储被称为服务器附属存储(Server Attached Storage，SAS)或直接附属存储(Direct Attached Storage，DAS)。网络存储技术是在服务器附属存储 SAS 和直接附属存储 DAS 基础上发展起来的。20 世纪 90 年代以后，人们逐渐意识到 IT 系统的数据集中和共享成为一个亟待解决的问题，网络化存储的概念被提出并得到了迅速发展。从结构上看，网络化存储系统主要包括存储区域网络(Storage Area Networking，SAN)、网络附属存储(Network Attached Storage，NAS)。

目前采用的网络存储技术主要有直接附属存储(DAS)、存储区域网络(SAN)、网络附属存储(NAS)、因特网 SCSI 存储(Internet SCSI，iSCSI)。

DAS 也称为服务器附加存储，是指存储设备通过 SCSI 接口或光纤通道直接连接到一台服务器主机上，作为服务器主机的硬件组成部分。存储设备可以是硬磁盘、CD 或 VCD 机、磁带机、可移动存储介质等。

因特网 SCSI 存储是由 IBM、Cisco 共同发起的存储技术。iSCSI 技术是一种基于 IP 存储理论的新型存储技术，是 SAN 和 IP 技术的融合。iSCSI 使得在 IP 网络上可以构建存储区域网络(SAN)。

1. 存储区域网络(SAN)

存储区域网络(SAN)是一种专用网络，用于将多个应用服务器连接到存储子系统或存储设备上。SAN 不同于一般的网络，SAN 位于网络服务器的后端，采用光纤通道等存储专用协议连接成高速专用网络，使网络服务器与多种存储设备直接连接，可以看作一个后端存储网络，是为了连接服务器主机、磁盘冗余阵列、磁带库等存储设备，而建立的高性能数据传输网络。而位于服务器主机前端的数据网络，负责正常 TCP/IP 网络协议包传输。

SAN 基于光纤信道，采用光纤通道(Fiber Channel)标准协议。SAN 的最大特点就是可以实现网络服务器与存储设备之间的多对多连接，并且这种连接是本地的高速连接。高性能的光纤通道交换机和光纤通道网络协议可以确保设备连接既可靠又有效。这些连接以本地光纤或 SCSI(通过 SCSI-to-Fibre Channel 转换器或网关)为基础。存储区域网络(SAN)如图 7-13 所示。

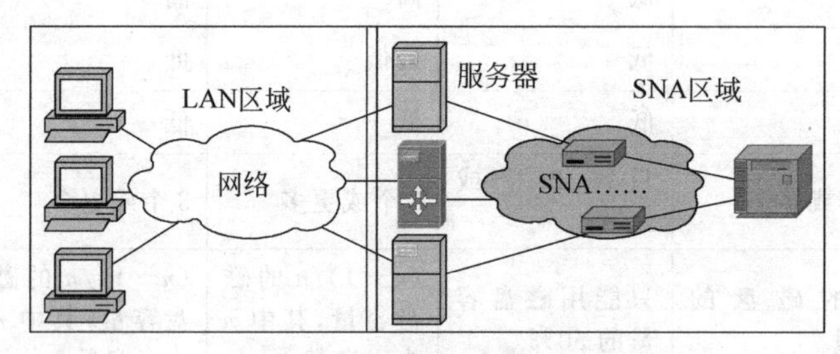

图 7-13　存储区域网络(SAN)

需要指出的是，SAN 源于局域网技术，局域网相对网络服务器主机来说，属于前端网络，而 SAN 相对网络服务器主机来说，属于后端网络。利用 SAN 进行局域网数据备份，可以提高备份效率，消除网络带宽的瓶颈。SAN 已成为一个术语，用来定义所有连接主机与存储设备的架构，例如，Host-SCSI Switch-Storage 或 Host-Fiber Switch-Storage。

SAN 提供服务器和存储设备之间的块数据传输，SAN 可以支持的网络存储应用环境有：

(1) 关键任务数据库应用，支持可预计时间、可用性、可扩展性等基本要素。

(2) 集中的存储备份，提供性能、数据一致性和可靠性。

(3) 提供高可用性和故障切换环境，确保低成本要求。

(4) 可扩展的存储虚拟比，可使存储与直接主机连接相分离，并确保动态存储分区。

(5) 提供改进的灾难容错特性，在主机服务器及其连接设备之间提供光纤通道，扩展距离可达 150km。

SAN 的主要特点包括：

(1) 增加存储容量方便，不必中断与服务器的连接即可增加存储。可以集中管理数据。

(2) 利用光纤通道技术，支持在存储和服务器之间传输海量数据块。

(3) 在开放性方面采用标准的光纤通道技术。

(4) 克服了传统上与 SCSI 相连的线缆限制，拓展了服务器和存储之间的距离，可以增加更多的连接。

(5) 简化了服务器的部署和升级，原有硬件设备投资得到保护。

(6) 具有传送数据块到企业级数据密集型应用的能力。

(7) 提高了企业数据备份和恢复操作的可靠性与可扩展性。

SAN 已经逐渐与 NAS 环境相结合，SAN 目前多用于 NAS 设备的后台，提供用于 NAS 设备的高性能海量存储，满足存储扩展性和备份的需要。通过将 SAN 拓展到城域网基础设施上，SAN 支持与远程设备无缝地连接，从而提高容灾的能力。

SAN 本身还没有制定出技术标准，SAN 的不足之处在缺少互操作性支持，尤其是在管理上更是如此。虽然 SAN 利用光纤通道技术标准，但客户厂商对光纤通道技术会有不同的解释。

2. 网络附属存储(NAS)

网络附属存储(NAS)是传统网络文件服务器技术的发展延续。NAS 是专用的网络文件服务器，是取代传统网络文件服务器的产品和技术。NAS 将分布的、独立的数据整合为大型化的、集中化管理的数据中心。在局域网环境下，NAS 可以实现不同平台之间的数据级共享，并支持多种网络应用协议，例如，HTTP、FTP、NFS 等。网络附属存储(NAS)如图 7-14 所示。

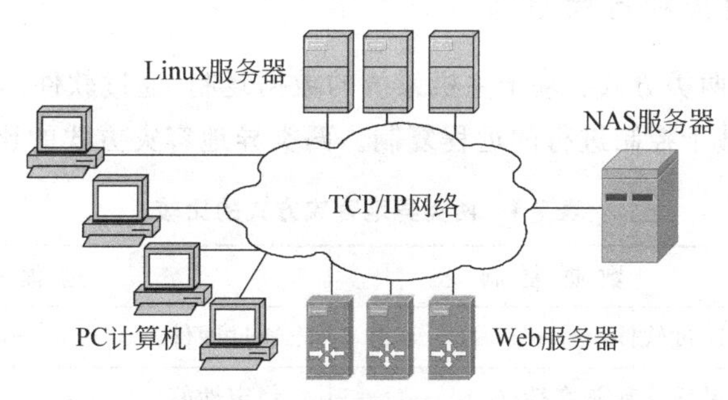

图 7-14　网络附属存储(NAS)

NAS 的关键特性是，客户机与服务器之间通过 TCP/IP 网络协议和应用文件系统来进行数据文件访问，这些文件系统可以是网络文件系统 NFS、通用 Internet 文件系统 CIFS。

NAS 的主要特点包括：

(1) 提供了一个高效、性能价格比优异的解决方案。

(2) 数据的整合减少了管理需求和开销。

(3) 集中化的网络文件服务器和存储环境，确保了可靠的数据访问和数据的高可用性。

(4) 适用于那些需要通过网络将文件数据传送到多台客户机上的用户。

(5) NAS设备易于部署。

3. 几种网络存储技术的比较

几种网络存储技术的比较如表7-3所示。

表7-3 几种网络存储技术的比较

比较内容	DAS	NAS	SAN	iSCSI
设计目标	存储设备	存储设备	存储网络	存储网络
适配器	SCSI适配器	以太网适配器	光纤通道适配器	以太网适配器
传输单位	块I/O	文件I/O	块I/O	块I/O
网络连接协议	SCSI	TCP/IP	FC(光纤通道)	TCP/IP
控制指令	SCSI	NFS、CIFS等	SCSI	SCSI
管理位置、方式	在服务器主机	在网络设备上	在服务器主机	在服务器主机
性价比	性能低、成本低	性能适中、成本低	性能高、成本高	性能高、成本适中
应用场合	扩展性不高、数据量不大,适用中、小企业	企业部门级应用,适用中、小企业	较大的企业级环境,扩展性好、高可用性、高性能	中小企业、部门级、工作组,有较小的SAN需求

因特网数据中心(Internet Data Centre,IDC)为因特网内容提供商(ICP)、企业、媒体和各类网站提供大规模、高质量、安全可靠的专业化服务器托管、存储空间租用、网络批发带宽,以及动态服务器主页、电子商务等业务。数据中心在大型主机时代就已出现,那时是为了通过托管、外包或集中方式向企业提供大型主机的管理维护,以达到专业化管理和降低运行成本的目的。

7.5.4 异地容灾和容错电源

实现异地容灾有两类方式:基于主机系统的数据复制,通过软件形式来实现;基于存储系统的远地镜像,是基于控制进行的远程复制。两类异地容灾方式的比较如表7-4所示。

表7-4 两类异地容灾方式的比较

比较内容	数据复制	远程镜像
实现方式	通过软件	通过硬件
优点	灵活性和兼容性好	稳定性好
缺点	占用主机资源多	容易受通信链路条件影响
应用范围	适合成本低的中、低端企业	适合高可靠性、有业务连续性的高端企业

容错电源是网络安全设计中的主要内容之一。没有电力,网络就会瘫痪,电压过高或过低,网络设备就会损坏,特别是如果服务器遭受破坏,损失就可能难以估计。据统计,大量的计算机损坏是由电涌引起的。能够保持电源的稳定供给的设备有电涌抑制器、稳压电源、交流滤波器、不间断电源(UPS)。UPS通常能够提供上述几种设备的功能,因此得到了广泛

的使用。

习题

1. 写出网络安全的定义。
2. 网络信息安全涉及哪些方面?
3. 计算机网络面临的威胁包括哪些?
4. 对付主动攻击和被动攻击的方法有哪些?
5. 网络安全的基本元素有哪些?
6. 计算机安全服务的内容有哪些?
7. 网络安全的特征有哪些?
8. 给出 TCP/IP 网络安全技术模型的图示。
9. 给出 IATF(信息保障技术框架)标准的要点。
10. 写出网络安全性设计的主要步骤。
11. 风险管理程序包括哪些部分?
12. 构建非军事区(DMZ)的原则是什么?
13. 网络物理防护的目的是什么?采取的防护措施主要是哪些?
14. 安全通信所需要的安全构件有哪些?
15. 写出数据加密、解密过程的五个基本成分。
16. 安全服务的设计包括哪些内容?
17. 写出对称密钥机制的要点。
18. 写出公钥密钥机制的要点。
19. 公钥密码体制出现的原因是什么?
20. 利用公钥和私钥对可以实现哪些安全功能?
21. 写出公钥密码体制的组成部分。
22. 数字签名可以提供哪些保证?
23. 写出报文鉴别的定义。
24. 什么是报文摘要,报文摘要有什么用途?
25. 写出报文摘要的工作过程。
26. 写出 hash 函数算法的性质。
27. 写出密钥分发机制的要点。
28. 写出 KDC 密钥分配的步骤。
29. 写出公钥证书方法应满足的要求。
30. 说明访问控制技术的要点。
31. 标准 ACL 和扩展 ACL 区别在哪里?
32. 说明审计和恶意软件防护的要点。
33. 防火墙遵循的规则是什么?
34. 写出防火墙遵循的安全策略。
35. 给出屏蔽子网防火墙的部署图示。

36. 非法入侵的方式主要有哪些？
37. IDS 常用的入侵检测方法有哪些？
38. 给出 IDS 系统的部署位置简图。
39. 什么是 VPN？
40. VPN 网络设计包括哪些内容？
41. 给出物理安全性的要点。
42. 给出网络隔离技术的要点。
43. 网络安全策略中网络安全保密管理制度包括哪些内容？
44. 为了有效、可靠地进行网络数据备份，经常采用的方法有哪些？
45. 写出容错技术的要点。
46. 目前采用的网络存储技术主要有哪些？
47. 写出存储区域网络(SAN)的主要特点。
48. NAS 的主要特点有哪些？

第 8 章　路由器配置

8.1　路由器配置基本概念

8.1.1　路由器配置的基本内容

路由器工作在网络体系结构的第三层(网络层),是 IP 网络中的重要设备。路由器是在网络层实现网络互连的设备,用于在第三层上连接不同的网络。路由器检查所收到的数据包中与网络层相关的信息,然后,根据规则进行转发。路由器功能强大,配置起来比较复杂。路由器不仅能够用来进行网络的互连,为关键的应用提供伸缩性,而且还是实现网络安全性、流量管理和服务质量等网络功能的重要部件。

用路由器互连三个校区的校园网络连接如图 8-1 所示。

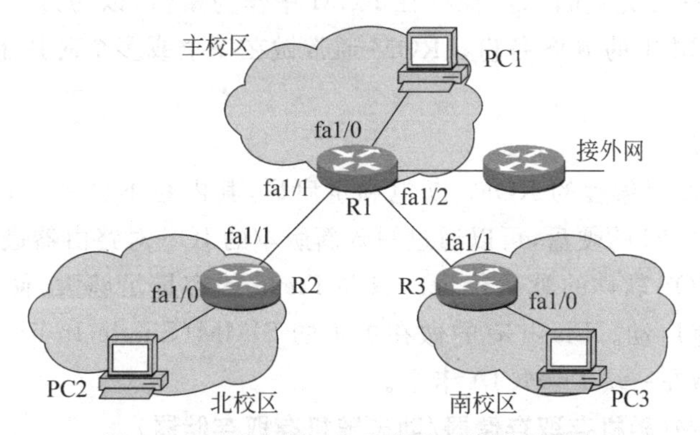

图 8-1　用路由器互连三个校区的校园网络

路由器其本身也是一台计算机,是用于路由选择和互联网络的专用网络设备,路由器包括硬件和软件,不同类型和档次的路由器具有不同的接口,提供的功能也有差异。

路由器的配置内容,除了硬件接口物理连接以外,主要是用路由器的网络操作系统软件(例如 Cisco IOS),对路由器的接口参数、路由协议、路由表、连接属性、路由性能进行配置。

路由器不是即插即用的设备。为支持选路,路由器需要由人工配置相关的信息,这些信息与子网环境相关,例如路由器左侧以太网接口应当配置一个在左侧网络中合法的 IP 地址,而右侧以太网接口应当配置一个在右侧网络中合法的 IP 地址。路由器只需配置了相邻子网的接口 IP 地址,再配置选路协议后,这些互连的路由器就能够自行学习到达全网各个子网的路由信息。

路由器前面板上具有两个百兆以太网接口及其对应的指示灯。路由器通常具有较少的物理链路接口,但是大型 ISP 使用具有上百个接口的路由器也是常见的。如果用两根 RJ-45 双绞线分别将该路由器的两个以太接口与两台交换机相连,就可以将位于两个不同子网的计算机连接起来。

8.1.2 路由器系统的组成

美国 Cisco System 公司的路由器产品是网络中最常见的路由器。下面主要讲述 Cisco 系列路由器的组成、配置等相关内容。

在进行路由器配置之前,应该了解一下 Cisco 路由器的结构和组成。以便更好地理解路由器的各类信息是怎样存储的,怎样合理有效地使用各种配置命令,也能够更好地了解路由器初始化过程所进行的操作。

Cisco 路由器的基本组成部件有 CPU、各种存储器和接口电路。不同公司、不同系列的路由器,CPU 和存储器的种类也不尽相同,外部接口的种类和多少也有差异。

Cisco 路由器的系统软件通常置于内存中,不用硬盘。为了满足不同的存储需要,Cisco 路由器提供了四种类型的存储器。

1. ROM(只读存储器)

ROM 相当于 PC 的 BIOS。路由器的引导文件保存在 ROM 中,通过引导软件,路由器进行加电自检、硬件检测后才能进入正常的工作状态。

有的路由器将一套完整的 IOS 保存在 ROM 中作为备份,以防万一 Flash 中的 IOS 不能使用时,启用 ROM 中的 IOS 备份。ROM 通常做在一个或多个芯片上,焊接在路由器的主板上。

2. Flash(闪存)

Flash 是可擦除、可编程的 ROM,断电和重启后,其内容不会丢失,主要用来存放 IOS 及微代码,可以类比 PC 的硬盘,可以通过写入新版本的 IOS 对路由器进行升级。

Flash 是引导 IOS 软件的默认位置。只要 Flash 的容量足够大,便可以保存多个 IOS 映像,以便提供多重启动。Flash 有的做在主板的 SIMM(Single In-line Memory Module)内存模块上,有的做在一块 PCMCIA 卡上。

3. RAM/DRAM(随机存取存储器/动态随机存取存储器)

这是路由器主要的存储部件,是路由器的工作区域,所以 RAM 也叫工作存储器。RAM 在路由器启动或掉电时,会丢失其内容。RAM 中所存储的信息如图 8-2 所示。

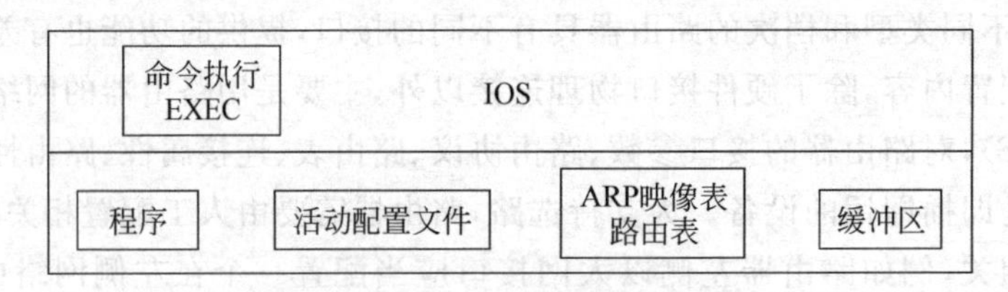

图 8-2 RAM 中所存储的信息

当路由器上电时,执行 ROM 中的引导程序,完成一些测试,然后把 Cisco 的 IOS 软件装载到 RAM。命令执行或称为 EXEC,它是 IOS 的一部分。EXEC 接收和执行用户输入的命令。也可以使用 RAM 存储活动配置文件、ARP 映像表、路由表,RAM 也作为缓冲区使用。

4. NVRAM(Non-Volatile-RAM,非易失性存储器)

在路由器掉电或重新启动后,NVRAM 仍然保持原有的内容,不会丢失。所以,

NVRAM 主要用来存储路由器配置文件。当修改运行配置文件并执行存储后，运行配置被复制到 NVRAM 中，下次路由器加电后，该配置就会被自动调用。

8.1.3 路由器的接口

所有路由器都有接口(Interface)，接口有时也称为端口。接口可以在系统主板上，也可以在独立的模块上，通过接口，路由器与各种网络相连，数据包通过接口进出路由器。路由器提供了多种类型的局域网和广域网接口。IOS 有很多用于接口的配置命令。路由器支持的接口类型有以下几种：

(1) 控制台端口(Console Port)。为 RJ-45 标准接口。用户或管理员通过控制台端口使终端与路由器连接，进行通信，完成路由器配置。控制台端口提供了一个 EIA/TIA-RS232 异步串行接口，具体的物理连接，可以采用 RJ-45 到 DB-9F 转接电缆，或 RJ-45 到 DB-25F 转接电缆。一般情况，RJ-45 连接器连接路由器控制台端口，DB-9 连接器连接 PC(终端)串口(COM1)。

(2) 辅助端口(Auxiliary Port)。为 RJ-45 标准接口。为用户或管理员提供了通过 Modem 使远程终端与路由器连接通信，实现对路由器的远程管理和配置。

(3) 局域网接口。用于连接局域网，主要有以太网、令牌环网、快速以太网、FDDI(光纤分布式数字接口)等。

(4) 广域网接口。广域网接口用于同步串行连接时，要求使用时钟设备来提供收发之间传输的精确时钟；而异步连接，则使用起始位来保证数据被目的接口完整准确地接收。经过在同步串口上进行软件配置，该接口可以通过封装 DDN、帧中继、PPP 协议，连接广域网或因特网。

(5) ISDN 接口(BRI 接口)。用于连接 ISDN 网络，支持 2B+D 数据通道。

(6) 高密度异步接口。该接口通过一转八电缆，连接 8 条异步线路。

使用不同的接口标准，在不同的工作方式下，同、异步串口具有不同的数据传输速率。同步方式下，如果使用 V.35 接口标准，路由器作为 DTE 设备，最大速率为 4.096Mbps；异步方式下，若使用 V.24 接口，最大速率为 114.2kbps。

路由器接口的标识，每个接口都有自己的名称和编号。一个接口的全名由类型标识及数字构成，按照从下到上、从右到左的顺序编号，编号从 0 开始。

对于固定接口的路由器，或者采用模块化接口、只有关闭主机才可以变动的路由器，它的接口的全名中，就只有一个数字，而且根据它们在路由器中物理顺序进行编号。例如，Ethernet0 表示第一个以太网接口的名称，Serial1 表示第 2 个串行接口的名称。

对于支持"在线插入和删除"，或者具有动态(不关闭路由器)更改物理接口配置能力(卡的热插拔)的路由器，一个接口的全名至少应该包括两个数字，中间用一个正斜杠(/)进行分隔。其中，第一个数字代表插槽编号，接口处理器卡将安装在这个插槽上；第二个数字代表接口处理器的接口编号。例如，Cisco 2600 系列、7200 系列路由器中，Ethernet 0/0 表示位于 0 号插槽的第一个以太网接口，Serial 1/0 表示位于 1 号插槽的第一个同步串行接口。

对于支持"万用接口处理器(VIP)"的路由器，其接口名中应该包括 3 个数字，其编号形式为"插槽/接口适配器/接口号"。例如，Cisco 7500 系列路由器中，Ethernet 4/0/1 表示 4 号插槽上第 1 个接口适配器上的第 2 个以太网接口。

8.1.4 IOS和进程

IOS(Internetwork Operating System,互联网络操作系统)属于Cisco路由器系统软件的重要组成部分,用户可以通过多种途径配置IOS。

Cisco IOS软件运行于80%以上的Internet主干网络路由器中,它提供了全面的网络服务,实现许多丰富的网络功能。Cisco IOS软件功能包括:

(1) 连接多种网络。通过IOS,Cisco路由器可以连接IP、IPX、IBM、DEC和AppleTalk等网络。

(2) 提供安全服务。IOS为Internet、Intranet以及远程访问网络提供安全解决方案,进而提供端到端的网络安全。

(3) 提供多种内嵌功能。IOS技术提供了多媒体、安全性、网络管理、拨号和Internet应用等许多内嵌功能。

Cisco IOS采用模块化结构,可移植性和可扩展性好。对于IOS的大多数配置命令,在整个Cisco系列产品中都是通用的。

Cisco IOS也成为许多公司开发自己的路由器系统软件的学习、模仿对象。掌握了Cisco IOS,就不只是会配置Cisco的产品,配置其他许多公司的产品也十分容易。

在相同或不同路由器中,可能有不同的IOS版本,可以通过IOS的"show version"命令进行查看。IOS有多种版本,Cisco用一套编码方案来命名IOS版本。IOS完整版本号由三部分组成:主版本、辅助版本(维护版本)。其中主版本和辅助版本号用一个小数点分隔,维护版本在括弧中,例如,11.2(10)。Cisco经常更新IOS,修正原来存在的一些错误,或增加新的功能。在发布了一次更新后,通常都要递增维护版本的编号。

IOS的版本名称是这样定义的:GD(General Deployment,标准版)是最可靠的版本,LD(Limited Deployment)、ED(Early Deployment)。

进程则是路由器实现某种特殊功能的运行程序,如IP包的选择是由一个进程完成的,IPX包的路由选择则是由另一个进程完成的。IOS进程还有其他例子,例如,路由协议和内存进程等。把命令放入配置文件对IOS进行配置时,就相当于对构成IOS各进程的行为加以控制。所有这些进程都在路由器上同时运行,能在一个路由器上运行的进程数量和种类,取决于路由器CPU的速度,以及安装的RAM容量。类似于PC上运行的程序数量取决于CPU类型以及配备的RAM容量。

8.1.5 IOS配置文件

IOS有两种配置文件:运行配置文件(Running Configuration)、启动配置文件(Startup Configuration)。

(1) 运行配置文件也称为活动配置文件,驻留在RAM中,包含了目前在路由器中"活动"的IOS配置命令,用IOS配置时,就相当于更改路由器的运行配置,并保存在该文件中。

(2) 启动配置文件也称为备份配置,驻留在NVRAM中,包含了希望在路由器启动时执行的配置命令。启动完成后,"启动配置文件"中的命令就变成了"运行配置文件"中的命令。一般地,在修改并认可了运行配置后,应该将运行配置复制到NVRAM中,将做出的改动"备份"下来,以便在路由器下次启动时调用。

这两个文件均以 ASCII 文本格式存储，可以很方便地阅读和操作它们。IOS 提供了对这两个文件进行操作的命令。

8.1.6 Cisco 路由器产品系列

Cisco System 公司的路由器产品中，低端的路由器有 16XX、25XX 系列，中端的路由器有 26XX、36XX 系列，高端的路由器有 4XXX 和 7XXX 系列。

Cisco 1600/1600-R 系列可以为小型办公室提供局域网/广域网访问路由功能，是一种入门级的模块化路由器。该系列的大多数产品都具有一个内置的以太网接口，还可以支持 ISDN 基本速率接口、同步式串行口和集成数据服务单元 DSU/信道服务单元 CSU，以及模块化广域网接口卡 WIC，它们与 2600 系列和 3600 系列路由器保持兼容。1600 系列每秒可以处理 6000 个信息包，需要在 IOS 11.1 版本或更高的版本下运行。

Cisco 2500 系列型号共有 32 种。同 1600 系列一样，2500 系列也常用于小型应用场合，经常作为边界路由器，提供从局域网到广域网的访问路由功能。2500 系列每秒能处理 5000 个信息包，支持 IOS 10.x 和更高的版本。

2600 系列是作为 2500 系列的模块化替代产品而开发的，该系列每秒可以处理 25 000 个信息包。该系列产品中有一个以太网接口、两个广域网接口卡 WIC 插槽和一个扩展插槽(可以用于 ATM、异步串行口等)。2600 系列需要 IOS 11.3 和更高版本的支持。

3600 系列的路由器(5620 和 3640)是 Cisco 公司的第三代模块化路由器。3620 有两个扩展槽，3640 有四个扩展槽，每秒分别可以处理 16 000 个和 40 000 个信息包。除了光纤分布式接口 FDDI 和同步光纤网络 SONET 上的信息包外，还可以支持几乎所有的接口类型，例如 ATM、异步和同步串口、HSSI、以太网以及快速以太网。这两种产品均需要运行 IOS 11.1 或更高版本。

4000 系列路由器是第一代模块化路由器，它最高支持 18 个以太网接口、6 个令牌网、2 个快速以太网、2 个 FDDI、1 个 HSSI(High Speed Serial Interface，高速串行接口)、34 个异步串口、16 个同步串口以及 ATM。可以运行在 IOS 9.14 和更高的版本。

7X00 系列(7000、7200、7500)是 Cisco 公司的高端路由器产品，也是 Cisco 公司的第一代高端路由器。

8.2 路由器的基本配置

8.2.1 路由器配置的途径

在进行配置前，需要计划好一些内容。例如，路由器的名称、准备使用的接口，为接口分配地址、封装的广域网协议，要在路由器上运行的网络协议和路由协议、用于访问路由器的密码等。

路由器本身没有输入输出设备，使用 IOS 对路由器进行配置时，必须把路由器与某个终端或通过已建立的网络上 PC 连接起来，借助终端或 PC，实现对 IOS 的配置。

在对路由器进行新的配置和状态修改之前，应通过 IOS 查看命令 show，对路由器基本状态和当前的设置情况进行查看。

一般情况下，Cisco 路由器可以通过下列途径进行配置。

1. 通过控制台端口进行配置

通过 Cisco 路由器的配置端口，利用 PC 或终端来配置，在 PC 上应该运行一个终端仿真软件(或称为超级终端软件)，终端可以是一台非智能的 ASCII 终端。有很多种类的仿真终端软件，例如，HyperTerminal(HHgraeve 公司制作)、Procomm(DataStorm Technologies 公司制作)、Kermit 等。Windows 95/98/2000 等操作系统中，一般都默认支持安装了 HyperTerminal 仿真终端软件。

建立本地配置环境，只需要将 PC 或终端的串口通过标准 RS-232 电缆与路由器的控制台端口(Console Port)相连接，路由器的控制台端口与 PC 的串口连接如图 8-3 所示。访问和配置一台新的路由器上的 IOS，必须采用这种方式。

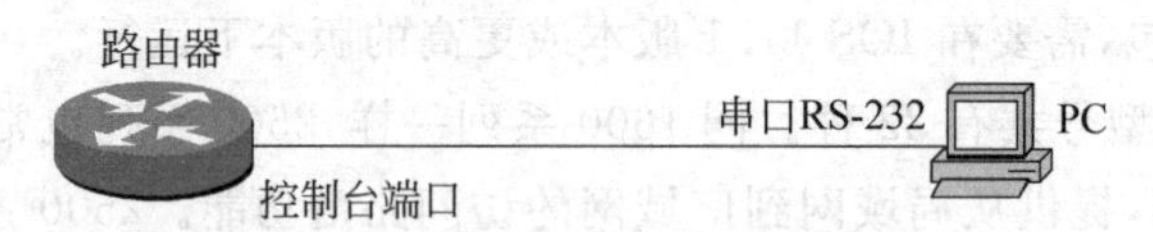

图 8-3 路由器的控制台端口与 PC 的串口连接

2. 通过辅助端口进行配置

路由器的辅助端口(AUX)接 Modem，通过电话线与远程终端或运行终端仿真软件的 PC 相连。通过电话线实现连接，建立远程配置环境，路由器的远程配置环境如图 8-4 所示。

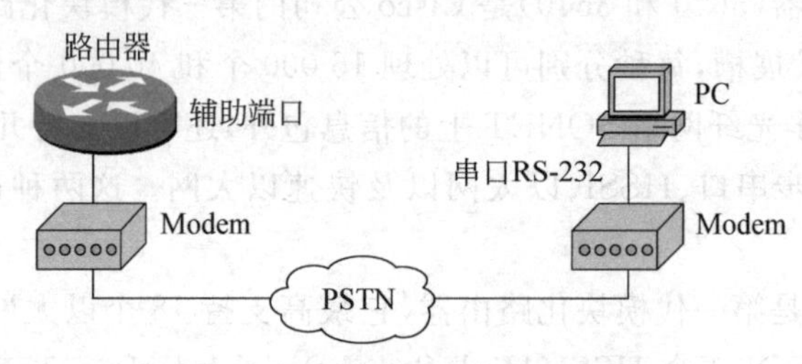

图 8-4 路由器的远程配置环境

3. 通过以太网接口(局域网接口)进行配置

路由器使用以太网接口连接到以太网上，以太网上的网络工作站可以运行远程登录 Telnet 程序对路由器进行配置；也可以通过 SNMP 网络工作站，使用 Cisco 网管软件对路由器进行配置；还可以通过 TFTP 服务器下载路由器配置文件对路由器进行配置。使用纯文本编辑器编辑路由器配置文件，并将其存放在 TFTP 服务器的根目录下，然后再复制为路由器的运行配置文件。通过以太网口进行路由器配置时的连接如图 8-5 所示。

8.2.2 路由器配置环境搭建

1. 通过控制端口配置路由器

通过控制端口配置路由器，需要从硬件和软件两个方面搭建环境。

(1) 用一条串行线将控制台端口与终端连接起来

若路由器配置了 RJ-45 控制台端口，随路由器会带有一条“逆转”电缆，而且有一个适配器(转换头)。适配器类型有两种：RJ-45-DB-9F 和 RJ-45-DB-25F，适配器上一头是 RJ-45 插座，用来插接逆转电缆的 RJ-45 插头，另一头是 DB-9F 插头或者 DB-25F，以便插入终端

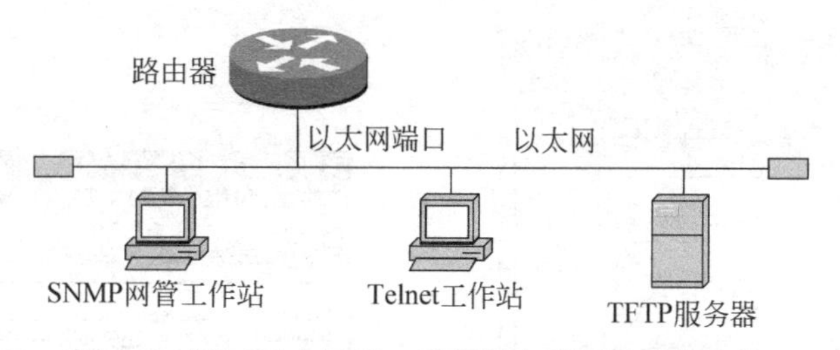

图 8-5　通过以太网端口进行路由器配置时的连接

或 PC 上的串口中。可以根据终端或 PC 上串口配备的是一个 DB-9M 或是一个 DB-25M 来选择使用 RJ-45-DB-9F 或 RJ-45-DB-25F。

(2) 在 PC 上运行并设置超级终端软件

Cisco 路由器控制台的默认连接速率是 9600 波特，所以需要将终端配置成 9600 波特的速率运行，采用 8 位数据位、无奇偶校验、1 位停止位即可。

若准备用来进行 IOS 配置的终端是一台 PC，那么就必须运行超级终端软件，以便输入 IOS 命令并查看 IOS 信息。这台 PC 称为配置计算机。

在配置计算机上，启动 Windows，通过选择“开始”|“程序”|“附件”|“通信”|“超级终端”命令，弹出超级终端的“新建连接”对话框，超级终端的“新建连接”对话框如图 8-6 所示。

在超级终端的“新建连接”对话框中，输入新建连接的名称，例如 MyConsole，单击“确定”按钮，出现超级终端端口设置的对话框，超级终端选择端口设置对话框如图 8-7 所示。

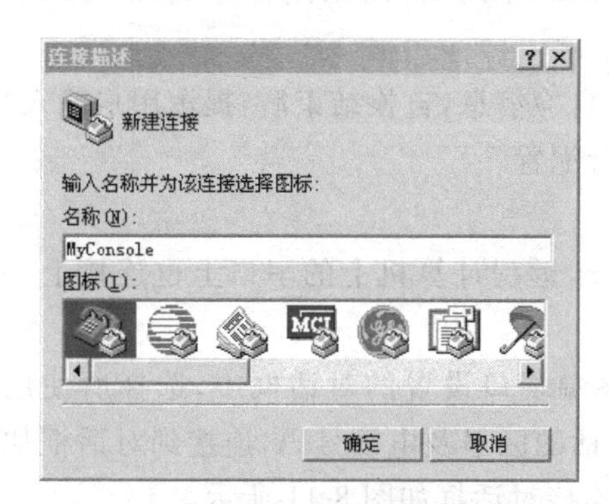

图 8-6　超级终端的新建连接对话框

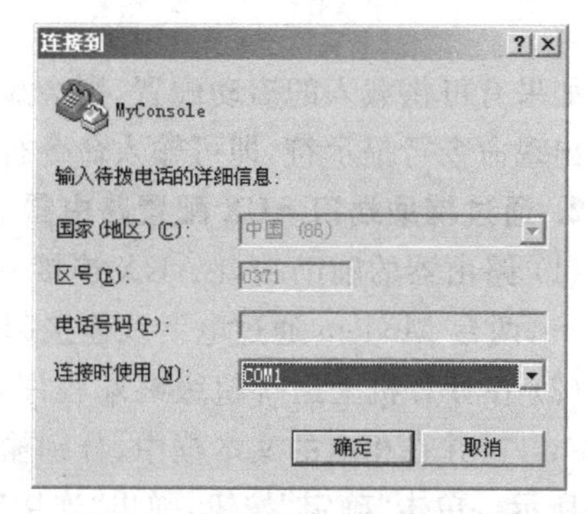

图 8-7　超级终端选择端口设置

根据实际所用的计算机串口号选择“连接时使用”的端口，单击“确定”按钮，出现端口属性设置的对话框，超级终端端口的“属性”对话框如图 8-8 所示。

将端口属性设置为：9600 波特、8 位数据位、无奇偶校验、1 位停止位、无数据流控制。单击“确定”按钮，完成设置，即进入超级终端窗口，超级终端窗口如图 8-9 所示。

在超级终端对话框窗口的菜单栏中选择“传送”，可以捕获在超级终端屏幕上显示的内容，可以把捕获的显示内容保存在一个文本文件中，供以后参考和使用。例如，可以在执行 show running-config 命令时把屏幕上显示的系统配置文件内容捕获下来。在需要还原系统配置文件时，可以在超级终端对话框窗口的菜单栏中选择“传送”，在下拉菜单中选择“发送文本文件”选项，把保存文本系统配置文件发送到 RAM 中。

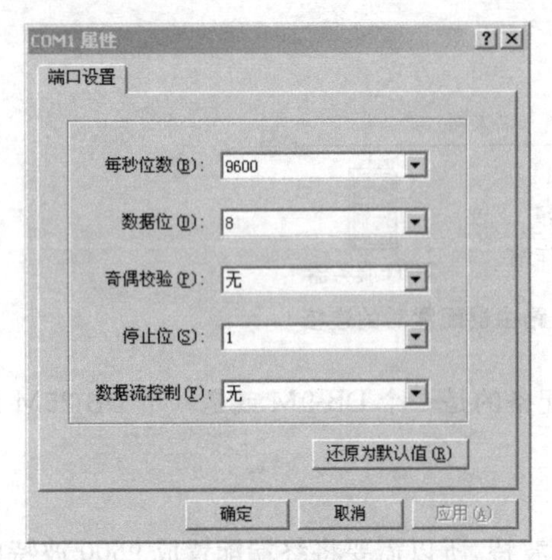

图 8-8 超级终端端口的属性对话框

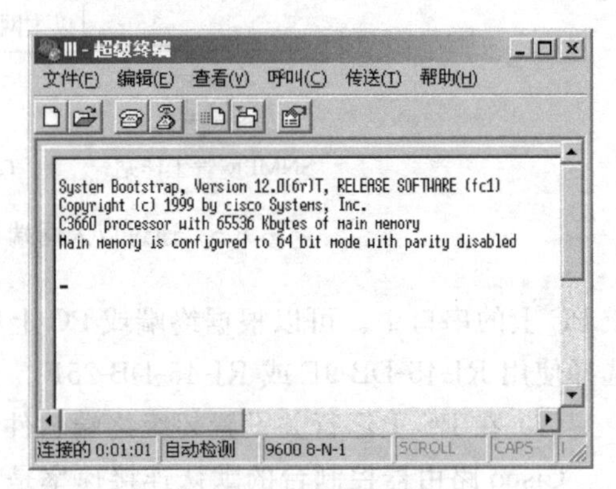

图 8-9 超级终端窗口

(3) 路由器加电

若是第一次开启路由器,或者路由器启动时没有可供载入的启动配置(NVRAM 是空的),路由器内部没有任何配置信息,路由器会自动进入 setup 配置模式中,也可以在特权用户模式下,随时输入 setup 进入交互式配置模式。进入"系统配置对话过程",根据系统的提示,用户只需回答 IOS 不断提出的问题,以对话形式进行配置。setup 配置模式只能配置有限的功能,也可以按 Ctrl+C 组合键中断 setup 配置方式,转而采用命令行模式配置路由器。

如果有可供载入的启动配置,则会显示路由器自检信息,自检结束后,提示用户输入"回车",出现命令行提示符,即可输入命令行命令,进行配置。

2. 通过辅助端口 AUX 配置路由器

(1) 路由器的辅助端口 AUX 连接一台 Modem,远程计算机上的串口上也连接上一台 Modem,两台 Modem 通过电话线连接起来。

(2) 在计算机上运行超级终端程序,在超级终端端口设置的对话框中,选择所使用的 Modem 口,并在相应的文本框中,分别输入待拨电话的区号及电话号码,连接到对话框如图 8-10 所示。单击"确定"按钮,弹出"连接"对话框,连接对话框如图 8-11 所示。

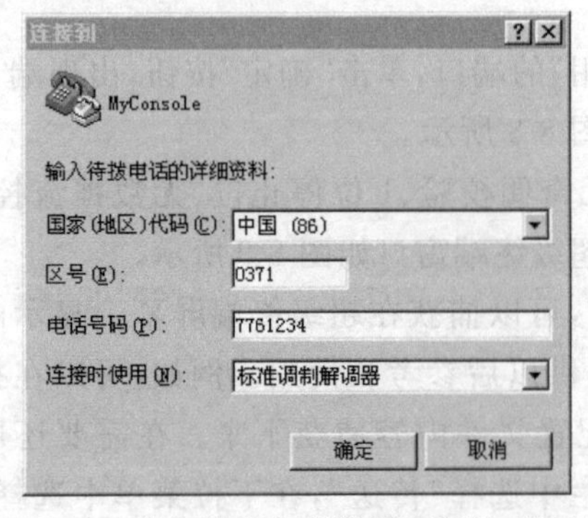

图 8-10 输入待拨电话的详细资料对话框

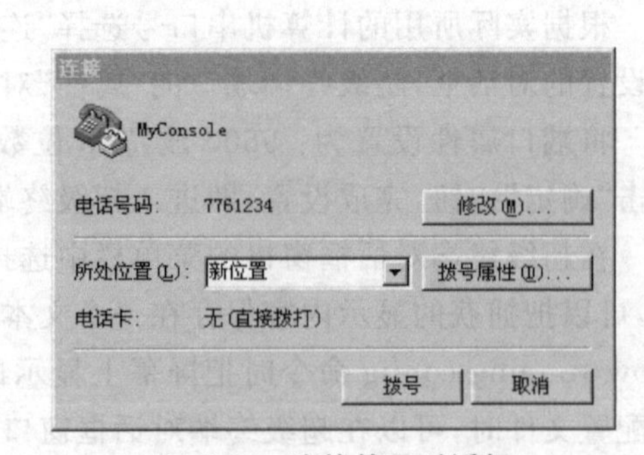

图 8-11 连接拨号对话框

(3) 给路由器外接 Modem 加电，单击“拨号”按钮，建立计算机与路由器的连接，然后给路由器加电。路由器启动过程即在屏幕上显示出来，就可以对路由器进行配置了。

3. 通过以太网口配置路由器

把计算机与路由器的一个以太网口用 RJ-45 跳线连接，该以太网口应该设置了 IP 地址。

(1) Telnet

运行终端仿真程序 Telnet。Windows 9X/2000/NT/Me/XP 上都有 Telnet 终端仿真程序。当路由器设置为允许远程访问时，可以在网络上任何一台与之相连的计算机上执行 Telnet IP-address 命令，登录到路由器对其进行配置和管理。出现的操作界面与通过控制台端口(Console)与超级终端进行连接时相同。

(2) 网络工作站

路由器的配置可以通过远程系统来管理，远程系统中应该运行网管软件，例如，Cisco Works 或 Cisco View，或者 HP Open View 等软件。

(3) TFTP 服务器，小型文件传输协议

任何一台 PC 只要装有 TFTP(Trivial File Transfer Protocol，小型文件传输协议)服务器软件，就可以称为 TFTP 服务器。TFTP 服务器可以是存储文件的 UNIX 或 PC 工作站。配置文件可以保存在 TFTP 服务器上，在配置时下载到路由器上。

TFTP 服务器可以实现路由器软件系统的保存、升级，配置文件的保存和下载，这使得对路由器的管理变得简单和快捷。所以在进行路由器配置之前，最好先安装一台 Cisco TFTP 服务器。TFTP 服务器软件可以到 Cisco 的网站 http://www.cisco.com 下载，将该软件复制到 TFTP 服务器根目录下(C:\Program Files\Cisco Systems\Cisco tftp Server)，通过该 TFTP 服务器，即可实现路由器软件的升级，以及配置文件的备份与恢复。

8.2.3 路由器的一般配置过程

路由器的一般配置方法是，在适当的 IOS 工作模式下使用命令改变路由器配置。使用 show running-config 命令来查看配置结果。如果对结果满意，则存储到备份文件中，作为启动配置文件，会在路由器重新启动时使用这些文件。如果不满意，可以除去这些修改。配置路由器的一般方式如图 8-12 所示。

从网络上的 TFTP 服务器或者 NVRAM 中装载配置信息。使用 copy running-config tftp 命令将当前路由器 RAM 中的配置存储到网络 TFTP 服务器中，这使得可以在一个集中的地方存储和维护配置信息。通过 copy startup-config running-config 命令复制 NVRAM 中的配置信息到运行配置文件中。

通过 erase startup-config 命令可以擦除 NVRAM 中的内容。这样，重新启动路由器时，会自动进入系统配置对话过程；configure memory 用来恢复启动配置；reload 命令表示重新启动路由器，使配置生效；no 命令用来去掉某个命令的配置或设置为默认值。

8.2.4 IOS 的启动与系统配置

当路由器加电启动时，首先运行在 ROM 中的程序，完成系统自检及引导，接着运行 Flash 中的 IOS，再在 NVRAM 中寻找路由器配置文件，找到后装入 RAM 中运行。

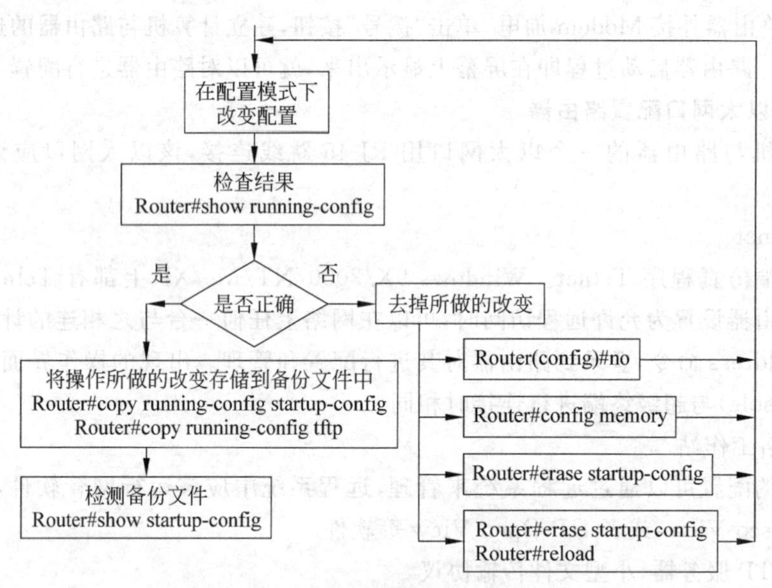

图 8-12 配置路由器的一般方式

每次打开路由器，它都运行加电自检程序，检测路由器的存储器和网络接口，并进行最基本的 CPU、内存和接口测试，接着运行 ROM 中的系统引导软件(引导映像)，搜索有效的 Cisco IOS。

有 3 个地方存储 IOS 映像：ROM、Flash 和 TFTP 服务器。IOS 映像的来源由路由器配置寄存器的引导字段来决定。配置寄存器的默认设置标明路由器应该从 Flash 中装载 IOS 映像。

如果路由器找到有效的 IOS 映像，就将 IOS 装入 RAM，一旦装载成功，IOS 将检测系统软硬件，并在配置计算机上显示部件清单。

搜寻一个有效的配置文件。如果路由器没有找到有效的 IOS 系统映像，或者它的配置文件在启动时被破坏，并且配置寄存器第 13 位被设置为要求进入 ROM 检测模式时，则系统进入 ROM 检测模式。存储在 NVRAM 中的配置文件被装载到 RAM 中，一行一行地运行配置文件中的配置命令。如果 NVRAM 中没有配置文件，这时 IOS 运行初始化配置程序(setup)，进入系统配置对话过程。

在系统配置对话过程中，系统显示配置信息，提示网络管理员进行路由器的配置。系统配置对话过程结束后，系统会提示是否保存配置信息。

路由器应按以下步骤启动：

(1) 检查路由器电源连接，确保路由器的电源开关处于断开状态，这对设备安全尤为重要。

(2) 检查控制台连接线是否连接好，RJ-45 一端连接路由器控制端口，DB-9 一端连接 PC 的 COM1 接口。

(3) 按下路由器电源开关，使路由器接通电源，给路由器加电。观察面板指示灯状况。

(4) 在 PC 终端上查看路由器的启动过程信息。

如果路由器启动时没有可供载入的启动配置，或是运行了 setup 命令(必须在特权模式下运行)，都可以进入系统配置对话过程。在此过程中，IOS会询问一些问题，以便在路由器上建立一个基本配置。网络管理员可以根据提示，直接按Enter键或输入一些参数。利用系统配置对话过程，可以避免手工输入命令的麻烦，但它还不能完全代替命令行设置，一些特殊的设置还必须通过命令行来完成。

系统配置对话过程主要分为4个阶段：显示说明信息、设置全局参数、设置接口参数、总结显示配置结果。

8.3 路由器配置模式

8.3.1 路由器配置权限和配置模式

Cisco IOS提供具有不同配置权限的配置模式。用户能够使用的配置命令是由当时所处的模式决定的。每一种模式下，只要在系统提示符下输入问号"?"，这时系统就会显示出当前可用的命令。

(1) 用户模式"Router >"，只有最低访问权限，可查看路由器的当前连接状态，访问其他网络和主机，但不能看和转发路由器的设置内容。

(2) 特权模式"Router #"，输入enable命令即进入特权模式，查看路由器配置和测试路由器，若输入exit或end命令可返回用户模式。

(3) 全局配置模式"Router(config)#"，输入configure terminal命令，可配置路由器的全局参数。

(4) ROM检测模式，是在路由器不能被正确引导时采用的一种模式。

当在路由器上开始会话时，就进入用户模式，通常叫作用户EXEC(the Command Executive，命令解释器)模式。在这种模式下，只有很有限的一些命令可以使用。如果要使用所有的命令，就要进入特权EXEC模式。一般地，进入特权EXEC模式需要输入口令。在特权模式下，可以输入任何EXEC命令，或者从这种模式下进入全局配置模式。在全局配置模式下，可以进入接口配置模式、子接口配置模式和一些特殊的协议模式。

8.3.2 改变配置模式的方法

改变配置模式的命令如下：

(1) enable命令。在用户模式下运行，进入特权用户模式。

(2) disable命令。退出特权模式。

(3) setup命令。进入系统配置对话模式。

(4) config terminal命令。在特权模式下运行，进入全局设置模式。

(5) end命令。退出目前的设置状态。

(6) interface type slot/number命令。进入网络接口局部设置状态。

(7) interface type number. subinterface[point-to-point|multipoint]命令。进入网络子接口设置状态。

(8) line type slot/number命令。进入线路设置状态。

(9) router protocol命令。进入路由器路由协议设置状态。

(10) exit 命令。退出局部设置状态。

要返回到全局配置模式,需要使用 exit 命令。要直接返回到特权用户模式,可以使用 end 命令或者输入 Ctrl+Z。

8.3.3 ROM 检测模式

当路由器无法找到一个有效的 IOS 映像文件,或者其他配置文件在启动过程中被中断时,系统可以进入 ROM 检测模式。在 ROM 检测模式下,可以重新启动路由器或进行系统诊断。它主要用来进行路由器的初始化安装、系统的升级和恢复。

也可以在系统启动的头 60s 内,按下 Ctrl+break 键进入 ROM 监控状态。该模式的提示符为"rommon1",前面没有路由器名称。在 ROM 监控状态下,路由器不能完成正常的功能,只能进行软件升级和手工引导。当忘记了路由器的口令时,也可以在此模式下解决。

在全局模式下,输入"config-register 0x0",然后关闭电源,重新启动,也可以进入该模式。要回到用户 EXEC 模式,只要输入"continue"即可。

在 ROM 检测模式下输入 i 命令,可以初始化路由器或者访问服务器,这个命令使引导程序重新初始化硬件,清除内存中的内容,并引导系统。在进行任何测试或者引导系统之前,最好先使用"i"命令。要启动系统映像文件,使用 b 命令。

8.3.4 其他配置模式

Cisco 的配置模式还有很多,如下所示。

1. 系统对话配置模式

以对话方式对路由器进行设置。一台新路由器开机时会自动进入该模式,也可以在特权模式下,使用 setup 命令进入该模式。

2. 控制器配置模式(Controller Configuration)

用于配置 T1 或 E1 端口,默认提示符为

```
Router(config-controller)#
```

在全局模式下,用 controller 命令指定 T1 端口或者 E1 端口。其命令格式为

```
Router(config)#controller e1 slot/port or number
```

3. 终端线路配置模式(Line Configuration)

用于配置终端线路的登录权限。默认提示符为

```
Router(config-line)#
```

在全局模式下,用 line 命令指定具体的 line 端口,即可进入该模式。例如,配置从控制台端口(Console)登录的口令,可以使用下列命令:

```
Router(config)#line con 0
Router(config-line)#login
Router(config-line)#password 123456
```

如果配置 Telnet 登录的口令,允许 0~4 号共 5 个虚拟终端用户同时登录路由器,那么

可以使用下列命令：

```
Router(config)#line vty 0 4
Router(config-line)#login
Router(config-line)#password 123456
```

4. 路由器协议配置模式(Router configuration)

用于对路由器进行动态路由配置。其默认提示符为

```
Router(config-router)#
```

在全局模式下，用 router 命令指定具体的路由协议，即可进入该模式，例如：

```
Router(config)#router RIP
Router(config-router)#
```

除了这些配置模式外，还有其他配置模式。有关配置模式更多的信息，可以查看相关资料或者访问 Cisco 网站。

8.4 IOS 命令行接口 CLI

8.4.1 CLI 使用约定和规则

对路由器的一般配置方法，是使用 IOS 的命令行接口 CLI(Command Line Interface)，通过输入 IOS 命令进行配置。

在任何配置模式中，在命令提示符下输入帮助命令"?"，即可显示在该模式中的所有命令。显示满一屏后会暂停显示，按下 Enter 健显示新的一行，按下空格键显示下一屏。

上下文相关的帮助，如果不会正确拼写某个命令，可以先输入开始的几个字符，其后紧跟一个问号"?"，路由器会在这些字符的基础上，补充为一个完整的命令词，例如：

```
Router#CL?
Clear Clock
```

如果不知道一个命令应该携带的参数，则可以在命令关键字后面跟一个空格，空格后输入一个"?"，路由器会列出与该命令相关的参数，例如：

```
Router#Clock set ?
Current Time (hh:mm:ss)
```

输入命令行不完整的字符后，按下 Tab 健，系统会将命令行剩余的部分逐步补充完整，例如，输入 sh 两个字母后，按下 Tab 健，命令行显示 show。

查看最近使用过的命令，一般地，Cisco 路由器可以在缓冲区中记录最近使用过的命令。如果再次使用很长的或复杂的命令时，可以再次调用它们。

按 Ctrl+P 组合键或者上箭头键"↑"，可以调用最近使用过的命令，重复操作将逐步显示出最近使用过的命令。使用 show history 命令，可以一次显示多条最近使用过的命令。

若已经显示了多条历史命令，按 Ctrl+N 组合键或下箭头键"↓"，可以返回到前面显示的命令。

如果命令输入不正确，“^”符号和帮助会指出错误，“^”指向的地方，是IOS所检测到的错误命令、错误关键字、错误参数所在的地方。这种错误定位工具和交互式帮助系统能够较容易地找到和更正语法错误。

在任何模式中，输入的命令行关键字从左到右，所包含的字母只要能将该命令与其他同一模式下的命令区别开来即可。例如：

```
Router(config)#interface serial 0
```

可以缩写为：Router(config)#int s 0

CLI的编辑组合键如下：

Ctrl+A：光标从命令行当前位置移到命令行的第一个字符位置。

Ctrl+E：光标从命令行当前位置移到命令行的最后一个字符位置。

Ctrl+B：光标从命令行当前位置向左移动一个字符位置。

Ctrl+F：光标从命令行当前位置向右移动一个字符位置。

8.4.2 命令行的注释和默认设置

路由器的常规配置用于注释一些默认的设置。

1. 命令行的注释方法

命令行的注释方法，注释语句用“!”字符引导，到行末结束。

2. 更改路由器的名字

默认情况下，路由器的名字是Router，可以更改路由器的名字，方法是从特权模式进入全局配置模式，输入“hostname 路由器名字”。例如：

```
Router#config terminal
Router(config)#hostname 2811
2811(config)#
```

3. 关闭DNS查找

默认情况下是启用DNS查找，对输入的命令无法判断时会按主机名通过DNS进行解析，在将主机名转换为IP地址时，需要一定时间，影响正常命令的输入和操作。关闭DNS查找需要在全局配置模式下，输入以下命令“no ip domain lookup”：

```
Router#config terminal
Router(config)#no ip domain lookup
```

4. 启用同步记录功能

启用同步记录功能的用途是避免控制台消息干扰配置过程。默认情况下是关闭同步记录功能，在配置路由器的过程中，会收到路由器生成的控制台消息，插入到当前的输入点，把正在输入一个命令行拆分为多行，给操作带来干扰。

这些控制台端口可以是控制端口、AUX端口或VTY端口，除此之外，可以在端口上修改这些端口的执行超时时间。例如，若想禁用VTY线路默认的10min超时时间。在线路配置模式下使用“exec-timeout 0 0”命令，设置路由器没有超时限制。

可以在控制台端口上启用同步记录功能，避免上述干扰的产生，方法是进入到控制台端口，输入 logging synchronous 命令。

```
!启用控制端口、AUX 端口或 VTY 端口同步记录功能
Router# config terminal
Router(config)# line con 0
Router(config-line)# logging synchronous
Router(config)# line aux 0
Router(config-line)# logging synchronous
Router(config)# line vty 0 4
Router(config-line)# logging synchronous
```

5. 为路由器配置用户名和用户口令

为路由器配置用户名和用户口令，对用户访问路由器进行访问控制。用户口令可以设置为秘密口令，秘密口令是用 MD5 方法实现数字签名的。为路由器配置用户名之后，需要启用使用该用户名的端口。

```
!用户名为 root,设置的用户秘密口令为 My$ Password
Router(config)# username root secret My$ Password
!启用使用该用户名的端口
Router(config)# line con 0
Router(config-line)# login local
Router(config)# line aux 0
Router(config-line)# login local
Router(config)# line vty 0 4
Router(config-line)# login local
```

6. 禁用 Web 服务

路由器在默认情况是启用了 Web 服务，若不想使用，可以关闭 Web 服务。

```
Router(config)# no ip http server
```

7. 配置命令别名

命令别名就是命令行的缩写，配置命令别名是在路由器上配置命令行的缩写，在配置路由器时，输入的命令别名相当一条完整的命令行。例如：

```
Router(config)# alias exec s sh run
```

之后，输入 s，相当于输入完整的 show running-configuration 命令。

8. 设置路由器时钟

多数 Cisco 设备没有内部时钟。当路由器启动时，无法确定时间。可以在路由器上设置时间，但在路由器关闭或重启之后，设置会丢失。如果已经在网络中有 NTP 服务器(或有内部时钟的路由器)，可以作为时间源，当路由器启动时，会通过 NTP 服务器设置时钟。

```
!设置时区和夏令时
Router(config)# clock timezone CST- 6
Router(config)# clock summer- time CDT recurring
!设置路由器的时钟
```

```
Router#clock set 10:54:00 July 15 2011
!设置路由器启动,获得时钟源的位置,给出时钟源设备的 IP 地址
Router(config)#ntp server 202.163.4.101
```

8.4.3 显示和查看路由器状态

有很多命令可以用于检测显示路由器的状态,显示路由器状态的命令如图 8-13 所示。

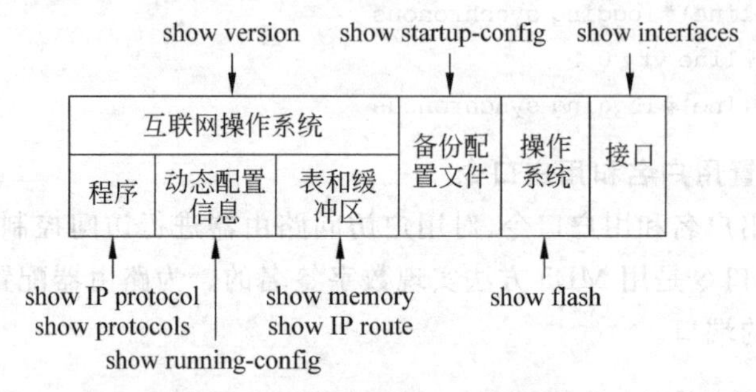

图 8-13 显示路由器状态的命令

在特权模式下,使用 show version 命令可以显示系统硬件的配置、软件版本、配置文件名和来源、引导映像等信息。

使用 show protocols 命令可以查看路由器中任何配置的第三层协议的全局和接口的特殊状态。

show IP protocol 命令用来检测 IP 协议配置,显示活动路由协议进程的参数和当前状态。

show buffers 命令用于显示网络服务器上缓冲区的统计信息。

show memory 命令显示存储器的统计信息,查看管理系统,为不同目的分配内存的情况。例如,总的已经使用的存储器的大小和最大可用的空闲存储块的大小。

show flash 命令可以显示内存的有关信息,包括系统映像文件名,已经使用和未使用的 Flash、RAM。能够检测 Flash 中是否保存了 IOS 的备份。

show interfaces 命令显示路由器或访问服务器上配置的所有接口的统计信息。

show running-config 命令显示当前运行的配置信息。

show startup-config 命令显示 NVRAM 中的内容,与 show configuration 命令的功能相似。

show IP route 命令显示路由表的当前状态。

查看相邻的网络设备是在特权模式下,使用下列命令:

show cdp neighbors 命令显示从每一个本地端口上获得的 cdp 信息。

show cdp neighbors detail 命令显示从每一个本地端口上获得的 cdp 详细信息。

8.5 IOS 备份、口令管理和路由器测试

8.5.1 IOS 及配置文件的备份方法

启动配置文件存储在 NVRAM 中,当路由器重新启动时会读取这个文件。运行配置文

件存储在 RAM 中，当修改接口或者其他配置时会发生变化。有关这两个配置文件的内容，可以使用 show 命令进行查看。还可以根据需要相互备份其内容。所执行的这些备份命令需要在特权模式下执行。备份命令以及方向如图 8-14 所示。

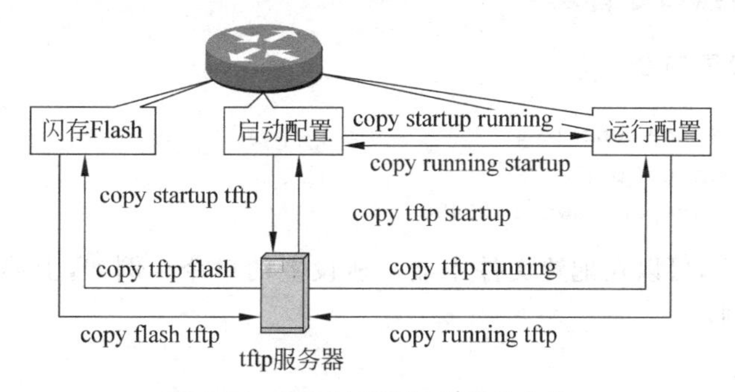

图 8-14 IOS 以及配置文件的备份

当管理员想要改变和测试系统配置时，首先使用命令进行操作，改变运行配置。如果对修改后新的配置感到满意，就可以将运行配置备份到启动配置文件中。

可以在启动配置文件中存入多引导系统命令，指示装载操作系统的不同途径。路由器会按照引导系统命令输入的顺序执行。

把 IOS 装载到路由器中有三种方式，都可以在全局配置模式下使用 boot 命令进行设置。

1. 从闪存装载

```
Router(config)#boot system flash IOS-FileName
```

2. 从网络 TFTP 服务器上装载

```
Router(config)#boot system TFTP IOS-FileName TFTP-IP-address
```

3. 从 ROM 中装载

```
Router(config)#boot system ROM
```

然后，在特权模式下使用 copy 命令存入启动配置文件。

```
Router#copy running-config startup-config
```

闪存中信息损坏时，可以指定从 TFTP 中装载系统映像。若网络和闪存都发生故障，这时可以指定从 ROM 中装载系统映像。ROM 中存储的系统映像可能没有闪存或网络 TFTP 服务器中存储的系统映像完整，也有可能闪存和网络 TFTP 服务器中的系统映像已经更新过。

使用 copy flash tftp 命令，可以将 IOS 复制到 TFTP 网络服务器来为系统映像备份。或者使用 copy tftp flash 命令将 TFTP 网络服务器内容复制到闪存(Flash)中。当复制一个文件到闪存中时，如果闪存中该文件已经存在，系统会提示闪存中已经有一个具有相同文件名的文件存在。如果仍然复制该文件到闪存中，系统会在原来的具有相同文件名的文件上做删除标记，但是该文件仍然存在于闪存中，只是由于系统会使用最新版本的文件而使该文件不可用。当使用 show flash 命令查看时，该文件会被列出，并在文件名后标上 deleted

标记。如果在未完成复制时终止复制过程，这时新拷贝到闪存的不完整文件也会被标上 deleted 标记，说明不能有效地使用该文件。

8.5.2 路由器口令管理

1. 为控制台设置口令

```
Router(config)#line console 0
Router(config-line)#login
Router(config-line)#password 123456
```

使用 show 命令，可以在配置文件中显示所设置的口令。例如，上述所进行的配置，用 show 命令可以看到：

```
line console 0
password 123456
```

2. 为远程终端设置口令

```
Router(config)#line vty 0 4
Router(config-line)#login
Router(config-line)#password 123456
```

为 0 到 4 的远程终端发起的 Telnet 会话设置口令保护。同样可以使用 show 命令查看配置文件中设置的口令。

```
line vty 0 4
password 123456
```

3. 设置超级用户口令

enable password 命令用来设置进入特权模式的口令：

```
Router(config)#enable password 123456
```

这样设置之后，使用 enable 命令进入特权模式时，用户必须输入口令。例如：

```
Router>enable
Password:123456
Router#
```

也可以在配置文件中查看到所设置的口令。

4. 加密口令

上面所设置的口令 password 都可以在配置文件中查找到，这样很不安全。为了确保安全，可以使用加密密码。例如：

```
Router(config)#enable secret 123456
```

这样，在配置文件中，只能看到密码加密后的一堆乱码。

8.5.3 路由器测试命令

1. 测试网络路径状态

使用 trace 命令可以发现数据包到达其目的地所实际经过的路径。trace 命令可以显示数据包所经过的域名和 IP 地址，以及到达该节点所花费的时间，网络管理员可以由此了解数据包传送过程中的路由情况，为更好地配置路由器提供依据。网络管理员也可以使用 trace 命令来定位数据包在传输过程中发生的错误，以及错误所在的位置，从而对路由表重新定义，以提高网络的性能和提供更可靠的网络服务。

trace 命令必须在特权模式下运行，其格式为

```
Router#trace [protocol] {destination}
```

中括号中的参数是可选项，protocol 表示所使用的协议，可以是 IP、AppleTalk 等，默认协议是 IP。destination 指出要测试的目的地址，可以是 IP 地址，也可以是主机名。

2. ping 命令检测线路和设置的状态

ping 命令能够向目的主机发送一个特殊的数据包，然后等待从这个主机返回的响应数据包，从得到的信息中，可以分析线路的可靠性、线路的延迟和目的节点是否可达等。

ping 命令的格式为

```
Router#ping [protocol] {destination}
```

可选项 protocol 表示所使用的测试协议，参数 destination 表示所测试的目的主机。

3. 从应用层进行测试

使用 telnet 命令来测试一个远程路由器是否可以被访问，若可以通过 telnet 在远端访问另外一个路由器，那么就可以知道 TCP/IP 应用能够到达该路由器。成功的 telnet 执行，表明高层应用和低层提供的服务功能是正确的。

telnet 命令格式为

```
Router#telnet {hostname|IP-address}
```

另外，还可以使用 debug 命令来查看路由器发送和接收协议的消息。使用 debug 特权命令可以得到大量接口流量信息，分析由网络节点、特殊协议诊断分组和其他有用的故障诊断数据产生的错误。debug 命令会产生很多数据信息，这些开销会干扰路由器的运行。一般只有将问题产生的原因限定在一个很小的范围后才能使用 debug 命令，而不应该用该命令检测正常网络的运行。

8.6 路由器常用配置

8.6.1 IP 路由配置步骤

1. IP 协议配置原则

路由器的每个网络接口都连接着某个网络。路由器是网络层的设备，其接口通常也要用网络地址来标识。在 IP 网络中用 IP 地址来标识网络接口。在介绍其规则前，先用例子说明一下相邻路由器和相邻接口的概念。

相邻路由器与相邻接口如图 8-15 所示，Router1 与 Router2、Router3 都互为相邻路由器。其中 Router1 中的串口 s0 与 Router2 的串口 s1 为相邻路由器的相邻接口。但是，Router1 的 s1 与 Router2 的 s1 不是相邻接口。Router1 与 Router4，Router2 与 Router4 都

不是相邻路由器。

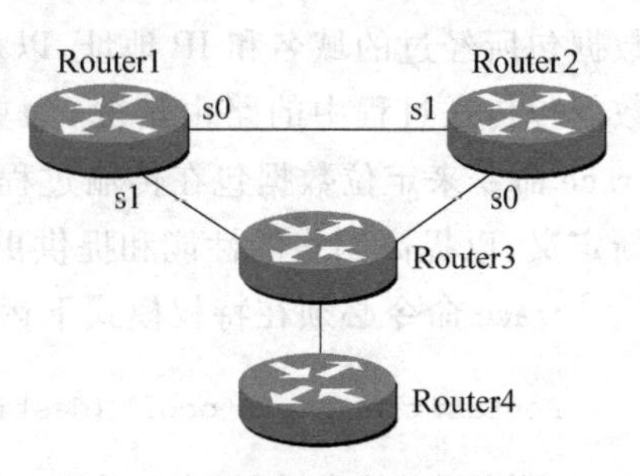

图 8-15　相邻路由器与相邻接口

路由器 IP 协议配置规则如下：

(1) 路由器的某接口连接到网络上，则该接口的 IP 地址的网络号和所连接网络的网络号应该相同。

(2) 一般地，路由器的物理网络接口需要有一个 IP 地址。

(3) 相邻路由器的相邻接口的 IP 地址必须在同一个 IP 子网上。

(4) 同一路由器的不同接口的 IP 地址必须在不同的 IP 子网上。

(5) 除了相邻路由器的相邻接口外，所有路由器任何两个非相邻接口的地址都不能在同一个子网上。

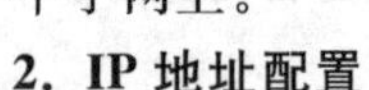

2. IP 地址配置

在路由器的诸多配置中，最多和首先遇到的就是对其接口配置 IP 地址。无论局域网接口或广域网接口，IP 地址的配置方式都是相同的。

IP 地址的配置是在接口配置模式下进行的。首先利用 interface 命令进入接口配置模式，然后使用 IP address 命令为接口配置 IP 地址。

配置 IP 地址的命令格式为

```
IP address {address} {subnet-mask}
```

8.6.2　路由协议配置

IP 路由是指在 IP 网络中，选择一条或数条从源地址到目的地址的最佳路径的方式或过程，有时也指路径本身。路由器通过路由来决定数据包的下一个转发地址，每个路由器根据网络的拓扑结构和对链路的了解来决定路由。

为路由器各个接口配置了特定的 IP 地址后，路由器仍不能起到联通各个子网的作用，这时需要为该路由器配置路由协议。为路由器配置一种动态路由协议后，路由器之间可以通过路由协议自行调整路由，从而使分组到达其目的地。当前比较典型的动态路由协议有 OSPF 和 RIP 等，前者比较适合大型网络，后者适合小型网络。

IP 路由配置，就是在路由器上进行某些操作，使其能够完成在网络中选择路径的工作。路由器选择方式分为静态路由和动态路由两种。下面分别介绍这两种方式。

1. 静态路由

静态路由要求每一个路由器中的路由通过人工进行配置，路由选择是固定的，不随网络的通信量或拓扑结构的变化而进行动态调整。静态路由一经配置，便不轻易改动，除非有管理员来改变。静态路由灵活性低，无法根据网络情况的变化来改变路由情况，所以不适合在规模较大、较复杂或者易变化的网络环境中使用。但是静态路由不用处理路由的变化情况，所以其速度比动态路由快。又因为每条路由均由管理员设置，所以具有较高的安全性。

静态路由适合于网络拓扑结构比较简单和网络流量可以预测的情况。

2. 动态路由

按照某种路由协议（RIP、OSPF）收集网络的路由信息（例如，路径长度、带宽、负载、可靠性、延迟等)，通过路由器间不断交换的路由信息动态地更新和确定路由表项，这种工作方式的路由称为动态路由。当网络的拓扑结构发生了变化，或者某一路由器损坏，或者线路中断等异常情况发生时，路由器能自动对路由进行更新，选择新的最佳路由，自动更新路由表，不用人工干涉。

但是动态路由需要频繁地探测网络的路由情况，需要占用路由器的大量时间来处理路由的变化情况，生成新的路由表，这会影响路由器的速度。另外，因为路由动态生成，如果无其他安全措施，容易被路由欺诈，所以安全性较差。

另外，为了进一步简化路由表，或者在目的网络地址不知道的情况下，可以配置默认路由。在 Cisco 路由器上，可以综合使用这三种路由。默认的查找顺序为静态路由、动态路由和默认路由。

3. 静态路由配置和默认路由配置

为路由器配置静态路由使用 ip route 命令，其格式为

```
ip route prefix submask next-hop
```

参数 prefix 表示所要到达的目的网络的网络号；submask 表示子网掩码；next-hop 表示下一跳的 IP 地址，即相邻路由器的接口 IP 地址。

默认路由配置的命令格式为

```
Router(config)#ip route 0.0.0.0 0.0.0.0 {address|interface}
```

上式中的 IP 地址与子网掩码对“0.0.0.0 0.0.0.0”标识任何网络。

上面用到通配符掩码(wildcard-mask)，通配符掩码是子网掩码的反码，长度为 32 位二进制位，也是与 IP 地址成对配合使用。与子网掩码不同的是，通配符掩码用来标识对应 IP 地址中的位是否需要进行检查和匹配。通配符掩码中的 1 标识所对应 IP 地址中的位不需要进行匹配，0 标识所对应 IP 地址中的位需要进行匹配。

也可以使用默认路由配置命令设置默认路由，命令格式为

```
Router(config)#ip default-network network-number
```

其中参数 network-number 给出默认路由的路由器网络接口所在的网络号和子网号。

下面举例说明静态路由配置和默认路由配置的过程和方法。

配置静态路由示例如图 8-16 所示，RouterA 和 RouterB 以及 RouterC 使用串口通过广域网连接起来，对这 3 个路由器的静态配置和默认配置如下：

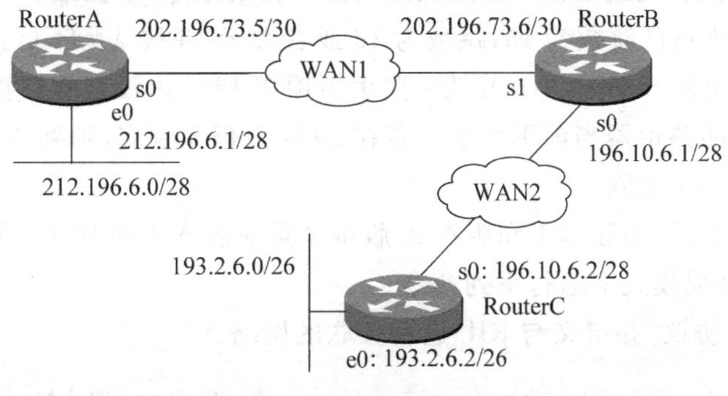

图 8-16 配置静态路由示例

RouterA 的静态路由配置：

```
!串口配置
RouteA(config)#interface serial 0
RouterA(config-if)#ip address 202.196.73.5 255.255.255.252
!以太网口配置
RouterA(config)#interface e 0
RouterA(config-if)#ip address 212.196.6.1 255.255.255.240
!静态路由配置
RouterA(config)#ip route 212.196.6.0 255.255.255.240 212.196.6.1
RouterA(config)#ip route 193.2.6.0   255.255.255.192 202.196.73.6
RouterA(config)#ip route 196.10.6.0 255.255.255.240 202.196.73.6
!默认路由,后面的两条静态路由可以用一条默认路由代替
RouterA(config)#ip route 0.0.0.0 0.0.0.0 202.196.73.6
```

RouterB 和 RouterC 的配置与 RouterA 类似，略去对接口的 IP 地址的配置过程，RouterB 的静态路由配置过程如下：

```
RouterB(config)#ip route 212.196.6.0 255.255.255.240 202.196.73.5
RouterB(config)#ip route 193.2.6.0   255.255.255.192 196.10.6.2
```

RouterC 的静态路由配置过程如下：

```
RouterC(config)#ip route 193.2.6.0   255.255.255.192 193.2.6.2
RouterC(config)#ip route 212.196.6.0 255.255.255.240 196.10.6.1
RouterC(config)#ip route 202.196.73.4 255.255.255.252 196.10.6.1
```

后两行的静态路由可以用一条默认路由取代：

```
RouterC(config)#ip route 0.0.0.0 0.0.0.0 196.10.6.1
```

这里假设 RouterA 和 RouterC 除了与 RouterB 相连外，不再与其他路由器相连，这样才能为它赋予一条默认路由代替两条静态路由。只要在路由表中找不到去特定目的地址的路径，则数据包均被路由到所指定的默认路由上。

4. 路由信息协议 RIP 及其配置

RIP(Routing Information Protocol)采用距离向量算法。RIP 通过广播 UDP 报文来交换路由信息，定时发送路由信息更新，RIP 提供跳数(Hop Count)作为尺度来衡量路由的优劣。跳数是一个数据包到达目标所必须经过的路由器的数量，跳数最少的路径，就认为是最佳路径。RIP 最多支持的跳数为 15，跳数为 16 或者大于 16 被认为不可达。

RIP 规定路由更新周期为 30s，若某一路由表项在 180s 内没有收到相关的路由信息，则认为与该表项相关的路由器当前不可达。若在 240s 内仍无响应，则到达该目标路由器的路由信息就会从路由表中删除。

RIP 有两个版本，称为版本 1 和版本 2，版本 2 是对版本 1 的改进。要进行 RIP 路由协议的配置，应该在全局模式下运行下列命令。

启用 RIP 路由协议，并定义与 RIP 进程关联的网络。

```
Router(config)#router rip                      !启用 RIP 路由协议
```

```
Router(config-router)#network network-number      !定义关联网络
```

指定 RIP v1 和 RIP v2：

```
Router(config)#router rip                         !启用 RIP 选路协议
Router(config-router)#version {1 | 2}             !定义 RIP 协议版本
Router(config-router)#network network-number      !定义关联网络
```

其中，参数 network-number 表示网络号。

路由器连接了多少个子网，就需要运行多少 network 命令。

当 Cisco 路由器与其他厂商的路由器相连时，RIP 版本必须一致。默认状态下，Cisco 路由器接收 RIP v1 和 RIP v2 的路由信息，但是只发送 RIP v1 的路由信息。可以使用相应的命令进行版本的配置。

下面举一个例子说明 RIP 的配置过程。假设路由器 Router 的 e0 口连接本地以太网，其 IP 地址为 202.196.73.5/30；串口 s0 连接广域网，其 IP 地址为 193.96.10.1/28。其他接口没有使用，则对 Router 的 RIP 配置过程如下：

```
!首先对端口 e0 和 s0 进行 IP 地址配置,这里省略
!选择 RIP 作为路由协议
Router#router rip
!指定参与 RIP 路由的子网
Router(config-if)#network 202.196.73.4
Router(config-if)#network 193.96.10.0
```

5. OSPF 协议及其配置

OSPF 是典型的链路状态协议，采用最短路径优先 SPF 算法进行最短路径的计算。目前，OSPF 已经成为 Internet 和企业内联网 Intranet 采用最多、应用最广泛的路由协议之一。

OSPF 适用于较大规模的网络，OSPF 路由一般采用分层结构，即将 OSPF 覆盖的区域分割成几个区域(Area)，即路由域。而区域之间通过一个主干区域 area 0(主干区域定义为区域 0)互连。需要定义与该 OSPF 路由进程关联 IP 地址，以及该范围 IP 地址所属的 OSPF 区域。OSPF 路由进程只在属于该 IP 地址范围的接口发送、接收 OSPF 报文，并且对外通告该接口的链路状态。

通常使用区域边界上的高性能路由器作为域间路由选择的路由器。这些路由器构成的网络称为主干网。OSPF 网络至少包含一个主干区域和一个一般区域。主干区域又称为区域 0。它具有区域的所有特性，区域之间的数据传输必须通过主干区域进行。OSPF 协议的区域划分如图 8-17 所示。

(1) OSPF 的配置使用到的命令

① 启用 OSPF 协议。

```
Router(config)#router OSPF process-number
```

参数 process-number 表示路由进程编号，其取值范围是 1～65 535，只在路由器内部起作用，不同路由器的 process-number 可以相同。

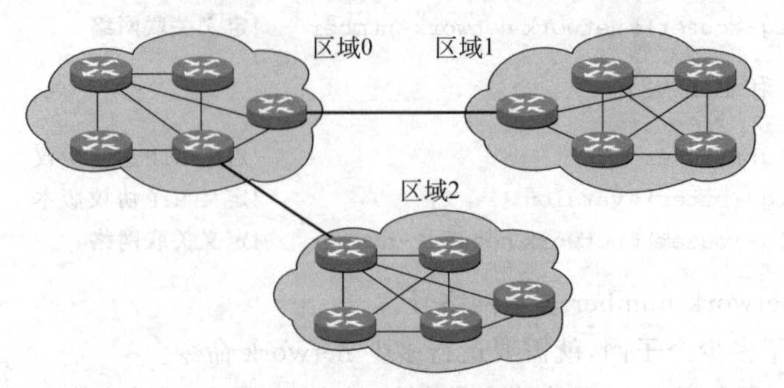

图 8-17 OSPF 协议的区域划分

② 指定与该路由器连接的子网。

```
Router(config)#network network-address wildcard-mask area area-number
```

参数 network-address 表示 IP 子网号；wildcard-mask 表示通配符掩码，它是子网掩码的反码；area-number 表示区域号，可以取 0～4 294 967 295 范围内的十进制数，也可以用点分十进制的 IP 地址表示。例如，主干区域即区域 0 可以表示为 0.0.0.0，或者表示为 0。

不同区域的路由器通过主干区域学习路由信息，不同区域路由器交换信息必须通过区域 0。某一区域要接入区域 0，该区域必须至少有一台路由器作为区域边界路由器，该路由器既参与本区域路由，又参与区域 0 路由。

(2) OSPF 基本配置实例

OSPF 基本配置示例如图 8-18 所示，对于示例中 4 个路由器的 OSPF 协议的配置如下：

```
!RouterA 的配置
RouterA(config)#interface ethernet 0
RouterA(config-if)#ip 212.196.6.1 255.255.255.240
!
RouterA(config)#interface serial 0
RouterA(config-if)#ip 202.196.73.5 255.255.255.252
!
RouterA#router ospf 100
RouterA#network 202.196.73.4 0.0.0.3 area 0
RouterA#network 212.196.6.0 0.0.0.15 area 1
!RouterB 的配置(略去对端口的 IP 地址配置过程)
RouterB#router ospf 200
RouterB#network 202.196.73.4 0.0.0.3 area 0
RouterB#network 196.10.6.0.0.0.0.15 area 2
!RouterC 的配置
RouterC#router ospf 300
RouterC#network 196.10.6 0.0.0.15 area 2
!RouterD 的配置
RouterD#router ospf 400
RouterD#network 212.196.6.0 0.0.0.15 area 1
```

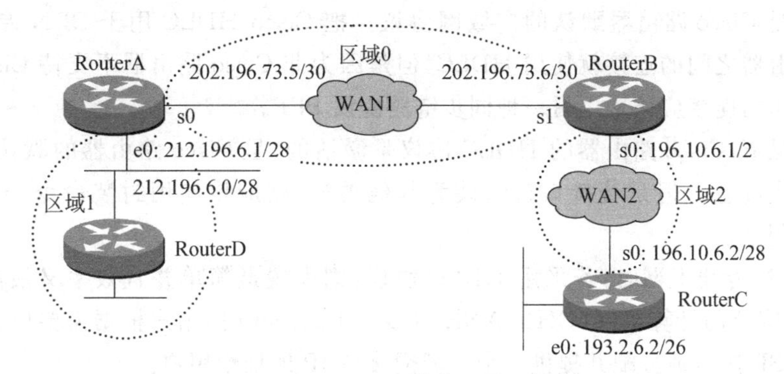

图 8-18　OSPF 路由配置示例

6. 两种动态路由协议的比较

距离向量路由协议(DV),例如 RIP v1 和 RIP v2,其中 RIP v2 支持 CIDR 和 VLSM,DV 协议特征为:路由器周期性地把整个路由表通告相邻路由器;RIP 使用跳数(路由经过的路由器个数)作为路由限制范围,适用中小规模网络;从网络邻居的角度观察网络拓扑结构;路由算法收敛慢;容易形成环路。链路状态路由协议(LS),如 OSPF。LS 协议的主要特征为:采用事件触发来更新路由;仅把更新通告所有路由器,采用洪泛法通告更新的路由;每个路由器都有整个网络的拓扑结构图;路由算法收敛快,不易形成环路。

8.6.3　广域网协议配置

广域网(Wide Area Network)是作用距离或延伸范围较局域网大的网络,DDN、帧中继(Frame Relay)、DDR(Demand Dial Routing,请求拨号路由)是最常见的广域网技术。

为了实现 Intranet 之间的远程连接或 Intranet 接入 Internet 的目的,对广域网的掌握侧重于如何利用公用传输网络提供的物理接口,在路由器上正确配置相应的广域网协议。通常也把远程连接的 Intranet 包括在广域网范围内。

Cisco 路由器支持多种广域网协议,下面以 DDN 配置为例介绍在 Cisco 路由器上广域网协议的配置方法。

DDN(Digital Data Network,数字数据网)是向计算机用户提供公共数据通信的计算机网络,它由转接节点和网络控制中心等部分组成,各种计算机系统和数据处理系统均可以接入 DDN。

DDN 是一种点对点的同步通信链路,它支持 HDLC、PPP、SLIP 等链路层通信协议。这里主要讨论 HDLC 和 PPP。

1. HDLC 高级数据链路控制协议及配置

高级数据链路控制(HDLC)是面向比特、同步数据传输链路层协议,是广域网数据链路层使用最广泛的协议,用于在网络节点间以全双工、点对点方式传送数据。在路由器中,连接广域网接口的数据链路层协议都默认为 HDLC。

HDLC 有两种帧类型:ISO HDLC 帧结构和 Cisco HDLC 帧结构。因为 Cisco HDLC 帧结构标准支持单一链路上同时运行多个协议,而 ISO HDLC 帧结构不支持,所以路由器产品中使用 Cisco HDLC 而不使用 ISO HDLC。

HDLC是Cisco路由器默认的广域网协议。把Cisco HDLC用于DDN专线，效率很高，Cisco路由器之间的连接就使用HDLC，但是因为非Cisco路由器不支持Cisco HDLC，所以它们之间的连接应该采用另一种同步链路协议PPP。

默认情况下，Cisco路由器的HDLC协议是激活的，是Cisco路由器的默认封装类型，不用进行显式配置。但是若接口被封装为其他类型，则应该使用封装命令encapsulation HDLC重新封装。

使用DDN专线上网时，若采用HDLC协议，则配置最简单并且效率又最高。当申请DDN通过中国公用计算机网(CHINANET)接入Internet时，用户根据需要申请一组合法的IP地址，ISP按申请分配并提供一个广域网接口IP地址给用户。

此时IP地址的配置分为两种情况：一种情况是用户网络的每台计算机都配置一个合法的IP地址；另一种情况是用户网络的计算机使用内部专用IP地址，通过网络地址转换NAT映射内部地址为合法地址。后一种是局域网接入Internet的最常用模式。下一节将进行NAT的讨论。现在介绍前一种情况的配置方法。

如果对同步串行口serial0上配置HDLC，则可以使用下列命令：

```
Router(config)#interface s0
Router(config-if)#ip address 202.196.73.1 255.255.255.192
Router(config-if)#encapsulation HDLC
```

可通过如下命令查询路由器状态：

```
RouterA #show interface s0                          !查看路由器 RA 的 s0 接口状态
```

查看接口配置状态：

```
serial s0 is UP,line protocol is UP                 ! 接口的状态,是否为 UP
Hardware is PQ2 SCC HDLC CONTROLLER serial
Interface address is: 202.196.73.1/26               ! 接口 IP 地址的配置
MTU 1500 bytes,BW 512 Kbit                          !查看接口的带宽为 512KB
Encapsulation protocol is HDLC,loopback not set     !接口封装的是 HDLC 协议
Keepalive interval is 10 sec,set
Carrier delay is 2 sec
RXload is 1,Txload is 1
Queueing strategy: WFQ
5 minutes input rate 17 bits/sec,0 packets/sec
5 minutes output rate 17 bits/sec,0 packets/sec
511 packets input,11242 bytes,0 no buffer
Received 511 broadcasts,0 runts,0 giants
0 input errors,0 CRC,0 frame,0 overrun,0 abort
511 packets output,11242 bytes,0 underruns
0 output errors,0 collisions,1 interface resets
1 carrier transitions
V35 DCE cable                                       ! 该接口为 DCE 端
DCD=up  DSR=up  DTR=up  RTS=up  CTS=up
```

2. PPP(Point-to-Point Protocol,点对点协议)及其配置

PPP是提供在点对点链路上承载网络层信息包的一种链路层协议,它是一种有效的串行连接协议,它是从SLIP发展形成的,该协议提供了在同步和异步电路中,路由器与路由器、主机与路由器的连接。它还提供了点到点连接发送网络数据的标准方法,成为专线与拨号入网、远程访问服务(Remote Access Service,RAS)中最常用的协议之一。

在非Cisco路由器之间,或是Cisco路由器与非Cisco路由器连接时,需要使用PPP协议。CHAP(Challenge Handshake Authentication Protocol,请求握手鉴别协议)和PAP(Password Authentication Protocol,口令鉴别协议)通常被用于在PPP封装的串行线路上提供安全认证。使用CHAP和PAP认证,每个路由器通过名字来识别,并使用密码来防止未经授权的访问。

可以使用encapsulation命令来封装PPP,使用PPP authentication命令指定用户验证协议配置认证方式,其命令格式如下:

```
PPP authentication {chap|chap pap|pap chap|pap} [list-name|callin]
```

对串口s0的PPP配置过程如下:

```
Router(config)#hostname RouterA
RouterA(config)#enable secret 123456
RouterA(config)#interface s0
RouterA(config-if)#ip address 202.196.73.6 255.255.255.0
RouterA(config-if)#encapsulation PPP
RouterA(config-if)#ppp authentication chap
RouterA(config-if)#no shutdown
```

可以通过路由查看命令,查看对路由器所配置的路由信息。路由配置查看命令如表8-1所示。

表8-1 路由配置查看命令

路由查看命令	功　用
Router#show ip protocol	查看路由器所设置的路由协议
Router#show ip route	查看路由器的路由表中的内容
Router#show ip interface	查看IP接口的状态和配置内容
Router#show ip routing	实时监控并显示路由更新数据包的发送与接收

3. 删除路由配置用到的命令:

```
Router(config)#no router routing-protocol
```

其中参数routing-protocol为路由协议名称,例如,RIP或OSPF。

删除设置的默认路由用的命令:

```
Router(config)#no ip route 0.0.0.0 0.0.0.0 network-number
```

其中参数network-number给出默认路由的路由器网络接口所在的网络号和子网号。

清空路由表中的所有内容用到的命令：

```
Router#clear ip route *
```

8.7 网络地址转换 NAT 及配置

8.7.1 网络地址转换 NAT 概述

NAT(Network Address Translation，网络地址转换)是用于将一个专用地址域(局域网内部或 Intranet)与另一个地址域(如 Internet)建立起对应关系的技术。这种对应关系称为映射。NAT 允许一个机构的专用 Intranet 或局域网中的主机透明地连接到公共域中的主机，不用内部主机拥有注册的 Internet 地址。使用内部地址的主机在访问 Internet 时，或者被 Internet 上的主机访问时，数据包均需要进行内部专用地址与 Internet 公用地址之间的转换。

NAT 有两个主要的作用：首先，多个内部地址可以共享一个公用地址上网，从而节约了公用地址的使用。另外，因为采用 NAT 的内部主机不直接使用公用地址，所以，在 Internet 上不直接可见，可以在一定程度上减少被攻击的风险，增强网络的安全性。

8.7.2 网络地址转换 NAT 配置

按转换方式的不同，NAT 包括静态 NAT 和动态 NAT 两种方式，动态 NAT 又分为地址池转换(Pool NAT)和端口地址转换(Port NAT)，分别介绍如下。

1. 静态 NAT

静态 NAT 用于在专用 IP 地址与公用 IP 地址之间进行一对一的转换。其配置过程如下：

```
!指定参与转换的专用地址与公用地址
Router(config)#ip nat inside soure static local-ip global-ip
!指定参与转换的局域网接口
Route(config)#interface E 0
Router(config-if)#ip address ip-address submask
!定义此为网络的内部接口
Router(config-if)#ip nat inside
!指定参与转换的广域网接口
Router(config)#interface S 0
Router(config-if)#ip address ip-address submask
!定义此为网络的外部接口
Router(config-if)#ip nat outside
```

2. 动态地址转换

(1) Pool NAT 配置

Pool NAT 执行专用地址与公用地址的一对一转换，但是公用地址与专用地址的对应关系不是一成不变的，它是从公用地址池(Pool)中动态地选择一个公用地址与一个内部专用地址相对应。

定义公用地址池(申请到的合法 IP 地址的范围)的命令格式为

```
IP nat pool name start-ip end-ip netmask
```

定义一个标准访问列表,指定哪些专用地址被允许进行转换,其命令格式为

```
access-list access-list-number permit source-ip-address [source-wildcard]
```

其中,access-list-number 取值为 1～99;通配符掩码的作用与子网掩码类似,但它是子网掩码的反码。例如,若允许 202.173.96.0/24 网络的全部主机进行动态地址转换,则可以使用下列命令:

```
access-list 1 permit 202.173.96.0 0.0.0.255
```

在专用地址与公用地址之间建立动态地址转换 pool NAT,可以使用下列命令:

```
ip nat inside soure list access-list-number pool pool-name
```

若地址池名称为 aaa,则命令"ip nat inside source list 1 pool aaa"表示把"access-list 1"允许的内部地址映射为地址池 aaa 定义的公用地址。

(2) Port NAT 配置

Port NAT 是把专用地址映射到公用地址的不同端口上,因为一个 IP 地址的端口数有 65 535 个,即一个公用地址可以和最多达 65 535 个内部地址建立映射,故从理论上说,一个公用地址可以供六万多个内部地址通过 NAT 连接 Internet。

这里仍需要使用 ip nat pool 命令定义一个公用地址池,然后利用 access-list 命令配置访问列表,指定哪些专用地址被允许进行转换。最后使用 ip nat inside 命令,在专用地址与公用地址之间建立端口地址转换,但是其格式与 pool NAT 有所不同,格式为:

```
ip nat inside source list access-list-number pool pool-name overload
```

3. NAT 配置示例

企业网 Intranet 通过 DDN 专线共享公用地址访问 Internet。已知 Intranet 内部采用网络地址 192.168.1.0 255.255.255.0,申请到的公用 Internet 地址为 202.128.62.33～202.128.62.62,子网掩码为 255.255.255.224,广域网口地址为 201.6.2.5,子网掩码为 255.255.255.252,广域网口封装 HDLC 协议。要求通过动态地址转换,使内网的主机可以访问 Internet。

根据要求,对 Intranet 和 Internet 之间连接的路由器的动态 Port NAT 配置如下:

```
!配置局域网口 IP 地址
Router(config)#interface E 0
Router(config-if)#ip address 192.168.1.1 255.255.255.0
!配置广域网口 IP 地址
Router(config)#interface S 0
Router(config-if)#ip 201.6.2.5 255.255.255.252
!封装 HDLC 协议
Router(config-if)#encapsulation hdlc
!设置 keepalive 时延为 10s
```

```
Router(config-if)#keepalive 10
Router(config-if)#no shutdown
!设置允许访问的内部 IP 地址列表
Router(config)#access-list 1 permit 192.168.1.0 0.0.0.255
!配置公用 IP 地址池 aaa
Router(config)#ip nat pool aaa 202.128.62.33 202.128.62.62 255.255.255.224
!配置端口地址转换
Router(config)#ip nat inside source list 1 pool aaa overload
!启用 RIP 版本 2,配置 RIP 路由
Router(config)#router rip
Router(config-router)#version 2
Router(config-router)#network 192.168.1.0
Router(config-router)#network 201.6.2.4
!配置默认 IP 路由
Router(config)#ip route 0.0.0.0 0.0.0.0 serial 0
```

8.8 路由器应用配置

8.8.1 路由器应用配置的环境

下面以 3 台 Cisco 2811 路由器通过 V.35 电缆连接为例说明路由器的配置,配置环境采用 loopback 设置逻辑网络接口,采用逻辑网段和逻辑网络接口的方式,可以节省交换机的连接,给配置实验带来方便。子网掩码均为 255.255.255.0。逻辑网络接口的 IP 地址分别为 192.168.1.1、192.168.2.1、192.168.3.1。路由器配置环境如图 8-19 所示。

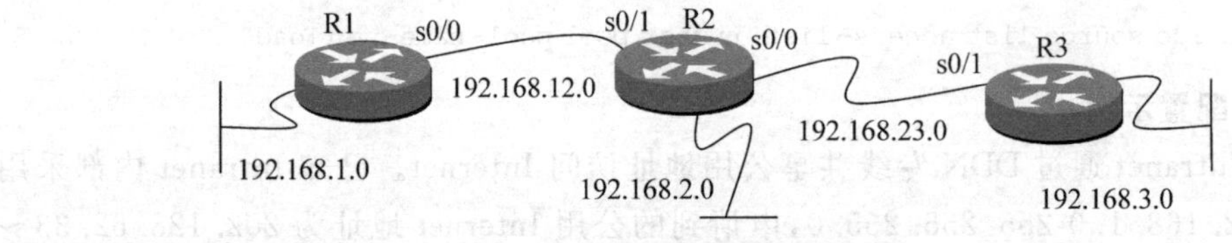

图 8-19 路由器配置环境

实验环境中有 5 个网段,分别用 PC 与 3 台路由器的控制口连接,对路由器进行配置,通过 show 命令查看路由器的设置情况,通过 ping 命令测试通过路由器的连通性。

8.8.2 静态路由协议配置

重要干线的路由器通常要配置静态路由。静态路由优先于动态路由,无论路由器是否配置动态选路协议,它都会按静态路由来转发分组,仅当路由器配置静态路由的端口出现了故障,才按动态选路协议给出的路由进行转发。静态路由和动态路由的结合能够提高网络可靠性。静态路由是网管人员人工配置的,一旦静态路由生效,它不会自行发生变化。在所有的路由中,静态路由优先级最高(即链路费用为 0 或 1)。

分别对路由器配置环境中的 3 台路由器进行静态路由配置。

对 R1 的配置如下:

```
Router>enable
Router#config terminal
Router(config)#hostname r1
!对逻辑网段 192.168.1.0 的配置
R1(config)#interface loopback 1
R1(config-if)#ip add 192.168.1.1 255.255.255.0
R1(config-if)#no shutdown
R1(config-if)#exit
!对路由器接口 s0/0/0 的配置
R1(config)#interface s0/0/0
R1(config-if)#ip add 192.168.12.1 255.255.255.0
R1(config-if)#encapsulation ppp
R1(config-if)#clock rate 64000
R1(config-if)#no shutdown
R1(config-if)#exit
!R1 路由器的静态路由配置
R1(config)#ip route 192.168.2.0 255.255.255.0 192.168.12.2
R1(config)#ip route 192.168.23.0 255.255.255.0 192.168.12.2
R1(config)#ip route 192.168.3.0 255.255.255.0 192.168.12.2
```

对 R2 的配置如下：

```
!对逻辑网段 192.168.2.0 的配置
R2(config)#interface loopback 2
R2(config-if)#ip add 192.168.2.1 255.255.255.0
R2(config-if)#no shutdown
R2(config-if)#exit
!对路由器接口 s0/0/1 的配置
R2(config)#interface s0/0/1
R2(config-if)#ip add 192.168.12.2 255.255.255.0
R2(config-if)#encapsulation ppp
R2(config-if)#no shutdown
R2(config-if)#exit
!对路由器接口 s0/0/0 的配置
R2(config)#interface s0/0/0
R2(config-if)#ip add 192.168.23.2 255.255.255.0
R2(config-if)#encapsulation ppp
R2(config-if)#clock rate 64000
R2(config-if)#no shutdown
R2(config-if)#exit
!R2 路由器的静态路由配置
R2(config)#ip route 192.168.1.0 255.255.255.0 192.168.12.1
R2(config)#ip route 192.168.3.0 255.255.255.0 192.168.23.3
R2(config)#ip route 0.0.0.0 0.0.0.0 192.168.12.1
```

对 R3 的配置如下：

```
!对逻辑网段 192.168.3.0 的配置
R3(config)#interface loopback 3
R3(config-if)#ip add 192.168.3.1 255.255.255.0
R3(config-if)#no shutdown
R3(config-if)#exit
!对路由器接口 s0/0/1 的配置
R3(config)#interface s0/0/1
R3(config-if)#ip add 192.168.23.3 255.255.255.0
R3(config-if)#encapsulation ppp
R3(config-if)#no shutdown
R3(config-if)#exit
!R3 路由器的静态路由配置
R3(config)#ip route 192.168.2.0 255.255.255.0 192.168.23.2
R3(config)#ip route 192.168.12.0 255.255.255.0 192.168.23.2
R3(config)#ip route 192.168.1.0 255.255.255.0 192.168.23.2
```

配置完成后,在特权模式下输入 show ip route 查看静态路由表,以 R3 路由器为例:

```
R3#show ip route
```

用 ping 命令测试网络的连通性:

```
R3#ping 192.168.23.2
R3#ping 192.168.12.1
R3#ping 192.168.1.1
R3#ping 192.168.2.1
```

在路由器上进行的路由配置会对后面的路由配置实验产生影响,可以执行取消静态路由设置命令 no ip route,取消路由设置。以 R3 路由器为例:

```
R3(config)#no ip route 192.168.2.0 255.255.255.0 192.168.23.2
R3(config)#no ip route 192.168.12.0 255.255.255.0 192.168.23.2
R3(config)#no ip route 192.168.1.0 255.255.255.0 192.168.23.2
```

8.8.3 RIP 路由协议配置

分别对路由器配置环境中的 3 台路由器进行 RIP 路由协议配置。应用环境中各个网络设备的网络接口的 IP 配置,数据链路层协议封装是类似的。

对 R1 的配置如下:

```
Router>enable
Router#config terminal
Router(config)#hostname r1
!启动 RIP 路由协议
R1(config)#router rip
!指明路由器直接相连的网段,使用 RIP 动态路由
R1(config-router)#network 192.168.1.0
R1(config-router)#network 192.168.12.0
```

```
R1(config-router)#exit
R1(config)#
```

对 R2 的配置如下：

```
!启动 RIP 路由协议
R2(config)#router rip
!指明路由器直接相连的网段,使用 RIP 动态路由
R2(config-router)#network 192.168.2.0
R2(config-router)#network 192.168.12.0
R2(config-router)#network 192.168.23.0
R2(config-router)#exit
R2(config)#
```

对 R3 的配置如下：

```
!启动 RIP 路由协议
R3(config)#router rip
!指明路由器直接相连的网段,使用 RIP 动态路由
R3(config-router)#network 192.168.3.0
R3(config-router)#network 192.168.23.0
R3(config-router)#exit
R3(config)#
```

RIP 路由协议配置完成后，在特权模式下可以显示路由器所配置的路由信息，也可以显示 IP 路由表，以 R3 路由器为例：

```
R3#show ip protocols
R3#show ip route
```

然后用 ping 命令测试配置后的连通性。

为避免 RIP 路由协议配置对以后路由协议实验的影响，需要取消已经做的路由配置，所采用的命令为 no router rip，在全局配置模式下执行，以 R3 路由器为例：

```
R3(config)#no router rip
```

8.8.4 OSPF 路由协议配置

分别对图 8-19 中的 3 台路由器进行 OSPF 路由协议配置。各个网络设备的网络接口的 IP 配置，数据链路层协议封装是类似的。

对 R1 的配置如下：

```
Router>enable
Router#config terminal
Router(config)#hostname r1
!启动 OSPF 路由协议,100 为进程号,取值范围为 1~65 535,用于标识 OSPF 为该路由器内的一个进程
R1(config)#router ospf 100
!指明路由器直接相连的网段,使用 OSPF 动态路由。192.168.1.0 为直接相连的网段,通配符 0.0.
```

0.255 为子网掩码 255.255.255.0 的反码。区域号 area 200 表明路由器只能在相同的区域(自治系统 AS)内交换路由信息,区域号的取值范围为 0~4 294 967 295

```
R1(config-router)#network 192.168.1.0 0.0.0.255 area 200
R1(config-router)#network 192.168.12.0 0.0.0.255 area 200
R1(config-router)#exit
R1(config)#
```

对 R2 的配置如下:

```
!启动 OSPF 路由协议
R2(config)#router ospf 100
!指明路由器直接相连的网段,使用 OSPF 动态路由
R2(config-router)#network 192.168.2.0 0.0.0.255 area 200
R2(config-router)#network 192.168.12.0 0.0.0.255 area 200
R2(config-router)#network 192.168.23.0 0.0.0.255 area 200
R2(config-router)#exit
R2(config)#
```

对 R3 的配置如下:

```
!启动 OSPF 路由协议
R3(config)#router ospf 100
!指明路由器直接相连的网段,使用 OSPF 动态路由
R3(config-router)#network 192.168.3.0 0.0.0.255 area 200
R3(config-router)#network 192.168.23.0 0.0.0.255 area 200
R3(config-router)#exit
R3(config)#
```

OSPF 路由协议配置完成后,在特权模式下可以显示路由器所配置的路由信息,也可以显示 IP 路由表,以 R3 路由器为例:

```
R3#show ip protocols
R3#show ip route
```

然后用 ping 命令测试配置后的连通性。

为避免 OSPF 路由协议配置对以后路由协议实验的影响,需要取消已经做的路由配置,所采用的命令为 no router ospf 100,在全局配置模式下执行,以 R3 路由器为例:

```
R3(config)#no router ospf 100
```

8.9 访问控制列表配置

8.9.1 访问控制列表配置

访问控制列表配置环境如图 8-20 所示。实验环境有 3 个不同的网段:192.168.1.0、192.168.2.0、192.168.12.0,子网掩码均为 255.255.255.0,给出以上数据是为了使实验过程简单,突出主要的问题。

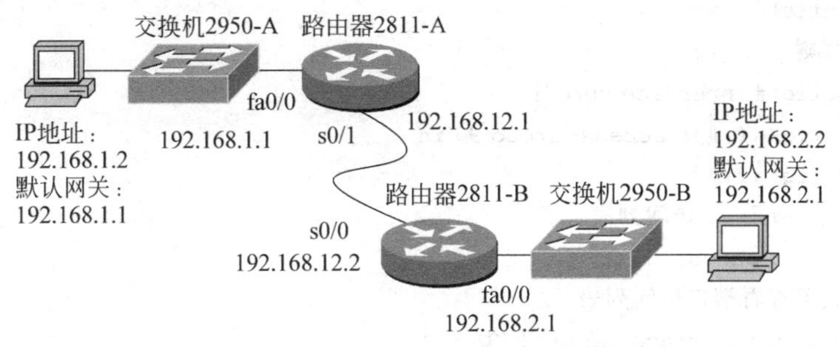

图 8-20 访问控制列表配置环境

通过网络层数据包过滤设置，可以限制网络流量、增加网络安全性。IP 数据包过滤规则有两种：

(1) 只对数据包中的源地址进行检查，称为标准访问控制列表，过滤标识号范围为 1～99，在全局配置模式下进行数据包过滤规则的设置，设置命令格式为

```
access-list <标识号><deny | permit><源地址><通配符>
```

(2) 另一种需要对数据包中的源地址、目的地址、协议和端口号都进行检查，称为扩展访问控制列表，过滤标识号范围为 100～199，设置命令格式为

```
access-list <标识号><deny | permit><协议标识><源地址><通配符><目的地址><通配符>
```

在需要数据包过滤功能的接口引用过滤已经定义的规则，引用格式为：

```
ip access-group <标识号><in | out>
```

若对进入该接口的数据包进行检查，选择 in，若对该接口送出的数据包进行检查，选择 out。

规则中参数 deny 表示禁止，参数 permit 表示允许。路由器检查与通配符中的二进制位 0 位置对应的地址位，对通配符中二进制位 1 位置对应的地址位将不进行检查。可以用同一标识号定义一系列检查条件。路由器会从最先定义的条件开始依次进行检查，遇到满足的条件时，不再执行下面的数据包过滤条件。若所有的条件都不满足，路由器默认的选择是禁止该数据包，将该数据包丢弃。

8.9.2 标准访问控制列表配置

假设访问控制列表配置环境中的各路由器、交换机、PC 的连接、网络接口、路由协议、路由表等基本配置已经设置正确，PC-A 与 PC-B 之间可以互相通信。

在路由器 2811-A 进行过滤规则的配置：

```
Router>enable
Router#config terminal
Router(config)#hostname 2811-A
!进行过滤规则的配置，标识号为 99
2811-A(config)#access-list 99 deny 192.168.2.2 0.0.0.0
2811-A(config)#access-list 99 permit 0.0.0.0 255.255.255.255
```

```
2811-A(config)#
!引用过滤规则
2811-A(config)#interface s0/0/1
2811-A(config-if)#ip access-group 99 in
2811-A(config-if)#
!在特权模式下查看 IP 访问列表
2811-A#show ip access-list
!在特权模式下查看端口访问列表
2811-A#show ip interface serial 0/0/1
```

用 ping 命令验证访问列表设置后的作用，在 PC-B 计算机上执行 ping 192.168.1.2 测试与 PC-A 计算机通信，因有配置规则过滤，无法进行通信。

配置实验完成后，在全局配置模式下执行下面命令取消访问控制列表：

```
2811-A(config)#no access-list 99
```

在接口配置模式下，执行下面命令取消对访问列表的引用：

```
2811-A(config-if)#no ip access-group 99 in
```

8.9.3 扩展访问控制列表配置

以拒绝计算机通过 Telnet 到本地路由器 2811-A 为例说明扩展 IP 访问列表(协议、端口号)配置。假设在图 8-20 中的各路由器、交换机、PC 的连接和基本配置已经设置正确，在 PC-B 计算机执行 telnet 192.168.12.1 和 ping 192.168.12.1，确信 PC-B 和路由器 2811-A 之间可以互相通信。

在路由器 2811-A 进行扩展过滤规则的配置：

```
Router>enable
Router#config terminal
Router(config)#hostname 2811-A
!进行过滤规则的配置，标识号为 99
2811-A(config)#access-list 110 deny tcp 192.168.2.2 0.0.0.0 192.168.12.1 0.0.0.0 eq 23
2811-A(config)#access-list 110 permit ip any any
2811-A(config)#
!引用过滤规则
2811-A(config)#interface s0/0/1
2811-A(config-if)#ip access-group 110 in
2811-A(config-if)#
!在特权模式下查看 IP 访问列表
2811-A#show ip access-list
!在特权模式下查看端口访问列表
2811-A#show ip interface serial 0/0/1
```

测试和验证扩展访问列表配置结果，在 PC-B 计算机上输入 telnet 192.168.12.1，不能与路由器 2811-A 通信，执行 ping 192.168.12.1 命令，却可以与路由器 2811-A 通信。

配置实验完成后，在全局配置模式下执行下面命令取消扩展访问控制列表：

```
2811-A(config)#no access-list 110
```

在接口配置模式下，执行下面命令取消对扩展访问列表的引用：

```
2811-A(config-if)#no ip access-group 110 in
```

8.10 路由器系统软件恢复和维护

8.10.1 路由器密码恢复

以 Cisco 2811 路由器密码恢复为例进行讨论。

在启动路由器的时候，经常会碰到如下提示：

```
User Access Verification
Password:
```

这表示已经对路由器的控制口（Console）设置了密码，如果没有正确的口令，将无法进入控制台对路由器进行相关配置。需要恢复控制台密码。

1. 路由器密码存放的位置

路由器在启动的时候，首先会进行路由器加电自检测试（POST），然后在闪存（Flash）中查找 IOS，随后 IOS 处理装载，并且在 NVRAM 中查找有效配置文件，也就是通常所说的启动配置文件（Startup-config），如果配置文件存在，则运行相应的配置信息；如果不存在，则会进入设置模式。

这里要注意的是，所有被设置的密码信息就包含在这个启动配置文件（Startup-config）中，所以口令恢复的关键是在于绕过 Startup-config 文件，不加载配置信息，也就不会出现输入密码的提示。

这里要提到一个重要的概念：配置寄存器（Configuration Register），它是一个位于 NVRAM 中的 16 位软件寄存器。默认情况下，配置寄存器的值（Configuration Register Value）是 0x2102，二进制表示为 0010000100000010，从右到左依次是第 0 位……第 15 位。这个值意味着路由器从闪存加载 IOS 并告诉路由器从 NVRAM 调用启动配置（Startup-config）。相反，如果第 6 位是 1 则表示让路由器启动的时候绕过 Startup-config 文件进入到设置模式，这时没有 Password 的提示，所以口令恢复的关键就在于修改“配置注册码”的第 6 位，使启动绕过存放在 NVRAM（存储备份配置文件）中的“有效口令”，而进行直接启动。

2. 密码恢复步骤（以恢复控制台密码为例）

（1）重新启动路由器，在路由器启动的第一个 60s 内按下 Ctrl＋Break 组合键，这时会终止路由器的启动，进入 Rommon 模式下，会出现如下所示的提示：

```
rommon 1>
```

（2）修改配置寄存器的值，在 rommon 1＞提示下输入如下命令：

```
rommon 1>confreg 0x2142
```

接着重新启动路由器，命令如下：

```
rommon 2>reset
```

(3) 路由器重启后会提示是否进入初始配置模式,选择 no,不进行配置。

```
Would you like to enter the initial configuration dialog? [yes/no] no
```

(4) 在用户模式(User Mode)下,输入 enable 进入特权模式(Privileged Mode)下,此时可以有两种处理的方法:一是将系统恢复出厂配置;二是保留配置中其他信息,只删除密码信息或者设置新的密码。

将系统恢复出厂配置,配置过程如下:

```
Router#erase startup-config
Router#config t
Router(config)#config-register 0x2102
Router(config)#exit
Router#copy running-config startup-config
Router#exit
Router>
…
```

重新启动路由器。

上述命令所执行的操作依次是:删除系统的启动配置文件;进入全局配置模式下,将配置寄存器的值修改为默认值;然后在特权模式下保存当前的运行配置。

取消口令的设置或者修改新的口令,这里取消口令设置,命令如下:

```
Router#copy startup-config running-config
Router#show running-config
Router#config t
Router(config)#line console 0
Router(config-line)#no password
Router(config-line)#login
Router(config-line)#exit
Router(config)#config-register 0x2102
Router(config)#exit
Router#copy running-config startup-config
…
```

重新启动路由器。

上述命令所执行的操作依次是:将启动配置信息复制到运行配置中;查看运行配置里面的密码设置信息;进入全局配置模式,取消 console 控制口的密码;然后把配置寄存器的值改回默认值,并保存当前的运行配置。重新启动路由器。

(5) 路由器重启,待 IOS 引导完成后,按下 Enter 键,路由器直接进入用户模式,出现如下所示提示:

```
Router>
```

控制台密码恢复完成。

需要指出的是,不同系列的、不同型号的网络设备密码恢复的命令可能会稍微有所不同,但是,它们所依据的原理是相同的。

8.10.2 路由器 IOS 的故障

路由器是一种用于路由选择和网络互联的专用计算机,路由器使用 IOS(路由器操作系统)对系统资源进行管理。IOS 可以存放在 3 个位置:路由器 Flash 中,是 IOS 默认的存放位置,可以升级和更新所存放的 IOS;路由器 ROM 中存放的是 IOS 的一个子集,是不可以升级和更新的,保留路由器出厂时系统软件 IOS 的状态;TFTP 服务器中,可以把 IOS 保存在 TFTP 服务器指定的位置,在需要时从保存位置恢复到路由器的 Flash 中。可以动态地升级 IOS,以适应不断变化的硬件和软件。该系统文件一般是保存在路由器上的 Flash 中,Flash 相当于计算机的硬盘。

IOS 是路由器的核心,如果 IOS 出现问题,路由设备将无法正常运行,只能通过重新安装 IOS 恢复路由器的使用功能。IOS 软件不但可以完成 RIP /EIGRP /OSPF /ISIS/BGP 等路由计算功能,还集成了诸如 Firewall /NAT /DHCP /FSM /FTP /HTTP /TFTP /Voice /Multicast 等诸多服务功能,是业内最为复杂和完善的网络操作系统之一。IOS 是一个与硬件分离的软件体系结构,在随网络技术不断发展。

以 Cisco 2811 路由器为例讨论 IOS 的恢复。Cisco 2811 路由器有两个串口(serial0/0/0 和 serial0/0/1)、两个快速以太网口(Fa0/0 和 Fa0/1)、两个 USB 接口、一个 Console 口以及一个 AUX 口,并且其闪存卡有 64MB 的内存,足够存储现在较新的 IOS 版本。路由器使用的 IOS 版本为 c2800nm-advipservicesk9-mz. 124-4. T4. bin。

现在分析当 IOS 出现故障时所呈现的现象。Cisco 系列路由器的内存有 ROM、闪存(Flash Memory)、RAM 和动态内存(DRAM)等几种。一般情况下,路由器启动时,首先运行 ROM 中的程序,进行系统自检及引导,然后运行 Flash 中的 IOS,并在 NVRAM 中寻找路由器配置,并装入 DRAM 中。路由器每次加电或重新启动都会先完成这几个启动过程,若存放 IOS 的 Flash 内存条发生故障或 IOS 丢失,路由器将停留在 ROM 启动过程,路由器无法进入正常的工作模式,进入 ROM monitor 模式,出现的命令行提示符为“rommon 1 >”,其中 1 代表命令行的行数。ROM monitor 模式如图 8-21 所示。

```
System Bootstrap, Version 12.3(8r)T7, RELEASE SOFTWARE (fc1)
Technical Support: http://www.cisco.com/techsupport
Copyright (c) 2004 by cisco Systems, Inc.
Initializing memory for ECC
.
c2811 processor with 262144 Kbytes of main memory
Main memory is configured to 64 bit mode with ECC enabled
Readonly ROMMON initialized
rommon 1 >
```

图 8-21 ROM monitor 模式

此时,就要对路由器进行 IOS 的恢复。

8.10.3 路由器 IOS 恢复方法

要想对 IOS 进行恢复，就必须有一个完整的 IOS 文件。一般有三种途径去获取这个 IOS 文件：一是寻找以前保留下来的 IOS 备份；二是到相关网站下载；三是再做一个备份，即在现有的正常运行的路由器上复制一个 IOS。

IOS 的复制方式主要分为从文件系统复制和依靠底层通信协议传输两种方式。

文件系统复制又分为 FTP(File Transfer Protocol)、RCP(Remote Copy Protocol)、TFTP(Trivial File Transfer Protocol)三类方式，多用于正常情况下的软件复制。

依靠通信协议根据设备的具体支持情况有 Xmodem、Ymodem、Zmodem、Kemit 等早期协议，因速度较慢及使用不便，多用于系统崩溃无法正常启动的情况下。

由于现在的 Windows 2000/XP 系统的 IIS(Internet Information Server)里都有默认的 FTP 服务器，所以利用 FTP 服务器对路由器 IOS 备份会比较容易实现。而且由于 FTP 比 TFTP 的优越性以及发展越来越快的 IOS，普遍认为使用 FTP 比 TFTP 更适合。

8.10.4 FTP 站点的创建

需要安装 IIS，在添加/删除 Windows 组件中选择“Internet 信息服务”，单击“下一步”按钮进行 IIS 安装。“Windows 组件向导”对话框如图 8-22 所示。

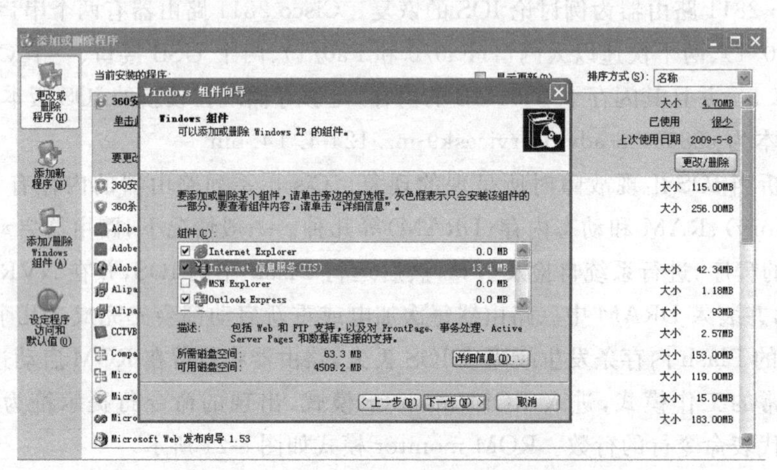

图 8-22 “Windows 组件向导”对话框

安装过程中会提示需插入 Windows 系统光盘才能完成 IIS 的安装，应事先准备好系统光盘。

完成 IIS 的安装之后，接着建立 FTP 服务器站点。双击“Internet 信息服务”，出现信息服务(IIS)对话框，勾选“文件传输协议(FTP)服务”复选框，单击“确定”按钮，即可完成 FTP 站点的建立。“Internet 信息服务(IIS)”对话框如图 8-23 所示。

对 FTP 站点进行设置的过程是，打开控制面板中的管理工具，双击“Internet 信息服务”，选中“默认 FTP 站点”后右击，出现“默认 FTP 站点属性”对话框，按要求在对话框中输入参数配置的内容，“默认 FTP 站点属性”对话框如图 8-24 所示。

对 FTP 站点设置权限，FTP 站点属性上选择主目录，在权限上选中“读取”、“写入”复

图 8-23 "Internet 信息服务(IIS)"对话框

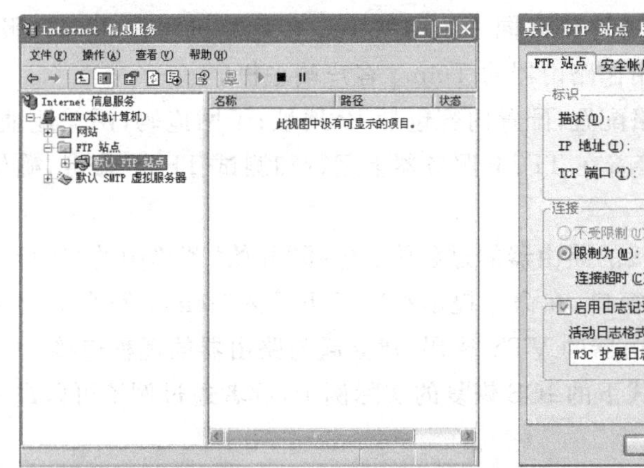

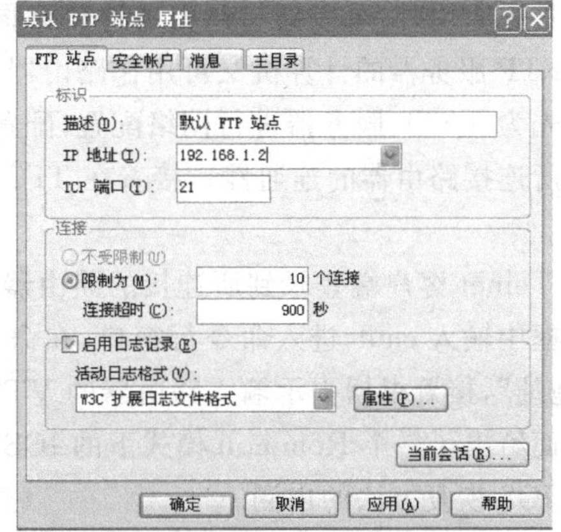

图 8-24 FTP 站点属性对话框

选框，主目录对话框如图 8-25 所示。单击"确定"按钮后，即完成 FTP 站点的创建，FTP 站点开始启用。

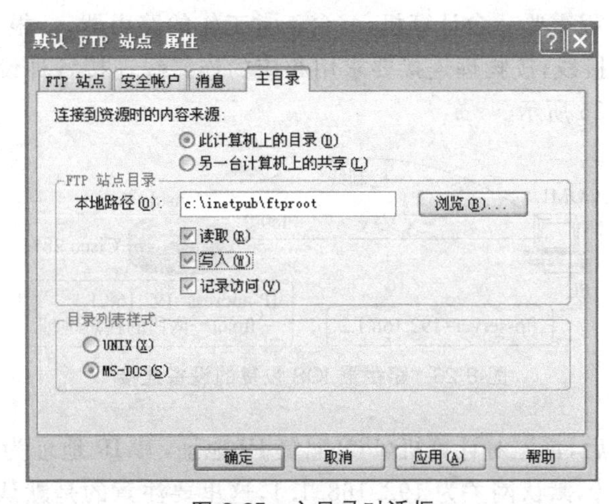

图 8-25 主目录对话框

8.10.5 Rommon 模式下的 IOS 恢复

首先做好 TFTP 服务器和 Telnet 客户端的配置。之后可以使用 tftp dnld 命令把 TFTP 上备份的 IOS 装载到 Flash 中。在 Rommon 模式下能进行网络接口配置，在恢复 IOS 时需要设置相关的系统环境变量。设置系统环境变量的命令格式为“变量名＝变量值”，变量名字符需要大写。

需要设置相关的系统环境变量和变量取值内容如下：

(1) IP_ADDRESS＝LAN 接口的 IP 地址。

(2) IP_SUBNET_MASK＝LAN 接口的子网掩码。

(3) DEFAULT_GATEWAY＝LAN 的默认网关地址。

(4) TFTP_SERVER＝TFTP 服务器的 IP 地址。

(5) TFTP_FILE＝TFTP 服务器上所备份的 IOS 文件名。

在具体应用时，可以把与路由器连接到同一个网络中一台计算机用作 TFTP 服务器，充当 TFTP 服务器的计算机又可用作路由器的 Telnet 客户端主机。

首先为 TFTP 服务器进行网络配置，配置内容包括 IP 地址；子网掩码；网关地址，并测试其与所连接路由器的连通性。接着在 TFTP 服务器上运行和测试 TFTP 服务，确保其工作正常。

从 Telnet 客户端登录到所连接的路由器的过程为：选择“开始”菜单中的“运行”，在运行对话框中输入 cmd，进入命令行窗口，在命令提示符“＞”下输入“telnet 路由器网络接口的 IP 地址”，接着根据提示输入路由器的 VTY 密码，建立起与路由器的远程连接。

下面给出了一个 Rommon 模式下的 IOS 恢复的实际例子，读者通过例子可以进一步理解这种 IOS 恢复方法的内涵。

8.10.6 通过 FTP 或 TFTP 的 IOS 恢复

以下就是通过 FTP 服务器对路由器 IOS 进行恢复的详细过程。

1. 准备工作

进行 IOS 恢复过程需要一台计算机，一台正常工作的路由器，一根交叉线，一根连接路由器控制口的控制连接线，按物理连接要求用相应的连接线连接各种设备。路由器 IOS 恢复的设备连接如图 8-26 所示。

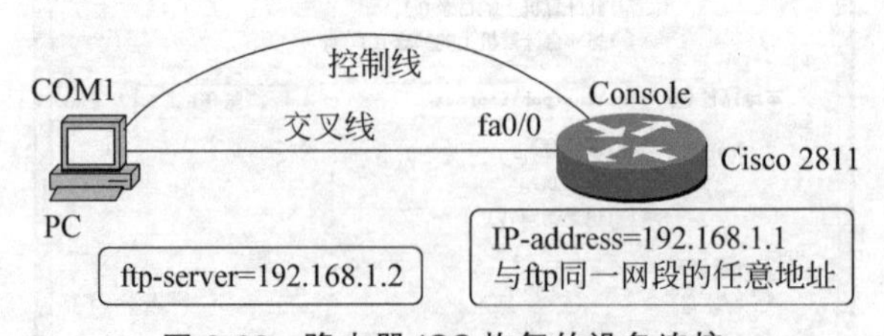

图 8-26 路由器 IOS 恢复的设备连接

设备连接妥当之后，首先对计算机(PC)配置 IP 地址，其 IP 地址为 192.168.1.2，子网掩码为 255.255.255.0，默认网关为 192.168.1.1，这里要注意的是默认网关的就是路由器上连接计算机的以太网口地址。路由器 Fa0/0 网络接口的 IP 地址为 192.168.1.1。用交叉线把 PC 网卡的网络接口与路由器的 Fa0/0 网络接口进行连接，保证两个接口同属一个网段。用控制连接线(全反线)把路由器的控制口(Console)与 PC 的串口(Com1)进行连接。通过 PC 的超级终端环境对路由器进行配置。

在计算机上设置 FTP 站点。这里要注意的是，如果是在 Windows XP 系统环境下，必须去掉对 21 端口的防火墙设置。

2. 获得路由器 IOS 的备份

准备工作结束，接着打开超级终端，启动路由器，对其做相应操作。配置路由器以太网口 fa0/0 的 IP。路由器以太网口 fa0/0 配置如图 8-27 所示。

```
Router#conf t
Enter configuration commands, one per line.  End with CNTL/Z.
Router(config)#int fa0/0
Router(config-if)#ip add 192.168.1.1 255.255.255.0
Router(config-if)#exit
```

图 8-27 路由器以太网口 fa0/0 配置

使用 copy flash ftp 命令使路由器内的 IOS 备份到计算机上，这里注意的是在使用该命令前要先使用 show flash 命令找到 IOS 文件的名称，并记录下来。备份路由器 IOS 到 PC 的过程如图 8-28 所示。

```
Router#copy flash ftp
Source filename  [c2800nm- advipservicesk9-mz.124-4.T4.bin]?
Address or name of remote host []? 192.168.1.2
Destination filename [c2800nm- advipservicesk9-mz.124-4.T4.bin]?
Writing c2800nm-advipservicesk9-mz.124-4.T4.bin !!!!!!!!!!!!!!!!!!!!
!!!!!!!!!!!!!!!!!!!!!!!!!!!!!!!!!!!!!!!!!!!!!!!!!!!!!!!!!!!!!!!!!!!!
34586948 bytes copied in 49.956 secs (692348 bytes/sec)
Router#
```

图 8-28 备份路由器 IOS 到 PC 的过程

至此，路由器的 IOS 文件复制到计算机的 FTP 站点目录文件夹。

3. 恢复路由器的 IOS

恢复 IOS 的操作和备份其实是一个反向传输的过程，就是将 IOS 文件重新复制到损坏的路由器 Flash 卡中，使用的命令的区别也就是把 copy flash ftp 变为 copy ftp flash，可实际应用起来就会出现新的问题。例如，一个 IOS 损坏的路由器已经不能正常启动，那么又将如何进行路由器端口的配置，可以使以太网口和 FTP 服务器属于一个网段？为了解决这个问题，可以有如下方法。

(1) 如果路由器的 Flash 卡是支持热插拔的，那么在完成以上备份工作的时候(或启动一台正常的路由器，对其做以上的端口配置)，替换 Flash 卡，使用 copy ftp flash 命令将 IOS 恢复到丢失或 IOS 损坏的 Flash 中。这里必须注意不要重启路由器(若重启，所有配置丢失)。将 IOS 恢复到 Flash 的过程如图 8-29 所示。

```
Router#copy ftp flash
Address or name of remote host []? 192.168.1.2
Source filename []?c2800nm- advipservicesk9-mz.124-4.T4.bin
Destination filename [c2800nm- advipservicesk9-mz.124-4.T4.bin]?
Writing c2800nm-advipservicesk9-mz.124-4.T4.bin !!!!!!!!!!!!!!!!!!
```

图 8-29 将 IOS 恢复到 Flash 的过程

(2) 用TFTP服务器软件，对路由器的IOS进行恢复。如果已经有了IOS备份在PC上，并且安装有TFTP服务器软件，那么对路由器IOS的恢复将会更简便。设备连接情况一样的，确认IOS已经放在C:\TFTP-Root目录下，运行tftp-server应用软件，开启路由器。路由器丢失了IOS后，开机将自动进入rommon模式，在人机对话模式中，依次输入需要的内容，利用TFTP服务器软件恢复IOS的过程如图8-30所示。

```
rommon 1>ip_address = 192.168.1.1
rommon 2>ip_subnet_mask = 255.255.255.0
rommon 3>default_gateway = 192.168.1.1
rommon 4>tftp_server =192.168.1.2
rommon 5>tftp_file = (IOS文件名)
rommon 6>tftpdnld
```

图8-30 利用TFTP服务器软件恢复IOS的过程

待出现提示符后，便成功地完成了IOS映像文件的恢复，通过相应的配置，路由器就可以正常使用了。

(3) 在无法正常开机的情况下，可以通过Xmodem恢复IOS，Xmodem与FTP/TFTP传输途径不一样，使用最简单，不需要IP方面的配置(FTP/TFTP均要)，只用连接一根控制线即可完成，但由于控制线一般采用9600的波特率，速度只有9.6kbps，交换机的IOS容量一般在几MB左右，而路由器的IOS容量达到40MB，如果用9.6kbps传输，大约需要一个半小时，很费时间，又因为FTP/TFTP可用于路由器IOS的恢复，故一般不采用这种方式。Xmodem可用于交换机IOS恢复，本书在交换机配置中介绍通过Xmodem恢复IOS的过程。

在进行路由器IOS的备份和恢复操作时应注意几个问题：在连接PC和路由器时，最好使用路由器的第一个以太网口；在使用连接电缆时，一定要用交叉线，因为这种情况属于DTE与DTE之间的连接；ftp server或tftp server主机的IP地址可以随意定义，但必须与路由器定义的地址在同一网段。

习题

1. Cisco路由器提供的存储器有哪些类型？
2. 路由器支持的接口类型有哪些？
3. 路由器的接口名称如何标识？
4. Cisco IOS软件有哪些功能？
5. IOS有哪些配置文件，它们之间有什么关系？
6. 写出Cisco路由器可以采用的配置途径。
7. 写出路由器的启动步骤。
8. 写出路由器配置模式，说明进入和退出方法。
9. 改变配置模式的命令有哪些？
10. 简述CLI使用约定和规则。
11. 如何在路由器配置的过程中关闭DNS查找？
12. 如何启用同步记录功能？
13. 简述显示和查看路由器状态的方法。
14. 把IOS装载到路由器中有哪些方式？
15. 写出路由器口令管理的方法。

16. 简述路由器测试命令的用法。
17. 写出路由器 IP 协议配置规则。
18. 写出路由器静态路由配置和默认路由配置的方法。
19. 分别写出路由器动态路由 RIP、OSPF 的配置方法。
20. 写出在路由器上进行网络地址转换 NAT 配置的要点。
21. 给出访问控制列表配置的图示。
22. 简述标准访问控制列表配置的方法。
23. 简述扩展访问控制列表配置的方法。
24. 写出路由器密码恢复的步骤。
25. 简述路由器 IOS 恢复的方法。
26. 简述 Rommon 模式下的 IOS 恢复方法。
27. 简述通过 FTP 或 TFTP 的 IOS 恢复方法。

第9章　交换机配置

9.1　交换机配置基础知识

9.1.1　交换机在组网中的作用

交换机是一台专门用于通信连接的计算机，它由交换机硬件系统和交换机操作系统组成。交换机硬件包括中央处理器、随机存储器、只读存储器、可读写存储器和外部端口等。交换机操作系统与具体产品有关，例如，Cisco Catalyst 交换机主要采用的操作系统是 Cisco IOS。

交换机是工作在第二层即数据链路层的网络设备。它通过硬件实施工作，并且可以在交换机完全接收整个帧之前进行转发，所以转发延迟小、速度快。另外，交换机还可以对网络进行逻辑划分，定义 VLAN，对网络实施有效的管理提供了方便性和灵活性。随着交换技术的发展，交换机不局限于工作在网络体系结构的第二层，目前的交换机可以工作在第三层和第四层。

人们会经常问交换机是什么样的网络设备？使用交换机的类型是否与网络的规模有关？三层交换机怎样配置和使用？可靠性保证需要交换机冗余配置，但怎样解决交换机的环路问题？

设计建造局域网的最重要方法是使用二层以太网交换机。交换机能提高 LAN 的带宽利用率，支持虚拟局域网（VLAN）、端口聚合等有用功能，以及生成树（STP）和网络管理等功能。

通过生成树协议（STP）可以解决环路问题。STP 由美国数字设备公司（DEC）开发，STP 的标准是 IEEE 802.1d。STP 的主要思想是：当网络中存在备份链路时，只允许主链路激活，如果主链路失效，备份链路才会被打开。STP 协议的本质是利用图论中的生成树算法，在网络的物理结构没有改变的情况下，而在逻辑上切断环路，阻塞某些交换机端口，以避免环路会带来的严重后果。

STP 的工作原理是：发现环路的存在；将冗余链路中的一个设为主链路，其他链路设为备用链路；交换流量通过主链路；定期检查链路的状况；如果主链路发生故障，将流量切换到备用链路。交换机默认设置是关闭了 STP 协议，需要用交换机的 STP 命令来明确开启交换机的 STP 功能。

下面均以 Cisco Catalyst 交换机配置为例进行讨论。讨论内容涉及交换机的基本配置、交换机命令行操作模式的转换、改变交换机设备名称、查看配置交换机的提示信息、配置交换机端口参数、VLAN 配置、三层交换机配置、交换机系统维护等。

9.1.2　交换机的命名和标识

Cisco 的交换机产品以 Catalyst 为商标，包含 1900、2800、2900、3500、4000、5000、5500、

6000、8500等10多个系列。这些交换机可以分为两类：

一类是固定配置交换机，包括3500及以下的大部分型号，比如1924是24口10Mbps以太网交换机，带两个100Mbps上行端口。除了有限的软件升级之外，这些交换机不能扩展。

另一类是模块化交换机，主要指4000及以上的机型，网络设计者可以根据网络需求，选择不同数目和型号的接口板、电源模块及相应的软件。

Cisco交换机的命名格式如下：

```
Catalyst NNXX [-C] [-M] [-A/-EN]
```

其中，NN是交换机的系列号；XX对于固定配置的交换机来说是端口数，对于模块化交换机来说是插槽数，有-C标志表明带光纤接口；-M表示模块化；-A和-EN分别是指交换机软件是标准版或企业版。

Catalyst交换机采用的操作系统有两种：一种是基于Cisco IOS，与Cisco路由器上使用的命令集相似，适用于Cisco Catalyst 1900、2800、2900、3500系列交换机；另一种是基于Catalyst IOS，该操作系统只有用户模式和特权模式，使用set和clear命令集，适用Cisco Catalyst 2926、4000、5000、6000系列交换机。一般情况下，Cisco IOS对Cisco Catalyst交换机均是适用的。本书主要介绍采用Cisco IOS对Cisco Catalyst 2950、3750的配置。

9.1.3 Cisco交换机内部组成和产品分类

Cisco Catalyst交换机的结构与Cisco路由器的结构相似，其组成部件的功能与路由器也相同。交换机的内部组成包括：

(1) CPU。交换机的中央处理器。

(2) RAM/DRAM。交换机的工作存储器，存储交换机的运行配置等信息。

(3) NVRAM(非易失RAM)。存储备份配置文件等信息。

(4) Flash ROM(闪存，又称可擦除、可编程ROM)。用来存储系统软件映像、启动配置文件等信息。

(5) ROM(只读存储器)。存储开机诊断程序、引导程序和操作系统软件。

(6) 接口电路。交换机各端口的内部电路。

交换机的物理接口分为网络接口和控制接口(管理接口)。网络接口用于联网的计算机与网络设备(交换机)之间的网络连接，以及网络设备之间的连接。控制接口就是Consol接口，用于对交换机进行管理，用作超级终端的计算机可以通过控制线与控制接口连接。交换机上的物理接口可以是固定的或模块化的。交换机上的网络接口可以分为UTP接口或光纤接口，分别连接双绞线或光缆。

网络集成项目中常见的Cisco交换机有1900/2900系列、3500系列、6500系列。下面分别介绍一下这几个系列的产品。

1. 低端产品

Cisco Catalyst 1900系列和2900系列是低端的典型产品。1900交换机适用于网络末端的桌面计算机接入，是一款典型的低端产品。它提供12或24个10MB端口以及2个100MB端口，其中100MB端口支持全双工通信，可提供高达200 Mbps的端口带宽。背板速率是320 Mbps。

如果网络中的有些桌面计算机是100Mbps的，那么选择2900系列可能比较适合。与1900系列相比，2900系列最大的特点是速度提高了很多，它的背板速度最高达3.2 Gbps，最多24个10MB/100MB自适应端口，所有端口均支持全双工通信，使桌面接入的速度大大提高。除了端口的速率之外，2900系列的其他许多性能也比1900系列有了显著提高。比如，2900系列的MAC地址表容量是16KB，可以划分1024个VLAN，支持ISL Trunking协议等。

2. 中端产品

中端产品中3500系列使用广泛，很有代表性。

Cisco Catalyst 3500系列交换机的基本特性包括背板带宽高达10Gbps，转发速率为7.5Mpps，它支持250个VLAN，支持IEEE 802.1q和ISL Trunking，支持CGMP网/千兆以太网交换机，可选冗余电源等。不过C3500的最大特性在于它的管理特性和千兆速率。

管理特性方面，C3500实现了Cisco的交换集群技术，可以将16个C3500、C2900、C1900系列的交换机互连，并通过一个IP地址进行管理。利用C3500内的Cisco Visual Switch Manager(CVSM)软件还可以方便地通过浏览器对交换机进行设置和管理。

3. 高端产品

Cisco Catalyst 6000系列交换机为园区网提供了高性能、多层交换的解决方案，专门为需要千兆扩展、可用性高、多层交换的应用环境设计，主要面向园区骨干连接等场合。

Cisco Catalyst 6000系列是由Catalyst 6000和Catalyst 6500两种型号的交换机构成，都包含6个或9个插槽型号，分别为6006、6009、6506和6509，其中，尤以6509使用最为广泛。所有型号支持相同的超级引擎、相同的接口模块，保护了用户的投资。Cisco Catalyst三款系列交换机的技术指标如表9-1所示。

表9-1 Cisco Catalyst三款系列交换机的技术指标

技术指标	2900系列	3500系列	6500系列
背板带宽	3.2Gbps	8.8～12Gbps	32～256Gbps
L2/L3层包转发速率		6.6～17Mpacket/s	30～150Mpacket/s
10/100Base-TX端口	12～48个	384个	384个
100Base-FX	部分产品	支持	192个
1000MB光纤接口类型	N	SX/LX/LH/ZX	SX/LX/LH/ZX
扩展插槽	N		6～9个
MAC地址表容量	16KB	12KB	
可以划分VLAN	1024个	1005个	
交换机工作层	L2	L2/L3	L2/L3/L4
GBIC(千兆接口转换)	部分产品支持	支持	130个
最大交换机集群		16个	
DRAM	8MB	32MB	64 MB
Flash Memory	4MB	8MB	16～24MB
NVRAM	128/256KB		
额定功率	60W	190W	1.8KVA

9.2 交换机的配置

9.2.1 配置交换机的过程

网络设备通常是在其专用的操作系统管理下工作的，例如，Cisco 的 IOS(Internetwork Operating System)。在 IOS 管理下网络设备能够有效运行。IOS 能随网络技术不断发展而动态升级，以适应网络中硬件和软件技术的不断变化。用户通过 IOS 中提供的各种交换机配置命令(或命令集合)来配置和管理交换机，使交换机发挥更优的性能。

交换机是一种即插即用的网络设备，不经配置即可在默认的模式下正常工作。配置交换机的途径有超级终端、Telnet、TFTP、SNMP。

配置交换机的方式与配置路由器相似，交换机常用的配置方式有：

(1) 用 Console 线把配置计算机直接连接到 Console 端口进行配置。

(2) 通过网络环境中的计算机以 Telnet 方式进行配置。

(3) 通过 Web 界面环境或网管软件对交换机进行一些基本的配置和管理。

(4) 通过 TFTP 服务器实现对交换机软件的保存、升级、配置文件的保存和下载。

通过 Web 浏览器可以在网络中对交换机进行远程管理。通过该方式管理前，必须已经完成交换机 IP 地址的设置，并且将交换机和管理计算机连接在同一 IP 网段。运行 Web 浏览器，在 URL 栏中输入欲进行管理的交换机的 IP 地址或域名后，按 Enter 键，在弹出的对话框中输入具有最高权限的用户名和密码，通常，对交换机的访问必须设置权限和认证密码，用户输入密码即可进入交换机管理的主 Web 界面，进行一些基本的配置和管理。

可管理的交换机相当于一台专用的计算机，必须有操作系统软件才能工作。对交换机的管理和配置就是调用其操作系统软件 IOS，通过命令行界面进行操作。

9.2.2 配置交换机的工作模式

路由器可以使用 Cisco IOS 的全部 IOS 命令，而交换机中有少部分 IOS 命令不能使用。Catalyst IOS 系统软件的 CLI 与 Cisco IOS 的 CLI 类似，IOS 固化在 ROM 和闪存中。Catalyst IOS 内置 Web 浏览器和命令行解释器 CLI，使用 Web 能实现部分配置管理功能，界面友好直观，而全部管理功能则需要使用 CLI 来实现。

普通交换机一般不带电源开关，在使用之前应从电源插座上拔掉电源线插头，或是断开电源插座开关。用控制线连接计算机的 COM1 接口和交换机的 Console 接口，在计算机上进入“超级终端”环境。

连接交换机电源，观察交换机的启动自检过程，若交换机的第一次启动会自动进入初始化配置环境，根据人机会话过程提示，设置交换机名称、各种类型的密码，以及 VLAN1 的 IP 地址，确认交换机的各端口信息，初始化信息配置完成后，根据提示，把配置信息存入 NVRAM 中。

交换机的工作模式用于支持不同用户对交换机进行与其权限相适应的操作，对 Cisco Catalyst 交换机进行配置是通过 Cisco Catalyst IOS 进行的。交换机的主要工作模式如表 9-2 所示。

表 9-2　交换机的主要工作模式

工作模式		提示符	启动方式
用户模式		Switch＞	开机自动进入
特权模式		Switch＃	Switch＞enable
配置模式	全局模式	Switch(config)＃	Switch＃configure terminal
	VLAN 模式	Switch(config-vlan)＃	Switch(config)＃vlan 100
	接口模式	Switch(config-if)＃	Switch(config)＃interface fa0/0
	线路模式	Switch(config-line)＃	Switch(config)＃line console 0

交换机提供的其他访问模式还有配置对话模式和故障恢复模式。

9.2.3　交换机端口的默认配置

交换机端口的默认配置如表 9-3 所示。

表 9-3　交换机端口的默认配置

内容	默认配置
操作模式	二层或交换机模式(switchport)
允许 VLAN 范围	1～4094
默认 VLAN	VLAN 1(仅用于二层接口)
本地 VLAN	VLAN 1(仅用于二层接口)
VLAN 主干中继	交换模式动态自动(支持 DTP,仅用于二层接口)
端口的启用状态	所有端口均被启用
端口描述	未定义
速率	自适应(10Gbps 接口不支持)
双向同时(双工)模式	自适应(10Gbps 接口不支持)
流量控制	被设置为 receive off,总是丢弃
EtherChannel(PAgP)	在所有以太网端口禁用
端口阻塞(未知多播和已知单播)	禁用(不阻塞)
单播、多播和广播风暴控制	禁用
保护端口	禁用(仅用于二层接口)
端口安全	禁用(仅用于二层接口)
Port Fast	禁用
自动翻转	启用
PoE 以太网供电	启用(自动)
保持消息	在 GBIC/SFP 模块禁用,在所有其他端口启用

不同交换机端口速率和数据包转发速率如表 9-4 所示。

表 9-4　不同交换机端口速率和数据包转发速率

网 络 类 型	交换机端口速率	交换机数据包转发速率
Fast Ethernet	100Mbps	0.1488Mpacket/s
1 000BASE	1 000Mbps	1.488Mpacket/s
10GBASE	10Gbps	14.88Mpacket/s
OC-12	622.08Mbps	1.17Mpacket/s
OC-48	2.488Gbps	468Mpacket/s

9.2.4　交换机的常规配置

1. 交换机密码设置

Cisco Catalyst 交换机支持不同的授权级别，1 级权限为用户登录(login)权限，15 级权限为从用户模式转到特权模式(enable)时的权限。默认的权限级别为 15 级。在全局配置模式下设置不同权限级别时用到的密码：

```
!login 密码
2950-A(config)#enable password level 1 <密码字>
!加密的 login 密码
2950-A(config)#enable secret level 1 <密码字>
!enable 密码
2950-A(config)#enable password level 15 <密码字>
!加密的 enable 密码
2950-A(config)#enable secret level 15 <密码字>
```

2. Cisco 网络设备的 SNMP 配置

交换机是一个即插即用设备，产品出厂时就有一个默认的 VLAN 1，这里的 1 是虚拟局域网的编号，交换机所有端口均属于 VLAN 1。这就是交换机不用配置就可以使用的原因。在对交换机配置时，若不涉及对 VLAN 的划分，交换机默认的虚拟局域网 VLAN 为 VLAN 1，也就是说连接在交换机端口上的所有计算机均属于 VLAN 1。

要实现对交换机的管理，必须给配置一个用于网络管理的 IP 地址，默认情况下 Cisco 交换机的 VLAN 1 为管理 VLAN，需要为 VLAN 1 配置管理用的 IP 地址。配置方法描述如下：

```
!进入全局模式
2950-A#configure terminal
!进入 VLAN 1 接口模式
2950-A(config)#interface vlan 1
!配置管理 IP 地址
2950-A(config-if)#ip address <IP 地址><子网掩码>
2950-A(config-if) #ip address 202.43.32.81 255.255.255.0
!打开 SNMP 协议,进入全局模式
```

```
2950-A#configure terminal
!配置只读的 Community,产品默认的只读 Community 名为 public
2950-A(config)#snmp-server community public ro
!配置可写的 Community,产品默认的可写 Community 名为 private
2950-A(config)#snmp-server community private rw
!更改 SNMP 的 Community 密码
!将设备分组,并使能支持的各种 SNMP 版本
2950-A(config)#snmp-server group hdunet v1
2950-A(config)#snmp-server group hdunet v2
2950-A(config)#snmp-server group hdunet v3
!分别配置只读和可写 community
2950-A(config)#snmp-server community hdunet ro
2950-A(config)#snmp-server community hdunet rw
!保存交换机配置
2950-A#copy run start
```

3. 交换机 MAC 地址的管理

实验环境如图 9-1 所示。

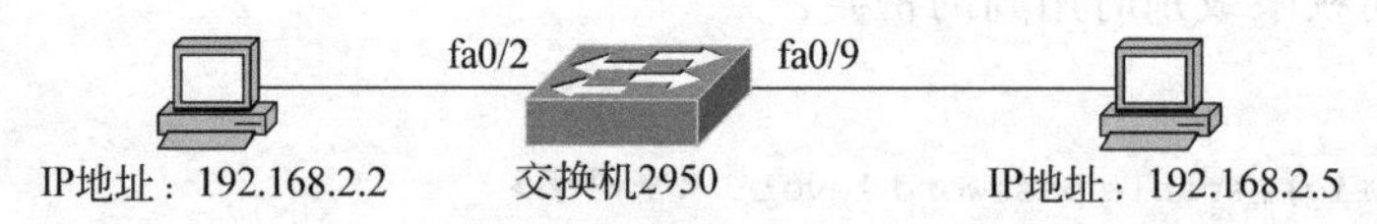

图 9-1 交换机 MAC 地址表配置环境

(1) 静态 MAC 地址设置

可以给某些端口分配一个静态的 IP 地址,重新启动交换机后,这个地址仍然会存在。

默认情况下,交换机的 MAC 地址表项是动态的,会定期更新。在某端口上设置了静态 MAC 地址后,只允许该 MAC 地址对应的设备才能连接到该端口。

在全局配置模式下设置静态 MAC 地址:

```
switch(config)#mac-address-table static <MAC 地址> vlan <VLAN 号> interface <模块号/端口号表>
```

(2) 安全 MAC 地址设置

可以给交换机的某个端口分配一个安全的 MAC 地址,在端口配置模式下执行如下命令:

```
switch(config-if)#switchport port-security mac-address <MAC 地址>
```

(3) 端口安全性设置

可以指定与交换机某端口通信的 MAC 地址数量,在端口配置模式下执行如下命令:

```
switch(config-if)#switchport port-security maximum <允许的最多 MAC 地址数量>
```

(4) 端口安全性设置违规时采取的措施

若出现端口安全性设置违规时,可以指定端口所采取的措施,措施有三种:shutdown,关闭该端口;restrict,发送消息给网管计算机;protect,当达到允许的 MAC 地址数时,丢弃

未知 MAC 地址的信息包。默认设置为 shutdown。在端口配置模式下执行如下命令：

```
switch (config-if) # switchport port-security violation { shutdown | restrict |
protect }
```

(5) 取消端口安全性设置

```
switch(config-if)#no switchport port-security
```

9.2.5 清除交换机配置的方法

清除交换机配置用来把交换机的配置参数恢复到出厂时的默认配置。主要步骤描述如下：

```
switch>enable
switch#set default
Are you sure? [y/n]=y
switch#write                          !清空系统启动配置文件 startup-config
switch#show startup-config
This is first time startup system.
switch#reload
Process with reboot? [y/n]=y
switch#show flash
switch#write                          !将当前运行的配置文件写入系统启动配置文件
```

9.3 VLAN 的配置技术

9.3.1 VLAN 的配置技术概述

1. VLAN 的标准

VLAN 的标准有 IEEE 802.1q、IEEE 802.1p、ISL(仅 Cisco 产品适用)。建立在 801.d 网桥基础上的 802.1q 和 802.1p 是两个 IEEE 的标准,它为 801.d 增加了更多的智能。802.1q 根据 VLAN 标志符对数据帧进行过滤,仅将帧发往特定的目的地址组去,而不是向所有节点洪泛。802.1p 定义的组地址分解协议,被用于管理成员关系,以及在 LAN 的交换机或网桥中发布成员关系。

不同 VLAN 之间的通信需要路由设计,VLAN 和 IP 子网之间没有必然的联系。VLAN 工作在第 2 层,IP 子网工作在第三层。VLAN-VLAN、子网-子网、VLAN-子网、子网-VLAN 之间通信时,都涉及路由问题,需要采用路由器或三层交换机实现不同网络之间的路由。子网与 VLAN 共存时,Cisco 公司推荐每个 VLAN 与一个 IP 子网对应,这样做主要是为了方便管理。

2. VLAN 设计的基本原则

(1) 不应当依赖交换机作为 VLAN 的安全设备,交换机是为了提高网络传输数据的性能。应设计专用的网络安全设备,采用专用的网络安全机制。

(2) 将 VLAN 扩展到 WAN 上是不明智的。理论上 VLAN 应用到广域网是可能的,但是，VLAN 仅是广播发送，没有很好的路由算法，会浪费 WAN 的资源。

(3) 同一交换机上不同 VLAN 共享交换机时，会争夺交换机的 CPU 和背板资源。VLAN 对交换机和链路的共享有两种方式：广播共享和路由共享。广播共享中 VLAN 划定的广播域贯穿共享设备和链路，属于在第二层的共享。路由共享属于第三层的共享，不同 VLAN 中数据包以路由方式通过交换机。显然路由共享的性能优于广播共享。

(4) 应尽量避免在同一交换机中配置太多的 VLAN，避免网络资源的过度消耗，影响网络的性能。

(5) VLAN 不要跨越核心交换机和拓扑结构的分层，一旦网络出现故障将会影响链路中的所有网络设备，此外，核心层交换机需要提供高速交换通道，应避免对核心层的影响。

3. PVLAN 技术

PVLAN(专用 VLAN)可以保证同一个 VLAN 中的各个端口相互之间不能通信，但可以穿过 Trunk 端口。PVLAN 技术主要用在小区接入网设计中，实现用户之间二层报文的隔离。PVLAN 不能和 Trunk 端口同时配置。

4. SVLAN 技术

SVLAN 称为可以堆叠的 VLAN，在以太帧中堆叠两个 IEEE 802.1q 标签。SVLAN 报文带有两层 VLAN 标签，在穿越 IP 城域网时，来自用户专用网的 VLAN 标签被封装在公网的某个 VLAN 标签下而被屏蔽。SVLAN 技术缓解了 VLAN ID 号日益紧缺的矛盾。VLAN 可以提供 4000 多个 VLAN ID，SVLAN 可以提供 1.6M 个 VLAN ID。在 SVLAN 中，用户可以任意规划专用网络的 VLAN 方案，而不会和城域网的 VLAN ID 号发生冲突。SVLAN 提供了一种简单易行的二层 VPN 解决方案。

9.3.2 基于端口划分 VLAN

VLAN 允许一组不同物理位置的用户群共享一个独立的广播域，可以在一个物理网络中划分多个 VLAN，使得不同的用户群属于不同的广播域，这样的逻辑划分与物理位置无关，通过划分用户群控制广播范围。VLAN 技术能够从根本上解决网络效率与安全性等问题。

根据交换机端口划分 VLAN，这是目前定义 VLAN 最广泛、最简单有效的方法。交换机端口划分成不同端口集合(即它们具有相同 VLAN ID)，而无论交换机端口上连接着什么设备。VLAN 从逻辑上把一个 LAN 按照交换机的端口划分成多个 VLAN，例如，VLAN 10、VLAN 20 和默认的 VLAN 1，交换机端口连接的计算机端系统则被分割成独立的逻辑子网。

VLAN 对广播域的划分是通过交换机软件来完成的。它通过对用户分类来规划自己的用户群。例如，按项目组、部门或管理权限等进行 VLAN 划分。划分 VLAN 时能够超越地域界限，做到真正意义上的逻辑分组。在划分 VLAN 的交换机上，每个端口都能被赋予一个 VLAN 号，只有相同 VLAN 号的用户才同属于一个独立的广播域。广播被限制在各自的 VLAN 之内。所以 VLAN 能够最大限度地控制广播的影响范围，以及减少由于共享介质所造成的安全隐患。

需要知道可以通过什么方法，来验证一台交换机上的两个 VLAN 是否配置成功。

9.3.3 VLAN 的配置步骤

通过控制线连接计算机和交换机 Console 接口，再用直通线连接计算机和交换机的端口，打开交换机电源。

创建 VLAN 时，需要给出 VLAN 号，在特权模式下输入：

```
switch#vlan database
switch(vlan)#vlan 2
```

返回特权模式，进入全局配置模式，再进入端口配置模式，将交换机的端口加入到 VLAN 中（以交换机端口 5 为例）。

```
switch(config)#interface fa0/5
switch(config-if)#switchport mode access
switch(config-if)#switchport access vlan 2
```

在计算机上用 ping 命令测试 VLAN 的配置，验证接入不同 VLAN 的计算机无法通信。

从 VLAN 中取消交换机端口（按上面过程，先进入端口配置模式）：

```
switch(config-if)#no switchport access vlan 2
```

从 VLAN 数据库中删除 VLAN 2 配置：

```
switch#vlan database
switch(vlan)#no vlan 2
```

在不同的交换机之间配置 VLAN 时，需要使用 VLAN 主干协议（VLAN Trunking Protocol，VTP），VLAN 有三种模式：server、client、transparent，默认模式是 server。VTP 域只有在 server 和 transparent 下才可以创建 VLAN。设置命令如下：

```
switch#vlan database
switch(vlan)#vtp domain <域名>
switch(vlan)#vtp { server | client | transparent }
```

在不同交换机上设置同一个 VALN 时，它们的 VTP 域名和<vlan 号>必须相同，在交换机之间交换 VALN 信息时，需要设置级联（主干）端口，并要将级联口 Trunk 打开，Trunk 端口属于所有的 VLAN。选择做 Trunk 端口用的交换机端口，进入交换机端口配置模式，封装 Trunk 协议 dot1q，将级联口 Trunk 打开，执行下面命令：

```
switch(config)#interface fa1/0/24
switch(config-if)switchport trunk encapsulation dot1q
switch(config-if)switchport mode trunk
```

9.3.4 在同一个交换机上创建 VLAN

在同一个交换机上创建 VLAN，实验环境如图 9-2 所示。

在交换机 2950-A 的特权模式下输入 show vlan，查看 VLAN 状态，可以看出没有设置

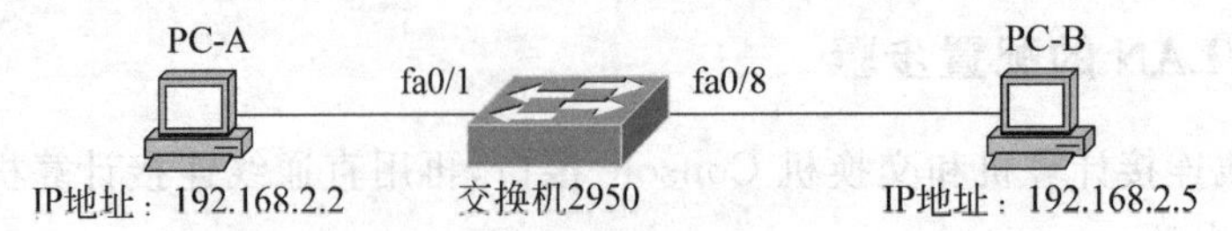

图 9-2 在同一个交换机上创建 VLAN 实验环境

VLAN 时，默认的 VLAN 为 VLAN 1，所有的端口都属于 VLAN 1。

建立 VLAN 2 步骤如下：

```
2950-A# show vlan
2950-A# vlan database
2950-A(vlan)# vlan 2
```

返回特权模式，再进入全局配置模式，选择加入 VLAN 2 的交换机端口，可以选择两个以上端口(例如端口 5、6、7、8)，进入端口配置模式：

```
2950-A# config terminal
2950-A(config)# interface range fa0/5-8
2950-A (config-if)# switchport mode access
2950-A (config-if)# switchport access vlan 2
```

在计算机验证 VLAN 的配置，验证后分别将端口从 VLAN 2 中删除，再将 VLAN 2 删除。

9.3.5 创建跨越交换机的 VLAN

在实践中，有时多个 VLAN 可能要跨越多台交换机实现，这时可使用交换机的干道(Trunk)技术，跨交换机实现 VLAN。配置成 Trunk 模式的这些交换机端口不隶属于某个 VLAN 了，而是用于承载所有 VLAN 之间的数据帧。

IETF 给出了支持 VLAN 的扩展以太网帧格式，增加了 4 字节的 VLAN 标记：2 字节 VPID(VLAN Protocol Identifier)和 2 字节 VCI(VLAN Control Information)。基于 802.1q tag VLAN 用 VID 来划分不同 VLAN，当数据帧通过交换机的时候，交换机根据数据帧中 tag 的 VID 信息来识别它们所在的 VLAN，使所有属于该 VLAN 的数据帧，都限制在该 VLAN 中传输。

跨越交换机创建 VLAN 的实验环境如图 9-3 所示。

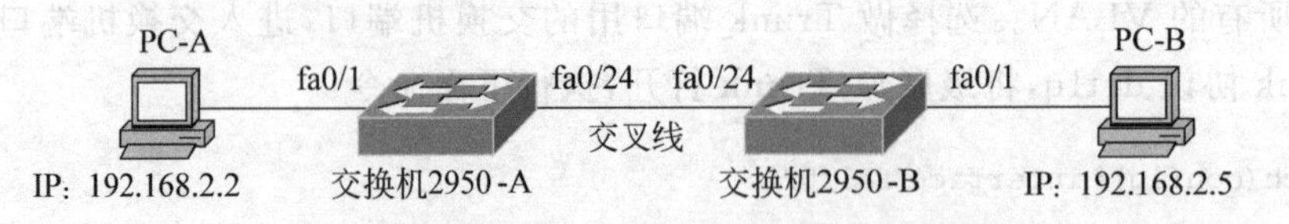

图 9-3 跨越交换机创建 VLAN 的实验环境

分别在交换机 2950-A 和 2950-B 上创建 VLAN，将相应的交换机端口配置到 VLAN 中。以在交换机 2950-A 上配置为例。

```
2950-A# show vlan
2950-A# vlan database
```

```
2950-A(vlan)#vtp domain vd1
2950-A(vlan)#vlan 3
```

返回特权模式,再进入全局配置模式,选择加入 VLAN 3 的交换机端口 1,进入端口配置模式:

```
2950-A#config terminal
2950-A(config)#interface fa0/1
2950-A (config-if)#switchport mode access
2950-A (config-if)#switchport access vlan 3
```

选择用作 Trunk 的端口 24,进入端口配置模式:

```
2950-A(config)#interface fa0/24
2950-A (config-if)#switchport mode trunk
```

在交换机 2950-B 上重复上述步骤,把端口号 1 也加入到同一个 VLAN 中,并将端口 24 的 Trunk 功能打开。

在计算机上用 ping 命令验证,不在同一台交换机上的相同 VLAN 中的计算机可以互相通信。若计算机不在同一个 VLAN 中,则无法通信。

在特权模式下输入 show vlan,显示 VLAN 配置信息,输入 show vtp status 显示 VTP 状态信息,输入 show spanning-tree vlan 3,显示 VLAN 生成树信息。

```
2950-A#show vlan
2950-A#show vtp status
2950-A#show spanning-tree vlan 3
```

9.4 VLAN 之间的路由配置

9.4.1 单臂路由应用环境

单臂路由实验环境如图 9-4 所示。

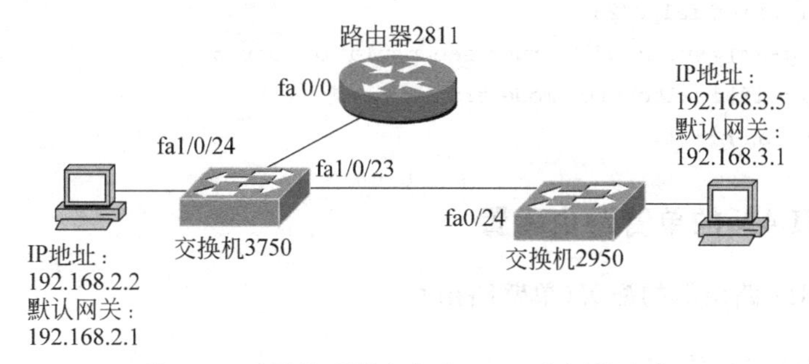

图 9-4 采用单臂路由实现 VLAN 之间的路由

采用单臂路由实现不同 VALN 之间的路由。使用一台 Cisco 2811 路由器,两台交换机,一台为 Cisco 3750,另一台为 Cisco 2950。两台计算机 PC-A 和 PC-B 通过直通线分别与交换机 Cisco 3750 和 Cisco 2950 连接。设置两个 VLAN:VLAN 2 和 VLAN 3。

Cisco 3750 交换机的端口 23、24 设置为 Trunk 端口，端口 1、2、3、4 配置到 VLAN 2，端口 5、6、7、8 配置到 VLAN3。

Cisco 2950 交换机的端口 24 设置为 Trunk 端口，端口 1、2、3、4 配置到 VLAN 2，端口 5、6、7、8 配置到 VLAN3。

Cisco 2811 路由器的以太网接口 f0/0 通过直连线与 Cisco 3750 交换机的端口 24 连接。

在该路由器的以太网接口 f0/0 上，创建 2 个子接口，分别与 VLAN 2、VLAN 3 联系。两台交换机之间通过交叉线连接 Cisco 3750 交换机的端口 23 和 Cisco 2950 交换机的端口 24。

对路由器和交换机进行配置时，用控制线(全反线)连接计算机的 COM1 接口和路由器或交换机 Console 接口。封装的 Trunk 协议为 dot1q，符合 IEEE 802.1q 标准。

9.4.2 对 Cisco 3750 交换机的配置

对 Cisco 3750 交换机(Server 模式)的配置：

```
C3750#vlan database
C3750(vlan)#vlan 2 name market
C3750(vlan)#vlan 3 name develop
C3750(vlan)#vtp server
C3750(vlan)#exit
C3750#config terminal
C3750(config)#interface range fa1/0/1-4
C3750(config-if-range)#switchport access vlan 2
C3750(config-if-range)#int range fa1/0/5-8
C3750(config-ifi-range)#switchprot access vlan 3
C3750(config)#int fa1/0/24
C3750(config-if)#switchport trunk encapsulation dot1q
C3750(config-if)#switchport mode trunk
C3750(config-if)#exit
C3750(config)#int fa1/0/23
C3750(config-if)#switchprot trunk encapsulation dot1q
C3750(config-if)#switchprot mode trunk
C3750#show vlan brief
```

9.4.3 VLAN 的单臂路由配置

对 Cisco 2811 路由器的配置(单臂路由)：

```
Router#config terminal
Router(config)#interface fa0/0
Router(config-if)#no shutdown
Router(config-if)#int fa0/0.2
Router(config-subif)#encapsulation dot1q 2
Router(config-subif)#ip add 192.168.2.1 255.255.255.0
```

```
Router(config-subif)#no shutdown
Router(config-subif)#int fa0/0.3
Router(config-subif)#encapsulation dot1q 3
Router(config-subif)#ip add 192.168.3.1 255.255.255.0
Router(config-subif)#no shutdown
Router(config-subif)#exit
```

9.4.4 对 Cisco 2950 交换机的配置

```
C2950#vlan database
C2950(vlan)#vtp client
C2950(vlan)#exit
C2950#show vlan brief
C2950#config terminal
C2950(config)#int fa0/24
C2950(config-if)#switchprot mode trunk
C2950(config)#interface range fa1/0/1-4
C2950(config-if-range)#switchport access vlan 2
C2950(config-if-range)#int range fa1/0/5-8
C2950(config-ifi-range)#switchprot access vlan 3
C2950(config-ifi-range)#exit
```

注意：在 Cisco 2950 上并没有创建 VLAN 2、VLAN 3，由于 Cisco 2950 被设置为 Client 模式，则被设置为 Server 模式的 Cisco 3750 交换机上的 VLAN 2、VLAN 3 设置会自动传递给 Cisco 2950 交换机，这一传递过程的结果可以用“C2950#show vlan brief”看到。

9.4.5 VLAN 之间路由配置的测试

(1) 用直通线将 PC-A、PC-B 计算机分别接入两个 VLAN(VLAN 2、VLAN 3)，VLAN 2 对应两个交换机的端口 1～4，VLAN 3 对应两个交换机的端口 5～8，两个 VLAN 网段的网络号分别为 192.168.2.0、192.168.3.0。

(2) 设置 PC-A 计算机的 IP 地址为 192.168.2.2，网关地址为 192.168.2.1。PC-B 计算机的 IP 地址为 192.168.3.5，网关地址为 192.168.3.1，两台计算机的子网掩码均为 255.255.255.0。通过单臂路由配置实现互连两个 VLAN 上的计算机。

(3) 测试连通性

分别在 PC-A 计算机或 PC-B 计算机上执行以下命令测试 VLAN 之间路由的连通性。

```
ping 192.168.2.1
ping 192.168.3.1
ping 192.168.2.2
ping 192.168.3.5
```

分别在两个交换机上用 show 命令，观看 VLAN 的配置。

```
show vlan
show vlan brief
```

9.4.6 删除 VLAN 的方法

1. 删除 VLAN 的一种方法

删除 VLAN 的一种方法是，先把两台交换机恢复成出厂配置，再执行删除命令。

```
switch#erase startup-config
switch#del vlan.dat
switch#reload
```

2. 删除全部 VLAN

```
switch#del flash:vlan.dat
switch#show vlan
switch#dir flash:
```

但是真正删除 VLAN，还需要通过：

```
C2950(config-if)#no switchprot mode trunk
C2950(config-if)#switchprot mode access
```

并把交换机的端口恢复到默认的 VLAN 1 中。

9.5 用 Telnet 远程配置交换机

9.5.1 为交换机开启登录权限和操作权限

Telnet 是主流操作系统内置的一种远程通信程序。除了可以通过交换机的控制端口对交换机进行配置外，还可以用 Telnet 通过交换机的普通端口，远程配置交换机。

对交换机进行远程配置操作之前，需要确认并做好三项工作：给交换机配置用于远程管理的 IP 地址；交换机需要开启远程管理功能；交换机已经通过普通端口连接到以太网上，并且运行 Telnet 的 PC 也连接到同一个以太网的网段上，所设置的 IP 地址网络标识是一样的。

需要通过交换机的控制端口，为交换机配置管理用的 IP 地址，以及配置交换机的相关参数，开启交换机远程管理功能。交换机管理用的 IP 地址涉及 VLAN 1 的接口，实质上是交换机的管理接口，属于逻辑接口。

1. 为交换机配置管理 IP 地址

```
C2950#config terminal
C2950(config)#interface vlan 1                          !打开交换机管理 VLAN
C2950(config-if)#no shutdowm                            !开启交换机管理
C2950(config-if)ip address 192.168.1.1 255.255.255.0    !为交换机配置管理地址
C2950(config-if)exit                                    !返回全局配置模式
C2950(config)#
```

2. 为交换机开启远程登录权限

通过输入命令 line vty X Y 开启交换机远程登录权限，其中，X 标识虚拟终端号，终端号的取值范围为0～32，一般建议取0；Y标识同时登录的用户数，一般建议取4。接着输入命令password Z password配置远程登录密码，其中，Z的可能取值为0或7，0标识输入的密码为明文形式，7标识输入的密码为密文形式，一般建议取0。例如：

```
C2950#config terminal
C2950(config)#line vty 0 4                          !开启交换机远程登录权限
C2950(config-line)#password 0 cisco                 !配置远程登录密码为cisco
```

3. 为交换机开启特权级操作权限

接着为登录到交换机上的用户赋予特权级操作权限，当配置交换机结束后，建议立即取消特权级操作权限，避免留下安全后患。为交换机开启特权级操作权限的过程如下：

```
C2950#config terminal
C2950(config)#enable secret level 15 0 star         !配置进入特权模式密码
```

其中，特权级操作权限的范围为0～15，最高为15，虚拟终端号为0，特权模式密码为star。

9.5.2 使用Telnet对交换机进行远程管理

通过控制端口对交换机进行上述配置后，就可以尝试使用Telnet远程对交换机进行远程管理配置。使用Telnet对交换机进行远程配置的过程描述如下：

使用网络线缆将运行Telnet的PC，与要远程配置的交换机的以太网端口进行连接，并确保PC的IP地址和交换机的管理IP地址属于同一个网段。

在运行Windows XP的PC上单击“开始”按钮，选择“运行”项，在弹出的运行对话框中，输入命令行Telnet 192.168.1.1，单击“确定”按钮，登录到远程交换机。

登录到远程交换机以后，PC进入命令行窗口，接着输入远程登录访问权限密码，这里是前面设置的特权模式密码star，若确认密码正确，登录成功后在PC的命令行窗口出现配置交换机的特权工作模式提示符“C2950#”，或是“switch#”，此时PC就相当于所登录交换机的一个远程访问终端，可以像通过交换机的控制端口那样，对交换机进行配置。

请读者按照上述步骤，进行验证，掌握通过Telnet远程配置交换机的方法。

9.6 通过Web界面访问交换机的配置

9.6.1 交换机的Web管理

交换机的Web管理界面直观清晰，可以在Web管理界面方便地对交换机进行管理和配置。

现在的交换机大部分都支持通过Web界面的访问。通过Web界面访问交换机也是属于远程访问方法，也需要事先为交换机配置管理接口，此外，还需要将交换机配置成HTTP服务器，需要在交换机上开启HTTP服务功能，若有需要，还可以启用HTTP服务的身份验证功能，可以控制有哪些网络用户能够通过Web方式访问交换机。

9.6.2 交换机 Web 管理配置过程

开启交换机 HTTP 服务并配置 Web 认证的命令如下：

```
Switch(config)#ip http server              !启动 HTTP 服务
Switch(config)#ip http authentication enable
                                           !HTTP 服务器接口为使用 enable 类型的身份验证
```

1. 交换机管理接口的配置

```
Switch(config)#interface vlan 1
Switch(config-if)#ip address 192.168.0.1 255.255.255.0
Switch(config-if)#no shutdown
Switch(config-if)#exit
Switch(config)#ip default-gateway 192.168.0.254
Switch(config)#end
Switch#show interface vlan 1
```

把 PC 与交换机的以太网端口进行连接，并确保 PC 的 IP 地址和交换机的管理 IP 地址属于同一个网段。从完成配置的 PC 上输入命令行 ping 192.168.0.1，测试到该交换机的连通性。

2. 配置交换机的 Web 端口

```
Switch(config)#enable secret cisco         !设置 Web 界面登录密码为 cisco
Switch(config)#ip http server              !启动 HTTP 服务
Switch(config)#ip http port 80             !指定 HTTP 服务的端口号为 80
Switch(config)#ip http authentication enable
                                           !HTTP 服务器接口为使用 enable 类型的身份验证
Switch(config)#end
```

3. 在 PC 上通过 Web 界面访问交换机

在测试 PC 上，启用 IE 浏览器，在 IE 浏览器的地址栏(URL)中输入 http://192.168.0.1，连接交换机，在出现的对话框中，输入用户名 admin，密码 cisco，即可进入到交换机的 Web 管理界面，通过交换机的 Web 管理界面对交换机进行配置和管理。

请读者按照上述步骤，进行验证，掌握通过 Web 界面访问交换机的配置方法。

9.7 三层交换机配置

9.7.1 三层交换机配置要点

三层交换机同时具有二层交换机和三层路由器的优点。在二层交换机组成的网络中，用 VLAN 技术能够隔离网络流量，但不同的 VLAN 间是不能相互通信的。如要实现 VLAN 间的通信，则必须借助于三层交换机的路由功能，也可以使用路由器。

用三层交换机实现 VLAN 间的路由，可以通过开启三层交换机 SVI 接口方法实现。先在三层交换机上创建各个 VLAN 的虚拟接口 SVI(Switch Virtual Interface)，并设置 IP

地址，将所有 VLAN 连接的 PC 的网关指向该 SVI 的 IP 地址。

三层交换机配置过程是，分别划分网段标识，VLAN 2 的网络标识为 192.168.2.0/24，VLAN 3 的网络标识为 192.168.3.0/24.。使用配置二层交换机的有关命令，在三层交换机划分 VLAN 2 和 VLAN 3，把 SW1 的端口 24 设置为 Trunk 端口，SW2 的端口 24 设置为 Trunk 端口，并分别封装 VLAN Trunk 协议 dot1q。在三层交换机上创建 VLAN 的虚拟接口 SVI，对分别处于不同 VLAN 中的 PC 进行 IP 地址配置，测试配置三层路由之后的连通性。三层交换机的配置环境如图 9-5 所示。

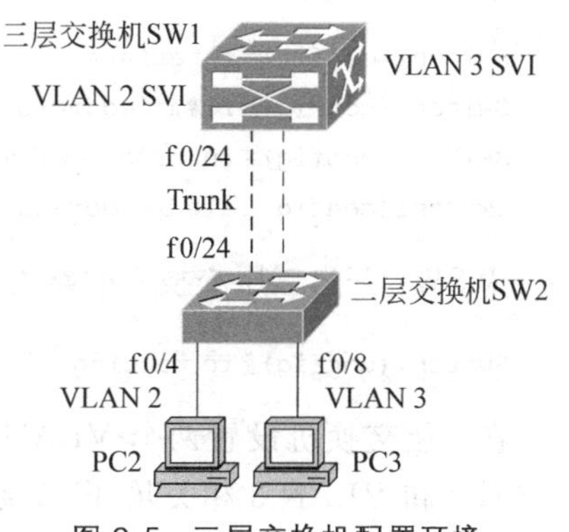

图 9-5 三层交换机配置环境

三层交换机用 SW1 标识，采用 Cisco Catalyst 3750，二层交换机用 SW2 标识，采用 Cisco Catalyst 2950，按规则划分 VLAN 2 和 VLAN 3，PC2 和 PC3 分别连接到 VLAN 2 和 VLAN 3 的端口，通过三层交换机 SW1 实现不同 VLAN 中计算机之间的通信。

9.7.2 三层交换机配置

通过下面三行命令，先分别把两台交换机恢复成出厂配置。

```
switch#erase startup-config
switch#del vlan.dat
switch#reload
```

SW1 与 SW2 之间通过各自的 Trunk 端口用交叉线连接，计算机 PC2、PC3 分别属于 VLAN 2、VLAN 3，PC2、PC3 与 SW2 之间用直通线连接，并对 PC2、PC3 进行设置：

PC2 的 IP 地址为 192.168.2.2，子网掩码为 255.255.255.0，默认网关为 192.168.2.1。

PC3 的 IP 地址为 192.168.3.2，子网掩码为 255.255.255.0，默认网关为 192.168.3.1。

在 SW2 先做好 VLAN 2、VLAN 3 的设置，把 SW2 的 1～4 端口划分到 VLAN 2，把 SW2 的 5～8 端口划分到 VLAN 3。

```
Switch2#vlan database
Switch2(vlan)#vlan 2
Switch2(vlan)#vlan 3
Switch2(vlan)#exit
Switch2#config terminal
Switch2(config)#interface range fa0/1-4
Switch2(config-if-range)#switchport access vlan 2
Switch2(config-if-range)#interface range fa0/5-8
Switch2(config-if-range)#switchport access vlan 3
```

把 SW2 的端口 24 设置为 Trunk 端口：

```
Switch2(config)#interface fa0/24
Switch2(config-if)#switchport mode trunk
```

```
Switch2#show interface trunk
```

SW1 划分网段标识，VLAN 2 的网络标识为 192.168.2.0/24，VLAN 3 的网络标识为 192.168.3.0/24，接着在 SW1 上为不同的 VLAN 创建虚拟接口 SVI，创建虚拟接口 SVI 的配置过程描述如下：

```
Switch1(config)#interface vlan 2
Switch1(config-if)#ip address 192.168.2.1 255.255.255.0   !对应 VLAN 2 中的网关地址
Switch1(config)#interface vlan 3
Switch1(config-if)#ip address 192.168.3.1 255.255.255.0   !对应 VLAN 3 中的网关地址
```

为 SW1 开启三层交换机的路由交换功能：

```
Switch1(config)#ip routing                    !在三层交换机的任意一个端口都有路由功能
```

在三层交换机设置两个 VLAN 虚拟接口（虚拟路由器接口）SVI 2 和 SVI 3，分别与 VLAN 2 和 VLAN 3 相关联，虚拟接口用于连接不同的 VLAN，虚拟接口的 IP 网络标识与对应的 VLAN 一致。虚拟接口的 IP 地址分别作为 VLAN 2、VLAN 3 中计算机的默认网关地址。

查看和测试所配置的三层路由功能：

```
Switch#show interface vlan          !查看虚拟接口是否启用
Switch#show ip route                !查看路由表，看两个 VLAN 的网络号，路由表中的表项
Switch#show vlan
Switch#show interface
```

在一台 PC 上用 ping 命令测试与不同 VLAN 上另一台 PC 的连通性。

9.8 交换机的系统维护

9.8.1 交换机密码的恢复

以 Cisco 2950 交换机密码恢复为例进行讨论。这里仍然以恢复控制台密码为例进行讨论。

(1) 断开交换机电源，按住交换机的 Mode 按钮，然后接通交换机电源，等到超级终端屏幕中出现“ switch: ”提示时，释放 Mode，此时出现提示信息：

```
The system has been interrupted prior to initialing the flash filesystem. The following
commands will initialize the flash file system,and finish loading the operating system
software:
flash_init
load_helper
boot
switch:
```

(2) 初始化 Flash 文件系统。

```
switch:flash_init
```

(3) 将包含了密码定义的配置文件 config. text 改名为 config. rext. old，然后输入 boot 命令，重新启动交换机。具体命令如下：

```
switch:rename flash:config.text flash:config.text.old
switch:boot
```

(4) 交换机重启后会提示是否进入初始配置模式，选择 no 不进行配置，命令过程如下：

```
Would you like to enter the initial configuration dialog? [yes/no] no
```

(5) 在用户模式(User Mode)下，输入 enable 进入特权模式(Privileged Mode)下，进行取消控制台密码的操作，具体命令如下：

```
Switch# rename flash:config.text.old flash:config.text
Switch# copy flash:config.text system:running- config
Switch# show running- config
Switch# config t
Switch(config)# line console 0
Switch(config- line)# no password
Switch(config- line)# login
```

退出到特权模式下：

```
Switch# copy running- config startup- config
Switch# exit
...
```

重新启动交换机。

上述命令执行的操作依次是：将配置文件名改回原来的名称；将配置文件复制到系统内存中，即当前的运行配置文件中；查看系统配置信息，这里我们查看密码的设置情况；然后进入全局配置模式，取消 console 控制口的密码；将修改后的运行配置信息保存到系统启动配置文件中；重新启动交换机，检查 console 密码是否已经被取消。

(6) 交换机重新启动后，系统直接进入到用户模式，出现“Switch>”的提示，表明 console 密码已经取消成功。

另外，在使用 Cisco 路由器和交换机的时候，还经常会碰到设置有 enable 密码的情况，它的恢复方法跟上述所采用的方法是一致的，只是在取消 enable 密码时，取消的命令稍微有所不同。

9.8.2 交换机 IOS 的恢复

交换机系统软件 IOS 的恢复与路由器 IOS 的恢复类似。IOS 的复制方式主要分为从文件系统复制和依靠底层通信协议传输两种方式。采用 FTP 服务器或 TFTP 服务器的方式，请读者参阅本书路由器配置有关章节的内容。

在无法正常开机的情况下，可以通过 Xmodem 恢复交换机的 IOS。以 Cisco Catalyst 2950 交换机为例，讨论通过 Xmodem 恢复交换机 IOS 配置过程。通过 Xmodem 恢复交换机 IOS 配置的配置连接如图 9-6 所示。

Xmodem 与 FTP/TFTP 传输途径不一样，使用最简单，不需要 IP 方面的配置(FTP/

TFTP均需要)，只用连接一根控制线即可完成，控制线一般采用9600的波特率，速度只有9.6kbps，交换机的IOS容量一般在几MB左右，Xmodem可用于交换机IOS恢复，并且仅在没有其他选择的情况下才使用。

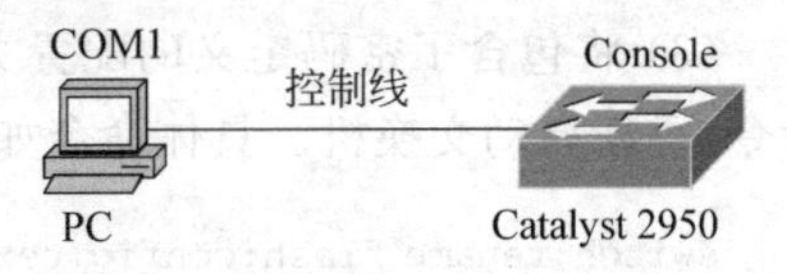

图9-6 Xmodem恢复交换机IOS配置连接

Xmodem恢复交换机IOS的过程是：

(1) 连接好控制线后，按住交换机上的Mode键，启动交换机，松手后进入以下提示：

```
Switch:
```

(2) 输入以下命令：

```
Switch:flash_init
Initializing falsh…
…
Switch:load_helper
```

(3) 输入复制命令：

```
Copy xmodem:flash:2950-16q412-mz.121.22.EA4.bin
Begin the Xmodem or Xmodem-1k tranfer now
…
```

(4) 选择Xmodem传送IOS：

单击超级终端菜单传送—发送文件，在协议选项中选择Xmodem或者Xmodem-1k，选择IOS的映像文件，输入文件名。然后单击“发送”按钮进行发送。发送文件对话框如图9-7所示。

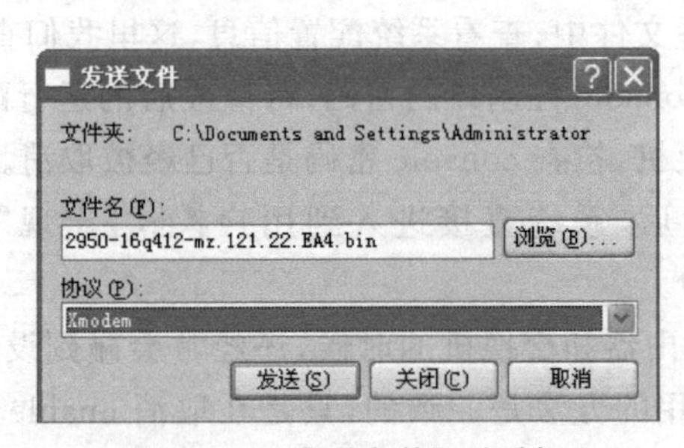

图9-7 “发送文件”对话框

(5) 传送完毕之后，执行boot命令重新引导系统。

```
Switch:boot
```

自此，交换机通过Xmodem恢复IOS成功。

习题

1. 写出Cisco交换机的命名格式。
2. Cisco Catalyst交换机采用的操作系统有哪些？

3. 交换机的内部组成包括哪些内容？
4. 交换机的物理接口如何划分？
5. 为什么说交换机是一种即插即用的网络设备？
6. 配置交换机的途径通常有哪些？
7. 普通交换机一般不带电源开关，在开启交换机时需要注意什么？
8. 写出交换机的主要工作模式。
9. 简述交换机端口的默认配置。
10. 交换机配置中涉及几种密码？
11. 简述交换机密码设置的方法。
12. 简述 Cisco 网络设备的 SNMP 配置方法。
13. 简述清除交换机配置的方法。
14. 涉及 VLAN 的标准有哪些？
15. 简述 VLAN 设计的基本原则。
16. 简述基于端口划分 VLAN 的方法。
17. 可以通过什么方法，来验证一台交换机上的两个 VLAN 是否配置成功？
18. 简述 VLAN 的配置步骤。
19. 说明在同一个交换机上创建 VLAN 的过程。
20. 说明创建跨越交换机的 VLAN 的过程。
21. 什么是单臂路由？怎样通过单臂路由实现不同 VLAN 之间的通信？
22. 路由器的子接口如何创建，子接口的网络地址通常有什么用途？
23. 解释 VLAN 的三种模式，各有什么特点？
24. 给出删除 VLAN 的方法。
25. 简述用 Telnet 远程配置交换机的过程。
26. 简述通过 Web 界面访问交换机的配置过程。
27. 如何在 PC 上通过 Web 界面访问交换机？
28. 描述三层交换机的配置过程。
29. 简述交换机密码的恢复方法。
30. 简述交换机 IOS 的恢复方法。
31. 描述 Xmodem 恢复交换机 IOS 的过程。

第10章 网络测试与分析工具

10.1 网络测试工具

命令行程序对于理解网络协议和测试网络环境是很有用的。以Windows界面为例，读者可以通过“开始”-“运行”-cmd-回车(Enter)，进入命令行窗口。下面给出常用网络命令行程序介绍。

10.1.1 设置和查看网络接口工具ipconfig

1. 具体功能

该命令用于显示网络节点(主机)当前的TCP/IP网络配置值、刷新动态主机配置协议(DHCP)和域名系统(DNS)设置。使用不带参数的ipconfig可以显示网络适配器的物理地址、主机的IP地址、子网掩码以及默认网关等。还可以通过此程序查看主机的相关信息，如主机名、DNS服务器、节点类型等。其中网络适配器的物理地址在检测网络错误时非常有用。在命令提示符下键入ipconfig/？可获得ipconfig的使用帮助，键入ipconfig/all可获得IP配置的所有属性。

2. 语法详解

```
ipconfig [/all] [/renew [adapter] [/release [adapter] [/flushdns] [/displaydns] [/registerdns] [/showclassid adapter] [/setclassid adapter [classID]
```

3. 参数说明

```
/all
```

显示所有适配器的完整TCP/IP配置信息。在没有该参数的情况下ipconfig只显示IP地址、子网掩码和各个适配器的默认网关值。适配器可以代表物理接口(例如，安装的网络适配器)或逻辑接口(例如，拨号连接)。

```
/renew [adapter]
```

更新所有适配器(如果未指定适配器)，或特定适配器(如果包含了adapter参数)的DHCP配置。该参数仅在具有配置为自动获取IP地址的网卡的计算机上可用。要指定适配器名称，请输入使用不带参数的ipconfig命令显示的适配器名称。

```
/release [adapter]
```

发送DHCPRELEASE消息到DHCP服务器，以释放所有适配器(如果未指定适配器)或特定适配器(如果包含了adapter参数)的当前DHCP配置并丢弃IP地址配置。该参数可以禁用配置为自动获取IP地址的适配器的TCP/IP。要指定适配器名称，请输入使用不带参数的适配器名称。

```
/flushdns
```

清理并重设DNS客户解析器缓存的内容。如有必要,在DNS疑难解答期间,可以使用本过程从缓存中丢弃否定性缓存记录和任何其他动态添加的记录。

```
/displaydns
```

显示DNS客户解析器缓存的内容,包括从本地主机文件预装载的记录以及由计算机解析的名称查询而最近获得的任何资源记录。DNS客户服务在查询配置的DNS服务器之前使用这些信息快速解析被频繁查询的名称。

```
/registerdns
```

初始化计算机上配置的DNS名称和IP地址的手工动态注册。可以使用该参数对失效的DNS名称注册进行疑难解答或解决客户和DNS服务器之间的动态更新问题,而不必重新启动客户计算机。TCP/IP协议高级属性中的DNS设置可以确定DNS中注册了哪些名称。

```
/showclassid adapter
```

显示指定适配器的DHCP类别ID。要查看所有适配器的DHCP类别ID,可以使用星号(*)通配符代替adapter。该参数仅在具有配置为自动获取IP地址的网卡的计算机上可用。

```
/setclassid adapter [classID]
```

配置特定适配器的DHCP类别ID。要设置所有适配器的DHCP类别ID,可以使用星号(*)通配符代替adapter。该参数仅在具有配置为自动获取IP地址的网卡的计算机上可用。如果未指定DHCP类别的ID,则会删除当前类别的ID。

4. 应用示例

(1) 可以通过输入"ipconfig/?"获得该命令的帮助。ipconfig命令显示帮助信息如图10-1所示。

(2) 可以通过输入ipconfig /all命令获得主机网络配置的详细信息,可以查看到计算机的名称,每一个网络适配器接口的描述,MAC地址(也称为硬件地址或物理地址),设置的IP地址、子网掩码、网关地址、DNS服务器地址等。ipconfig/all命令选项显示结果如图10-2所示。

10.1.2 查看和设置地址解析协议表项工具arp

1. 具体功能

该命令显示和修改地址解析协议(ARP)缓存中的表项。arp缓存中包含一个或多个表,它们用于存储IP地址及其经过解析的以太网或令牌环物理地址。计算机上安装的每一个以太网或令牌环网络适配器都有自己单独的ARP表。如果在没有参数的情况下使用,则arp命令将显示帮助信息。也可以手工输入静态的IP地址与MAC地址对应的表项。默认情况下arp缓存中的表项是动态的。

2. 语法详解

```
arp [- a [InetAddr] [- N IfaceAddr]] [- g [InetAddr] [- N IfaceAddr]] [- d InetAddr
```

```
C:\Users\thinkpad>ipconfig /?

用法:
    ipconfig [/allcompartments] [/? | /all |
                                 /renew [adapter] | /release [adapter] |
                                 /renew6 [adapter] | /release6 [adapter] |
                                 /flushdns | /displaydns | /registerdns |
                                 /showclassid adapter |
                                 /setclassid adapter [classid] ]
其中
    adapter             连接名称
                       (允许使用通配符 * 和 ?, 参见示例)

    选项:
       /?               显示此帮助消息
       /all             显示完整配置信息。
       /allcompartments 显示所有分段的信息。
       /release         释放指定适配器的 IPv4 地址。
       /release6        释放指定适配器的 IPv6 地址。
       /renew           更新指定适配器的 IPv4 地址。
       /renew6          更新指定适配器的 IPv6 地址。
       /flushdns        清除 DNS 解析程序缓存。
       /registerdns     刷新所有 DHCP 租约并重新注册 DNS 名称
       /displaydns      显示 DNS 解析程序缓存的内容。
       /showclassid     显示适配器的所有允许的 DHCP 类 ID。
       /setclassid      修改 DHCP 类 ID。

默认情况下, 仅显示绑定到 TCP/IP 的适配器的 IP 地址、子网掩码和
默认网关。

对于 Release 和 Renew, 如果未指定适配器名称, 则会释放或更新所有绑定
到 TCP/IP 的适配器的 IP 地址租约。

对于 Setclassid, 如果未指定 ClassId, 则会删除 ClassId。

示例:
    > ipconfig                       ... 显示信息
    > ipconfig /all                  ... 显示详细信息
    > ipconfig /renew                ... 更新所有适配器
    > ipconfig /renew EL*            ... 更新所有名称以 EL 开头
                                         的连接
    > ipconfig /release *Con*        ... 释放所有匹配的连接,
```

图 10-1　ipconfig 命令显示帮助信息

```
C:\Documents and Settings\TANG>ipconfig /all

Windows IP Configuration

        Host Name . . . . . . . . . . . . : hziee
        Primary Dns Suffix  . . . . . . . :
        Node Type . . . . . . . . . . . . : Unknown
        IP Routing Enabled. . . . . . . . : No
        WINS Proxy Enabled. . . . . . . . : No

Ethernet adapter VMware Network Adapter VMnet8:

        Connection-specific DNS Suffix  . :
        Description . . . . . . . . . . . : VMware Virtual Ethernet Adapter for
VMnet8
        Physical Address. . . . . . . . . : 00-50-56-C0-00-08
        Dhcp Enabled. . . . . . . . . . . : No
        IP Address. . . . . . . . . . . . : 192.168.91.1
        Subnet Mask . . . . . . . . . . . : 255.255.255.0
        Default Gateway . . . . . . . . . :

Ethernet adapter VMware Network Adapter VMnet1:

        Connection-specific DNS Suffix  . :
        Description . . . . . . . . . . . : VMware Virtual Ethernet Adapter for
VMnet1
        Physical Address. . . . . . . . . : 00-50-56-C0-00-01
        Dhcp Enabled. . . . . . . . . . . : No
        IP Address. . . . . . . . . . . . : 192.168.221.1
        Subnet Mask . . . . . . . . . . . : 255.255.255.0
        Default Gateway . . . . . . . . . :

Ethernet adapter 本地连接:

        Connection-specific DNS Suffix  . :
        Description . . . . . . . . . . . : Broadcom NetLink (TM) Gigabit Ethern
et
        Physical Address. . . . . . . . . : 00-16-17-AB-F8-44
        Dhcp Enabled. . . . . . . . . . . : Yes
        Autoconfiguration Enabled . . . . : Yes
        IP Address. . . . . . . . . . . . : 192.168.150.8
        Subnet Mask . . . . . . . . . . . : 255.255.255.0
        Default Gateway . . . . . . . . . : 192.168.150.254
        DHCP Server . . . . . . . . . . . : 192.168.150.254
        DNS Servers . . . . . . . . . . . : 210.32.32.1
                                            210.32.32.10
```

图 10-2　ipconfig/all 命令显示结果

```
[IfaceAddr]] [-s InetAddr EtherAddr [IfaceAddr]]
```

3. 参数说明

```
-a[ InetAddr] [-N IfaceAddr]
```

显示所有接口的当前 ARP 缓存表。要显示特定 IP 地址的 ARP 缓存项,请使用带有 InetAddr 参数的 arp -a,此处的 InetAddr 代表 IP 地址。如果未指定 InetAddr,则使用第一个适用的接口。要显示特定接口的 ARP 缓存表,请将-N IfaceAddr 参数与-a 参数一起使用,此处的 IfaceAddr 代表指派给该接口的 IP 地址。-N 参数区分大小写。

```
-g[ InetAddr] [-N IfaceAddr]
```

与-a 相同。

```
-d InetAddr [IfaceAddr]
```

删除指定的 IP 地址项,此处的 InetAddr 代表 IP 地址。对于指定的接口,要删除表中的某项,请使用 IfaceAddr 参数,此处的 IfaceAddr 代表指派给该接口的 IP 地址。要删除所有项,请使用星号(*)通配符代替 InetAddr。

```
-s InetAddr EtherAddr [IfaceAddr]
```

向 ARP 缓存添加可将 IP 地址 InetAddr 解析成物理地址 EtherAddr 的静态项。要向指定接口的表添加静态 ARP 缓存项,请使用 IfaceAddr 参数,此处的 IfaceAddr 代表指派给该接口的 IP 地址。

4. 应用示例

(1) 可以通过输入"arp -?"获得该命令的帮助。"arp -?"命令显示帮助信息如图 10-3 所示。

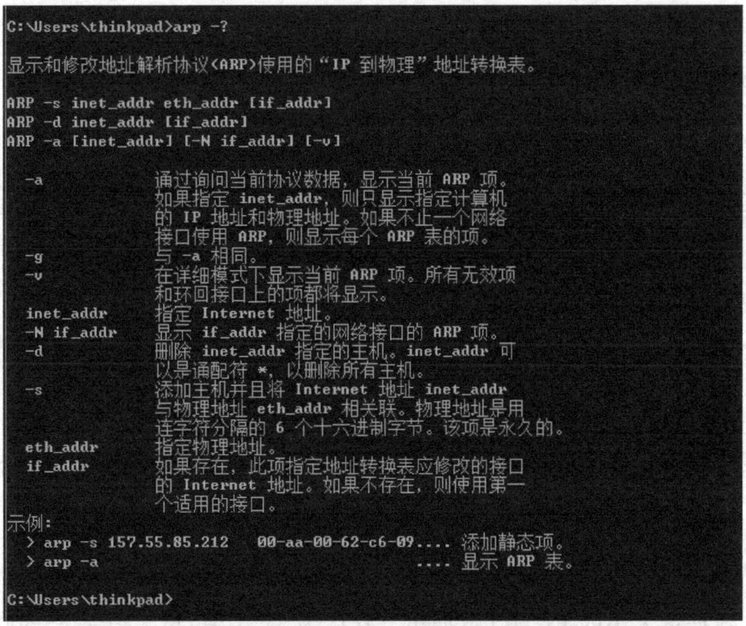

```
C:\Users\thinkpad>arp -?

显示和修改地址解析协议(ARP)使用的"IP 到物理"地址转换表。

ARP -s inet_addr eth_addr [if_addr]
ARP -d inet_addr [if_addr]
ARP -a [inet_addr] [-N if_addr] [-v]

  -a            通过询问当前协议数据，显示当前 ARP 项。
                如果指定 inet_addr，则只显示指定计算机
                的 IP 地址和物理地址。如果不止一个网络
                接口使用 ARP，则显示每个 ARP 表的项。
  -g            与 -a 相同。
  -v            在详细模式下显示当前 ARP 项。所有无效项
                和环回接口上的项都将显示。
  inet_addr     指定 Internet 地址。
  -N if_addr    显示 if_addr 指定的网络接口的 ARP 项。
  -d            删除 inet_addr 指定的主机。inet_addr 可
                以是通配符 *，以删除所有主机。
  -s            添加主机并且将 Internet 地址 inet_addr
                与物理地址 eth_addr 相关联。物理地址是用
                连字符分隔的 6 个十六进制字节。该项是永久的。
  eth_addr      指定物理地址。
  if_addr       如果存在，此项指定地址转换表应修改的接口
                的 Internet 地址。如果不存在，则使用第一
                个适用的接口。
示例:
  > arp -s 157.55.85.212   00-aa-00-62-c6-09.... 添加静态项。
  > arp -a                                  .... 显示 ARP 表。

C:\Users\thinkpad>
```

图 10-3 "arp -?" 命令显示帮助信息

(2) arp -a 命令可以显示所有接口的当前 ARP 缓存表的表项内容。arp-a 命令选项显示结果如图 10-4 所示。

```
C:\Users\thinkpad>arp -a

接口: 169.254.210.224 --- 0xa
  Internet 地址         物理地址              类型
  169.254.255.255       ff-ff-ff-ff-ff-ff     静态
  224.0.0.22            01-00-5e-00-00-16     静态
  224.0.0.252           01-00-5e-00-00-fc     静态
  255.255.255.255       ff-ff-ff-ff-ff-ff     静态

C:\Users\thinkpad>
```

图 10-4　arp-a 命令显示结果

10.1.3　测试网络连通状态工具 ping

1. 具体功能

该命令用来检查网络是否通畅或者网络连接速度。它所利用的原理是这样的：网络上的机器都有唯一确定的 IP 地址，给目的 IP 地址发送一个数据包，对方就要返回一个同样大小的数据包，根据返回的数据包可以确定目的主机的存在，可以初步判断目的主机的操作系统等。

该命令是 ICMP 协议中回送请求和回送应答的应用。ICMP 回送请求或应答报文用来测试目的节点是否可达，了解网络的连通性。主机向一个特定目的主机发送查询报文，目的主机收到此报文后返回应答报文。若 ping 不通，可以预测故障的原因是：网线没有连通；网络适配器配置不正确；IP 地址不可用等。

2. 语法详解

```
ping [-t] [-a] [-n count] [-l length] [-f] [-i ttl] [-v tos] [-r count] [-s count] [[-j computer-list] | [-k computer-list][-w timeout] destination-list
```

3. 参数说明

```
-t
```

该命令一直 ping 指定的计算机，直到按下 Ctrl+C 组合键中断。

```
-a
```

将地址解析为计算机 NetBios 名。

```
-n count
```

发送 count 指定的 ECHO 数据包数。通过这个命令可以自己定义发送数据包的个数，对衡量网络速度很有帮助。能够测试发送数据包的返回平均时间，及时间的快慢程度。默认值为 4。

```
-l length
```

发送指定数据量大小的 ECHO 数据包。默认为 32 字节，最大值是 65 500 字节。

```
-f
```

在数据包中发送“不要分段”标志，数据包就不会被路由上的网关分段。通常所发送的数据包都会通过路由分段再发送给对方，加上此参数以后路由就不会再分段处理。

```
-i ttl
```

将“生存时间”字段设置为 ttl 指定的值。

```
-v tos
```

将“服务类型”字段设置为 tos 指定的值。

```
-r count
```

在“记录路由”字段中记录传出和返回数据包的路由。通常情况下，发送的数据包是通过一系列路由才到达目标地址的，通过此参数可以设定想探测经过路由的个数。限定能跟踪到 9 个路由。

```
-s count
```

用 count 指定跳数的时间戳。与参数-r 功用差不多，但此参数不记录数据包返回所经过的路由。count 的最小值必须为 1，最大值为 4。

```
-j computer-list
```

利用 computer-list 指定的计算机列表路由数据包。连续计算机可以被中间网关分隔（路由稀疏源）。计算机 IP 地址列表中允许的最大数量为 9。

```
-k computer-list
```

利用 computer-list 指定的计算机列表路由数据包。连续计算机不能被中间网关分隔（路由严格源）。计算机 IP 地址列表中允许的最大数量为 9。

```
-w timeout
```

指定超时间隔，单位为毫秒。

```
destination-list
```

指定要 ping 的远程计算机。

4. 应用示例

（1）ping 环回地址 127.0.0.1 如图 10-5 所示。该命令用于对本主机网络协议栈测试，检查主机协议的捆绑是否正确。

```
C:\Users\thinkpad>ping 127.0.0.1

正在 Ping 127.0.0.1 具有 32 字节的数据:
来自 127.0.0.1 的回复: 字节=32 时间<1ms TTL=128
来自 127.0.0.1 的回复: 字节=32 时间<1ms TTL=128
来自 127.0.0.1 的回复: 字节=32 时间<1ms TTL=128
来自 127.0.0.1 的回复: 字节=32 时间<1ms TTL=128

127.0.0.1 的 Ping 统计信息:
    数据包: 已发送 = 4, 已接收 = 4, 丢失 = 0 (0% 丢失),
往返行程的估计时间(以毫秒为单位):
    最短 = 0ms, 最长 = 0ms, 平均 = 0ms

C:\Users\thinkpad>
```

图 10-5 ping 环回地址 127.0.0.1

(2) ping 网关地址 192.168.150.254，结果如图 10-6 所示。该命令用于测试主机发送的网络协议包是否可以到达本地网络的出口。

```
C:\Documents and Settings\TANG>ping 192.168.150.254
PING 192.168.150.254 (192.168.150.254): 56 data bytes
64 bytes from 192.168.150.254: icmp_seq=0 ttl=255 time=15 ms
64 bytes from 192.168.150.254: icmp_seq=1 ttl=255 time=0 ms
64 bytes from 192.168.150.254: icmp_seq=2 ttl=255 time=0 ms
64 bytes from 192.168.150.254: icmp_seq=3 ttl=255 time=0 ms

----192.168.150.254 PING Statistics----
4 packets transmitted, 4 packets received, 0.0% packet loss
round-trip (ms)  min/avg/max/med = 0/4/15/0
```

图 10-6　ping 网关地址 192.168.150.254

10.1.4　查看协议包经过路径工具 tracert

tracert 命令也是 ICMP 协议的应用，称为路由跟踪命令，用于跟踪一个 IP 分组从源节点到目的节点的路径。通过向目的计算机发送具有不同生存时间的 ICMP 回送请求报文，以确定至目的地的路由。用 tracert 命令可以方便地查出网络协议包是在路径的哪个位置出错。对 Windows 该命令的名称为 tracert，对 Linux 该命令的名称是 traceroute。

1. 具体功能

该命令给出到目的计算机途径的一组 IP 路由器，以及每跳所需的时间。也就是说，tracert 命令可以用来跟踪一个报文从一台计算机到另一台计算机所走的路径。

2. 语法详解

```
tracert [-d] [-h maximum_hops] [-j computer-list] [-w timeout] target_name
```

3. 参数说明

```
-d
```

指定不将 IP 地址解析到主机名称。

```
-h maximum_hops
```

指定最大跃点数，以跟踪目标为 target_name 的主机的路由。

```
-j computer-list
```

指定 tracert 实用程序数据包所采用路径中的路由器接口列表。

```
-w timeout
```

等待时间，timeout 为每次回送应答所指定的毫秒数。

```
target_name
```

目标主机的名称或 IP 地址。

4. 应用示例

用 tracert 命令查看从本主机到百度 Web 网站主机途径的路由，如图 10-7 所示。

```
C:\Documents and Settings\TANG>tracert www.baidu.com

Tracing route to www.a.shifen.com [119.75.213.50]
over a maximum of 30 hops:

  1     4 ms     1 ms    <1 ms  gateway-for-departments.net.hziee.edu.cn [192.16
8.150.254]
  2  4294967293 ms  4294967293 ms  4294967293 ms  fw-xiasha-cnc.net.hziee.edu.cn
 [210.32.39.254]
  3     *        *        *     Request timed out.
  4  4294967294 ms  4294967294 ms  4294967294 ms  210.32.35.30
  5     *        *        *     Request timed out.
  6     4 ms  4294967295 ms    <1 ms  124.160.58.17
  7    <1 ms     2 ms    <1 ms  221.12.2.137
  8    35 ms    32 ms    36 ms  219.158.14.185
  9    40 ms    37 ms    36 ms  219.158.5.82
 10    61 ms    57 ms    57 ms  219.158.35.2
 11    56 ms    54 ms    54 ms  202.97.53.21
 12   141 ms   141 ms   142 ms  220.181.16.166
 13   159 ms   158 ms   154 ms  220.181.16.45
 14    61 ms    57 ms    58 ms  220.181.17.118
 15   159 ms   158 ms   157 ms  119.75.213.50

Trace complete.
```

图 10-7　用 tracert 命令查看从本主机到百度 Web 网站主机途径的路由

10.1.5　查看网络状态工具 netstat

1. 具体功能

该命令可以显示路由表、实际的网络连接以及每一个网络接口设备的状态信息。一般用于检验本机各端口的网络连接情况。利用该命令可以显示有关统计信息和当前 TCP/IP 网络连接的状态，当网络中没有安装特殊的网管软件，但要详细地了解网络的整个使用状况时，netstat 命令非常有用。

2. 语法详解

```
netstat [-a] [-b] [-e] [-n] [-o] [-p proto] [-r] [-s] [-v] [interval]
```

3. 参数说明

```
-a
```

显示所有连接和监听端口。

```
-b
```

显示包含于创建每个连接或监听端口的可执行组件。在某些情况下可执行组件拥有多个独立组件，并且在这些情况下包含于创建连接或监听端口的组件序列被显示。这种情况下，可执行组件名显示在底部，上面是其调用的组件等，直到 TCP/IP 部分。注意此选项可能需要很长时间，如果没有足够权限可能失败。

```
-e
```

显示以太网统计信息。此选项可以与-s 选项组合使用。

```
-n
```

以数字形式显示地址和端口号。

```
-o
```

显示与每个连接相关的所属进程 ID。

-p proto

显示 proto 指定的协议的连接状态，proto 可以是下列协议之一：TCP、UDP、TCPv6 或 UDPv6。如果与-s 选项一起使用以显示按协议统计信息，proto 可以是下列协议之一：IP、IPv6、ICMP、ICMPv6、TCP、TCPv6、UDP 或 UDPv6。

-r

显示路由表。

-s

显示按协议统计信息。默认地，显示 IP、IPv6、ICMP、ICMPv6、TCP、TCPv6、UDP 和 UDPv6 的统计信息。

-p

选项用于指定默认的协议子集。

-v

与-b 选项一起使用时将显示包含于为所有可执行组件创建连接或监听端口的组件。

interval

重新显示选定统计信息，每次显示之间暂停时间间隔(以秒计)。按 Ctrl+C 组合键停止重新显示统计信息。如果省略，netstat 显示当前配置信息(只显示一次)。

4. 应用示例

(1) 可以通过输入“netstat -p TCP”获得该命令的帮助。netstat 命令显示帮助信息如图 10-8 所示。

```
C:\Users\thinkpad>netstat -?
显示协议统计和当前 TCP/IP 网络连接。
NETSTAT [-a] [-b] [-e] [-f] [-n] [-o] [-p proto] [-r] [-s] [-t] [interval]

  -a            显示所有连接和侦听端口。
  -b            显示在创建每个连接或侦听端口时涉及的可执行程序。
                在某些情况下，已知可执行程序承载多个独立的
                组件，这些情况下，显示创建连接或侦听端口时涉
                及的组件序列。此情况下，可执行程序的名称
                位于底部[]中，它调用的组件位于顶部，直至达
                到 TCP/IP。注意，此选项可能很耗时，并且在您没有
                足够权限时可能失败。
  -e            显示以太网统计。此选项可以与 -s 选项结合使用。
  -f            显示外部地址的完全限定域名(FQDN)。
  -n            以数字形式显示地址和端口号。
  -o            显示拥有的与每个连接关联的进程 ID。
  -p proto      显示 proto 指定的协议的连接；proto 可以是下列任
                何一个：TCP、UDP、TCPv6 或 UDPv6。如果与 -s 选
                项一起用来显示每个协议的统计，proto 可以是下列任
                何一个：IP、IPv6、ICMP、ICMPv6、TCP、TCPv6、UDP
                或 UDPv6。
  -r            显示路由表。
  -s            显示每个协议的统计。默认情况下，显示
                IP、IPv6、ICMP、ICMPv6、TCP、TCPv6、UDP 和 UDPv6
                的统计；-p 选项可用于指定默认的子网。
  -t            显示当前连接卸载状态。
  interval      重新显示选定的统计，各个显示间暂停的间隔秒数。
                按 CTRL+C 停止重新显示统计。如果省略，则 netstat
                将打印当前的配置信息一次。
```

图 10-8 “netstat-?”命令显示帮助信息

(2) 通过“netstat -p TCP”命令，可以查看主机端系统打开了哪些 TCP 端口，哪些是正等待的连接，哪些是已经建立的连接。“netstat -p TCP”命令的应用如图 10-9 所示。

图 10-9 “netstat -p TCP” 命令的应用

10.1.6 查看和设置路由表的表项工具 route

1. 命令功能

该命令用来显示、手工添加、修改、删除主机的路由表中的表项内容。若修改默认路由，可以先用命令 route delete 删除默认路由，然后，再用命令 route add 添加一个新默认路由。

2. 应用示例

(1) 可以通过输入“route -?”获得该命令的帮助。“route -?”命令显示帮助信息，如图 10-10 所示。

(2) 用 route print 可以查看当前路由表中的表项。route print 命令查看当前路由表中的表项，如图 10-11 所示。

10.1.7 查看域名工具 nslookup

1. 命令功能

该命令用来查询一台主机的 IP 地址和其对应的域名，诊断域名系统(DNS)信息。一般是用来确认 DNS 服务器的状态，可以通过输入 nslookup 进入该命令的交互环境，此时出现“提示符：＞”，输入相应的域名，可以转换该域名对应的 IP 地址。nslookup 有多个选择功能，在命令行输入“nslookup ＜主机名＞”并执行，即可显示出目标服务器的主机名和对应的 IP 地址，称之正向解析。

2. 应用示例

进入 nslookup 的会话环境后，输入 help 可以获得该命令的使用帮助说明。nslookup 命令的使用帮助说明如图 10-12 所示。

```
C:\Users\thinkpad>route -?
操作网络路由表。
ROUTE [-f] [-p] [-4|-6] command [destination]
                  [MASK netmask]  [gateway] [METRIC metric]  [IF interface]

  -f           清除所有网关项的路由表。如果与某个
               命令结合使用，在运行该命令前，
               应清除路由表。

  -p           与 ADD 命令结合使用时，将路由设置为
               在系统引导期间保持不变。默认情况下，重新启动系统时，
               不保存路由。忽略所有其他命令，
               这始终会影响相应的永久路由。Windows 95
               不支持此选项。

  -4           强制使用 IPv4。

  -6           强制使用 IPv6。

  command      其中之一：
                 PRINT     打印路由
                 ADD       添加路由
                 DELETE    删除路由
                 CHANGE    修改现有路由
  destination  指定主机。
  MASK         指定下一个参数为“网络掩码”值。
  netmask      指定此路由项的子网掩码值。
               如果未指定，其默认设置为 255.255.255.255。
  gateway      指定网关。
  interface    指定路由的接口号码。
  METRIC       指定跃点数，例如目标的成本。

用于目标的所有符号名都可以在网络数据库
文件 NETWORKS 中进行查找。用于网关的符号名称都可以在主机名称
数据库文件 HOSTS 中进行查找。

如果命令为 PRINT 或 DELETE。目标或网关可以为通配符，
（通配符指定为星号“*”），否则可能会忽略网关参数。

如果 Dest 包含一个 * 或 ?，则会将其视为 Shell 模式，并且只
打印匹配目标路由。“*”匹配任意字符串，
而“?”匹配任意一个字符。示例：157.*.1、157.*、127.*、*224*。
```

图 10-10 “route -?”命令显示帮助信息

```
C:\Users\thinkpad>route print
===========================================================================
接口列表
 13 ...00 1e 65 9f f2 41 ...... My WiFi PAN
 12 ...00 1e 65 9f f2 40 ...... WiFi STA
 10 ...00 24 7e 6f fc 68 ...... Intel(R) 82567LM Gigabit Network Connection
  1 ........................... Software Loopback Interface 1
 19 ...00 00 00 00 00 00 00 e0  isatap.{3440E97D-7379-4299-9FD0-439B09E80071}
 17 ...00 00 00 00 00 00 00 e0  isatap.{727F84A0-B665-4756-A0C6-5E99F12F4CEA}
 18 ...00 00 00 00 00 00 00 e0  isatap.{900DEB26-E5B4-4C54-81E7-647FCA28A08A}
 16 ...02 00 54 55 4e 01 ...... Teredo Tunneling Pseudo-Interface
 21 ...00 00 00 00 00 00 00 e0  isatap.{606296E3-1974-4231-A573-CA644BCF1878}
 22 ...00 00 00 00 00 00 00 e0  6TO4 Adapter
===========================================================================

IPv4 路由表
===========================================================================
活动路由：
网络目标        网络掩码          网关       接口    跃点数
        127.0.0.0        255.0.0.0            在链路上         127.0.0.1    306
        127.0.0.1  255.255.255.255            在链路上         127.0.0.1    306
  127.255.255.255  255.255.255.255            在链路上         127.0.0.1    306
      169.254.0.0      255.255.0.0            在链路上   169.254.210.224    276
  169.254.210.224  255.255.255.255            在链路上   169.254.210.224    276
  169.254.255.255  255.255.255.255            在链路上   169.254.210.224    276
        224.0.0.0        240.0.0.0            在链路上         127.0.0.1    306
        224.0.0.0        240.0.0.0            在链路上   169.254.210.224    277
  255.255.255.255  255.255.255.255            在链路上         127.0.0.1    306
  255.255.255.255  255.255.255.255            在链路上   169.254.210.224    276
===========================================================================
永久路由：
  无

IPv6 路由表
===========================================================================
活动路由：
 如果跃点数网络目标      网关
  1    306 ::1/128                  在链路上
 10    276 fe80::/64                在链路上
 10    276 fe80::e8ee:61b0:b4bf:d2e0/128
                                    在链路上
  1    306 ff00::/8                 在链路上
 10    276 ff00::/8                 在链路上
===========================================================================
```

图 10-11 route print 命令查看当前路由表中的表项

```
C:\Users\thinkpad>nslookup
默认服务器:  UnKnown
Address:  fec0:0:0:ffff::1

> help
命令:   (标识符以大写表示, [] 表示可选)
NAME            - 打印有关使用默认服务器的主机/域 NAME 的信息
NAME1 NAME2     - 同上, 但 NAME2 用作服务器
help or ?       - 打印有关公用命令的信息
set OPTION      - 设置选项
    all                 - 打印选项、当前服务器和主机
    [no]debug           - 打印调试信息
    [no]d2              - 打印详细的调试信息
    [no]defname         - 将域名附加到每个查询
    [no]recurse         - 询问查询的递归应答
    [no]search          - 使用域搜索列表
    [no]vc              - 始终使用虚拟电路
    domain=NAME         - 将默认域名设置为 NAME
    srchlist=N1[/N2/.../N6] - 将域设置为 N1, 并将搜索列表设置为 N1、N2 等
    root=NAME           - 将根服务器设置为 NAME
    retry=X             - 将重试次数设置为 X
    timeout=X           - 将初始超时间隔设置为 X 秒
    type=X              - 设置查询类型(如 A、AAAA,A+AAAA、ANY、CNAME、MX、NS、PT
R、SOA 和 SRV)
    querytype=X         - 与类型相同
    class=X             - 设置查询类(如 IN (Internet)和 ANY)
    [no]msxfr           - 使用 MS 快速区域传送
    ixfrver=X           - 用于 IXFR 传送请求的当前版本
server NAME     - 将默认服务器设置为 NAME, 使用当前默认服务器
lserver NAME    - 将默认服务器设置为 NAME, 使用初始服务器
finger [USER]   - 指定当前默认主机的可选 NAME
root            - 将当前默认服务器设置为根服务器
ls [opt] DOMAIN [> FILE] - 列出 DOMAIN 中的地址(可选: 输出到文件FILE)
    -a          -  列出规范名称和别名
    -d          -  列出所有记录
    -t TYPE     -  列出给定 RFC 记录类型(例如 A、CNAME、MX、NS 和 PTR 等)的记录
view FILE           - 对 "ls" 输出文件排序, 并使用 pg 查看
exit            - 退出程序

>
```

图 10-12　nslookup 命令的使用帮助说明

10.2　应用层协议工具

10.2.1　ftp

1. 命令功能

ftp 命令用于用户访问 FTP 服务器,在命令行方式直接输入 ftp 命令可以进入交互环境,此时出现提示符“ftp>”,再输入 help 可以查看在交换环境下可用的命令。在交换环境下,通过 open 可以连接远地 FTP 服务器,可以通过 DOS 或 Linux 的 shell 命令访问远地文件及文件夹中的内容,通过 put 命令可以上传文件、get 命令可以下载文件。

2. 应用示例

(1) 通过输入“ftp -?”命令,可以查看 ftp 的帮助信息。输入“ftp -?”命令给出的帮助信息如图 10-13 所示。

(2) 输入 ftp 命令直接进入 ftp 交互环境,再输入 help 命令查看在交换环境下可用的命令。ftp 交互环境下可用的命令如图 10-14 所示。

10.2.2　telnet

1. 命令功能

telnet 命令用于登录到远地服务器,远地服务器可以是 Web、电子邮件等。当登录到远地服务器后,实际启动了两个进程:一个是本地主机上的客户机进程;另一个是远地主机上的服务器进程。在计算机网络学习过程中,常用 telnet 命令进行应用层协议分析。

```
C:\Users\thinkpad>ftp -?

将文件传送到运行 FTP 服务器服务<经常称为后台程序>的计算机以及将文件从该计算机
传出。可以交互使用 Ftp。

FTP [-v] [-d] [-i] [-n] [-g] [-s:filename] [-a] [-A] [-x:sendbuffer] [-r:recvbuf
fer] [-b:asyncbuffers] [-w:windowsize] [host]

  -v              禁止显示远程服务器响应。
  -n              禁止在初始连接时自动登录。
  -i              关闭多文件传输过程中的
                  交互式提示。
  -d              启用调试。
  -g              禁用文件名通配<请参阅 GLOB 命令>。
  -s:filename     指定包含 FTP 命令的文本文件；命令
                  在 FTP 启动后自动运行。
  -a              在绑定数据连接时使用所有本地接口。
  -A              匿名登录。
  -x:send sockbuf 覆盖默认的 SO_SNDBUF 大小 8192。
  -r:recv sockbuf 覆盖默认的 SO_RCVBUF 大小 8192。
  -b:async count  覆盖默认的异步计数 3
  -w:windowsize   覆盖默认的传输缓冲区大小 65535。
  host            指定主机名称或要连接到的远程主机
                  的 IP 地址。

注意:
  - mget 和 mput 命令将 y/n/q 视为 yes/no/quit。
  - 使用 Ctrl-C 中止命令。
```

图 10-13　输入“ftp -?”命令给出的帮助信息

```
C:\Users\thinkpad>ftp
ftp> help
命令可能是缩写的。  命令为:

!               delete          literal         prompt          send
?               debug           ls              put             status
append          dir             mdelete         pwd             trace
ascii           disconnect      mdir            quit            type
bell            get             mget            quote           user
binary          glob            mkdir           recv            verbose
bye             hash            mls             remotehelp
cd              help            mput            rename
close           lcd             open            rmdir
ftp>
```

图 10-14　ftp 交互环境下可用的命令

2. 应用示例

(1) 通过输入“telnet -?”命令，可以查看 telnet 的帮助信息。输入“telnet -?”命令给出的帮助信息如图 10-15 所示。

```
C:\Documents and Settings\Administrator>telnet -?

telnet [-a][-e escape char][-f log file][-l user][-t term][host [port]]
 -a       企图自动登录。除了用当前已登陆的用户名以外，与 -l 选项相同。
 -e       跳过字符来进入 telnet 客户提示。
 -f       客户端登录的文件名
 -l       指定远程系统上登录用的用户名称。
          要求远程系统支持 TELNET ENVIRON 选项。
 -t       指定终端类型。
          支持的终端类型仅是: vt100, vt52, ansi 和 vtnt。
 host     指定要连接的远程计算机的主机名或 IP 地址。
 port     指定端口号或服务名。

C:\Documents and Settings\Administrator>
```

图 10-15　输入“telnet -?”命令给出的帮助信息

(2) 输入 telnet 命令直接进入 telnet 交互环境，出现提示符“Microsoft Telnet＞”，再输入 help 命令查看在交换环境下可用的命令。telnet 交互环境下可用的命令如图 10-16 所示。

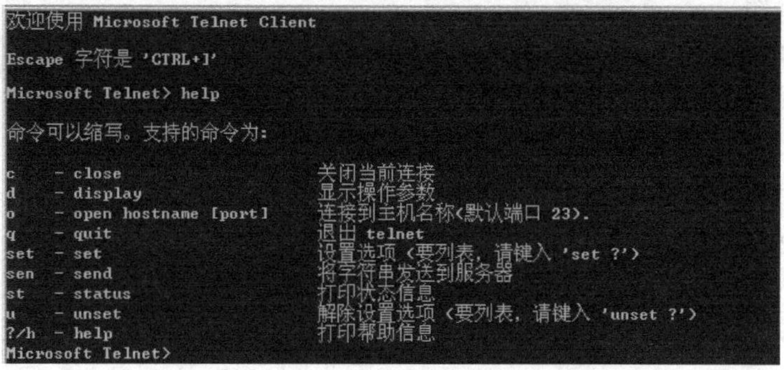

```
欢迎使用 Microsoft Telnet Client

Escape 字符是 'CTRL+]'

Microsoft Telnet> help

命令可以缩写。支持的命令为:

c    - close                    关闭当前连接
d    - display                  显示操作参数
o    - open hostname [port]     连接到主机名称(默认端口 23).
q    - quit                     退出 telnet
set  - set                      设置选项 (要列表, 请键入 'set ?')
sen  - send                     将字符串发送到服务器
st   - status                   打印状态信息
u    - unset                    解除设置选项 (要列表, 请键入 'unset ?')
?/h  - help                     打印帮助信息
Microsoft Telnet>
```

图 10-16　telnet 交互环境下可用的命令

10.2.3　实现系统管理的 NET 命令程序

1. NET 命令程序的功能

NET 命令程序是 Windows 中一个功能强大的工具软件，NET 以命令行方式执行。借助 NET 命令程序可以完成 Windows 中大部分重要的管理功能，NET 命令程序提供的管理功能包括：

(1) 管理网络环境。

(2) 运行和配置各种服务程序。

(3) 进行用户和登录管理等。

(4) 查看服务器的本地信息。

通过以下方法可以获得 NET 命令的帮助信息。在命令行方式下输入：

```
NET/?
NET HELP
```

以上两条命令得到 NET 命令程序的功能(COMMAND)列表：

```
NET COMMAND/HELP
NET HELP COMMAND
NET COMMAND/?
```

上面 3 条命令进一步得到相应功能的帮助信息。

NET 命令程序的某些命令在执行后会立即产生作用并永久保存执行结果，执行结果会影响网络环境及计算机主机的配置，在使用 NET 命令时需要注意这一点。

2. NET 命令的基本用法

下面通过 NET 命令 Net Accounts，对 NET 命令及参数的基本用法进行说明，其他 NET 命令的用法是类似的，读者借助该命令的例子会很容易掌握使用的方法。

(1) Net Accounts 的作用：更新用户账号数据库、更改密码及所有账号的登录要求。

(2) 命令格式：

```
net accounts [/forcelogoff:{minutes|no}]
[/minpwlen:lenth] [/maxpwage:{days|unlimited}] [/minpwage:days]
[/uniquepw:number] [/domain]
```

(3) 参数介绍。

不带参数的 net accounts：显示当前密码设置、登录时限及域信息。

/forcelogoff:{minutes|no}：设置当用户账号或有效登录时间过期时迫使用户退出系统。

/minpwlen:lenth：设置用户账号密码的最少字符数。

/maxpwage:{days|unlimited}：设置用户账号密码有效的最大天数。

/minpwage:days：设置用户必须保持原密码的最小天数。

/uniquepw:number：要求用户更改密码时，必须在经过 number 次后才能重复使用与之相同的密码。

/domain：在当前域的主域控制器上执行该操作。

/sync：当用于主域控制器时，该命令使域中所有备份域控制器同步。

(4) 举例：

net accounts/maxpwage:30

设置用户账号密码有效的最大天数为 30 天。

10.3 网络协议分析工具

10.3.1 Ethereal 概述

Ethereal 是免费、开源的网络协议分析软件，在 Window 环境中 Ethereal 与协议包捕获软件 Winpcap 配合使用，在 Linux 环境中 Ethereal 与协议包捕获软件 Libpcap 配合使用。

借助网络协议分析工具 Ethereal，可以观察网络现象，看到各层网络协议数据单元(PDU)的格式、各个字段的内容、网络协议的封装、分析网络的流量。可以更好地理解网络体系结构的层次及协议，可以分析各种网络服务的底层工作原理和过程。

下载 Winpcap 的网址是 http://www.winpcap.org/。可以通过网址 http://www.ethereal.com/下载到 Ethereal 的官方发行版本，通过网址 http://www.ethereal.com/docs/可以下载到 Ethereal 的官方用户手册，手册里对 Ethereal 的有关内容有非常详细的说明。另外，Ethereal 现在已经改名字为 Wireshark，可以通过访问网址 http://www.wireshark.org/下载到最新的 Wireshark 发行版本。Ethereal 与 Wireshark 的使用方法基本是一样的。

Winpcap 和 Ethereal 两款软件的安装很简单，可以在安装对话框提示下交互进行。安装时先安装 Winpcap，接着安装 Ethereal。Ethereal 能够运行在多种操作系统平台上，支持多种计算机网络协议的实时分析，以及事后分析，包括 TCP/IP 协议等。

可以通过网络协议分析器 Ethereal 对计算机网络各层协议的细节进行分析和查看，例如，对以太网帧、IP、TCP、UDP、HTTP、SMTP 等协议进行剖析，对应着数据链路层、网络层、运输层、应用层。使用时主机上的网络适配器(网卡)设置为混杂模式，并选择 Update list of packets in time。在计算机网络层次和协议的学习和分析过程中，借助 Ethereal 捕获网络协议包，分析各层网络协议包的内容，可以更好地理解网络协议的层次和各层网络协议数据单元(PDU)的格式。

Ethereal 被广泛地应用于网络协议分析、网络故障的诊断，以及网络测试软件工具和网络协议开发及研究等领域中。

10.3.2 Ethereal 的过滤器

在捕获协议包之前，可以设置抓包过滤器(Capture Filter)，捕获感兴趣的协议包。抓包过滤器使用的是 libpcap 过滤器语言，在 tcpdump 手册中有详细的解释。捕获过滤语句基本结构是：

```
[not] primitive [and|or [not] primitive…]
```

例如：

```
host * *                                   //IP 地址为 * * 的协议包
src host * *                               //源 IP 地址为 * * 的协议包
dst host * *                               //目的 IP 地址为 * * 的协议包
tcp port * *                               //端口为 * * 的 TCP 协议包
not arp                                    //非 arp 协议包
(src host * * ) and (tcp port * * )        //同时满足两个条件的协议包
```

也可以设置显示过滤器，用来显示感兴趣的协议包。可以根据协议、是否存在某个字段、字段值、字段值之间的比较等进行显示过滤。逻辑运算符 and(&&)、or(||)、not(!)可以用于连接不同的过滤条件。

例如：

```
ip.addr== * *                              //IP 地址为 * * 的协议包
ip.src== * *                               //源 IP 地址为 * * 的协议包
tcp.port== * *                             //端口为 * * 的 TCP 协议包
! arp                                      //非 arp 协议包
(ip.addr== * * ) and (tcp.port== * * )     //同时满足两个条件的协议包
```

10.3.3 Ethereal 应用界面

Ethereal 的图形用户界面(GUI)包括菜单栏、协议跟踪列表框(Packet List)、协议层次框(Packet Details)、协议代码框(Packet Bytes)。Ethereal 主界面如图 10-17 所示。

协议跟踪列表框如图 10-18 所示。每一个行表示协议数据文件里的一个协议。如果选中了其中一行，选中的那一行会以蓝色底色高亮显示。如图 10-18 中的第 5 行，对应该协议的信息就会显示协议层次框(Packet Details)；协议代码框(Packet Bytes)中。

协议层次框(协议树)如图 10-19 所示，以树结构显示在协议跟踪列表框被选中的协议和字段内容。树可以展开和收起。单击图中每行前面的加号标志，协议树就会展开，将会看到每种协议的详细信息。

协议代码框如图 10-20 所示，Ethereal 通常使用哈希方式显示网络协议包字节内容。左边显示协议包偏移量，中间使用十六进制显示协议包，右边对应显示代码字节对应的 ASCII 字符，或是没有适当的显示。

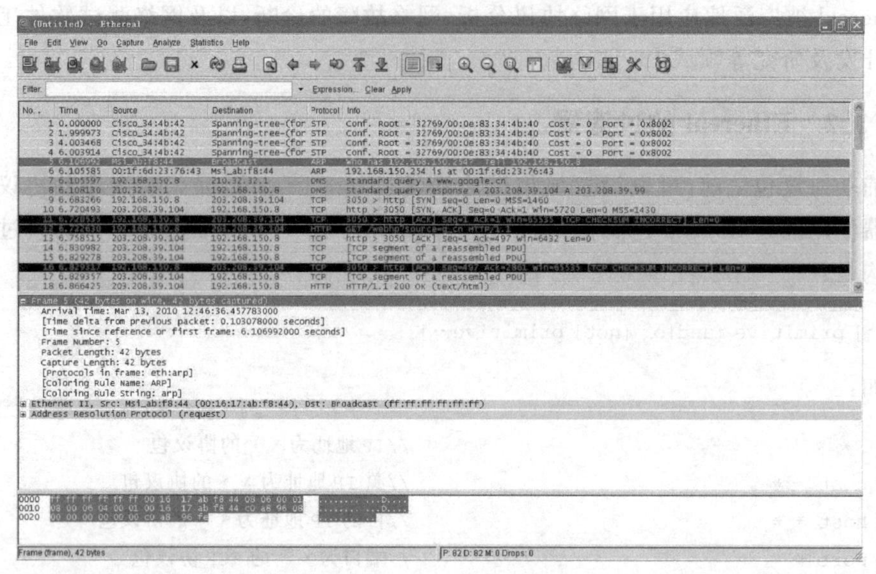

图 10-17　Ethereal 主界面

图 10-18　协议跟踪列表框

```
⊟ Frame 5 (42 bytes on wire, 42 bytes captured)
    Arrival Time: Mar 13, 2010 12:46:36.457783000
    [Time delta from previous packet: 0.103078000 seconds]
    [Time since reference or first frame: 6.106992000 seconds]
    Frame Number: 5
    Packet Length: 42 bytes
    Capture Length: 42 bytes
    [Protocols in frame: eth:arp]
    [Coloring Rule Name: ARP]
    [Coloring Rule String: arp]
⊞ Ethernet II, Src: Msi_ab:f8:44 (00:16:17:ab:f8:44), Dst: Broadcast (ff:ff:ff:ff:ff:ff)
⊞ Address Resolution Protocol (request)
```

图 10-19　协议层次框(协议树)

```
0000  ff ff ff ff ff ff 00 16  17 ab f8 44 08 06 00 01   ........ ...D....
0010  08 00 06 04 00 01 00 16  17 ab f8 44 c0 a8 96 08   ........ ...D....
0020  00 00 00 00 00 00 c0 a8  96 fe                     ........ ..
```

图 10-20　协议代码框

10.3.4　Ethereal 捕获网络协议包的方法

首先启动 Ethereal 应用程序，单击菜单栏上的 Capture 选项，弹出下拉菜单，选择下拉菜单中的 Options 选项，Capture Options 选项界面如图 10-21 所示，可以在这里设置 Ethereal 的一些选项，如网卡接口、捕获过滤器等。

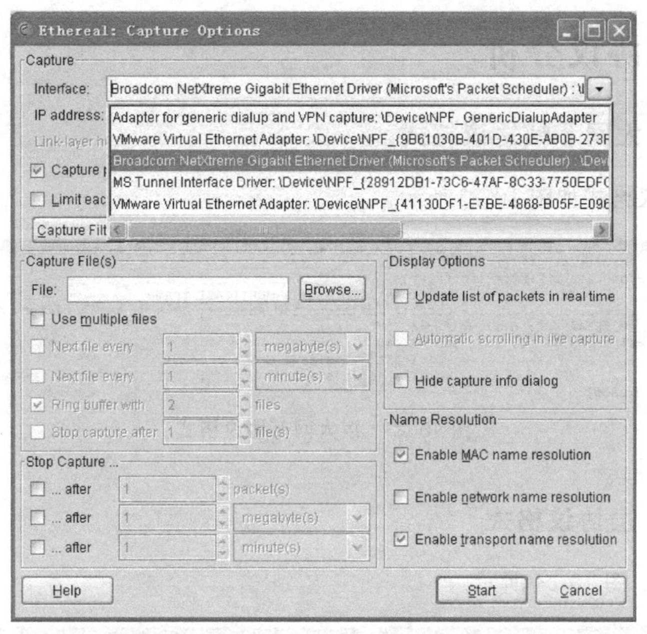

图 10-21　Capture Options 选项界面

选择要捕获数据包的网卡接口，这里选择以太网卡，其他选项使用默认值，想进一步理解每一种选项的含义和功能，请参考 Ethereal 用户手册，这里不再赘述。

选项设置好之后，单击上图中的 Start 按钮，Ethereal 便进入捕获网络协议包状态，协议包捕获界面如图 10-22 所示。

Ethereal: Capture from Br...

Captured Packets

Total	835	% of total
SCTP	0	0.0%
TCP	786	94.1%
UDP	41	4.9%
ICMP	0	0.0%
ARP	0	0.0%
OSPF	0	0.0%
GRE	0	0.0%
NetBIOS	0	0.0%
IPX	0	0.0%
VINES	0	0.0%
Other	8	1.0%

Running　00:00:11

Stop

图 10-22　协议包捕获界面

图 10-22 所示为 Ethereal 协议包捕获过程中，各种协议的统计提示，包括各种协议百分比，运行时间等信息。若要停止抓协议包，单击图中的 Stop 按钮，结束此次抓协议包过程。抓包过程结束，转到 Ethereal 主界面，显示此次捕获的所有数据包的信息。下面将几种常用的网络协议报文格式截图呈现给大家，希望对大家更好地理解各层网络协议有所帮助。

10.4 各层协议分析

10.4.1 以太网Ⅱ帧协议格式

以太网Ⅱ协议格式如图 10-23 所示。

```
⊟ Ethernet II, Src: Msi_ab:f8:44 (00:16:17:ab:f8:44), Dst: Broadcast (ff:ff:ff:ff:ff:ff)
  ⊟ Destination: Broadcast (ff:ff:ff:ff:ff:ff)
      Address: Broadcast (ff:ff:ff:ff:ff:ff)
      .... ...1 .... .... .... .... = Multicast: This is a MULTICAST frame
      .... ..1. .... .... .... .... = Locally Administrated Address: This is NOT a factory default address
  ⊟ Source: Msi_ab:f8:44 (00:16:17:ab:f8:44)
      Address: Msi_ab:f8:44 (00:16:17:ab:f8:44)
      .... ...0 .... .... .... .... = Multicast: This is a UNICAST frame
      .... ..0. .... .... .... .... = Locally Administrated Address: This is a FACTORY DEFAULT address
    Type: ARP (0x0806)
```

图 10-23 以太网Ⅱ协议格式

10.4.2 IP 层协议格式

IP 协议格式如图 10-24 所示。

```
⊟ Internet Protocol, Src: 192.168.150.8 (192.168.150.8), Dst: 210.32.32.1 (210.32.32.1)
    Version: 4
    Header length: 20 bytes
  ⊟ Differentiated Services Field: 0x00 (DSCP 0x00: Default; ECN: 0x00)
      0000 00.. = Differentiated Services Codepoint: Default (0x00)
      .... ..0. = ECN-Capable Transport (ECT): 0
      .... ...0 = ECN-CE: 0
    Total Length: 59
    Identification: 0xcc9d (52381)
  ⊟ Flags: 0x00
      0... = Reserved bit: Not set
      .0.. = Don't fragment: Not set
      ..0. = More fragments: Not set
    Fragment offset: 0
    Time to live: 128
    Protocol: UDP (0x11)
  ⊟ Header checksum: 0x2542 [correct]
      [Good: True]
      [Bad : False]
    Source: 192.168.150.8 (192.168.150.8)
    Destination: 210.32.32.1 (210.32.32.1)
```

图 10-24 IP 协议格式

10.4.3 ICMP 协议格式

ICMP 协议格式如图 10-25 所示。

10.4.4 ARP 协议格式

ARP 协议格式如图 10-26 所示。

```
⊟ Internet Control Message Protocol
    Type: 8 (Echo (ping) request)
    Code: 0
    Checksum: 0x592f [correct]
    Identifier: 0xac0a
    Sequence number: 0x0000
    Data (56 bytes)
```

图 10-25 ICMP 协议格式

```
⊟ Address Resolution Protocol (request)
    Hardware type: Ethernet (0x0001)
    Protocol type: IP (0x0800)
    Hardware size: 6
    Protocol size: 4
    Opcode: request (0x0001)
    Sender MAC address: Msi_ab:f8:44 (00:16:17:ab:f8:44)
    Sender IP address: 192.168.150.8 (192.168.150.8)
    Target MAC address: 00:00:00_00:00:00 (00:00:00:00:00:00)
    Target IP address: 192.168.150.254 (192.168.150.254)
```

图 10-26 ARP 协议格式

10.4.5 TCP层协议分析

1. TCP协议格式

TCP协议格式如图10-27所示。

```
⊟ Transmission Control Protocol, Src Port: 3050 (3050), Dst Port: http (80), Seq: 0, Len: 0
    Source port: 3050 (3050)
    Destination port: http (80)
    Sequence number: 0    (relative sequence number)
    Header length: 28 bytes
  ⊟ Flags: 0x0002 (SYN)
      0... .... = Congestion Window Reduced (CWR): Not set
      .0.. .... = ECN-Echo: Not set
      ..0. .... = Urgent: Not set
      ...0 .... = Acknowledgment: Not set
      .... 0... = Push: Not set
      .... .0.. = Reset: Not set
      .... ..1. = Syn: Set
      .... ...0 = Fin: Not set
    Window size: 65535
    Checksum: 0x6596 [correct]
  ⊟ Options: (8 bytes)
      Maximum segment size: 1460 bytes
      NOP
      NOP
      SACK permitted
```

图 10-27 TCP协议格式

2. UDP协议格式

UDP协议格式如图10-28所示。

```
⊟ User Datagram Protocol, Src Port: 60289 (60289), Dst Port: domain (53)
    Source port: 60289 (60289)
    Destination port: domain (53)
    Length: 39
    Checksum: 0xbbb4 [correct]
```

图 10-28 UDP协议格式

10.4.6 应用层协议分析

1. FTP协议格式

FTP协议格式如图10-29所示。

```
⊟ File Transfer Protocol (FTP)
  ⊟ PORT 192,168,150,8,19,138\r\n
      Request command: PORT
      Request arg: 192,168,150,8,19,138
      Active IP address: 192.168.150.8 (192.168.150.8)
      Active port: 5002
```

图 10-29 FTP协议格式

2. HTTP协议格式

HTTP协议格式如图10-30所示。

```
⊟ Hypertext Transfer Protocol
  ⊟ GET /webhp?source=g_cn HTTP/1.1\r\n
      Request Method: GET
      Request URI: /webhp?source=g_cn
      Request Version: HTTP/1.1
    Accept: */*\r\n
    Accept-Language: zh-cn\r\n
    User-Agent: Mozilla/4.0 (compatible; MSIE 8.0; Windows NT 5.1; Trident/4.0; QQDownload 609; InfoPath.1)\r\n
    Accept-Encoding: gzip, deflate\r\n
    Host: www.google.cn\r\n
    Connection: Keep-Alive\r\n
    Cookie: PREF=ID=d3a28bd2d9392386:U=962b5f620b643595:NW=1:TM=1268390409:LM=1268446334:S=O8SnSFyt0_cxSVyX; NID=32=XgpFpimMGlEHtaBzc2HwUlEglOX_ouIWFxYnBYLtr2F
    \r\n
```

图 10-30 HTTP协议格式

3. DNS 协议格式

DNS 协议格式如图 10-31 所示。

```
⊟ Domain Name System (query)
    Transaction ID: 0xebbe
  ⊟ Flags: 0x0100 (Standard query)
      0... .... .... .... = Response: Message is a query
      .000 0... .... .... = Opcode: Standard query (0)
      .... ..0. .... .... = Truncated: Message is not truncated
      .... ...1 .... .... = Recursion desired: Do query recursively
      .... .... .0.. .... = Z: reserved (0)
      .... .... ...0 .... = Non-authenticated data OK: Non-authenticated data is unacceptable
    Questions: 1
    Answer RRs: 0
    Authority RRs: 0
    Additional RRs: 0
  ⊟ Queries
    ⊟ www.google.cn: type A, class IN
        Name: www.google.cn
        Type: A (Host address)
        Class: IN (0x0001)
```

图 10-31　DNS 协议格式

习题

1. 简述网络测试工具的用途。
2. 简述设置和查看网络接口工具 ipconfig 的作用。
3. 简述查看和设置地址解析协议表项工具 arp 的作用。
4. 简述测试网络连通状态工具 ping 的作用。
5. 简述查看协议包经过路径工具 tracert 的作用。
6. 简述查看网络状态工具 netstat 的作用。
7. 简述查看和设置路由表的表项工具 route 的作用。
8. 简述查看域名工具 nslookup 的作用。
9. 简述 ftp 命令的作用。
10. 简述 telnet 命令的作用。
11. 说明 NET 命令程序的功用。
12. 说明 NET 命令的基本用法。
13. Ethereal 应用哪些软件配合使用?
14. 简述 Ethereal 的过滤器的作用。
15. Ethereal 应用界面包括哪些部分? 各部分有何作用?
16. 简述 Ethereal 捕获网络协议包的方法。

第 11 章　网络工程验收与维护

11.1　网络工程测试

11.1.1　网络测试与验收概述

测试和验收既是完成网络工程项目的必要步骤，也是为网络长期稳定运行提供保障。测试是网络工程中的一个关键步骤，用来检测所建设的网络工程是否能够满足用户的业务目标和技术目标，然后通过验收步骤对网络工程给以确认。

任何网络系统都可能发生差错和故障，可以这么说，没有百分百可靠的物理网络。即在现实情况下，物理网络可能发生各种各样的差错和故障，包括可预料的和不可预料的问题。其中有些差错是硬件引起的，有些则是软件引起的，有些甚至仅仅是网络其他部分故障的一个假象。因此，故障的定位十分有必要，它是在特定系统中检测、隔离和修理故障的过程。

在网络工程项目的测试验收阶段，主要是弄清楚网络工程完成后该干些什么，理解网络工程的善后事宜，为网络工程项目投入正常运行把好关。

当主体网络工程完成以后，接下来的一项重要工作就是对网络工程的测试和验收，以便及时发现问题、排除隐患，保证网络如期正常运转。

网络测试是对网络设备、网络系统以及网络对应用的支持进行的检测。通过测试，可以确定所提出的网络设计方案是否可以满足网络用户的需求。解决网络系统存在问题的关键是找到问题的原因，确定问题出现的范围，确定问题的原因只有通过测试。

11.1.2　网络工程测试的方法

与其说网络的测试和网络性能的预测、度量是一门学科，不如说它们是一门艺术。解决问题的关键是确定原因，而确定原因的方法首先是进行测试。

没有两个网络系统是完全相同的，也没有一种测试方法或测试工具，能够完全适合所有网络工程项目或网络设计人员。

由于网络设备是按型号系列生产的，系列化设备导致设计的差别看起来并不大，但是网络设备出现的故障是不同的，有时，同一种故障所呈现的表征也会略有差别，甚至较大的差别。

网络设计采用开放性理念，采用标准的网络设备，似乎大部分网络设计方案中有许多类似和重复，尽管根据网络需求分析的不同，每一个网络设计方案均有所侧重、在设计上留有余量，但用户还是感觉到这些设计之间的差异不是很大。一个小的设计差异就可能为日后的网络应用带来较大的差别，这就需要用测试的手段来加以鉴别和验证设计的正确性。

选择合适的测试方法和工具，首先是需要透彻理解所评价的网络系统，这种选择与理解的结合具有一定的创造性。即使用户对于网络系统的要求存在这样那样的差异，但是设备供应商提供的产品型号有限，不同系列的产品对性能的影响具有可比性，采用这些系列产品构建出来的网络，在性能等方面的差别不会很大，这对测试方法和工具的选择是有利的。

如何选择测试方法和工具，是与具体的测试项目相联系的，通常的测试项目主要包括：

(1) 验证网络设计是否满足主要需求目标。

(2) 验证选择的局域网、广域网技术和设备是否合适。

(3) 找出网络系统的瓶颈所在。

(4) 测试网络冗余。

(5) 分析网络链路和设备升级对性能的影响。

(6) 验证服务供应者是否能提供要求的服务。

(7) 分析网络链路故障对性能的影响。

(8) 确定必要的优化技术。

若网络系统可以满足性能需求和预期的技术目标，证明该网络设计符合设计要求。通过测试，也可以与其他设计方案进行比较，发现潜在风险，拟定相应的应急措施，确定还需要进一步测试的内容。

倘若选用的网络设计方案或网络设备在之前已经得到应用，则上面提到的测试内容可以在很大程度上得到简化。简单的方法是考察采用类似方案的现有网络，如果有可能，对所关心项目进行测试、比较分析，这样既贴近实际网络，又可以节省测试时间和费用。如果是全新的设备或新设计的网络，可以要求设备厂商搭建环境进行必要的专项测试，提供尽可能全面的权威测试资料，特别是第三方的权威测试结果报告，以降低测试费用。

11.1.3 建立原型网络系统

所谓原型网络，是指网络系统的一个最初实现，它为设计人员提供了一个机会，去证实新系统的功用和性能。网络原型系统为人们提供了测试网络的样板网络，是对网络设计进行测试的一种途径。

建立的网络原型系统，能检查和验证所设计系统的性能。首先要确定为达到验证设计的目的，需要在多大程度上实现原型系统。想通过建立原型网络系统，全面地实现实际的网络系统往往是不切实际的。需要指出的是，建立原型网络的主要目的是用来验证网络系统重要的性能和功能。

尤其是在网络设计中存在的把握不充分的地方，可以通过原型网络系统进行模拟测试。另外也要注意，用在原型网络系统测试上的资源不应过多，避免预算超支，一个原则是够用即可。

通常有3种实现和测试原型系统的方法：利用实验室中的网络，建立网络原型，模拟实际网络环境进行测试；利用正在运行的网络，集成原型网络，利用空闲时间进行测试；与运行的网络集成，构成原型网络，在正常工作时间内测试。

原型网络测试过程中，需要模拟实际运行时的网络负载，这样才能及时发现网络设计存在的瓶颈、潜在的问题，测试出贴近实际网络的主要技术指标。在确定了原型网络测试范围后，应当编写一份计划，说明如何测试原型系统，测试原型系统计划包括的内容有：

(1) 测试目标和验收标准。

(2) 所要进行测试的种类。

(3) 涉及的网络设备及网络资源。

(4) 测试脚本。

(5) 测试阶段、时间安排。

(6) 测试过程的记录文档及格式。

例如,布线系统施工完成后,要对系统进行两种测试:一种是线缆测试,采用专用的电缆测试仪对电缆的各项技术指标进行测试,包括连通性、串扰、回路电阻、信噪比等;另一种是联机测试,选取若干个网络信息插座,进行实际的联网测试,并提供测试报告。

11.1.4 网络测试工具

网络测试工具用来对网络系统进行测试,使用测试工具可以获得定量的测试数据,也可以得到衡量网络系统的关键技术参数。由于计算机网络是一个复杂的系统,网络流量呈现海量、高速、突发性等特征,全靠物理的测试工具实现网络系统的测试有些时候是比较困难的,许多网络测试在实际网络运行环境中是不容易进行,或是无法进行的。人们就尝试采用网络建模和仿真工具,模拟网络的实际运行环境,分析模拟网络的状态,为测试网络中的关键技术指标提供依据。在网络测试中用到的测试工具主要有:

(1) 网络管理和监控工具。

(2) 网络协议分析工具。

(3) 网络流量产生器。

(4) 网络建模和仿真工具。

(5) 服务质量和服务级别管理工具。

网络管理和测试工具用于测试过程中,这些测试工具可以是单独的软件,例如,HP Open View,也可以是驻留在网络设备中的软件。另外,操作系统中也包含有测试 CPU 利用率、发送接收分组的速率、内存使用情况和监测网络服务器等的工具,可以用来发现和识别网络系统中出现的问题,例如 Windows。

网络协议分析仪用于监测新设计的网络,可以分析网络通信行为、出现的差错、网络利用率、效率、多播和广播分组等。例如,Fluke 的 OptiView 网络分析仪用于网络的监测和故障排除,通过用户接口软件进行远程监控,使用 OptiView Protocol Expert 协议分析软件处理捕获的网络协议包。

对网络系统流量的压力测试需要产生一些测试数据,并设计预期的测试结果。需要借助网络流量产生器工具测试要求和网络应用场景产生一定强度的流量。网络流量产生器(Network Traffic Generator,NTG)可以是软件或硬件,或者是两者的结合。网络流量产生器采用主动工作方式,应在一定时间范围内产生一定数量的特定的分组类型、分组长度的数据流。有时要求所产生的数据流服从一定的概率分布。NTG 产生的流量可以对应 IP 层、运输层和应用层,其中运输层流量对应的 TCP 流或 UDP 流,占据因特网中流量的较大百分比。

NTG 可以产生的流量所具有的模型有:服从常数分布、均匀分布、指数分布、泊松分布、自相似等。NTG 可以支持的网络性能指标测量包括吞吐量、时延大小、时延抖动、平均流量等。

一种更为先进的测试技术是使用建模工具和仿真工具。网络测试中的“模拟”与“仿真”具有不同的概念。模拟一般指在计算机软件环境下用软件来趋近某种测试对象的特性和行为,是使用软件和数学模型分析网络行为的过程,例如,对于模拟环境下的流量产生器,通常根据某种数学模型产生出驱动流量事件，但不会在网络中产生真实流量。

仿真就是在不建立实际网络的情况下，使用软件和数学模型分析网络行为的过程。利用仿真工具，就能够根据所需要的测试目标开发一个网络模型，估计网络性能，对各种网络实现方法之间的差异进行比较。仿真工具使选择比较余地更大，特别适合于实现和检查一个扩展的原型系统。有效的仿真工具包括模拟主要网络设备的设备库，如路由器和交换机等。这两种设备的性能主要取决于它们采用的处理、缓存和排队的方式以及该设备的体系结构。

通俗地说，仿真指的是在模拟的基础上，再加入某些真实的网络元素，产生真实的网络活动。例如，对于仿真环境下的流量产生器，可以借助计算机硬件和软件的能力，仿真在实际网络中产生的网络流量。

利用建模工具和模拟工具来测试和验证网络设计是常用的方法，例如，利用网络仿真软件 NS-2(Network Simulator version 2)和 OPNET，可以根据测试目标开发一个网络模型，预期和估计网络的性能，对各种网络实现方法之间的差异进行比较和分析。

为了更准确地模拟路由器和交换机的行为，可在仿真工具中包含对网络实际通信量的测试。这种方法不仅解决了为复杂设备和通信负载建模的问题，也减少了网络设计人员准确预测负载的依赖程度，转而依赖于实际检测。

以网络协议分析仪为例，它可用于监测新设计的网络，帮助分析通信行为、差错、利用率、效率以及广播和多播分组。有时需要人为产生大流量的网络负载来检查设计，因为一般不会去配置和开发完整大型原型系统，只是对关键设备进行测试，这时就必须有能够产生大流量负载的设备和工具。

还需要指出的是，人们的经验也是对计算机网络进行测试和检验的重要资源，通过大量的网络工程实践，积累的成功或失败的经验，以及长期进行网络设计、维护和管理的体会和总结，都会形成很丰富的测试知识，不断提高人们对网络工程质量判断和分析的水平。从另一方面讲，所有的网络测试工具都是需要人来操作和使用的，对这些工具的熟悉和使用方法的掌握，也是需要多实践、多留心、多总结的。

测试工作结束后，形成网络系统测试报告，并归档作为验收的依据，也可为今后网络运行和维护提供技术分析依据。

11.1.5 网络测试的主要内容

结构化布线系统的测试需要选择合适的测试仪器和测试标准。通常采用国际上认可的测试仪器进行测试。例如，在对铜缆进行测试时，采用线缆测试仪表进行基本的连接性(导通)测试。在对 UTP-5 进行测试时，采用微软公司 Pentascanner 5 类测试仪。在进行光纤损耗方面的测试时，采用微软公司的光缆测试仪进行测试。选择的测试标准是 EIA/TIA568A 和 TSB-76。

网络设备测试主要包括功能测试、可靠性测试、稳定性测试、一致性测试、互操作性测试、性能测试。

(1) 功能测试验证产品是否具有设计的各项功能。

(2) 可靠性和稳定性测试往往通过增加负载的办法来分析和评估。

(3) 一致性测试验证网络产品的各项功能是否符合技术标准规定指标，以及网络协议规范。网络产品不同于其他产品的最大特点是必须符合产品技术标准，不同的网络产品之间要能实现相互操作。例如，交换机对 IEEE 802.3、IEEE 802.1p、IEEE 802.1q、IEEE802.3x 等的支持。

(4) 互操作性测试考察一个网络产品是否能在一个不同厂家的多种网络产品互连的网络环境中很好地工作。

(5) 性能测试的主要目标是分析产品在各种不同的配置和负载条件下的容量和对负载的处理能力，例如，交换机的吞吐量、转发延迟等。

网络系统测试除了普通意义上的物理连通性、基本功能和一致性测试以外，主要包括网络系统的规划验证测试、网络系统的性能测试、网络系统的可靠性与可用性的测试与评估、网络流量的测试和模型化等。

网络系统的规划验证测试主要采用的两个基本手段是模拟与仿真。模拟是通过软件的办法，建立网络系统的模型，模拟实际网络的运行。

网络系统的性能测试是指通过对网络系统的被动监测和主动测量确定系统中站点的可达性、网络系统的吞吐量、传输速率、带宽利用率、丢包率、服务器和网络设备的响应时间、哪些应用和用户产生最大的网络流量，以及服务质量等。

网络应用层次上的测试则主要是测试网络对应用的支持水平，例如，网络应用的性能和服务质量的测试等。

双向测量用于双向同时(全双工)传输速率对等性的测试，在检测网线的质量时，通常需要检测其两个方向上的网络速率。

由于网络的速度存在波动性，建议在实际测量网络速率时，对于一个网络方向建立相同的多条测试 PAIR 对，进行同时测试，可以精确测量到网络的平均速率，这也是一种精确的网络速率测试方法。

11.2 网络工程验收

11.2.1 网络工程验收的主要内容

网络工程验收需要网络用户和网络系统集成商一起对组建的计算机网络进行确认。网络工程验收用来确定网络工程性能是否达标、确认投资、认定工程质量，网络验收是日后网络维护管理的基础，验收结束给出的验收报告是系统集成商和用户确认网络工程项目完成的标志。

当网络工程项目完成后，系统集成商和用户双方要组织测试验收，测试验收要在有资质的专门测试机构或有关专家进行的网络工程测试基础上，由有关专家和系统集成商及用户进行共同认定，并在验收文档上签字认可。验收通过后，为了防止网络工程出现未能及时发现的问题，还需要设定半年或一年的质保期。用户应留有约 10%的网络工程尾款，直至质保期结束后再支付。

验收可以在网络工程现场进行，现场验收又称为物理验收，它是网络工程完工之后必不可少的一步。验收通常有测试验收和鉴定验收两种方式。

测试验收需要由具有一定资质的测试机构承担，由有关专家和测试技术人员参加，测试验收结果由有关专家、系统集成商和网络用户共同认定，并形成测试验收文档，共同签字认可。

鉴定验收需要通过由有关专家组成的鉴定组，依据网络系统的有关技术文档，在听取系统集成商的报告，以及网络用户提交的初步验收报告的基础上，必要时进行实地考察和现场测试，最后给出鉴定意见或鉴定报告。

验收工作计划包括的内容有：

(1) 确定验收测试内容。涉及线缆、网络设备性能测试，网络技术指标检查，网络流量分析。

(2) 制定验收测试方案。说明测试流程和实施的方法。

(3) 确定验收测试指标。参照网络工程有关标准。

(4) 安排验收测试进度。制定验收时间表。

(5) 分析并提交验收测试数据和报告。对测试数据和验收情况进行综合分析。

网络工程的验收通常包括结构化布线系统的验收、机房电源的验收、网络系统的验收、应用测试验收。通过验收，可以确认网络系统性能是否达标，例如，网络设备是否可以互连、互通、网络系统关键技术指标是否可以满足用户需求等。

验收测试中需要注意的是，没有统一的验收标准，应重视网络系统总体性能的测试，发现网络系统可能存在的瓶颈。应着重检查已建成的网络工程项目是否达到了一定的水准，这个水准是在可以控制的环境下满足用户需求的最低性能，所有的测试都应当得到高于这个最低性能的参数。不存在适用于各个不同环境、不同类型的统一的验收标准。所有的测试获得的参数应高于网络系统可以支持的网络基本性能。

11.2.2 综合布线系统的验收

结构化布线系统验收需要遵循布线系统的国际标准和国家标准，注意是否符合标准化和开放性的基本要求。有关的技术标准有 TIA/EIA/ANSI 568B、ISO11801、GB TB50321 等。

综合布线系统验收的内容主要有：环境要求；施工用的材料；线缆终端安装质量，例如，信息插座、配线架压线、塑料槽管、电源插座等；线缆走线和安装质量；设备安装及质量。

机房电源的验收，涉及照明、地线、电源 UPS 等。

例如，对于网络综合布线系统，在物理上的主要验收内容介绍如下。

(1) 工作区子系统验收。重点有：线槽走向、布线是否美观大方、符合规范；信息插座是否按规范进行安装；信息座是否做到一样高、平、牢固；信息面板是否固定牢靠。

(2) 水平干线子系统验收。要点有：线槽安装是否符合规范；槽与槽、槽与槽盖是否接合良好；托架、吊杆是否安装牢靠；水平干线与垂直干线、工作区交接处是否出现裸线，有没有按规范去做；水平干线槽内线缆有没有固定。

(3) 垂直干线子系统验收。除了类似于水平干线子系统的验收内容外，还要检查：楼层与楼层之间的洞口是否封闭(以防火灾出现时成为一个隐患点)；线缆是否按间隔要求固定；拐弯线缆是否有弧度。

(4) 管理间、设备间子系统验收。主要检查设备安装是否规范、整洁。

除了以上对物理外观做一般的检查外，还应做一些简单的测试验收。包括工作间到设备间的连通状况，主干线的连通状况，跳线测试，信息传输速率、衰减、距离、接线图、近端串扰等。

例如，对于双绞线，可以采用CAT 5-LAN测试仪进行测试验收，测试的指标有：回路电阻＞10dB、衰减＞23.2dB、阻抗100±5Ω、近程串扰＞24dB、直流电阻＜40Ω、传输延时＜0.1μs。

11.2.3 网络系统的验收

网络系统的验收所关注的问题如下：

(1) 网络设备交换机、路由器、网络服务器互通性，运行是否正常。

(2) 网络系统所有网络设备均满负荷运转情况。

(3) 产生大流量对网络系统进行压力测试。

(4) 启动冗余网络设备，观察对网络系统的影响。

对网络系统的验收同时应关注：

(1) 网络布线图，包括逻辑连接图和物理连接图。逻辑连接图反映各个LAN的布局、之间的连接关系，以及各个LAN与WAN的接口联系，还有服务器的布局情况；物理连接图给出每个LAN接口的具体位置，以及路由器、交换机的具体位置，还有配线架各个插口与具体信息插座、网络设备的联系。

(2) 网络系统信息，网络IP地址规划、IP地址前缀、VLAN划分、交换机端口配置、路由器接口配置、服务器IP地址等信息。

(3) 网络系统运行时，网络主干端口的流量趋势图、网络层协议分布图、运输层协议分布图、应用层协议分布图。这些是用于网络管理的基础信息。

(4) 应用测试，通过网络应用程序来测试网络系统支撑网络应用的能力。涉及对关键网络应用的支持，例如，WWW、DNS、FTP、电子邮件、其他多媒体音频和视频服务等。测试上述网络应用服务的时延，以及网络应用服务的稳定性。

在对网络设备连通性进行测试验收时，最简单的方法是使用ping和Telnet应用程序，可以在每一个子网中随机选取两台计算机进行验证，测试子网连通性，可以从两个子网中任选一台计算机进行验证。

11.2.4 网络系统的试运行

从初验结束时刻起，整体网络系统进入为期三个月的试运行阶段。整体网络系统在试运行期间不断地连续运行时间不少于两个月。试运行期间要完成以下任务：监视系统运行、网络的基本应用测试、可靠性测试、下电与重启测试、冗余模块测试、安全性测试、系统最忙时访问能力测试、网络负载能力测试。

各种系统在运行满三个月后，由有关单位对系统设计单位所承做的网络系统进行最终验收。验收过程如下：

(1) 检查试运行期间的所有运行报告及各种测试数据。确定各项测试工作是否已做充分，所有遗留问题是否全部解决。

(2) 验收测试。按照测试标准对整个网络进行抽样测试，测试结果填入《最终验收测试报告》。

(3) 签署《最终验收报告》，该报告后附《最终验收测试报告》。

(4) 向用户移交所有技术文档,包括所有设备的详细配置参数、各种用户手册。

最终的验收结束后开始交接过程。交接是一个逐步使用户熟悉系统,进而能够掌握、管理和维护系统的过程。交接包括技术资料交接和系统交接,系统交接一直延续到系统维护阶段。技术资料交接包括在实施过程中所产生的全部文件和记录,至少要提交总体设计文档、工程实施设计、系统配置文档、各个测试报告、系统维护手册、系统操作手册和系统管理协议书。

在技术资料交接后,进入维护阶段。系统的维护工作贯穿系统的整个生命期。用户方的系统管理人员应逐步具有独立管理网络运行的能力。在无偿为用户检修期间,管理员若发现有任何问题,应详细填写相应的故障报告,并交相关承建单位的技术人员处理。在无偿维护期之后,用户方可以自行修改网络系统和自行处理网络故障。

11.2.5 技术文档的验收

技术文档的验收是网络工程验收的重要组成部分。网络工程涉及的文档有综合布线技术文档、网络设备技术文档、网络设计文档、设备技术文档、网络配置资料文档、用户培训文档、各种签收、验收文档等。

综合布线技术文档主要包括结构化布线图、信息点配置图、信息点测试图、配线架插口及对应位置图、布线测试报告、网络设备、机架、主要部件的型号、规格、数量明细表。

设备技术文档主要包括操作维护手册、设备使用说明书、安装工具及附件、设备保修单。

网络设计与配置资料主要包括工程概况、工程设计与实施方案、网络系统拓扑图、交换机、路由器、服务器配置记录、IP 地址分配表、VLAN 划分表。

用户培训及使用手册包括用户培训手册、用户操作手册。

各种签收、验收文档包括网络硬件设备签收单、系统软件签收单、应用软件验收签收单、网络设备验收单、阶段调试、验收报告。

11.3 网络工程维护和管理

11.3.1 网络工程维护

网络系统的维护管理是一个保障网络正常运行、发现和检测故障、隔离及排除故障的日常工作。

网络维护的目的是,通过某种方式对网络状态进行调整,使网络能正常、高效地运行。通过网络维护工作,当网络出现故障时能够及时发现并得到处理,保持网络系统高效地运行。网络维护工作包括制定相应的管理制度,有针对性地培养用户,完善网络维护的技术手段和工具等方面。

网络系统验收之后,进入网络运行阶段,需要在网络实际运行过程中进一步检验网络的性能,重要的任务是对网络的维护。网络维护包括两个方面:故障定位及排错、网络性能优化。

网络维护采取的措施包括:

(1) 建立完整的网络技术档案。如网络类型、拓扑结构、网络配置参数、网络设备及网络应用程序的名称、用途、版本号、厂商运行参数等。

(2) 常规网络维护。定期进行计算机网络的检查和维护，现场监测网络系统的运营情况，及时解决发现的问题。

(3) 紧急现场维护。在用户遇到网络严重问题时，集成商技术人员应在规定的时间内上门排除故障。

(4) 重大活动现场保障。当用户有重大活动或遇到网络要做重大调整或升级等情况，需要集成商的技术人员现场维护。

(5) 网络调整、升级时提供的支持和保障。

(6) 做好日常维护记录，并及时归档。

网络维护伴随着网络运行的全过程，网络维护是必不可少的，网络维护在网络工程项目中占有较大比例的工作量份额。网络系统运行中会面临新的应用和服务，增加新的网络设备，这就需要对原有网络系统的功能进行扩展，这些都属于网络维护的内容。

11.3.2 网络工程的管理

网络系统运行之后，网络管理成为日常工作最重要的部分，日常 85%以上的工作都与网络管理有关。网络管理涉及 5 个方面的管理：

(1) 故障管理(Fault Management)。涉及差错检测、差错定位、差错改正。管理系统定时查询网络设备的状态，以文本和图形方式把发现的问题显示出来或打印出来。

(2) 配置管理(Configure Management)。是网络管理的重要功能，对网络环境的参数进行设置，也只有在有权配置整个网络时，才可能正确地管理该网络。

(3) 账户管理(Accounting Management)。对域名注册、网络 IP 地址分配、代理服务器登录的管理，对网络中用户使用网络的资源进行收费管理。

(4) 性能管理(Performance Management)。包括网络性能和系统性能，网络管理实用系统应都能管理网络性能，例如某条线路的利用率，某个接点的分组排队情况等。

(5) 安全管理(Security Management)。对网络系统进行权限设置和管理，管理用户登录到特定的路由器或其他互连设备时进行的各种操作，可以给出警报检测和提示功能，对重要信息数据的访问采用防火墙技术。

网络运行状况和网络设备的监控，对网络性能分析，以及对网络故障的诊断和修复等，逐渐成为日常网络管理最重要的工作。目前网络系统的设计都需要考虑到网络管理，网络管理在计算机网络应用中的作用越来越重要。

网络管理系统要能管理不同厂家的计算机软、硬件产品，涉及三个重要因素：一是要有网络管理协议，网管协议用于在网管系统和被管对象之间实现通信；二是要记录被管理对象和状态的数据信息；三是运行一个大的网络还应有相应的网络管理机构和组织，例如，校园网络管理中心，以及 Internet 的管理机构。

11.3.3 网络管理方式

对网络及设备的管理有三种方式：本地终端方式、远程 telnet 命令方式、基于 SNMP 的代理服务器方式。

本地终端方式通过被管理设备的 RS-232 接口与管理计算机相连接，进行相应的监控、配置、计费以及性能和安全等管理。一般适用于管理单台的重要网络设备,如路由器等。

远程 telnet 命令方式通过计算机网络对已知地址和管理口令的设备进行远程登录,并进行各种命令操作和管理。与本地终端方式的区别是 telnet 命令可以异地操作,不必到现场。

本地终端方式和远程 telnet 命令方式都只能针对某台具体设备,无法提供网络运行情况的自动检测与跟踪功能,不利于根据需要开发用于管理的图形界面。

基于 SNMP 的代理服务器方式通过下面的网络管理模型描述。

11.3.4 网络管理模型

基于 SNMP 的代理服务器网管方式,可以通过 SNMP 网络管理模型来描述。网络管理模型由网络管理站(网络管理器)、被管网络设备(网络管理代理 Agent)、网络管理信息库(Management Information Base,MIB)以及 SNMP 协议组成,SNMP 管理模型如图 11-1 所示。

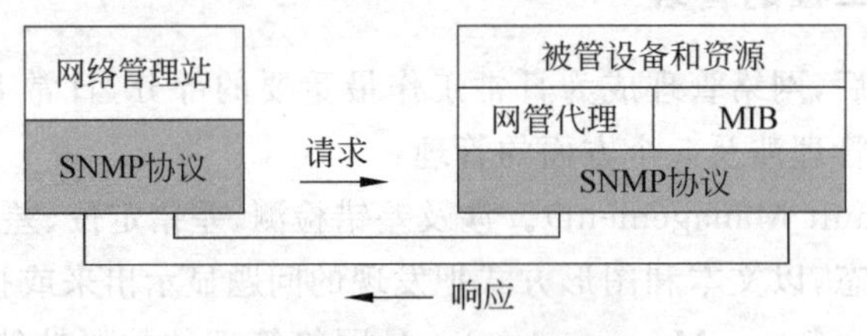

图 11-1 SNMP 管理模型

被管设备可以有多个,每个被管设备通过代理或服务器向网络管理站汇报被管设备的运行状态,接受来自网络管理站的操作命令,并完成相应的操作。

网络管理站至少有一台计算机运行特殊的网络管理软件,网管软件例如美国惠普的 Open View,给出非常友好的图形界面,可以定时、动态地向网络设备发送管理信息,收集网络设备的运行状态。

MIB 是每个被管设备中代理所维持的状态信息的集合,例如报文分组计数、出错计数、用户访问计数、路由器中的 IP 路由表等。

SNMP 协议用于网络管理站与被管设备的网管代理之间交互管理信息,网络管理站通过 SNMP 协议向被管设备的网管代理发出各种请求报文,例如,读取被管设备内部对象的状态,必要时修改一些对象的状态,网管代理接受这些请求并响应完成相应的操作。网络管理操作基本上都是以请求响应模式进行的。这里的对象是指 SNMP 管理模型中按照抽象语法标记 ASN.1(Abstract Syntax Notation 1)抽象语法标记定义的有关被管设备和网络运行状态的变量与数据结构。SNMP 在 TCP/IP 之上运行,SNMP 可以看作是 TCP/IP 协议中的一个应用层协议。

需要注意的是,有些网络设备可能不支持网络管理标准,也有一些小的设备,例如,调制解调器等不能运行网络管理协议,这些设备对于网络管理来讲称为非标准设备,对非标准设备实施网络管理的方法是用一个称为委托代理的设备,来管理一个或多个非标准设备,委托代理与管理站之间运行标准的网络管理协议,委托代理与非标准设备之间运行制造商专用的协议,使得管理站可以得到非标准设备的信息。

11.3.5 网络性能测试和管理工具

借助用户认可厂商提供的网络性能测试工具进行网络性能和故障检测，例如，可以从Cisco网站选择Support选项，下载有关测试工具软件和使用说明书。Cisco提供的几个主要测试工具如下：

(1) Cisco设备安全管理器SDM。一种基于Web的设备管理工具，通过SDM可以利用Cisco路由器部署WAN接入和安全设置。

(2) Cisco集群管理组CMS。一种基于Web的网络管理软件，内置在Catalyst交换机内，提供监控和故障排除功能，可以大大减少部署和配置多个交换机的时间。

(3) Cisco Works提供设备级配置、监控和故障管理。提供VPN安全管理的综合解决方案VMS，VMS是一种支持VPN、防火墙、IDS的基于Web的工具。

(4) Cisco View设备管理。提供网络设备的动态状况、统计和配置信息，支持远程监控和管理，可以图形化显示监控的网络设备，支持基本的故障排除。

(5) Cisco网络分析模块(NAM)。是一种包含硬件驱动存储器的底板模块，提供基于RMON2和MIB的应用级远程监控，可以分析网络各层的流量，提供数据链路层和物理层上端口的流量统计。可以通过Web浏览器交互式地访问网络分析模块，获得网络性能、网络协议包捕获情况的统计报告。

11.3.6 网络设备管理系统

网络设备管理系统是用于对网络设备进行监测、配置和故障诊断开发的网络管理软件，简称网管系统，网管系统的主要功能包括自动拓扑发现、远程配置、性能参数监测、故障诊断等。网管系统可以由硬件设备厂商、通用软件供应商和网络用户开发。

比较流行的网管软件有：设备厂商开发的Cisco Works2000、Netsight、Linkmanage、Imanager等，通用软件厂商开发的Openview、Micromuse、Concord等。

应用性能管理系统是一个比较新的网络管理方向，它主要指对企业的关键业务应用进行监测、优化，提高企业应用的可靠性和质量的网络管理系统。应用性能管理主要用于监测企业关键应用性能，快速定位应用系统性能故障，优化系统性能。

比较流行的应用性能管理产品有BMC、Tivoli Application Performance Management、Veritas(Precise)的i3系列产品、Quest系列产品、Topaz。国内主要是Siteview产品。

桌面管理系统是对计算机及其组件管理的网络管理软件。这类系统通常由管理端和客户端两部分构成。比较流行的桌面管理系统有Caunicenter、Landesk、Netinhand、Landesk Management Suite 7等。

员工行为管理系统包括两部分：一部分是员工网上行为管理EIM，另一部分是员工桌面行为监测。员工行为管理系统一般在网络协议层次的应用层、网络层对信息控制，根据EIM数据库进行数据过滤，定制因特网访问策略，根据用户、部门、网络节点或网络设置不同的网络访问策略。比较流行的员工行为管理系统产品有Websense、Netmanage网管等。

网络安全管理系统指保障合法用户对资源安全访问，防止并杜绝黑客蓄意攻击和破坏的网络管理系统软件。它包括授权设施、访问控制、加密及密钥管理、认证和安全日志记录等功能。

比较流行的网络安全管理系统包括入侵监测系统 IDS 和防火墙。比较流行的防火墙有 Check Point、Netscreem、Cisco Pix 等。入侵监测系统有 ISS 公司的 Realsecure、AXENT 的 ITA、ESM,以及 NAI 的 Cybercopmonitor 等。

局域网管理系统(LMS)是 CiscoWorks 2000 网络管理系列产品之一。它为局域网提供了配置、管理、监控、故障检测与维修工具,同时还包括了用于管理局域网交换和路由环境的应用软件。

Cisco 路由 WAN(RWAN)管理解决方案对 CiscoWorks 2000 产品系列进行了扩展,增加了网络行为的可视性,能够提供一组功能强大的管理应用,可用于对路由广域网(WAN)进行配置、管理、监视和故障诊断,能够帮助用户快速确定性能瓶颈以及性能的长期趋势、提供早期检测、带宽优化,以及链路之间带宽分配等功能。RWAN 可以监视 WAN 链路,度量设备、用户和服务之间响应时间。RWAN 包括访问控制列表(ACL)管理器、互联网性能监视器(IPM)、nGenius 实时监视器(RTM)、资源管理器要件(RME)、CiscoView、CiscoWorks2000 管理服务器等模块。

11.3.7 网络运行管理制度

中华人民共和国信息产业部制定的有关网络管理的法规包括:

(1) 中国互联网络信息中心域名注册实施细则。

(2) 中国互联网络域名管理办法。

(3) 互联网出版管理暂行规定。

(4) 部分信息技术产品认定暂行办法。

(5) 信息产业部颁布通信工程质量监督管理规定。

(6) 中华人民共和国信息产业部令(第 5 号)软件产品管理办法。

(7) 计算机信息系统集成资质管理办法(试行)。

中华人民共和国公安部制定的相关法规如下:

(1) 中华人民共和国计算机信息系统安全保护条例。

(2) 中华人民共和国计算机信息网络国际联网管理暂行规定。

(3) 计算机信息网络国际联网安全保护管理办法。

(4) 计算机病毒防治管理办法。

(5) 互联网信息服务管理办法。

(6) 互联网电子公告服务管理规定。

(7) 计算机信息系统安全专用产品检测和销售许可证管理办法。

(8) 计算机病毒防治产品评级准则。

读者可以查阅相关文献,进一步了解与网络管理有关的文献内容。

11.4 网络故障处理

11.4.1 网络故障处理概述

计算机网络出现故障是不可避免的。网络故障管理的工作主要包括:对网络进行监测,提前预知故障;发生故障后,进行故障诊断,找到故障发生的位置;记录故障产生的原因,找到解决方法;网络故障处理;故障分析预测,故障有关文档整理。

网络故障诊断的目标是:确定网络的故障点,排除故障,恢复网络的正常运行;找出网络出现故障的原因,改善优化网络的性能;观察网络的运行状况,及时预测网络运行状况。

网络故障处理是从发现网络故障开始,通过收集网络故障信息,使用网络测试或网络诊断工具,确定故障原因,查找故障位置,进而排除故障,恢复网络正常工作的过程。也可以通过网络测试,发现网络设计、规划和网络设备配置中存在的问题,进一步改善和优化网络性能。按计算机网络体系结构的层次考虑,网络故障诊断的过程可以自底向上依次从物理层、数据链路层、网络层、运输层、应用层展开。

出现的网络故障是多种多样的,排除网络故障需要一定的工作经验和扎实的网络基础知识。网络故障的分析和检测方法主要有隔离法、替换法、参照法、咨询法、软件测试法。排除网络故障常用的工具有数字万用表、线缆测试器、时域反射仪、网络分析仪、网络测试仪等。

网络故障的分析可以通过网络仿真,网络仿真就是在不建立实际网络的情况下使用数学模型分析网络行为的过程。例如,可以准确地模拟路由器和交换机的配置、运行状态和行为,可以在网络仿真工具中实现对网络通信流量的模拟测试和分析。

网络故障的检测过程比修复网络故障本身的难度要大得多。迅速地查出故障位置,确定故障发生的原因,确立清晰的排障思路,记录排除故障的过程,积累故障排除经验是进行网络故障排除的关键步骤。网络故障诊断以网络原理、网络配置和网络运行的知识为基础,从故障的实际现象出发,以网络诊断工具为手段获取诊断信息,沿着5层网络协议层次从物理层开始依次向上进行,逐步确定网络故障点,查找问题的根源,排除故障,恢复网络的正常运行。

11.4.2 常见的网络故障

网络故障的原因是多方面的,一般可以分为物理故障和逻辑故障。

物理故障又称硬件故障,包括线路、线缆、连接器件、网络接口(端口)、网络适配器,以及网络设备,例如,交换机或路由器出现故障。大约有25%的故障是由计算机硬件引起的。

逻辑故障的产生分为两种情况:一种原因是配置错误,例如路由器网络接口、路由表的参数设置不对;另一种原因是当网络系统或网络设备负载过高时,会使一些重要进程或端口被关闭。

出现网络故障的其他原因还有:网络管理员操作出现差错而引起的故障占整个网络故障的5%以上;软件引起的故障,例如,软件本身有缺陷,造成系统故障,网络操作系统缺陷,造成系统失效;网络用户操作不当引起的故障,例如,网络用户没有遵守赋予的网络访问权限,擅自超权访问系统和服务,侵入其他系统,操作其他用户的数据资料。

进行故障分析时,可以依据网络体系结构的协议层次所实现的功能,自底向上,从物理层开始依次进行,确定故障出现在哪个网络层次。

物理层的故障原因主要是网络设备的物理连接方式不当、线缆连接不正确、CSU/DSU设备配置有误。可以通过命令,查看路由器网络接口的状态、协议建立状态,依据屏幕信息分析和解释故障,也可以通过查看网络设备面板上的指示灯状态,确定故障的原因。

数据链路层故障的定位主要是通过查看网络设备接口上协议的封装情况，以及网络中接口所封装协议的一致性。

网络层故障排除的方法是，沿着从源到目的的路径，查看路径上各网络节点网络接口IP地址的配置情况，例如，可以通过 tracert、ipconfig、ping 等网络命令检测网络的连通性。检查各个路由器中路由表内容，分析路由表中表项的设置状态，对所设置的静态路由、动态路由和默认路由进行核对和调整。需要指出的是，所设置的静态路由是优先于动态路由的。

网络协议故障的原因通常是没有指定和安装操作系统中携带的对应网络协议，IP 协议中的地址等参数设置不正确。通常可以通过 ping 127.0.0.1 命令，测试本网络节点的网络协议栈配置是否正确。

设备故障是指网络设备本身出现问题。例如，网线制作或使用中出现问题，在一般硬件故障中，网线的问题占有较大的比例。另外，网卡、交换机、路由器的接口，以及主板的插槽都有可能损坏造成网络不通。有时温度过高，也会对网络设备造成影响，一般情况，在发现网络设备故障后，建议重新启动一次系统，然后再检查错误。

设备冲突故障，计算机设备需要占用的系统资源，例如，中断请求、I/O 地址等。网卡最容易与显卡、声卡等关键设备发生冲突，导致系统工作不正常。一般情况，应先安装显卡和网卡，之后安装其他设备，可以减少发生网卡与其他设备的冲突。

设备驱动问题主要是出现不兼容的情况，例如，驱动程序与设备、驱动程序与操作系统、驱动程序与主板 BIOS之间不兼容。设备驱动程序是软件，但由于驱动程序与硬件联系紧密，通常将设备驱动问题归纳为硬件问题。

11.4.3 网络故障定位过程

故障排查定位是指不仅能发现故障，也能确定故障的位置，并能够分析出故障发生的原因，最终排除故障。需要认真分析和掌握故障定位的方法。

常用的网络排障思路是：识别并描述故障现象；制定诊断方案，列举可能导致故障的原因；做好每一步测试和观察，每改变一个参数都要确认其结果。

确定网络故障问题的第一步就是分析外部的症状。一旦获得网络差错消息，应将其按所显示的形式记录在网络差错日志中。差错消息的内容及显示的地点是确定差错发生点的一个重要线索。当然，也应该注重问题出现的实际内容，搞清楚当时网络上进行的活动、服务器上运行的程序等。

分析网络系统自从最近一次正常工作以来是否有发生了变化，例如，是否增加了新的网卡、是否曾经删除了一个配置文件。有时候看似一件小事，它引起的后果可能会是无法预料的。

在试图重新启动服务器时如果又遇到问题，则应注意该启动过程是在哪一步停止的，通常，可以采用同样的操作方式，重复出现的同样的问题来寻找故障出现的规律，这会有助于确定问题究竟出现在哪里。

在一个给定的系统中检测、隔离和修复故障的过程叫做故障定位。故障排查定位常被称为科学与艺术的结合。作为一门学科，故障定位要求明白系统的操作，以及呈现的现象与其后导致的原因之间的关系。作为艺术，则要求有一定的直觉、技巧和经验。

计算机网络是一个动态的系统，系统中的元素是若干离散的网络部件，组合在一起构成一个功能整体,每个网络部件具有一种或多种所期待的属性,同时这些不同的部件之间存在有一种或多种特定的关系。计算机网络系统中部件无论从它们存在于该系统而言,还是从所期待的行为而言,均可突发性的改变,对动态的网络产生的故障准确定位是比较困难的。怎样在网络系统的多个部件中隔离出有故障的部件,一方面是有规则可循;另一方面需要技术工具和经验。

故障定位所遵循的步骤为:确定出现故障问题的实际性质、隔离出故障的原因、找到解决问题的措施。

网络出现故障可以通过故障现象表现出来,通过现象看本质,需要透彻分析问题的症状,有针对性地检查网络部件,依据网络系统正常的运行特性,设法收集到一些可能与故障有关的线索信息。进行网络故障定位的过程如图 11-2 所示,包括三个步骤:确定问题、隔离问题、解决问题。其中前两个步骤构成一个循环过程,直到可以对故障定位为止。

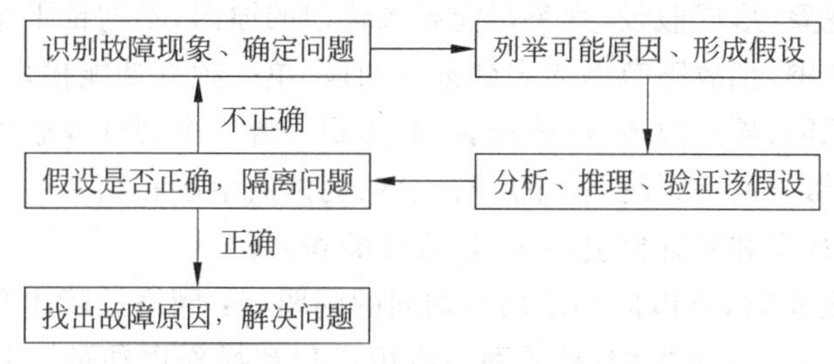

图 11-2 进行网络故障定位的过程

故障定位包含的所有方面中,在形成假设这个领域的经验和专门的知识最为有用。为了形成一个导致故障出现的原因的合理假设,需要熟悉网络问题的类型,也需要很好地理解运行在网络中的各个协议和应用程序。

相对于没有经验的故障定位人员而言,有经验的定位人员显然更容易做出首先怀疑某个部件的判断。当然,借助工具可以大大提高定位的准确度,其中最有用的工具之一就是网络分析仪,它能显示有关的传输速率、分组类型和网络协议出错信息。

在产生一个假设后应当进行总结,以判定该假设是否正确。测试一个假设是否正确有几种方法,常用的是"替换法",就是用能确保正常运行的部件去替换系统中被怀疑有问题的部件,以判定被怀疑部件是否确实存在问题。这种方法可以用于网络硬件或软件故障的假设验证。对于硬件故障,可以进行替换或修理,对于软件故障可以通过删除或重新安装来解决问题。在"替换法"中注意每次仅替换一个部件,否则不利于故障的定位。

在进行一系列操作之后,需要总结出所做假设的正确性。倘若问题依然存在,则可以得出假设失败的结论。如果一个测试的结果不足以得出结论,必须设计更为详细的检测方法,并形成另外一个假设,直至能够确定问题所在为止。一旦隔离出了有故障的部件,须尽快进行修复。

11.4.4 网络故障处理方法

网络中的故障是多种多样的,但故障的查找是有规律可循的。随着计算机网络知识、经验技术的积累,网络故障排除将会越来越熟练。另外,严格的网路管理是减少网络故障的有效保障,规范的网络设计、建设、运行技术档案会给网络故障排除提供重要的参考依据,有效的网络测试、监控工具则是预防、排查故障的有力助手。

首先应对网络环境和网络设备的运行状况进行检查。检查内容包括：操作系统运行状况；网络协议、网络接口、网络地址的设置是否正确；设备驱动程序运行状况；网络设备收发网络数据包情况；网络接口设备与网络接入设备的连接情况；服务器到网络接口设备的连接状况；网络互联、连接设备运行状况；网络主要设备的流量状况；网络端口数据流量的大小；重发包、错包和丢包的比例；网络设备上数据包发生碰撞的比例；网络流量日志文件内容；拥塞控制的报警阈值设置。

故障查找的一般步骤如下：

(1) 收集故障现象和信息，听取用户情况描述，例如，从网络管理系统、协议分析跟踪、路由器诊断命令的输出报告，以及软件说明书中收集有用的信息。

(2) 对问题和故障现象进行详细的描述，注意细节。

(3) 分析故障现象，形成假设，列举可能导致错误的原因，不匆忙下结论。

(4) 缩小故障范围，把故障范围界定到某一网段、单一独立功能模块，或某一网络用户。

(5) 确定故障原因、隔离故障、故障位置，具体到是哪一个硬件或软件(部件)。

(6) 排除故障、修复网络系统，记录所有观察、测试的手段和结果。

(7) 故障分析、观察和验证修复结果，形成经验积累。

识别收集故障现象时，可以向网络用户询问的问题有：网络故障出现时，正在运行什么进程，正在对计算机进行什么操作；相关网络应用进程和操作以往的运行情况；以前这个进程的运行是否成功；这个进程和操作最后一次成功运行的时间；此后发生了哪些改变。带着这些疑问来了解并分析网络故障问题，才能有效地找到问题的根源，对症下药排除故障。

进行故障查找时，一个比较可行的方法是采用“二分法”隔离物理故障，通过细分，先把故障隔离在一个功能段上，从靠近问题的一个网络节点入手，继续使用二分法不断把故障范围划分到较小的隔离段，直至趋近故障部位。

网络设备面板上面的指示灯反映了网络设备的运行情况，类似人类社会中交通工具汽车的灯光，网络设备指示灯的闪亮(颜色)标识是网络设备与网络用户之间可以理解的语言。例如，可以通过观察交换机、路由器、网络适配器上 LED 指示灯的状态，判断网络设备的状态。通常情况下，网络设备上 LED 指示灯的用途是：绿灯表示连接正常；红灯表示连接故障；不亮表示无连接或线路不通；长亮表示出现广播风暴；指示灯有规律地闪烁标识网络设备运行正常。

网络连通性是在网络出现故障后首先考虑的问题。网络连通性通常涉及网络设备和传输介质，例如，网络适配器、跳线、信息插座、网线、交换机、路由器等。其中，任何一个出现问题，都会导致网络连接的中断。网络连通性通常可以采用软件和硬件工具进行测试验证，例如，可以通过 ping 命令测试连通性，也可以通过观察网络设备的指示灯分析网络连通性。

网络设备的配置文件和配置选项设置不当，同样会导致网络故障。例如，若服务器权限的设置不当，会导致资源无法共享的故障；若计算机网络适配器配置不当，会导致无法连接的故障。

最难以隔离的故障是间断性发生的网络故障，解决这类问题的方法是重新创建产生间断性问题的环境。解决这一问题的最好方式是使用排除法，问题排除过程需要时间和耐心，应该对间断性问题出现之前，以及问题出现期间的网络环境和网络设备的状态进行跟踪记录。

应对故障问题和故障修复过程进行记录，尤其是故障问题出现的原因、解决的方法、使用到的工具等。记录故障排除过程对今后和他人排除类似的网络故障非常有益，没有任何东西可以取代排除网络故障的经验，每个新的网络故障问题的解决都是一次丰富网络故障排除经验的机会。

尽管收集的信息为隔离问题提供了基础，但管理员也应该参考记录的基准信息，并与当前的网络操作进行比较。在与创建基准条件相同的环境下重新进行测试，然后比较两个结果。两者之间的任何变化都可能指出问题的原因。

故障查找时还应注意：某个特定的物理层问题可能会呈现不同现象，例如，以太网采用总线拓扑结构，所呈现的物理层问题会是不同的。另一方面，与采用的测试手段、位置和环境有关，所呈现出来的故障现象可能会互相矛盾，容易被假象误导，这就需要去伪存真，缩小故障查找范围，采用有效的测试工具。

对网络响应慢或网络性能差的问题，首先应确定是否与网络传输介质有关，接着确定网络硬件或软件是否存在问题。在网络故障定位过程中，查阅网络设计、网络运行文档是十分必要的，了解网络系统正常工作时的参数，找到对比故障现象所需要的数据和依据。

当计算机网络出现故障时，用户总是希望能尽快恢复网络运行，此时，采用急切地重启网络系统决不是可取的方法，有时甚至会带来严重的后果，因为潜在的故障仍然存在，并没有真正排除。比较恰当的做法是，应尽可能多地收集故障的线索，找到原因，尽快排除故障。

解决网络故障问题的主要手段是：找出问题，得出结论，故障排除。通常是用能够正常工作的类似网络部件来替代怀疑有问题的网络部件，在熟悉每个网络部件的性能，了解它们可能会引起什么样的故障问题后，这是个比较有效的方法。若是在增加一个新的网络部件之后出现了故障，则应先替换该部件。

11.4.5 常用网络故障测试工具和命令

1. 网络故障测试工具

网络故障测试工具特点是不会耗费网络资源，减少对网络系统正常运行的干扰，获得的网络系统或网络设备状态信息比较清晰和直观。

常见的网络故障测试工具有欧姆表、数字万用表、线缆测试工具，可以用于测量交直流电压、电流、电容，以及线缆的电阻，检测线缆的物理连通性，例如，网络连线是否断开、短路等。

数字万用表(电压欧姆表)是多用途的电子测量工具。使用数字万用表可以确定：电缆是否连接(是否有断路)；电缆是否可以运载网络通信量；同一电缆的两个部分是否暴露和接触(因而造成短路)；电缆的暴露部分是否触及了另一个导体，例如，其他物体的金属表面。

在进行网络故障排除时，需要用数字万用表检查网络设备电源的供电电压。大多数网络设备使用 220V 的交流电工作，但并不是所有的电源输出都满足这个要求。网络系统负荷增大会导致电压的降低，长时间在低电压下工作可能会导致网络设备出现问题。低电压通常会导致间断性的错误。过高的电压会导致网络设备遭到损坏。进行网络故障查找时，在连接任何网络设备之前应对输出电压进行检查，以确保网络设备的供电电压处在正常范围内。

线对测试器、线缆测试器、时域反射计(TDR)、示波器均是网络事件和故障测试工具，也称为网络测试仪。网络测试仪的特点是测量速度快、测量精度高、故障定位准、测量数据直观。可以节省查找故障的时间。

线对测试器能够检测分叉线对。分叉线对是与网络线缆频率有关的简单故障，通过分叉线对测试的双绞线可以提供 UTP-5 类线缆性能。

线缆测试器不仅可以提供对超 UTP-5 类线缆的频域测试，还可以提供或比 UTP-6 类线缆速率更高的测试，以及光纤速率的测试。

时域反射计(TDR)可以沿着电缆发送类似于声纳的脉冲，以确定电缆中是否存在断点、短路或者缺陷。TDR 沿着电缆的长度方向的有效作用距离通常有数英尺。当电缆出现问题时，TDR 会对问题进行分析，并显示出分析的结果。

示波器是一种以时间为单位测量信号电压值的电子装置，在一个显示屏幕上显示测量结果。当与 TDR 一起使用的时候，示波器可以显示短路、电缆中突然的弯曲和卷曲、开路(电缆中的断路)、衰减(信号电源的损失)等信息。

网络监视器是一种软件工具，其作用是对部分或者整个网络的通信量进行跟踪，可以检查网络协议包，并且收集有关网络协议包的类型、出现的错误，分析输入网络和从网络中输出的网络协议包数量等信息。

2. 网络协议分析器

网络协议分析器用来解析从数据链路层的协议数据单元(帧)开始的各层网络协议，可以用十六进制字符显示 PDU 中各字段的值。协议分析器可以根据设置条件过滤网络流量。网络协议分析器通过采用数据包捕获、解码和传输数据的方法实时地分析网络通信量。通过查看网络协议包的内部规则信息来确定问题的原因，也可以根据网络通信量生成数据统计，帮助了解网络运行的总体情况。

网络协议分析器可以分析和检测的网络问题包括有故障的网络部件、配置或连接错误、LAN 瓶颈、通信量的波动、网络协议格式问题、可能引起冲突的应用程序、异常的网络通信量。

通过网络协议分析器可以识别范围广泛的网络行为，例如，确定活动频繁的网络节点，若某一网络节点产生大量的通信量使得网络的速率降低，可以把该网络节点移动到网络中的其他网段。若某一网络节点正在产生错误的网络协议包，可以将该节点从网络中除去，或对它进行修复。

可以通过网络协议分析器进行的工作还有：查看和筛选某些类型的网络协议包，可以帮助确定何种类型的通信量可以通过网络中一个给定的网络分段。并可跟踪网络性能以了解今后可能出现的趋势，为更好地规划和配置网络提供支持；通过生成测试网络协议包并对结果进行跟踪来检查网络部件、连接和线缆的状态；通过设置可能会出现警告的参数来确定故障问题发生的触发条件。

3. 网络通用 Sniffer

Sniffer 是 Network General 分析器家族产品的一部分，它可以对多种网络协议的帧进行捕获和解码，这些网络协议包括 TCP/IP、AppleTalk、Windows NT、Netware、SNA、VINES 和 X. 25。Sniffer 可以用 3 种度量方式测量网络的通信量，相应的单位分别为每秒千字节、每秒帧和可用带宽的百分比。Sniffer 可以给出网络通信量的统计数字，并将结果显示出来。

4. 网络测试命令

利用网络设备和系统本身提供的集成命令可以对网络设备和系统进行诊断和测试，例如，常用的命令有：show 用于查看网络环境、网络设备的配置，可以细分到网络设备的某一个网络接口，以及网络路由的配置情况，该命令用于对网络、设备出现的故障进行定位；debug 可以对系统和设备的调试，跟踪和发现故障的位置，帮助分析网络协议和网络系统、设备配置存在的问题。

ping 用于测试网络系统的连通性，尤其是在路由、VLAN、访问控制等配置后，通过该命令验证配置是否可用、正确。ping 报告每个网络协议包发送和接收的时间，并报告正确接收到网络协议包的百分比。可以通过 ping 127.0.0.1 对本机网络协议栈的配置进行测试。通过该命令可以测试本机到达默认网关、到达网络中某一节点的连通性，用起来十分方便。

trace 用于测试从源节点到目的节点传输过程中网络协议包所经过的路径，给出网络协议包途径的逐跳路由器网络接口的 IP 地址。

5. Navis NFM 故障管理系统

Navis NFM(Network Fault Management)网络故障管理系统是朗讯科技的产品，能够提供实时网络故障监测和相关处理，可以快速定位故障。支持多厂家、多技术和多业务的集中网络管理。Navis NFM 核心功能包括：告警信息采集、浏览、过滤、分类；支持信息压缩，可根据信息发生的次数、数值、时间和分组进行压缩；告警门限设置和级别升级（Critical、Major、Minor、Other、Cleared）；自动的告警通知和告警处理功能(寻呼、发送电子邮件、网元重新启动等)；多种颜色的故障信息显示和图形化的网络地图显示；支持开放的接口和 API(ASCII、SNMP v1-v3、CORBA、X.25、TL1)；支持远端登录到网元和网元管理系统。

NFM 可以根据用户的级别，实现分权和分级管理。系统管理员可以为不同的用户设置不同的权限，只定义该用户关心的网元的故障信息的浏览、查找、操作和远程登录等功能。每个用户用自己的账户登录系统后，只能看到权限之内的信息，以及执行被允许的各种操作。同时，NFM 还备有用户使用记录，从而实现对人员使用情况的管理，加强对整个系统的安全保障。

NFM 可以对非告警类报告提供过滤，根据各种门限进行告警抑制，告警恢复后 NFM 可以自动清除原告警，并将其转入已清除告警中，并支持对告警进行域内、域间的相关性处理等。

网络用户还可以将客户信息和有关的服务数据集成到 Navis NFM 数据库，NFM 可实时地显示与网络故障相关的客户和服务数据信息，产生针对特定客户和服务的故障报告。

11.4.6 网络各层故障排除的例子

1. 物理层故障

连接性故障，将导致网络无法连接，主要产生于线缆与网络设备的网络接口连接，故障现象表现为线缆连接器松动、网络接口物理故障，网络接口逻辑故障，例如，参数配置错误。物理层故障排除的关键在找出物理断点的位置。

电力故障，包括电力丢失、电力不足、电力不稳、电力尖峰、电力污染。其中电力污染是指雷电、短路、强电磁辐射、电焊火花等带来的干扰。电力故障应以预防为主。

线缆信号衰减问题，信号经过一段距离传输以后，信号的强度和波形都会受到影响，造成信号的衰减。衰减的其他主要原因有：受损的连接器引起的衰减、使用错误的线缆类型。另外，回波损耗是一个由线路上各处阻抗不匹配，而引起的反射所造成的信号抖动，会造成点到点时延抖动。

性能低于基线，若网络可以运行，但是网络性能总是欠佳，则可能与物理层问题有关，例如，在网络出入接口处，使用了劣质线缆，造成了不稳定的路由。或是过多的流量通过一条低速的 LAN 或 WAN。或是超过了传输介质的布线距离要求。

2. 数据链路层故障

数据链路层故障主要有：帧封装错误、帧差错、第 2 层到第 3 层映射错误。可能的原因是网络层及以上层没有连接或无法实现功能、封装出问题、地址解析错误、一个 MAC 地址在两个端口之间循环等。

例如，一条 WAN 链路的两端分别配置了不同的数据链路层协议，一端路由器 A 的网络接口封装的是 HDLC 协议；另一端路由器 B 的网络接口封装的是 PPP 协议。出现数据链路层协议封装错误，两个路由器在数据链路层无法通信，第 2 层协议无效，致使第 3 层及以上层的协议也无效。

这种故障，可以通过 ping 命令测试两端点之间的连通性，若不通，则进一步对网络接口所配置的参数进行检查。

3. 网络层故障排除

网络层故障主要表现为网络性能下降，网络层故障主要有网络链路断掉、邻居不可达、路由表中的表项内容丢失或出错，网络接口 IP 地址配置出错等。

例如，若路由器的路由表的表项缺失，一条路由没有装入路由表，将会引起路由不可达故障，问题的原因可能是：路由器本身(接收方)的问题，路由器收到了路由更新报文，但并没有及时更新；路由器邻居(发送方)的问题，邻居没有通告路由，或在路由变化时，没有发送路由更新报文；中间传输介质有故障，或是第 2 层协议出现问题。

可以通过 IOS 的 show 命令查看路由表、路由器的网络接口状态，例如，可以检查 OSPF 协议的运行状态。

4. 运输层故障排除

运输层的故障有：在配置访问控制参数时，顺序出现问题；端口配置出错。例如，在不能确定一个网络流量是使用 TCP 端口，还是使用 UDP 端口时，若设置两种端口都允许，则防火墙会出现漏洞，入侵者将会穿越防火墙对内部网络进行攻击。

另一个例子是，在配置 ACL 时，把一个需要 HTTP 流量的 ACL 参数配置为 UDP 端口 80，正确的配置应为 TCP 端口 80。可以通过查看 ACL 的命令查看配置问题出现在哪里。

5. 应用层故障排除

应用层故障的表现主要是：应用层服务无法实现；不能访问网络资源，例如，不能连接到远程的网络服务器。应用层故障排除的方法是使用隔离方法，把应用层问题与底层问题分离，逐步定位出故障位置。

例如，若不能连接到远程的 FTP 服务器，故障的排除方法是：先检测第 2 层的连通性，若网关位置是可以连通的，则证明第 1、2 层协议工作正常。接着检测主机到主机的路由连通性，若是可以连通，证明第3层协议工作正常。检测第4层协议，查看ACL的配置是否正确，是否对FTP的端口号配置出错，使用的是UDP协议还是TCP协议，应采用TCP协议。若第1～4层协议均正确，则可以判断问题处在第5层应用层。

通过上述讨论可以看出，在对应用层故障定位时，确定网络中的源节点与目的节点之间的连通性是很重要的，若连通性没有问题，就可以确定故障是在应用层。许多网络命令，例如，ping命令，对排除网络故障很有用、很有效。可不要小看和忽视了这些简单的网络命令的作用。许多时候，人们都有体会，简单是最有用的、是最好的、是最方便的、是最快捷的，世上的许多事莫过如此。

习题

1. 在网络工程项目的测试验收阶段需要弄清楚哪些内容？
2. 简述网络工程测试的方法及要点。
3. 通常的测试项目主要包括哪些内容？
4. 什么是原型网络？
5. 通常有哪些实现和测试原型系统的方法？
6. 测试原型系统计划包括的内容有哪些？
7. 在网络测试中用到的测试工具主要有哪些？
8. 简述网络测试中的“模拟”与“仿真”之间的区别。
9. 利用建模工具和模拟工具来测试和验证网络通常有哪些软件和方法？
10. 人们的经验在网络测试有哪些作用？
11. 网络设备测试主要包括哪些内容？
12. 简述网络工程验收的主要内容。
13. 网络工程验收通常有哪些方式？
14. 验收工作计划包括的内容有哪些？
15. 验收测试中需要注意的是什么？
16. 对于网络综合布线系统，在物理上的主要验收内容有哪些？
17. 网络系统的验收所关注内容有哪些？
18. 简述网络系统试运行后的验收过程。
19. 简述技术文档的验收内容。
20. 简述网络维护的目的。
21. 网络维护采取的措施有哪些？
22. 网络管理涉及到5个方面的管理，简述各方面管理的要点。
23. 网络管理系统要能管理不同厂家的计算机软、硬件产品，涉及到哪些重要因素？
24. 对网络及设备的管理有哪些方式？
25. 描述网络管理模型，给出图示，说明各部分的作用。
26. Cisco提供的几个主要测试工具是什么？
27. 比较流行的网管软件有哪些？
28. 简述网络运行管理制度的作用。

29. 网络故障诊断的目标是什么？

30. 举例说明什么是物理故障。

31. 举例说明什么是逻辑故障。

32. 描述出现网络故障的其他原因。

33. 简述网络层故障排除的方法。

34. 简述网络协议故障的原因。

35. 简述网络故障定位过程。

36. 常用的网络排障思路是什么？

37. 写出故障定位所遵循的步骤。

38. 常用的故障定位方法是“替换法”，说明这种方法的特点。

39. 写出故障查找的一般步骤。

40. 进行故障查找时，一个比较可行的方法是采用“二分法”隔离物理故障，说明其特点。

41. 通过网络设备面板上面的指示灯可以了解网络设备运行的哪些状况？

42. 为什么说最难以隔离的故障是间断性发生的网络故障？

43. 常见的网络故障测试工具有哪些？

44. 简述网络协议分析器的作用。

45. 网络协议分析器可以分析和检测的网络问题有哪些？

46. 简述网络测试命令在网络故障排除中的作用。

47. 简述物理层故障排除的方法。

48. 简述数据链路层故障排除的方法。

49. 简述网络层故障排除的方法。

50. 简述运输层故障排除的方法。

51. 简述应用层故障排除的方法。

附录A SDH与网络常用传输速率标准

同步光纤网络(Synchronous Optical NETwork,SONET)是由美国贝尔通信研究所提出的,目的是建立在光纤传输基础上的同步光网络,制定光接口的标准和规范,定义同步传输的线路速率的等级体系,实现不同厂商产品的开放和互连。SONET为光纤传输系统定义了同步传输的线路等级结构,其传输速率以51.84Mbps为基础。

1988年ITU-T采纳SONET的设计理念,进行修订,使之也能够适用于微波和卫星传输,并给出新的名称同步数字体系(Synchronous Digital Hierarchy,SDH),ITU-T给出了一系列SDH标准,即G.707、G.708、G.709三个建议书,1992年ITU-T又增加了十几个建议书,构成统一的通信传输体制、传输速率标准、接口标准,作为国际标准颁布。

SDH的速率涉及三种速率标准:STS、OC、STM。其中STS、OC属于SONET,分别对应着电接口电信号传输速率和光接口光信号传输速率。STM属于SDH,对应国家之间的主干线路上数字信号的速率标准。

SDH对两大数字传输速率体系北美T1标准和欧洲E1标准进行统一,数字信号在传输过程中不再需要转换标准,为不同速率的数字信号的传输提供相应等级的信息结构,包括复用方法和映射方法。SDH采用同步复用方式,各种级别的码元流有规律地排列在帧结构的负荷内,负荷与网络是同步的,可以利用软件把高次信号一次直接分离出低速复用的支路信号,降低了复用设备的复杂性。SDH帧结构中的管理字节增强了网络管理功能,实现了分布式网络管理。SDH实现了光接口的开放性,实现了光接口设备的互连。

SONET的STS级、OC级与SDH的STM级的数字传输速率对应关系在STM-0级之后实现了统一,基准数据传输速率是51.84Mbps。网络常用传输速率标准如表A-1所示。

表A-1 网络常用传输速率标准

线路速率(Mbps)	STS级(电接口SONET标识)	OC级(光接口SONET标识)	STM级(SDH ITU-T标识)
0.064	DS0		
2.048			E1
8.448			E2
34.368			E3
1.544	DS1	T1	
6.312	DS2	T2	
44.736	DS3	T3	
51.840	STS-1	OC-1	STM-0
155.520	STS-3	OC-3	STM-1
466.560	STS-9	OC-9	STM-3

续表

线路速率（Mbps）	STS 级（电接口 SONET 标识）	OC 级（光接口 SONET 标识）	STM 级（SDH ITU-T 标识）
622.080	STS-12	OC-12	STM-4
933.120	STS-18	OC-18	STM-6
1243.160	STS-24	OC-24	STM-8
1866.240	STS-36	OC-36	STM-12
2488.320	STS-48	OC-48	STM-16
4796.640	STS-96	OC-96	STM-32
9952.280	STS-192	OC-192	STM-64
19 906.560		OC-384	STM-128
39 813.120		OC-768	STM-256

附录B　Cisco IOS 命令分类索引

Cisco 的网际操作系统(Internetwork Operating System,IOS)是一个为网际互联优化的复杂的操作系统。是一个与硬件分离的软件体系结构,随网络技术的不断发展,可动态地升级以适应不断变化的技术(硬件和软件),形成不同的 IOS 版本。

Cisco IOS 采用模块化结构,可移植性、可扩展性和通用性好。对于 IOS 的大多数配置命令,在 Cisco 路由器、交换机、防火墙等网络设备中是通用的。通过 IOS 可以连接采用不同网络协议的多种网络,例如,IP、IPX、IBM、DEC、AppleTalk 等网络协议。

进行网络配置时,主要是使用 IOS 命令对网络设备的网络接口、封装的协议、安全机制、优化机制进行设置。应逐步熟悉和掌握常用 IOS 命令的用途和使用方法。

表 B-1　路由器基本配置

命令格式	用　途
Router(config)# line con 0	启用控制端口同步记录功能
Router(config)# no ip http serve	关闭 Web 服务
Router(config)# no ip domain lookup	关闭 DNS 查找
Router(config)# hostname 2811A	更改路由器的名字为 2811A,提示符为 2811A(config)#
Router(config)# alias exec s show running-config	配置命令别名 s,相当于 show running-config
Router# clock set 10:54:00 July 15 2011	设置时钟
Router>enable	进入特权执行模式
Router# disable	退出特权执行模式
Router# configure terminal	进入全局配置模式
Router(config)# interface loopback 1	配置逻辑接口 1
Router(config-if)# encapsulation ppp	在接口配置模式,给串口接口封装 PPP 协议
Router(config-if)# encapsulation HDLC	在接口配置模式,给串口接口封装 HDLC 协议
Router(config-if)# int fa0/0.2	给以太网接口 fa0/0 配置子接口 2
Router(config-subif)# encapsulation dot1q 2	给子接口封装协议 dot1q
Router(config-subif)# ip add 192.168.2.1 255.255.255.0	给子接口配置 IP 地址
Router(config-subif)# no shutdown	启用子接口
Router(config)# interface fa0/0	进入接口配置模式,配置以太网接口 fa0/0
Router(config-if)# ip address <ip_address mask>	配置以太网接口的 IP 地址、子网掩码
Router(config-if)# no shutdown	激活网络接口

续表

命令格式	用　途
Router(config-if)＃shutdown	关闭网络接口
Router(config-if)＃no ip address	删除网络接口的 IP 地址
Router(config-if)＃end	退出到特权执行模式
Router＃ping ＜ip_address＞	测试网络连通性
Router＃setup	进入系统对话模式
Router(config)＃controller e1 slot/port or number	进入控制器配置模式 Router(config-controller)＃
Router(config)＃Router rip	进入路由协议配置模式 Router(config-router)＃
Router(config)＃line vty ＜x y＞	设置远程登录，x 代表虚拟终端号，y 代表同时登录用户数
Router(config-line)＃password 0 xx	在线路配置模式，为虚拟终端 0 设置远程登录口令 xx
Router(config)＃enable password 123456	设置特权用户口令，口令为 123456，明文显示
Router(config)＃enable secret 123456	设置特权用户加密口令，口令为 123456，密文显示
Router＃trace [protocol] {destination}	测试网络路由路径状态
Router＃telnet {hostname|IP-address}	从应用层进行的网络连通测试
Router＃show history	查看历史命令
Router(config)＃terminal history ＜size number of line＞	设置命令缓存区的大小
Router(config)＃no terminal editing	禁用高级编辑特性
Router(config)＃terminal editing	启用用高级编辑特性
Router(config)＃ip route 0.0.0.0 0.0.0.0 {address |interface}	默认路由配置
Router(config)＃ip route ＜ip_address mask＞ ＜next hop＞	配置静态路由
Router(config-line)＃	路由器控制线路模式
Router(config-if)＃	路由器端口配置模式
Router(config)＃	路由器全局配置模式
Router＃	路由器特权模式
Router＞	路由器用户模式

表 B-2　配置文件与装载 IOS

命令格式	用　途
Router＃show running-config	查看运行配置文件
Router＃show startup-config	查看启动配置文件

续表

命令格式	用　途
Router#copy running-config startup-config	复制运行配置文件到启动配置文件
Router#copy startup-config running-config	复制启动配置文件到运行配置文件
Router#copy running-config tftp	复制运行配置到 TFTP 服务器
Router#copy tftp running-config	复制 TFTP 中配置文件到运行配置
Router#show version	查看版本信息
Router#show flash	查看 Flash 信息
rommon1>i	在 ROM Monitor 模式下引导路由器启动
rommon1>confreg 0x2102	在 ROM Monitor 模式下设置配置寄存器值
Router(config)#config-register 0x2102	在全局配置模式下更改配置寄存器的值
Router#reload	重新启动路由器
Router(config)#boot system flash IOS-FileName	从闪存 Flash 装载 IOS
Router(config)#boot system TFTP IOS-FileName TFTP-IP-address	从网络 TFTP 服务器上装载 IOS
Router(config)#boot system ROM	从 ROM 中装载 IOS

表 B-3　动态路由配置

命令格式	用　途
Router(config-if)#ip address <ip_address mask>	配置接口的 IP 地址
Router#show ip interface brief	查看所有接口和它们 IP 地址的摘要信息
Router(config)#router rip	启动 RIP 路由选择协议
Router (config-router)#network <network_id>	指明路由器直接相连的网段，使用 RIP 动态路由
Router (config)#router ospf 100	启动 OSPF 路由选择协议，100 为进程号
Router (config-router) # network < ip-address wildcard-mask> area <area-id>	把网段加入到 OSPF 动态路由区域中
Router#show ip route	查看接口信息
Router#show ip protocol	查看 IP 协议信息
Router(config)#ip routing	启动 IP 路由(路由器默认配置)
Router(config)##no router rip	取消 RIP 路由选择协议
Router(config)#no router ospf 100	取消 OSPF 路由选择协议
Router#debug ip rip	调试跟踪 RIP

表 B-4　访问控制配置

命令格式	用　　途
Router(config)＃access-list ＜标识号＞ ＜deny | permit＞ ＜源地址＞ ＜通配符＞	定义标准 IP 访问控制列表
Router(config)＃access-list 99 deny 192.168.2.2 0.0.0.0	设置访问控制规则
Router(config-if)ip access-group ＜number＞ [in|out]	在接口上使用访问控制列表，例如，ip access-group 99 in
Router＃s＃show ip interface serial 0/0/1	查看在网络接口上设置的访问控制
Router(config)＃access-list ＜标识号＞ ＜deny | permit＞ ＜协议标识＞ ＜源地址＞ ＜通配符＞ ＜目的地址＞ ＜通配符＞	定义扩展 IP 访问控制列表
Router＃show access-lists	查看已配置的访问控制列表
Router＃show ip access-list ＜标识号＞	查看 IP 访问控制列表
Router(config)＃no access-list 99	取消访问控制列表
Router(config-if)＃no ip access-group 99 in	取消接口上访问控制列表的引用

表 B-5　帧中继和 NAT 配置

命令格式	用　　途
Router(config)＃frame-relay switching	启动路由器的帧中继交换功能
Router(config-if)＃encapsulation frame-relay {ietf | cisco}	把接口的帧格式封装为帧中继
Router(config-if)＃frame-relay lmi-type {ansi|q933a|cisco}	定义发往帧中继交换机本地管理接口(LMI)报文类型
Router(config-if)＃frame-relay intf-type dce	设置帧中继接口类型为 DCE
Router＃show frame-relay lmi	查看帧中继 LMI
Router＃show frame-relay pvc	查看帧中继 PVC
Router＃show frame-relay map	查看帧中继映射
Router＃show frame-relay traffic	查看帧中继流量统计
Router＃show frame-relay route	查看帧中继路由
Router(config-if)＃ip nat inside	定义接口为 NAT 内部接口
Router(config-if)＃in nat outside	定义接口为 NAT 外部接口
Router(config)＃ip nat inside soure static local-ip global-ip	指定参与转换的专用地址与公用地址
Router＃debug ip nat	打开对 NAT 的跟踪调试
Router＃show ip nat statistic	查看 NAT 统计信息
Router＃show ip nat translations	查看 NAT 地址转换信息
Router(config)＃ip nat pool name start-ip end-ip {netmask netmask | prefix-length prefix-length}	设置 NAT 地址池
Router(config)＃ip nat inside source list access-list-number pool name	设置 NAT 动态转换

表 B-6　交换机配置

命令格式	用　　途
Switch(config)＃mac-address-table static ＜MAC 地址＞ vlan ＜VLAN 号＞ interface＜模块号/端口号表＞	交换机 MAC 地址设置
Switch(config-if)＃switchport port-security maximum ＜允许的最多 MAC 地址数量＞	指定与交换机某端口通信的 MAC 地址数量
Switch(config-if)＃switchport port-security	启用交换机端口安全性设置
Switch(config-if)＃port-security max-mac-count 1	设置端口的最多合法 MAC 地址数为 1
Switch(config-if)＃port-security violation shutdown	设置端口安全性违规时关闭端口
Switch(config-if)＃no switchport port-security	取消交换机端口安全性设置
Switch(config-if)＃duplex full	设置交换机端口为双向同时传输
Switch(config-if)＃speed {auto|10|100|1000}	设置端口数据传输率
Switch(config-if)＃flowcontrol off	关闭端口流量控制
Switch(config)＃hostname 2950A	设置交换机名字 2950A
Switch(config)＃no hostname	取消设置的交换机名字，恢复默认名字
Switch(config)＃enable password ＜password＞	设置特权用户口令，口令为＜password＞，明文显示
Switch(config)＃enable secret ＜secret＞	设置特权用户加密口令，口令为＜secret＞，密文显示
Switch＃erase startup-config	恢复交换机为出厂时的默认配置
Switch(config-line)＃	交换机控制线路模式
Switch(config-if)＃	交换机端口配置模式
Switch(config)＃	交换机全局配置模式
Switch＃	交换机特权模式
Switch＞	交换机用户模式
Switch＃show running-config	查看交换机运行配置文件
Switch＃show startup-config	查看交换机启动配置文件
Switch＃show version	查看交换机 IOS 的版本
Switch＃show flash	查看交换机的闪存 Flash
Switch＃show interface	查看交换机的端口
Switch＃show vlan	查看交换机的 VLAN 配置信息
Switch＃show spanning-tree	查看交换机生成树协议

表 B-7　交换机管理

命令格式	用　　途
Switch(config)＃line vty 0 4	开启交换机远程登录
Switch＃reload	重新启动交换机

续表

命令格式	用　途
Switch(config)#ip http server	启动 HTTP 服务
Switch(config)#ip http authentication enable	HTTP 服务器接口为使用 enable 类型的身份验证
Switch(config)#ip http port 80	指定 HTTP 服务的端口号为 80
Switch(config)#no enable services snmp-agent	关闭交换机上的 snmp-agent
Switch(config) # services telnet host <ip-address mask>	指定使用 Telnet 管理交换机的用户的 IP 地址
Switch(config) # services web host <ip-address mask>	指定使用 Web 管理交换机的用户的 IP 地址
Switch(config-if)#no switchport	把交换机端口设置为三层路由端口
Switch(config-if)#switchport port-security	打开交换机端口安全功能
Switch1(config)#ip routing	开启三层交换机的路由交换功能
Switch(config)#aggregateport load-balance ip	配置 IP 负载均衡方式
Switch#copy running-config startup-config	把运行配置文件备份为启动配置文件
Switch(config)#spanning-tree	启用生成树协议
Switch(config)#spanning-tree mode stp	启用生成树协议 STP
Switch(config)#spanning-tree priority <0-61440>	配置交换机的优先级
Switch(config)#no spanning-tree priority	恢复交换机的优先级默认值
Switch(config-if) # spanning-tree port-priority <0-240>	配置交换机端口的优先级
Switch(config-if)#no spanning-tree port-priority	恢复交换机端口的优先级默认值
Switch#show spanning-tree interface fa0/1	查看交换机端口 fa0/1 的 SPT 状态
Switch#clock set hh:mm:ss day month year	设置交换机日期时间
Switch#clear mac-address-table dynamic	删除交换机上所有动态地址
Switch#clear mac-address-table dynamic vlan 2	删除 VLAN 2 上所有动态地址

表 B-8　VLAN 配置

<table>
<tr><th>命令格式</th><th>用　途</th></tr>
<tr><td>Switch#vlan database</td><td>进入 VLAN 配置模式</td></tr>
<tr><td>Switch(vlan)#</td><td>交换机 VLAN 配置模式</td></tr>
<tr><td>Switch(vlan)#vlan 2 name market</td><td>定义 VLAN 号 2 和 VLAN 名 market</td></tr>
<tr><td>Switch(vlan)#no vlan 2</td><td>删除 VLAN 2</td></tr>
<tr><td>Switch(vlan)#vtp domain <域名></td><td>设置 VLAN 主干协议域名</td></tr>
<tr><td>Switch(vlan)#vtp { server | client | transparent }</td><td>设置 VLAN 模式</td></tr>
<tr><td>Switch(vlan)#vtp vision {1|2}</td><td>设置 VTP 的版本</td></tr>
</table>

续表

命令格式	用　　途
Switch(vlan)#vtp password 123	设置VTP的密码
Switch(config-if)#switchport mode trunk	设置交换机端口为主干连接端口
Switch(config-if)#switchport trunk encapsulation dot1q	给交换机端口封装主干协议dot1q
Switch(config-if)#switchport trunk allowed vlan 2,3	设置该端口可以交换来自VLAN 2与VLAN 3的帧
Switch(config-if)#switchport mode access	设置交换机端口为普通交换端口
Switch(config-if)#switchport access vlan ＜vlan_number＞	配置交换机的端口属于哪个vlan ＜vlan_number＞
Switch(config)#interface range fa0/1 -8	对交换机一组端口进行配置
Switch(config- range)#speed 1000	设置一组端口的数据传输率
Switch(vlan)#exit	退出VLAN配置模式，配置信息保存到VLAN数据库中
Switch#show vlan	查看VLAN信息
Switch#show vlan brief	以简洁的形式查看VLAN信息
Switch#show mac-address-table	显示交换机MAC地址表中的信息
Switch#show interface fa0/1 switchport	查看端口fa0/1的交换属性
Switch#show vtp status	查看VTP信息
Switch#show vtp couters	查看VTP统计数据
Switch#show interface trunk	查看交换机主干端口信息
Switch(config)#interface vlan 1	打开交换机管理VLAN 1
Switch(config-if)#no shutdown	激活交换机端口，该VLAN为管理VLAN 1
Switch#show spanning-tree vlan 3	查看VLAN的生成树
Switch#del vlan. dat	删除设置的VLAN
Switch#del flash:vlan. dat	删除全部VLAN
Switch(config-if)#no switchprot mode trunk	取消交换机端口的VLAN中主干模式
Switch(config-if)#switchprot mode access	把交换机端口恢复为默认的交换模式

注意：交换机的访问控制列表(ACL)与路由器的ACL在原理、配置思路和方法上是类似的，只是在配置命令和安全控制程度上有区别。读者可以试着进行交换机的ACL配置，遇到问题时查阅相关书籍。例如，交换机标准访问列表控制配置方法如下：

```
Switch(config)#ip access-list standard deny-network
Switch(config-std-nacl)#deny 192.168.11.0 0.0.0.255
Switch(config-std-nacl)#permit any any
Switch(config-std-nacl)#end
Switch#show access-list
```

附录C　网络配置参数

表 C-1　访问控制列表号的取值范围

网络协议	ACL 号取值范围
标准 IP	1～99、1300～1999
扩展 IP	100～199、2000～2699
标准 AppleTalk	600～699
扩展 AppleTalk	700～799
标准 IPX	800～899
扩展 IPX	900～990
IPX SAP	1000～1099
扩展 Ethernet 地址、扩展透明网桥	1100～1199
Ethernet 类型码、透明网桥(协议类型)	200～299

表 C-2　IOS 中各种路由源的默认度量值及顺序

路由源	度量值及顺序	路由源	度量值及顺序
直接路由	0	OSPF	110
静态路由	2	IS-IS	115
EIGRP 汇聚路由	5	RIP	120
外部 BGP	20	内部 BGP	200
内部 EIGRP	90	未知	255
IGRP	100		

表 C-3　网络设备配置(控制端口)线 RJ-45-DB-9 信号与针脚序号

配置设备信号(DTE)	RJ-45 针脚序号	DB-9 针脚序号	网络设备信号(DCE)
RTS	1	8	CTS
DTR	2	6	DSR
TXD	3	2	RXD
GND	4	5	GND
GND	5	5	GND
RXD	6	3	TXD
DSR	7	4	DTR
CTS	8	7	RTS

表 C-4　ping 命令测试网络连通性响应字符的含义

响应字符	响应字符的含义
!	成功接收,回送应答
.	等待应答数据包出现超时
U	出现目的地不可达错误
C	数据包遇到拥塞
I	ping 被中断
?	数据包类型未知
&	超过数据包生存时间 TTL

表 C-5　trace 命令路由跟踪响应字符的含义

响应字符	响应字符的含义
!H	路由器接收到探测数据包,但没有转发,通常与 ACL 设置有关
P	协议不可达
N	网络不可达
U	端口不可达
*	超时

表 C-6　网络设计方法的比较

比较内容	经验方法	实验方法	计算方法	网络仿真方法
可靠性	不确定	高	低	较高
成本	不确定	高	低	中等
可实现性	高	低	低	中等
适用的网络规模	中、小型网络	小型网络	中、小型网络	中、大型网络

附录D　传输介质标识及参数

表 D-1　铜缆布线等级及支持的带宽

铜缆布线等级	支持带宽(Mbps)	双绞线电缆	连 接 硬 件
C	16	3类	3类连接硬件
D	100	5/5e类	5/5e连接硬件
E	250	6类	6类连接硬件
F	620	7类	7类连接硬件

表 D-2　UTP-5(4对24AWG)机械特性及双绞线标识方法

类别	线对	导体直径(mm)	绝缘厚度(mm)	绝缘直径(mm)	护套厚度(mm)	成品外径(mm)	连接器
5类	4	0.512	0.21	0.93	0.7	5.2	RJ-45
5e类	4	0.52	0.21	0.93	0.7	5.4	RJ-45

注：双绞线标识方法，在线缆上每隔2英尺有标识字符串，例如，标识字符串内容为

XXXX SYSTEM CABLE E138034 0100 24 AWG(UL) CMR/MPR OR C(UL) PCC PT4 VERIFIED ETL CAT5 066755 FT 9907

其中：

XXXX标识厂商名称；

0100标识100Ω；

24标识线芯规格为24(线芯规格有22、24、26三种)；

AWG标识美国线缆标准；

UL标识通过认证，UL是认证标识；

PT4标识4对线；

CAT5标识5类线；

066755标识线缆当前处在的英尺数；

9907标识生产年月。

光缆标识方法如表D-3～表D-11所示。

表 D-3　光缆型式的标注格式

分类	加强构件	结构特性	护套	外护层

表 D-4　光缆规格的标注格式

光　纤　数	光 纤 类 别

表 D-5　分类

代　　号	分 类 含 义	代　　号	分 类 含 义
GH	通信用海底光缆	GS	通信用设备内光缆
GJ	通信用室内光缆	GT	通信用特殊光缆
GM	通信用移动式光缆	GY	通信用室外光缆

表 D-6　加强构件

代　　号	加强构件含义	代　　号	加强构件含义
F	非金属	无符号	金属
G	金属重型		

表 D-7　结构特性

代　　号	结构特性含义	代　　号	结构特性含义
B	扁平结构	S	光纤松套被覆结构
C	自承式结构	T	填充式结构
D	光纤带结构	X	缆中心管(被覆)结构
G	骨架槽结构	Z	阻燃结构
J	光纤紧套被覆结构	无符号	层绞式结构

表 D-8　护套

代号	护 套 含 义	代号	护 套 含 义
A	铝带-聚乙烯粘结护层	S	钢带-聚乙烯粘结护层
E	聚酯弹性体	U	聚氨酯
F	氟塑料	V	聚氯乙烯
G	钢	W	夹带钢丝的钢带-聚乙烯粘结护层
L	铝	Y	聚乙烯
Q	铅		

表 D-9　外护层-铠装层

代　　号	铠装层含义	代　　号	铠装层含义
0	无铠装层	4	单粗圆钢丝
2	绕包双钢带	44	双粗圆钢丝
3	单细圆钢丝	5	皱纹钢带
33	双细圆钢丝		

表 D-10　外护层-外披层或外套

代　　号	外披层或外套含义	代　　号	外披层或外套含义
1	纤维外披	4	聚乙烯套加覆尼龙套
2	聚氯乙烯套	5	聚乙烯保护套
3	聚乙烯套		

表 D-11　光纤类别

代　号	光纤类别含义
A1a 或 A1	50/125μm 二氧化硅系渐变型多模光纤
A1b	62.5/125μm 二氧化硅系渐变型多模光纤
B1.1 或 B1	非色散位移单模光纤(ITU-T G652A、ITU-T G652B)
B1.4	波长扩展的非色散位移单模光纤(ITU-T G652C、ITU-T G652D)
B4	二氧化硅系非零色散位移单模光纤(ITU-T G655)

注：例如，若光纤型号标识为 GYFTY04 24B1。其中：
GY 标识通用室外光缆；
F 标识非金属加强固件；
T 标识填充式；
Y 标识聚乙烯护套；
0 标识无铠装层；
4 标识聚乙烯套加覆尼龙套；
24 标识 24 根光纤；
B1 标识非色散位移单模光纤。

附录E　网络工程用的部分表格

网络工程设计与应用经常用到一些表格，这些表格也是网络工程的组成部分，对网络工程的实施提供支持。这里给出网络工程用的部分表格式样。需要说明的是，表的格式不是固定或一成不变的，可以根据具体要求和情况，增、删或修改表格中的表项内容，也可以建立新的表格。这里给出的是网络工程用表格的参考框架，供大家在绘制表格时参考。

表E-1　网络工程设备材料进场记录表

序号	设备/材料名称	规格、型号	单位	计划数量	进场数量	备注
1	24口10/100Mbps交换机		台			
2	48口10/100Mbps交换机		台			
3	超5类线		箱			
4	超5类信息模块		块			
5	面板		个			
6	24口数据配线架		个			
7	48口数据配线架		个			
8	水平线缆管理环		个			
9	垂直线缆管理环		个			
10	超5类5英尺跳线		根			
11	RJ-45水晶头		盒			
12	信息底盒		个			
13	开放式机柜	1.8m(规格19)	台			
14	塑料线槽	20mm×2.8m	条			
15	塑料线槽	25mm×2.8m	条			
16	塑料线槽	60mm×4m	条			

施工单位： 负责人(盖章) 年　月　日	监理单位： 负责人(盖章) 年　月　日

注：本表一式二份，施工单位、监理单位各执一份。

表E-2　网络工程建筑安装工程量表

工程名称：　　　　　　　　　　建设单位：

序　　号	工程量名称	单位	数量	备注
1	制作安装接地网	个		
2	安装信息插座底盒	个		

续表

序　　号	工程量名称	单位	数量	备注
3	安装非屏蔽插座	个		
4	安装 24 口数据配线架	个		
5	安装 48 口数据配线架	个		
6	穿放 4 对对绞电缆	米/条		
7	卡接 4 对对绞电缆(非屏蔽)	米/条		
8	布放数据线缆跳线	米/条		
9	电缆链路测试	链路		
10	安装开放式机柜	台		
11	安装 24 口 10/100M 交换机	台		
12	打穿楼墙洞(砖墙)	个		
13	敷设金属线槽(150mm 宽以下)	米		

施工单位： 负责人(盖章) 年　月　日	监理单位： 负责人(盖章) 年　月　日

注：本表一式二份，施工单位、监理单位各执一份。

表 E-3　网络工程已安装设备明细表

工程名称：　　　　　　　　　　　　建设单位：

序号	设备名称及型号	单位	数量	地点	备注
1	安装信息插座底盒(明装)	个			
2	安装非屏蔽信息插座	个			
3	安装 24 口数据配线架	个			
4	安装 48 口数据配线架	个			
5	穿放 4 对对绞电缆	米/条			
6	卡接 4 对对绞电缆(非屏蔽)	米/条			
7	布放数据线缆跳线	米/条			
8	电缆链路测试	链路			
9	安装开放式机柜	台			
10	安装 24 口 10/100Mbps 交换机	台			
11	打穿楼墙洞(砖墙)	个			
12	敷设金属线槽(150mm 宽以下)	米			
13	敷设硬质 PVC 管(ϕ110mm)	米			
14	敷设硬质 PVC 管(ϕ60mm)	米			

续表

序号	设备名称及型号	单位	数量	地点	备注
15	敷设硬质 PVC 管(ϕ25mm)	米			
16	敷设硬质 PVC 管(ϕ20mm)	米			
施工单位代表： 年 月 日			监理工程师： 年 月 日		

注：本表一式二份，施工单位、监理单位各执一份。

表 E-4 网络工程施工变更单

工程名称： 建设单位： 施工单位：

项目名称		设备补充图纸名称及图纸号	名称		
			图号		
原设计规定的内容		变更后的工作内容			
原设计工程量		变更后工程量		负责人	
原设计预算数		变更后预算数		负责人	
变更原因及说明：		批准单位名称及文件号			

建设单位意见： 负责人(盖章) 年 月 日	设计单位意见： 负责人(盖章) 年 月 日	施工单位意见： 负责人(盖章) 年 月 日

注：本表一式三份，建设单位、设计单位、施工单位各执一份。

表 E-5 网络工程停(复)工通知单

工程(项目)名称		建设地点	
建设单位		施工单位	
计划停工日期	年 月 日	计划复工日期	年 月 日
停(复)工主要原因：			
拟采取的措施和建议：			
本工程(项目)已于 年 月 日停(复)工，特此报告。 填报单位(章)： 年 月 日			

建设单位主管(签字) (公章)	监理单位主管(签字) (公章)	施工单位主管(签字) (公章)

注：本通知一式三份，建设单位、施工单位和监理单位各执一份。

表 E-6 网络工程重大工程质量事故报告单

工程名称		建设地点	
建设单位		施工单位	
事故发生时间	年 月 日	报告时间	年 月 日

续表

事故情况			
主要原因			
已采取的措施			
事故处理结果			
建设单位意见： 安全负责人：		施工单位意见： 安全负责人：	

注：本表一式三份，建设单位、施工单位和监理单位各执一份。

表 E-7 网络工程材料备件及工具移交清单

序号	名称	规格型号	单位	应交数量	实交数量	完好程度	备注
1							
2							
3							
4							
5							
移交人：		日期：		签收人：		日期：	

注：本表一式二份，建设单位和施工单位各执一份。填写的内容为备品、备件、仪表、工具、材料、技术文档文件等资料。

表 E-8 网络工程测试记录目录表

工程名称			
序　　号	测试记录目录	页　　码	备　　注
1	×××中心超 5 类双绞线测试资料		另订装
2			
3			
4			
5			

表 E-9 网络工程竣工图纸目录

工程名称					
序号	图 纸 名 称	图号	页数	份数	备注
1	综合布线系统总图				
2	综合布线配线机柜图				
3	数据配线机架图				
4	一层综合布线点位置图				

续表

序号	图 纸 名 称	图号	页数	份数	备注
5	二层综合布线点位置图				
6	垂直布线连接图				
7	水平布线连接示意图				
8	建筑物出入口布线图				
9	设备间布线图				
10	配线架连接标识图				

表 E-10 网络工程技术文档清单

工程名称					
序号	文 档 名 称	文档编号	页码	份数	归档位置
1	各相关技术文档名称				
2					
3					
4					
5					

表 E-11 网络工程随工验收记录表

工程名称： 建设单位： 施工单位：

项 目	检 查 地 点	存 在 问 题	检 查 结 论
超五类双绞线布放质量			
铺设金属线槽			
铺设 PVC 管			
信息插座安装			
超五类数据模块成端质量			
超五类线绑扎质量			
线缆标签标识情况			
线缆材料、部件放置情况			

施工单位： 负责人(盖章) 年 月 日	监理单位： 负责人(盖章) 年 月 日

表 E-12　综合布线系统工程验收项目及其内容

阶段	验收项目	验收内容	验收方式
施工前	1. 环境要求	(1)土建施工情况：地面、墙面、门、电源插座及接地装置；(2)土建工艺：机房面积、预留孔洞；(3)施工电源；(4)地板铺设；(5)建筑物出、入口设施	施工前检查
	2. 施工材料检验	(1)外观检查；(2)型式、规格、数量；(3)电缆及连接器件电气性能测试；(4)光纤及连接器件特性测试；(5)测试仪表和工具的检验	
	3. 安全、防火要求	(1)消防器材；(2)危险物的堆放；(3)预留孔洞防火措施；(4)指示标识	
设备安装	1. 设备间、设备机柜、机架	(1)外观与规格；(2)安装垂直、水平度；(3)标签标识规范；(4)连接器及紧固件；(5)设备位置及安全；(6)接地措施	
	2. 配线模块及模块式通用插座	(1)规格、位置；(2)紧固安装；(3)标签标识规范；(4)安装工艺要求；(5)屏蔽及干扰防护；(6)安装质量	
线缆布放(楼宇内)	1. 电缆桥架及线槽布放	(1)安装位置；(2)安装工艺要求；(3)布放缆线工艺要求；(4)接地措施；(5)防扰措施	
	2. 缆线暗铺(包括暗管、线槽、地板下等方式)	(1)缆线规格、路由、位置；(2)布放缆线工艺要求；(3)接地措施；(4)安全措施	
线缆布放(楼宇间)	1. 架空线缆	(1)吊线及安装规格；(2)吊线垂度；(3)缆线规格；(4)卡、挂间隔；(5)线缆工艺要求；(6)架设位置要求	
	2. 管道线缆	(1)使用管孔孔位；(2)缆线规格；(3)缆线走向；(4)缆线的防护设施；(5)安装质量	
	3. 直埋式缆线	(1)缆线规格；(2)铺设位置、深度；(3)缆线防护；(4)回土夯实质量；(5)安装质量	
	4. 通道缆线	(1)缆线规格；(2)安装位置、路由；(3)土建设计工艺要求；(4)安装质量	
	5. 其他	(1)通信线路与其他设施间距；(2)进线间设施安装；(3)施工质量；(4)工艺要求	
缆线端接	1. 模块插座	工艺要求	
	2. 光纤连接器件	工艺要求	
	3. 各类跳线	工艺要求	
	4. 配线模块	工艺要求	
系统测试	1. 工程电器性能测试	(1)连接图；(2)长度；(3)衰减；(4)近端串扰；(5)衰减串扰比；(6)等电平远端串扰；(7)回波损耗；(8)传播时延；(9)传播时延偏差；(10)插入损耗；(11)直流环流电阻；(12)设计规定的测试内容；(13)屏蔽措施及性能	
	2. 光纤特性测试	(1)衰减；(2)长度；(3)连通性	

续表

阶段	验 收 项 目	验 收 内 容	验收方式
管理系统	1. 管理系统级别	设计要求	
	2. 标识与标签设置	(1)专用标识符的类型及组成；(2)标签设置规范；(3)标签材质及颜色；(4)标识位置	
	3. 记录和报告	(1)记录信息；(2)报告；(3)工程图纸	
工程总验收	1. 工程技术文档	清点、交接技术文档及施工资料	
	2. 工程验收意见和评价	考核工程质量，分析测试结果，确认验收结果，是否达到网络设计要求	

表 E-13　网络工程竣工验收申请表

报送：(建设单位)　　　　　　　　　　抄送：(监理单位)

工程名称	(　　)综合布线工程		建设地点		
建设单位			施工单位		
开工日期		完工日期		申请验收日期	
工程概况 (可另附页)					
工程完成情况 (可另附页)					
工程质量自检情况： 项目经理(签名) 年　月　日					
质量监督员意见： 责任质检员(签名) 年　月　日					
建设单位意见 负责人(盖章) 年　月　日			施工单位意见 负责人(盖章) 年　月　日		

注：本申请表一式三份，建设单位、施工单位、填报单位各执一份。

表 E-14　网络工程竣工验收单

工程名称		工程地点	
工程范围		建筑面积	
工程造价			
开工日期	年　月　日	竣工日期	年　月　日
计划工作日		实际工作日	
验收意见			
验收等级			
建设单位验收人			
验收专家组人员			
建设单位主管(签字) (公章)	监理单位主管(签字) (公章)	施工单位主管(签字) (公章)	

注：本表一式三份，建设单位、施工单位和监理单位各执一份。

参 考 文 献

[1] Andrew S. Tanenbaum, Computer Networks[M], Fourth Edition, Pearson Education, Inc. 2008.

[2] James F. Kurose and Keith W. Ross, Computer Networking, A Top-Down Approach[M], Fourth Edition, Pearson Education, Inc. 2009.

[3] 易建勋. 计算机网络设计[M]. 北京：人民邮电出版社，2007.

[4] 陈鸣. 网络工程设计教程-系统集成方法[M]. 2 版. 北京：机械工业出版社，2009.

[5] 雷震甲. 网络工程师教程[M]. 3 版. 北京：清华大学出版社，2009.

[6] 钱德沛. 计算机网络实验教程[M]. 北京：高等教育出版社，2005.

[7] 秦智. 网络系统集成[M]. 北京：北京邮电大学出版社，2010.

[8] http://www.icann.org/.

[9] http://standards.ieee.org/getieee802/.

[10] http://www.10gea.org/.

[11] http://grouper.ieee.org/groups/802/3/.

[12] http://www.cablelabs.com/.

[13] http://www.adsl.com/.

[14] http://www.rfc-editor.org.

[15] http://www.cnnic.cn/.